William Marshall

Die Tiefsee und ihr Leben

William Marshall

Die Tiefsee und ihr Leben

ISBN/EAN: 9783954271610
Erscheinungsjahr: 2012
Erscheinungsort: Bremen, Deutschland

www.maritimepress.de | office@maritimepress.de

Bei diesem Titel handelt es sich um den Nachdruck eines historischen, lange vergriffenen Buches. Da elektronische Druckvorlagen für diese Titel nicht existieren, musste auf alte Vorlagen zurückgegriffen werden. Hieraus zwangsläufig resultierende Qualitätsverluste bitten wir zu entschuldigen.

DIE TIEFSEE

UND IHR LEBEN.

NACH DEN NEUESTEN QUELLEN

GEMEINFASSLICH DARGESTELLT

VON

WILLIAM MARSHALL,

PROFESSOR AN DER UNIVERSITÄT LEIPZIG.

MIT 4 TONTAFELN UND 114 ABBILDUNGEN IM TEXT.

LEIPZIG,

FERDINAND HIRT & SOHN.

1888.

Vorwort.

Nicht viele Gebiete des menfchlichen Wiffens haben in den letzten 20 Jahren eine fo großartige Bereicherung und durchgreifende Umgeftaltung erfahren, wie die Naturgefchichte des Meeres. Durch die Tieffeeforfchungen ift eine neue wunderbare Welt, bevölkert mit neuen wunderbaren Geftalten den erftaunenden Augen der Menfchheit erfchloffen worden, — eine Welt, die wohl im ftande ift, einen jeden denkenden Menfchen anregend zu intereffieren und dauernd zu feffeln.

Was die körperliche und geiftige Kraft von Hunderten tüchtiger Männer, vom fchlichten Matrofen bis zur Koryphäe der Wiffenfchaft mit mühfeliger Arbeit und aufopferndem Fleiße der geheimnisvollen Tiefe abgerungen hat, das gebildeten Landsleuten überfichtlich vorzuführen, ift gewiß eine lohnende Aufgabe. Bei unfern weftlichen Nachbarn, bei den Franzofen und Engländern fowie bei den Amerikanern haben Gelehrte erften Ranges, ein Perrier, ein Filhol, ein Wyville Thomfon, ein A. Agaffiz, es fich angelegen fein laffen, die Refultate der modernen Tieffeeunterfuchungen weiteren Kreifen der Bevölkerung zugänglich nnd bekannt zu machen. Bei uns in Deutfchland, wo doch in Wahrheit das Intereffe für Naturwiffenfchaften nicht minder groß ift als in irgend einem andern Kulturlande, fehlte noch ein Werk, das die überrafchenden und wichtigen Erfolge der unterfeeifchen Forfchungen dem gebildeten Laienpublikum, das gewiß ein Recht auf Belehrung auch in diefer Hinficht hat, in gedrängter Kürze und ausgeftattet mit den unerläßlich nötigen erläuternden Abbildungen übermittelte.

Die Verlagsbuchhandlung wandte fich an den Verfaffer mit dem Vorfchlage, diefem Mangel nach Kräften abzuhelfen. Mit Freuden ging derfelbe darauf ein, denn, wenn er fich auch fagen mußte, daß eigene Anfchauung in diefen Dingen ihm nicht zur Seite ftände, fo ermutigte ihn andererfeits doch das Bewußtfein, gerade den Tieffeeforfchungen in ihren allgemeinen und befonderen Errungenfchaften ftets mit größter Aufmerkfamkeit gefolgt zu fein, — hat er fie doch zum Gegenftande akademifcher Vorlefungen und öfterer öffentlicher Vorträge gemacht.

Beim Schluſſe dieſes Vorworts drängt es den Verfaſſer, dem Herrn
Verleger ſeinen verbindlichſten Dank auch an dieſer Stelle auszuſprechen
für das freundliche und entgegenkommende Eingehen auf ſeine Wünſche,
namentlich auch hinſichtlich der Abbildungen. Herzlichſten Dank ſchuldet
er auch Herrn Juſtus Perthes in Gotha, der ihm einige ſeltene und
ſchwer zu beſchaffende Werke auf das liberalſte zur Verfügung ſtellte.

Außer einer ſehr beträchtlichen Anzahl kleinerer Abhandlungen und
Notizen in deutſchen, engliſchen, franzöſiſchen, ſkandinaviſchen und
amerikaniſchen Zeitſchriften wurden hauptſächlich benutzt:

1) Sämtliche bis jetzt erſchienenen „**Reports of the scientific Resultats
   of the exploring Voyage of H. M. S. Challenger**", Vol. I—XXV.
2) **Nordhavs-Expedition**, den Norske, Vol. I—XVI.
3) **Agassiz, A.**, Three cruises of the U. S. coast and geodetik survey
   Steamer Blake London 1888.
4) **Boguslawski, G. v.**, und **Krümmel, O.**, Handbuch der Ozeanographie, B. I und II, Stuttgart 1884—87.
5) **Chun, C.**, Die pelag. Tierwelt in großen Meerestiefen. Biblioth.-
   zoolog. Heft I, Kaſſel 1888.
6) **Delesse, M.**, Lithologie des mers de France et des mers princ.
   du globe, Paris 1867.
7) **Filhol, H.**, La vie au fond des mers (biblioth. de l. nat.), Paris 1885.
8) **Gümbel, K. W. von**, Grundzüge der Geologie, Kaſſel 1885—88.
9) **Perrier, E.**, Les explorations sous-marines (biblioth. des écoles et
   des familles), Paris 1886.
10) **Sigsbee, C. D.**, Memoir on deep-sea sounding and dredging, publ.
    by the U. S. Coast-Survey, Wash. 1877.
11) **Spry, W.**, die Expedition des Challenger, deutſch v. H. v. Wobeſer,
    Leipzig 1877.
12) **Wyville Thomson, C.**, The depths of the sea, London 1873.
13) **Wyville Thomson, C.**, The voyage of the „Challenger", the
    Atlantic, London 1877.

Leipzig, Anfang Auguſt 1888.

W. Marshall.

Inhaltsverzeichnis.

Allgemeiner Teil.

Tiefseekunde (Bathyozeanographie).

Zweiter Teil.

Das Tierleben der Tiefsee (Bathyzoologie).

Verzeichnis der Abbildungen.

Tafeln auf Tonpapier.

Einleitung.

Das gewaltige, erhabene Meer hat bei allen Völkern, die es kennen und zu allen Zeiten als etwas Heiliges gegolten. Die alten Dichter reden von der „heiligen Salzflut" und Homer nennt den Ozean den Vater aller Dinge.

Der Menſch thut beim Anſchauen der unbegrenzten Waſſermaſſe gleichſam einen Blick in die Unendlichkeit, — Ehrfurcht erfaßt ſein Herz, er fühlet ſich nichtig, er fühlet ſich klein und empfindet wie der Wandrer im Fauſt:

> Und nun laſst hervor mich treten,
> Schau'n das grenzenlose Meer;
> Laſst mich knieen, laſst mich beten,
> Mich bedrängt die Bruſt ſo ſehr! —

Nicht bloß erhaben, auch geheimnisvoll erſcheint das Meer! — Auch Gebirge, Wüſten und Steppen ſind großartig und gewaltig, aber ſie ſind ſtarr und tot, das Meer hingegen iſt ein rege lebender Organismus: niemals, nicht im Großen und nicht in ſeinen kleinſten Teilen iſt es in völliger Ruhe. Wie Blut im tieriſchen Körper pulſieren ſeine Strömungen, es atmet mit ſeiner Brandung und mit dem Spiel ſeiner Wellen, es hat in ſeiner Ebbe und Flut gleichſam Erſcheinungen intenſivſten Lebens, die, lange rätſelhaft geblieben, periodiſch wiederkehrend ſich wie Schlaf und Wachen des Menſchen ablöſen.

Dazu ſeine dem menſchlichen Auge für ewige Zeiten entzogenen abyſſiſchen Tiefen, ſein unendlich reicher als auf dem Lande entwickeltes, Millionen von Menſchen erhaltendes Tierleben, das wunderbare nächtliche Leuchten ſeiner Oberfläche, — alles das wirkt zuſammen eine immer wiederkehrende, nach Erklärungen fuchende Bewunderung in der menfchlichen Bruft zu erwecken!

Das Altertum bevölkerte alles, Felfen und Bäume, Quellen und Ströme, Felder und Haine mit feinen Fabelgeftalten, — fie find verfchwunden im Lauf der Jahrhunderte und Jahrtaufende, nur im Meere vermochten fie fich bis auf den heutigen Tag zu erhalten und die berühmte Seefchlange wird wohl noch in den Zeitungsfpalten unferer Enkelkinder fpuken! —

Trotz aller Anregung aber, die der Menfch feit unvordenklichen Zeiten durch das Meer erhalten hat, ift das Studium feiner Natur im ganzen Umfange, die Ozeanographie, der modernfte Zweig der Naturwiffenfchaften zu nennen. Lange fchon waren die Bahnen der Geftirne berechnet, das Wefen des Lichts und der Zufammenfetzung der Körper erkannt, bevor man eine Ahnung davon hatte, wie es auf dem Boden des Meeres ausfähe.

Hier, wie fo oft, mußte erft die menfchliche Selbftfucht angeregt werden, es mußten die Intereffen der Völker ins Spiel kommen, ehe man fich an die Löfung des Problems: wie find die Verhältniffe der Natur in der Tiefe, auf dem Grunde der Ozeane? heranwagte und fich ftolz über die Mahnung des Dichters hinwegfehnte:

> Da drunten aber ift's fürchterlich,
> Und der Menfch verfuche die Götter nicht
> Und begehre nimmer und nimmer zu fchauen.
> Was fie gnädig bedecken mit Nacht und Grauen!

Die Elektrizität ift die Mutter der Bathy-Ozeanographie! Es wurde ein immer dringenderes Bedürfnis für die gebildete Menfchheit, die durch Meere von einander getrennten Kulturländer in der alten und in der neuen Welt mittels Telegraphe miteinander zu verbinden. Oberhalb der Oberfläche der Ozeane war dies nicht thunlich, man mußte die Leitungen in das Waffer verfenken, man mußte Kabel legen und zwar auf den Boden, denn fonft würden auch noch fo wohl verwahrte Drähte leicht und bald zerreißen und das ganze Unternehmen in Frage kommen. Um dies aber thun zu können, war es eine unabweisliche Notwendigkeit, daß man die Befchaffenheit des Meeresbodens, feine Konfiguration und fein geologifches Wefen kannte. Man war zu großartigen Sondirungen gezwungen, die wahrfcheinlich, wenn jene Utilitätsfrage nicht im Laufe der Zeiten eine immer brennendere geworden wäre, niemals ausgeführt fein würden.

Das erfte Kabel wurde 1850 in dem flachen Meere des Kanals gelegt, um Frankreich und England telegraphifch zu verbinden und jetzt find zwifchen Europa und Amerika allein 9 elektrifche Wege eröffnet. Schon vom Jahre 1845 an hatten die Engländer und Amerikaner eine Reihe von Tieflotungen im nördlichen atlantifchen Ozean vorgenommen, welche im Jahre 1857 mit den von Leutnant Dayman geleiteten Unterfuchungen des engl. Schiffes „Cyclops" in foweit einen gewiffen Abfchluß erreichten, als man jetzt an der Hand der erkannten Thatfachen das erfte Kabel 1858 zwifchen Irland und Neufundland legte, das am 21. Auguft desfelben Jahres zum erftenmal funktionierte. Aber die Sache follte nicht von langer Dauer fein: fchon kurze Zeit darauf verlor es für immer feine Leiftungsfähigkeit. Erft fieben Jahre fpäter (1865) machte fich das bekannte engl. Riefenfchiff „Great Eaftern" an die Arbeit. Das erfte von ihm gelegte Kabel ging verloren, endlich gelang es im Juli 1866 eine bis jetzt noch in Thätigkeit gebliebene doppelte telegraphifche Verbindung der alten und der neuen Welt herzuftellen, einmal durch Legung eines neuen Kabels und dann durch die Wiederauffindung des erften im vorhergehenden Jahre verloren gegangenen.

Während diefer Zeit (von 1858 an) hatten die Skandinavier eine ganze Reihe von kürzeren Sommerfahrten in die arktifchen Gewäffer unternommen, an denen auch Zoologen, namentlich der jüngere Sars, teilnahmen. Und diefe kleinen Lokalexpeditionen follten auf einen Mann zurückwirken, deffen Namen mit der Erforfchungsgefchichte des Meeres unvergänglich, folange es wenigftens eine gebildete Menfchheit giebt, verbunden fein wird, — auf den Schotten Sir C. Wyville Thomfon, (geb. 1830 geft. 1882). Er fah bei dem ältern Sars, die von deffen Sohne bei den Lofoten erbeuteten Gefchöpfe der Tieffee und diefer einmal gewonnene Anblick zufammen mit der tiefeingewurzelten Überzeugung, daß auf dem „Boden des Meeres das gelobte Land der Zoologen läge," erhielten den lebhaft, aber fein empfindenden Mann in fortwährender

Spannung. Im Frühling 1868 war er behufs wiſſenſchaftlicher Unterſuchungen an der iriſchen Küſte zuſammen mit dem Antiſpiritiſten W.
B. Carpenter. Dieſer, ein ganz hervorragender Naturforſcher, war
zufolge ſeiner Verdienſte einer der Vizepräſidenten der großen und alten
(1662 gegründeten) „Royal Society", daher ein Mann von hohem
wiſſenſchaftlichen Anſehen in der ganzen gelehrten Welt und von nicht
geringem Einfluſſe in ſeinem Vaterlande.

Es gelang Wyville Thomſon dieſen ſeinen 17 Jahre ältern Freund
für die Idee einer engliſchen Tieffee-Expedition zu erwärmen und unter-
ſtützt von dem Ausſchuß oder Vorſtand (council) der Royal Society wurde
die Regierung vermocht, den beiden Naturforſchern das königl. Kanonen-
boot „Lightning" zur Verfügung zu ſtellen. Viel war's nicht, aber es
war doch etwas! Dies Fahrzeug mit dem trutzigen Namen (Lightning =
Blitz) war ein kleines beengtes Schaufeldampferchen, wahrſcheinlich das
älteſte von J. M. ganzen ſtolzen Marine!

Unſere Naturforſcher ſegelten aber, unbekümmert um Strapazen
und Gefahren, vergnügten und hoffnungsreichen Herzens am 4. Auguſt
1868 von Pembroke in Nordſchottland aus, um in der Nähe der Faröer
und im atlantiſchen Ozean nordweſtlich von Schottland zu kreuzen.
Am 25. September kehrten ſie nach einer beſchwerlichen, durch die
Ungunſt der Witterung und die Gebrechlichkeit des Fahrzeugs ſelbſt
gefährlichen Fahrt heim. Nur zehnmal hatten ſie das Schleppnetz in
offner See und nur viermal bis auf eine Tiefe von mehr als 500 Faden
auszuwerfen vermocht. Aber doch waren in Anbetracht der kurzen
Zeit und der ungünſtigen Verhältniſſe die Reſultate glänzend zu nennen.

Abgeſehen von wertvollen Beobachtungen über die Verhältniſſe
der Tiefe und der Temperatur der durchkreuzten Meere gelang zum
erſtenmale der poſitive Nachweis, daß bis zu einer Tiefe von mindeſtens
650 Faden ein reiches und mannigfaltiges, durch faſt alle Gruppen der
wirbelloſen Tiere vertretenes Leben herrſcht und daß in jenen Tiefen
nicht bloß, wie wohl zu erwarten, für die Wiſſenſchaft neue Formen
hauſen, ſondern auch ſolche, welche man für ausgeſtorben und ver-
ſchwunden ſeit den Tagen der Tertiärzeit hielt.

Der Vorſtand der Royal Society konnte nun mit dem Hinweis auf folche, trotz den mißlichsten Verhältnissen, erzielte Erfolge einen stärkeren Druck an geeigneter Stelle ausüben und für den Sommer 1870 stellte die Admiralität das Wachtschiff „Porcupine" (Stachelschwein) zur Verfügung.

Der Porcupine war zwar auch nur ein kleines Fahrzeug, aber sonst in jeder Beziehung ausgezeichnet seetüchtig, sehr stark und dem mühseligen, nicht gefahrlosen Wachtdienst entsprechend ausgerüstet. Namentlich war auch seine Bemannung, von den shetländer Matrosen bis zum Kapitän Calver hinauf, eine ganz vorzügliche. Calver und seine Offiziere hatten lebhaftes Interesse für die Intentionen der Naturforscher, was bei Seeoffizieren auf Expeditionen durchaus nicht immer der Fall ist, aber wenn etwas Tüchtiges erreicht werden soll, eigentlich als eine der ersten Hauptbedingungen angesehen werden muß. Der Kapitän eines Schiffes, als momentane absolute Autorität, gegen die es keinen Appell giebt, kann den ihn begleitenden Naturforschern das Leben gewaltig sauer machen, ihnen die Sache verleiden und so den ganzen Erfolg eines wissenschaftlichen Unternehmens in Frage stellen.

Wyville Thomson findet für Calver und seine Leute nur Worte der wärmsten Anerkennung und hebt namentlich des ersteren Verdienste hervor, die er sich dadurch um die Wissenschaft erworben hat, daß er sich der Dredschungen besonders annahm und in ihren Ausführungen bald eine große Meisterschaft erwarb.

Im Jahre 1869 unternahm der Porcupine drei Fahrten. Die erste an der Westküste von England zu der nach ihm benannten „Porcupine-Bank" (53⁰ 30′ n. Br., 13—14⁰ westl. L. v. Gr.) und in dem Kanal zwischen der Rockall-Bank und Schottland; diese Expedition wurde wissenschaftlich von dem systematischen Konchyliologen Gwyn Jeffreys geleitet. Die zweite richtete sich von Queenstown südlich in die Bay von Biscaya bis zu 47⁰ 30′ s. Br. und stand unter der wissenschaftlichen Direktion von Carpenter und die dritte endlich fand unter Leitung von Wyville Thomson wieder in den Meeresteilen statt, wo im Jahre vorher der Lightning gekreuzt hatte, also zwischen den Hebriden, Faröer und den Shetland-Inseln. Während dieser drei Fahrten wurden 90 Dredschungen ausgeführt und die größte Tiefe,

nämlich 2435 Faden (4453 Meter), am füdlichſten, von der zweiten
Expedition erreichten Punkte angetroffen.

Im folgenden Jahre (1870) fuhr der Porcupine am 4. Juli zu einer
größeren Expedition ſüdwärts quer durch die Bay von Biscaya, entlang
der ſpaniſchen Weſtküſte, folgte, die Straße von Gibraltar paſſierend, der
afrikaniſchen Nordküſte, verließ dieſelbe bei Cap Bon, um ſich der
fizilianiſchen Südküſte zuzuwenden, lief Malta an, durchfuhr die Straße
von Meſſina, wandte ſich darauf ohne Aufenthalt in gerader Linie wieder
der Straße von Gibraltar zu und fuhr dann heimwärts, um am 8. October
in Cowes vor Anker zu gehen. Die wiſſenſchaftliche Leitung der Expedition war ſo gedacht, daß die drei früheren Leiter Gwyn Jeffreys,
Carpenter und Wyville Thomſon ſich in dieſelbe teilen ſollten.
Bis zum 6. Auguſt war ſie in Händen von Gwyn Jeffreys, ging dann
für zwei Wochen auf Carpenter über. Leider wurde aber Wyville Thomſon durch Krankheit verhindert, Anfang September der
Expedition folgen und die Direktion übernehmen zu können, und ſo
blieb dieſelbe in den Händen Carpenter's. Auf dieſer Fahrt wurden
61 Dredſchungen vorgenommen und die größte Tiefe (1743 Faden =
3157,5 Meter) nordöſtlich von Malta erreicht.

Vielleicht hat niemals eine wiſſenſchaftliche Reiſe von ſo kurzer
Dauer ſo viel Neues und Bahnbrechendes an das Tageslicht gefördert
als die dreimonatliche Fahrt des Porcupine. Durch dieſelbe wurden
alte Anſichten von Vertheilungen der Temperatur im Meere, von der
Beſchaffenheit ſeines Bodens, von der Tierwelt ſeiner Tiefe für immer
über den Haufen geſtoßen.

Es iſt leicht begreiflich, daß bei einer ſeefahrenden Nation, wie es
die Engländer ſind, das öffentliche Intereſſe durch alle jene neuen Beobachtungen und Entdeckungen in hohem Maße in Anſpruch genommen
wurde. Einmal war es immer noch die praktiſche Seite, die Wichtigkeit der Befunde namentlich für das unterſeeiſche Telegraphenweſen,
die unſern Stammesgenoſſen jenſeits des Kanals imponierte, dann
aber doch auch die rein theoretiſch-wiſſenſchaftliche: dem Zauber
ſo wunderbarer Thatſachen, wenn ſie auch bloß niedere Tiere be-

treffen, kann fich ein gutorganifiertes Menfchengemüt doch nur fchwer verfchließen.·

Und die englifchen Forfcher, allen voran Carpenter, verftanden das Eifen meifterlich zu fchmieden, folange es von dem nationalen Intereffe erwärmt war. In feiner Eigenfchaft als einer der Vorfitzenden der Royal Society fchrieb er einen Brief an den erften Lord der Admiralität, in welchem er auf die ungeheure Wichtigkeit, ja Notwendigkeit einer wiffenfchaftlichen Erdumfegelung in großem Stile, unter einem eignen Forfcherftabe und ausgeftattet mit allen modernen Hülfsmitteln hinwies. Er fand das nötige Entgegenkommen. Es wurde eine Kommiffion von feiten der Royal Society ernannt, welche nun mit Plänen und Entwürfen hervortrat.

Zugleich war es auch gelungen, den damaligen Finanzminifter für die Idee zu gewinnen und das Intereffe des großen Publikums in Spannung zu halten, und fo fand eine Rede, welche Lowe im Haufe der Gemeinen hielt, und in welcher er ausführte, eine folche Expedition fei eine nationale Ehrenfache und müffe völlig auf öffentliche Koften ausgerüftet werden, die lebhaftefte Zuftimmung.

So wurde J. M. Korvette „Challenger" (der Herausforderer, provocateur), ein Schiff von 2306 Tons und mit einer Hülfsdampfkraft bis zu 1234 Pferdekraft, auserfehen, neue, wiffenfchaftliche Argonauten zur Gewinnung des goldenen Vließes der Forfchung über die Ozeane zu tragen. Die Regierung fuchte unter ihren Offizieren anerkannt tüchtige Leute aus, welche zufammen mit ihrem Kommandanten, dem bewährten Kapitän George S. Nares, einen Stab von 23 Mann bildeten. Der wiffenfchaftliche Stab beftand aus Profeffor Wyville Thomfon als Direktor, J. Y. Buchanan als Phyfiko-Chemiker, H. N. Mofeley und Dr. v. Willemoës-Suhm als Zoologen, J. Murray als Geologen und J. J. Wild als Zeichner und Sekretär des Direktors. Einer follte nicht wiederkehren von diefer Fahrt — Rudolf von Willemoës-Suhm. Am 14. September hat man ihn 380 Seemeilen nördlich von Tahiti feemännifch beftattet. Der ftille Ozean ift fein Grab, der Dank der Wiffenfchaft fein Leichenftein!

Mit dem Challenger waren, wenn er feinem dermaligen Zwecke

als großes, fchwimmendes, naturwiffenfchaftliches Laboratorium entfprechen follte, große innere Veränderungen vorzunehmen. Erftens
mußte man Platz fchaffen und man gewann ihn auf Koften der Schiffs-
armatur: von den 18 Stück 68Pfündern mußten 16 den friedlichen
Waffen der Forfcher weichen. Ach, wenn wir es doch noch erleben
könnten, daß überall unter den zivilifierten Völkern der Männermord
der Kultur wiche, daß die ultimae rationes regum vor der humanitas
endlich, endlich einmal verftummen müßten!

Verfchiedene Laboratorien waren eingerichtet, wobei das Talent der

Fig. 1. Biologisches Laboratorium auf dem Challenger.

Engländer praktifch und kompendiös zu arbeiten fich fo recht entfalten
konnte. Da war zunächft eine biologifche Werkftatt, 20 Fuß lang,
12 breit, mit 200, 2300 Sammelgläfer enthaltenden Käften ausgeftattet,
gefüllt mit Spiritusbehältern, mikrofkopifchen Reagentien, mit zahlreichen
Mikrofkopen der beften Optiker der Welt, mit allen möglichen anatomifchen und phyfiologifchen Inftrumenten und Apparaten, kurz, mit
all den taufend Dingen, die der fammelnde und unterfuchende Zoologe
und Botaniker braucht.

Dem zoologifch-botanifchen Laboratorium lag ein chemifches von

10 Fuß Länge und zirka 5 Fuß Breite gegenüber, trotz feiner geringen Größe ausgerüftet mit den beften, feinften und koftbarften Hilfsmitteln der modernen Wiffenfchaft, mit jenen fo wunderbar geiftreich ausgedachten Apparaten die atmofphärifchen Gafe aus dem Seewaffer zu fammeln, die in ihm enthaltene Kohlenfäure zu gewinnen, und die Gafe felbft zu analyfieren. Weiter war ein photographifches Atelier vorhanden mit einer Dunkelkammer, fowie eine Bibliothek der beften Fachwerke und ein anfehnliches Aquarium fehlte nicht. Dem Natur-

Fig. 2. Chemifches Laboratorium auf dem Challenger.

forfcher lacht das Herz im Leibe, wenn er hiervon erzählt und etwas wie gelinder Neid oder wenigftens Bedauern befchleicht ihn, daß er nicht mit von der Partie hatte fein können!

Das Verdeck des Ex-Kriegsfchiffes war weiter noch zum guten Teil den friedlichen Zwecken der Wiffenfchaft geweiht: eine doppelcylindrifche Lokomobile von 18 Pferdekraft nahm faft die ganze Breite des Schiffes ein und war dazu beftimmt, die ganzen wichtigen Apparate für die Tieffeeunterfuchungen, die Dredfchen, Lote u. f. w. hinabzulaffen und herauf-

zuholen, und weiter fanden fich hier die Inftrumente für die magneti-
fchen Beobachtungen.

So war der Challénger bereit für fein großes Friedenswerk. Am
15. November 1872 wurde er in Dienft geftellt und verließ Vormittag
halbzwölf am 21. Dezember 1872 den Hafen von Portsmouth, um zunächft ziemlich auf der Höhe des 10⁰ weftl. L. v. Gr. die Weftküfte
Spaniens zu gewinnen und diefe entlang bis Gibraltar zu fahren. Von
hier ging die Fahrt nach Madeira und den Kanaren, weiter quer über
den atlantifchen Ozean zu den Antillen, dann nördlich nach den Bermudas und nordweftlich bis nach Halifax, zurück nach den Bermudas,
über die Azoren und Madeira nach den Kanaren und Kapverden, die
atlantifche Küfte Afrikas entlang bis ungefähr 0⁰ 40′ f. Br. Jetzt wurde
der atlantifche Ozean abermals gekreuzt, das Felfeneiland St. Paul und
Fernando Noronho angelaufen, der Oftküfte Südamerikas entlang ge-
fegelt bis Bahia und dann wieder quer über den atlantifchen Ozean
nach Triftan d'Acunha und weiter nach der Kapftadt gefahren, wo der
Challenger am 28. Oktober 1873 und zwar in der Simonsbai vor Anker ging.

Diefe Fahrt ift der erfte Teil der Reife. Am 16. Dezember 1873
begann von Simonsbai aus der zweite über die Marioninfel an der
Crozetgruppe vorbei zunächft nach Kerguelenland und weiter in die
antarktifchen Gewäffer, in denen am 16. Februar 1874 auf 66⁰ 40′ f. Br.
und 18⁰ öftl. L. der füdlichfte Punkt der ganzen Reife erreicht wurde.
Von hier wandte fich die Expedition nordöftlich auf Auftralien zu, wo fie
am 17. März in den Hafen von Melbourne einlief, den fie am 1. April
wieder verließ, um am 6. April vor Sydney vor Anker zu gehen. Nach
zweimonatlichem Aufenthalt ging die Reife weiter nach Wellington auf
Neufeeland, von da nach Tongatabu, an die Südweftküfte von Neuguinea, nach den Philippinen und Hongkong. Darauf folgt der dritte
Abfchnitt der Reife: zurück an die Nordoftküfte Neuguineas, über die
Admiralitätsinfeln nach Yokohama, weiter zunächft oftnordöftlich, dann
im rechten Winkel füdlich nach den Sandwichinfeln, über Tahiti und
Juan Fernandez nach Valparaifo und als das Schiff am 20. Januar 1876
aus der Magellanftraße ausgelaufen war, hatte es drei Viertel feiner Reife
hinter fich.

Der vierte Abfchnitt war der Heimfahrt gewidmet: über Montevideo, Ascenfion, die Kapverden und Vigo an der Weftküfte Spaniens nach Sherneß, wo der Challenger Donnerstag den 25. Mai einlief, nachdem er 719 Tage in offner See gewefen war, 68 890 Seemeilen zurückgelegt, 96 567 Zentner Steinkohlen verbraucht, 370 Tieffeelotungen, 255 Temperaturmeffungen, 111 Züge mit der Dredfche und 129 mit dem Trawlnetze gemacht hatte, — die größte und wiffenfchaftlich erfolgreichfte Reife, welche bis dahin überhaupt unternommen worden war.

Gewaltig war das gewonnene Material, ungeheuer der Reichtum an neuaufgefundenen Tiergeftalten, — mit der Reife des Challenger beginnt ein neuer Abfchnitt in der Gefchichte der befchreibenden Zoologie!

In einigen 20 ftarken Quartanten mit vielen Hunderten köftlicher Tafeln ift die erlangte Beute von den beften Kräften Englands, zum Teil aber auch des Auslandes, namentlich Deutfchlands (Haeckel, F. E. Schulze), bis jetzt aber noch nicht völlig bearbeitet worden, — ein herrliches Denkmal der Opferfreudigkeit und der Energie Wyville Thomfons und Carpenters, der Vaterlandsliebe und der Humanität des englifchen Volkes, des Verftändniffes und des Wohlwollens feiner Regierung!

Alexander Agaffiz, ein gewiß kompetenter Beurteiler, war, als er die vom Challenger heimgebrachten Schätze durchmufterte, von ihrem Reichtume und ihrem Erhaltungszuftande entzückt und er betont in einem Briefe, den er an die Redaktion der berühmten und einflußreichen englifchen Zeitfchrift „Nature" fchrieb, wie wichtig auch alle genauen und gewiffenhaft genommenen Angaben über die Verhältniffe der Fundorte der Objekte, welche der Challenger gefammelt hatte, feien. Der Reichtum an diefen Objekten fei fo groß, daß ein einzelner Forfcher, wenn er die umfaffenden Kenntniffe von 18 bis 20 der vorzüglichften Spezialiften hätte, ficher 70—75 Jahre angeftrengter Arbeit nötig haben würde, das Material zu bearbeiten, — ein Zeitraum, der, wie wir jetzt beffer überfehen können, noch zu niedrig gegriffen ift. Jede fpätere Tieffeeexpedition, glaubt Agaffiz, könne kaum mehr thun als auf der Challengerfahrt zweifelhaft gebliebene Punkte aufzuklären und einige Lücken auszufüllen.

2*

Die übrigen Tieffeeexpeditionen find lokaler Art, fo namentlich diejenigen der Amerikaner in den Golf von Mexiko, in das Caraïbifche
Meer und andere füdamerikanifche Gewäfer.

Von feiten der Vereinigten Staaten war fchon feit längeren Jahren
viel zur Kenntnis der benachbarten Meere gethan: fo war 1868 der
Corvin ausgelaufen zur Unterfuchung zwifchen Weft Key und der
Habanna, eine Expedition, welche indeffen wegen des gelben Fiebers
bald unterbrochen werden mußte. Im felben Jahre folgte aber noch
der Bibb zur Erforfchung des Golfftromes bei Sambrero, des Kanals
St. Nicolas und eines Teiles des Kanals Santarem und als dasfelbe
Schiff im folgenden Jahre wieder ausfuhr, nahm auch ein rühmlichft
bekannter Zoologe, Graf Pourtalès, an der Reife teil.

Ein größeres Unternehmen wurde in den Jahren 1871/72 entriert,
eine Reife entlang der Oftküfte Amerikas, um das Kap Horn herum,
entlang der Weftküfte bis Kalifornien. An Bord des Haßler, der zu
diefer Expedition auserfehen war, befand fich Louis Agaffiz (der Vater
von Alexander), wieder Graf Pourtalès und Dr. Steindachner.

In den Wintern von 1875—1877 erforfchte das Schiff Blake zunächft
nur durch Lotungen und Meffungen von Temperatur und Dichtigkeit
des Waffers den Golf von Mexiko, in den Wintern 1877,78, 1878,79
und 1879,80 nahm Alexander Agaffiz teil an den Fahrten diefes
Schiffes in die Straße von Florida und in die Caraïbifche See. Auf einen
beffern zoologifchen Leiter des Unternehmens wie auf den jüngern
Agaffiz hätte die Wahl kaum fallen können; diefer Mann ift, was die
niederen Seetiere, fpeziell die Coelenteraten und Echinodermen betrifft,
eine der allererften Autoritäten, dabei von einem feltenen praktifchen
Gefchick und, last not least, von höchft objektivem Urteile.

Diefe beiden letzten Expeditionen des Blake waren denn auch in
erfter Linie im Dienfte der Zoologie unternommen; eine Reihe fpäter
noch zu erwähnender Fangnetze, Dredfchen u. f. w. wurde hier zum
erftenmale in Anwendung gebracht und im ganzen wurde 307mal gefifcht und zwar bis gegen 2400 Faden tief. Die dabei zum erftenmale
in Anwendung kommende Dredfchleine aus ftählernem Klavierfaitendraht
anftatt aus Hanf bewährte fich ganz vortrefflich.

Mehrere Tauſend Tierformen, darunter Hunderte neuer, wurden an das Tageslicht befördert und zugleich der Nachweis geliefert, daß doch auch ſtellenweiſe in den großen Tiefen des Meeres ſich Lokalfaunen haben entwickeln können, da in den weſtindiſchen Gewäſſern der fauniſtiſche Charakter weſentlich anders iſt als derjenige in der öſtlichen Hälfte des atlantiſchen Ozeans jenſeits des großen Längsgebirges. Man möchte eine Anerkennung der Verdienſte A l e x a n d e r A g a ſ ſ i z' von ſeiten Poſeidons darin ſehen, daß ganz beſonders die gefundenen Echinodermen von hervorragendem Intereſſe waren, doch war auch die Ausbeute an merkwürdigen Kruſtentieren eine ſehr bedeutende. Verhältnismäßig gering war, mit den Befunden aus dem öſtlichen atlantiſchen, dem indiſchen und ſtillen Ozean verglichen, die Zahl der Hexaktinelliden.

Die Unterſuchungen des amerikaniſchen Schiffes Blake, während welcher die Methoden der Tieffeelotung und des Dredſchens ganz umgeſtaltet wurden, bilden gewiß, wie E. R a t h b u n mit nationalem Stolze hervorhebt, eine Reihe der wichtigſten Fortſchrittsſtufen auf dem Gebiete der Tieffeeforſchung.

Von großer wiſſenſchaftlicher Bedeutung und mit glänzendem Erfolge ausgeführt ſind die drei Sommerfahrten, welche der norwegiſche Dampfer „V o e r i n g e n" unter der Leitung von H. M o h n während 1876—78 in den arktiſchen Gewäſſern zwiſchen der norwegiſchen Küſte, Island, Jan Mayen und Spitzbergen ausführte. Am intereſſanteſten ſind die Reſultate der Unterſuchungen, welche ſich auf die 25 geogr. Meilen weſtlich von der norwegiſchen Küſte zirka 300 Faden unter der Oberfläche des Meeres gelegene Barrière, welche an ihrem nördlichen Ende „Havbro" genannt wird, beziehen. Hier beginnt eine kalte Meereszone mit zirka 0—1,6° Celſius und mit einer ſehr eigentümlichen Fauna; dieſelbe iſt rein arktiſch oder glazial, ohne die Spur von Beimiſchung ſüdlicher Formen, aber trotzdem ſehr reich, reicher als diejenige der Küſte ſelbſt. Die zoologiſchen Reſultate dieſer Expeditionen werden von den erſten ſkandinaviſchen Spezialiſten bearbeitet und die betreffenden Abhandlungen bilden Zierden der Fachlitteratur.

Eine kleine Expedition rüſtete 1881 die italieniſche Regierung unter Leitung des Florentiner Zoologen Giglioli aus. Der Kriegsdampfer

Wafhington unterfuchte die Meere öftlich und füdlich von Sardinien und fondierte dabei als größte Tiefe 3650 Meter zwifchen der Infel und Neapel. Durch Dredfchungen, deren tieffte bei 3115 Meter ftattfand, wurde die Gegenwart einer wirklich atlantifch-ozeanifchen Tieffeefauna im Mittelmeere nachgewiefen.

Es ift ein Glück für die Wiffenfchaft, daß auch heute noch „der Ruhm des Themiftokles den Alcibiades nicht fchlafen läßt!"

Der Ehrgeiz der Franzofen, einer feit den Tagen Buffons in den zoologifchen Wiffenfchaften hervorragenden Nation, mußte begreiflicher-weife durch die Erfolge, welche das Ausland durch feine Tieffee-forfchungen errungen hatte, mächtig erregt werden.

„Man fchrieb 1880," fagt Perrier: „la France hatte bereits glänzend bewiefen, daß fie aus der Rekonvaleszenz endlich heraus fei und daß fie im ftande wäre, ihre Stelle unter den Völkern wieder einzunehmen. Die Zeit fchien ihren Naturforfchern gekommen zu fein, die Regierung auf die Fragen, um welche es fich handelte, aufmerkfam zu machen und von ihr die Mittel zu fordern, dem Lande einen ehrenvollen Anteil an der Löfung derfelben zu fichern."

Ein früherer Seeoffizier und begeifterter, durch eigene Unterfuchungen bekannter Tieffeeforfcher, der Marquis de Folin, gewann leicht die in Frankreich exiftierende „Commission des missions scientifiques" ihn bei feinen Gefuchen an die zuftändigen Minifter des öffentlichen Unterrichts und der Marine um ftaatliche Beteiligung bei jenen Forfchungen zu unterftützen. Der Vorfitzende der Kommiffion, der ehrwürdige, uralte Henry Milne Edwards, einer der hervorragendften Zoologen und trotz feines englifchen Namens und feiner belgifchen Vaterftadt (Brügge) ein Vollblutfranzofe, machte die Idee Folins zu der feinigen „und ent-faltete feinen ganzen Einfluß, feine ganze tiefe Menfchen- und Sach-kenntnis, eine erfte franzöfifche Tieffeeexpedition zu ftande zu bringen." Das Stationsfchiff von Rochefort, das den Namen „le Travailleur" (der Arbeiter) trug, wurde 1880 mit einer Kommiffion hervorragender Forfcher unter Vorfitz des jüngern Milne Edwards an Bord, zunächft zu einer Tieffeeexpedition in die Bay von Biscaya entlang der fpanifchen Nord-küfte entfendet. Auch hier war es diefelbe Gefchichte wie in England mit dem Lightning: der Travailleur, ein alter Raddampfer, ging schlecht mit Dampf, noch schlechter unter Segel, aber glücklicherweise war er wenigstens solider als das englische Unglücksschiff. Man sollte fast meinen, manche Regierungen dächten bisweilen, für Zoologen sei auch das Schlechteste noch lange gut genug!

Diese Expedition sollte nichts sein als ein nur auf 14 Tage berechneter Versuch und doch waren die Resultate zu überraschend reich, als daß man nicht an eine erweiterte Fortsetzung hätte denken sollen. Im folgenden Jahre (1881) ging der Travailleur wieder mit der naturwissenschaftlichen Kommission unter Vorsitz von Alphons Milne Edwards am 9. Juni von Rochefort aus in See, umfuhr Spanien, legte in Marseille, Nizza und Ajaccio an und lief nach Zurücklegung fast der nämlichen Strecke am 19. August im Ausgangshafen wieder ein. Die Beobachtungen allgemein-ozeanographischer Art, welche auf dieser zweiten Reise gemacht wurden, sind, namentlich rücksichtlich der Beziehungen des Mittelmeers zum atlantischen Ozean, teilweise sehr merkwürdig, verhältnismäßig gering indessen war die zoologische Ausbeute, welche nur auf der Rückreise längs der portugiesischen Küste den Erwartungen entsprach.

Eine dritte Fahrt unternahm der Travailleur 1882 zur abermaligen Untersuchung der Bai von Biscaya und der Küste von Portugal bis zu den Kanaren, eine starke Leistung für dieses Schiff. Die Fahrten des Travailleur waren eigentlich nur Vorbereitungen zu einer entscheidenden Expedition und sollten auch nicht viel mehr sein: die wissenschaftlichen Apparate sollten auf ihnen vervollkommnet und ihr Gebrauch geübt werden.

Am 1. Juni 1883 verließ das Rekognoszierungsschiff, der Talisman, ein weit besseres Fahrzeug als der Travailleur, ein guter Dampfer und tüchtiger Segler, mit der früheren wissenschaftlichen Kommission den Hafen von Rochefort. Er nahm seinen Kurs südwärts entlang der iberischen und nordafrikanischen Westküste über Cadix und die Kanaren nach den Kapverden, fuhr von hier westlich zum Besuch des Sargassomeeres, dann nach den Azoren und traf am 31. August wieder in Rochefort ein. Der Erfolg dieser Reise in zoologischer Hinsicht war ein sehr

reicher zu nennen: nicht nur wurden viele vom Challenger entdeckte
Tieffeetiere wieder gefunden, es wurden zu den fchon bekannten zahlreiche neue hinzugefügt und weiter ganz befonders die intereffante Fauna
des Sargaffomeeres reichlich gefammelt. Die franzöfifchen Forfcher
durften mit wohlberechtigtem Stolze auf die Refultate diefer Reife zurück-
blicken.

Viel ift gethan in den zwanzig Jahren feit der Lightning am 4. Auguft
1868 Pembroke verließ, aber viel bleibt noch zu thun. Noch harren
viele Probleme auf allen Gebieten der Tieffeekunde der Löfung, noch
ift die große Arbeit unvollendet.

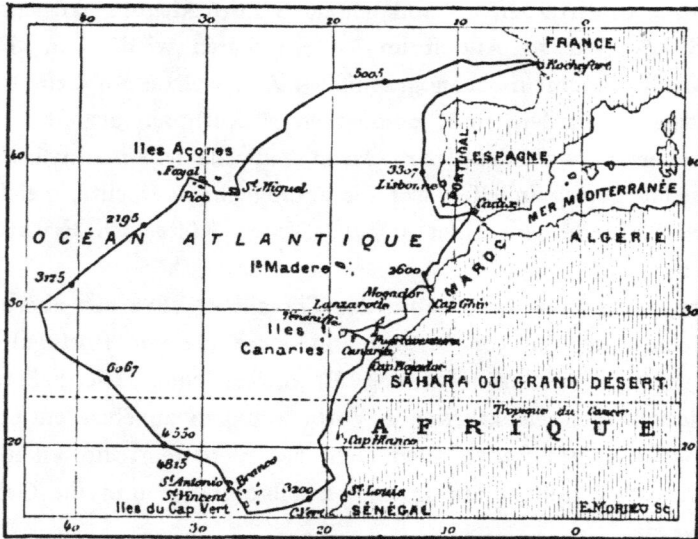

Fig. 3. Die Reiferoute des Talisman.

Allgemeiner Teil.

Physik und Chemie der Tiefsee.

Tieffeekunde.

Die Tiefe des Meeres und die Lotapparate. Die Tiefen des
Meeres und ihre Verteilung genau zu kennen ift von mehrfacher
Wichtigkeit.

Der Seefahrer muß der Sicherheit von Schiff, Mannfchaft und La-
dung halber wiffen, wie viel Tiefe er hat oder er muß wenigftens auf
dem Laufenden darüber fein, wo in den von ihm befahrenen Gewäffern
die Minimaltiefe, bei welcher er noch ficher fahren kann, aufhört. Seit
Jahrhunderten haben die feefahrenden gebildeten Nationen die von den
verfchiedenen Seeleuten in diefer Hinficht gewonnenen Erfahrungen gefammelt und in Büchern, namentlich aber in Karten, das verarbeitete
Material niedergelegt. Es liegt in der Natur der Sache, daß vielbefahrene
Straßen und oft befuchte Küften betreffs ihrer Tiefenverhältniffe am
beften gekannt find; hier braucht nur felten die Lotleine ausgeworfen
zu werden. Anders aber wird es, wenn fich das Schiff auf nur wenig
gekanntem Gebiete in der Nähe von Küften bewegt; dann muß nach
kurzen Zwifchenräumen „gepeilt" und oft mit großer Vorficht gefahren
werden.

Dem gewöhnlichen praktifchen Seemann kann es freilich einerlei
fein zu wiffen, ob das Meer unter ihm und feinem Schiffe 100 oder
1000 Meter tief ift, es find andere Fragen, die darin ihre Beantwortung
fuchen.

Einmal ift es, wie fchon vorher angedeutet wurde, von eminenter
Wichtigkeit für die Legung der unterfeeifchen Telegraphenkabel ganz
genau die Tiefenverhältniffe der betreffenden Meere zu kennen, namentlich handelt es fich darum, hierzu eine möglichft ebene fubmarine Fläche

zu finden, da natürlich bei fehr zerriffenem Meeresboden, bei ftarkem und häufigem Wechfel von Berg und Thal, die Legung des Kabels viel fchwieriger und feine Sicherheit weit mehr gefährdet wird.

Dann aber hat die Kenntnis der „bathymetrifchen" Verhältniffe der Meere großes wiffenfchaftliches Intereffe fowohl an und für fich, wie namentlich auch mit Rückficht auf andere Fragen. So gut man die Höhen der Berge mißt, nur mit dem idealen Zweck den Wiffenstrieb zu befriedigen, fo gut wirft der Forfcher das Lot aus um, nur der Wiffenfchaft wegen, in Erfahrung zu bringen, wie groß die Tiefe der Gewäffer ift. Diefe Tiefe ift aber auch ein wichtiger Faktor, der bei der Beurteilung der Organifation der dort haufenden Gefchöpfe mit in An- fchlag gebracht werden muß und die Kenntnis der Verteilung des Waffers in vertikaler Richtung ift für die Löfung gewiffer, die allgemeine Natur- gefchichte der Erde betreffender, uns hier allerdings ferne liegender Fragen von höchfter Bedeutung.

Schon der Naturmenfch hat vielleicht, wie es die Kinder gern noch heute thun, von bloßer Neugierde angeftachelt, an eine rohe Schnur einen Stein gebunden und ihn ins Waffer gefenkt, um dann an der Länge des Fadens deffen Tiefe zu beftimmen. Und faft alle Inftrumente, die wir heute zu den bathymetrifchen Meffungen anwenden, find nur Modifikationen diefes rohen Urlots, — fehr fein ausgedachte und aus- gearbeitete zwar, aber doch nur Modifikationen. Auch heute noch handelt es fich bei den Sondierungsmafchinen in erfter Linie um einen fchweren Gegenftand, der an einer Leine befeftigt verfenkt wird, worauf man die Länge des mitverfenkten Stücks der Leine und damit die Tiefe des Waffers beftimmt.

Die einfachfte und bis 1817 ausfchließlich gebräuchliche Form des Lotes ift das Handlot: ein fchlanker Bleikegel von verfchiedener Schwere, je nach dem mutmaßlichen Betrag der zu meffenden Tiefe, mit feinem fpitzen Ende an einer dünnen Leine befeftigt, am untern ftumpfen mit einer mit Talg (an welchem Grundproben kleben bleiben follen) ausgefüllten Höhlung. Eine Modifikation diefes einfachen Appa- rates trägt am untern Ende ein nach oben offenes Metallfchüffelchen, das mittelft eines Stäbchens an den Boden des Lots (Fig. 4) befeftigt ift.

Zwifchen dem Schüffelchen und dem Lot fpielt leicht beweglich am Stab eine Metallfcheibe. Wird das Lot herabgelaffen, fo hält der Wafferdruck das Scheibchen von der Höhlung des Schüffelchens entfernt, beim Auffchlagen auf weichen Boden dringt das unten zugefpitzte Schüffelchen ein und füllt fich, je nachdem, mit Sand oder Schlamm. Beim Heraufholen wird, wieder durch den Druck des Waffers, das Scheibchen auf die Öffnung des Schüffelchens gepreßt, fodaß deffen Inhalt nicht herausgefpült werden kann. So plaufibel die Sache theoretifch auch ausfieht, foll das Inftrument doch fehr unzuverläffig arbeiten.

Bei einer andern Umgeftaltung des alten Handlots (Fig. 5) befindet fich unten ein 13 Zoll hoher und zirka 4 Zoll weiter cylindrifcher Hohlraum, deffen Boden eine fogenannte Schmetterlingsklappe darftellt. Diefe Klappe ift folgendermaßen kon-ftruiert: quer durch das Lumen des Hohl-raums unten läuft eine Metallfpindel, an welcher mittelft Scharniere die beiden Hälften des Bodens derartig fpielen, daß fie bei ftattfindendem Drucke von unten, alfo beim Herablaffen durchs Waffer und beim Aufftauchen auf den Sand oder Schlamm des Bodens aufftehen. So kann fowohl Waffer wie endlich eine Grund-

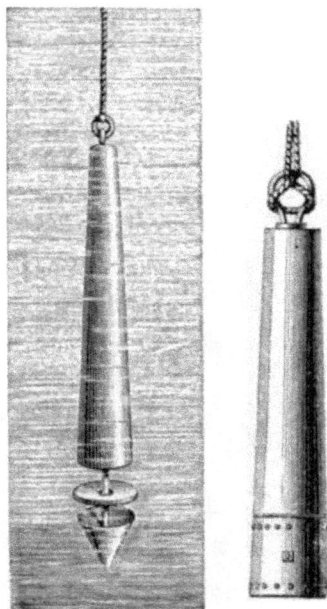

Fig. 4.   Fig. 5.
Handlote.

probe in den Hohlraum eindringen, beim Aufziehen fenken fich die Klappen, ihrer Schwere folgend, aber fie find durch einen nach innen vorfpringenden Rand an der Wandung der Höhlung verhindert, aus dem Niveau des Bodens des Lotes vorzutreten und daher bleiben die in die Höhlung einmal eingedrungenen Maffen beim Aufholen in derfelben. Der Name „Schmetterlingsklappe" beruht auf einem Vergleiche der Vorrichtung mit einem Tagfalter: die Spindel ift fein Leib, die um diefe nur in einem rechten Winkel beweglichen beiden Klappen find

die beiden Flügelpaare. Die Leiftungsfähigkeit diefes Apparates bei nicht
zu großen Tiefen (bis zirka 1800 Meter) wird gerühmt.

Auf einem andern Prinzipe beruht ein, teilweife fchon 1818 von
Sir John Roß auf feiner Reife in die Baffinsbai in Anwendung ge-
brachtes, aber von Steil, dem Ingenieur des englifchen Schiffes Bull-
dog (1860) nach Angaben von Sir L. M'Clintock modifiziertes Inftrument zur Heraufholung von Tieffeegrundproben. (Fig. 6.) Ein paar

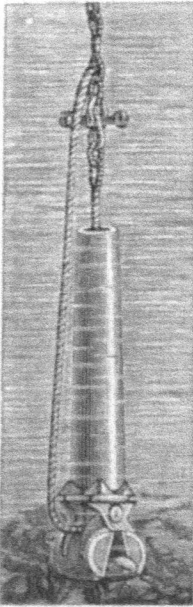

Fig. 6.   Rofs-Steilfche
Tieffeepinzette.

fchaufelartige Backen bewegen fich wie eine Zange
um eine Spindel und bilden, gefchloffen, einen cylindrifchen Kaften. Oberhalb der Spindel hat jede ein
paar den Griffen der Zange entfprechende, abge-
flachte, nach außen verbreiterte Anhänge. An der
Spindel befinden fich zwei Schnuren: die eine ift die
direkte Fortfetzung der Lotleine und läuft durch
den zentralen Hohlraum eines fchweren, kegelförmigen, freibeweglichen Metallmantels, der mit
feinem untern Rande oben und innen auf den griff-
artigen Anhängen der Zange ruht und diefe durch
die Gewalt feines Druckes auseinanderfperrt. Diefe
Griffe haben aber feitlich je eine Einkerbung, in
welcher ein ftarker Ring von Kautfchuk eingelaffen
ift, der beftrebt ift, die Griffe einander zu nähern
und fo die Zange zu fchließen, aber durch die
größere Kraft des laftenden Metallmantels daran
verhindert wird, folange der Lotapparat hängt oder
fällt. Eine zweite um die Spindel der Zange befeftigte Schnur ift an einem Ringe der Lotleine angeknüpft, während
die erftere durch den Mantel laufende an ein paar rechtwinklig
gebogene Haken befeftigt ift. Das Prinzip diefer Haken ift folgendes:
jeder ift ein rechtwinklig gebogenes Stück Eifen und durch ihre
Kniee geht eine Axe, an die auswärts von ihnen zugleich ein Bügel
rechts und links befeftigt ift, der an der Lotleine hängt. Der eine nach
innen befindliche Teil des Hakens ift derart gekrümmt, daß er mit feinem
Pendant eine Öfe darftellen kann, die rechtwinklig zu ihm ftehenden

oberen nach außen vorſpringenden Teile ſind weit ſtärker und viel
ſchwerer, daher ſenken ſie ſich, ſich ſelbſt überlaſſen nach unten von der
Axe und die innern beiden Hälften bilden dann keine Öſe mehr, ſondern
klaffen auseinander. Sobald aber die Öſe durch eine nach unten ziehende
Laſt, die ſtärker iſt als das Gewicht der beiden größeren Hakenſchenkel,
beſchwert wird, bleibt ſie geſchloſſen und dies iſt der Fall, wenn die
Zange und der Metallmantel mittels der durch dieſen gehenden Schnur
in jener Öſe hängt. Stößt nun der Apparat auf dem Boden auf, dann
hört die Wirkung der ziehenden Kraft der Zange plus des Metallmantels
auf, die Öſe giebt ſich auseinander und der Ring der Schnur löſt ſich,
zugleich hört aber auch die Druckwirkung des Mantels auf die Griffe
der Zange auf oder wird doch wenigſtens von der Zuſammenzugskraft
des Kautſchukrings weit übertroffen, die Zange ſchließt ſich, faßt aber
zugleich zufolge der Gewalt des Falles in
den Boden, von dem nun eine Probe in
den durch beide Zangenbacken gebildeten
Kaſten hineingerät. Beim Heraufholen des
Lotapparats fällt der Metallmantel ab,
aber die vom Kautſchukring geſchloſſene
Zange bleibt mittels der zweiten äußeren
Schnur an der Lotleine befeſtigt.

    In der von Steil vollzogenen Umge-
ſtaltung der alten „Tieffee-Pinzette" (deep-
sea clamms) Sir John Roß' iſt ein Prinzip
in Anwendung gebracht, auf dem der
Brookeſche (Fig. 7) Lotapparat beruht.
Brooke, ein junger amerikaniſcher Seeoffizier und Schüler des großen Ozeano-
graphen Matthieu Fountain Maury
(geb. 1806, geſt. 1873), erfand 1854 ein
Tieffeelot, von dem faſt alle moderneren

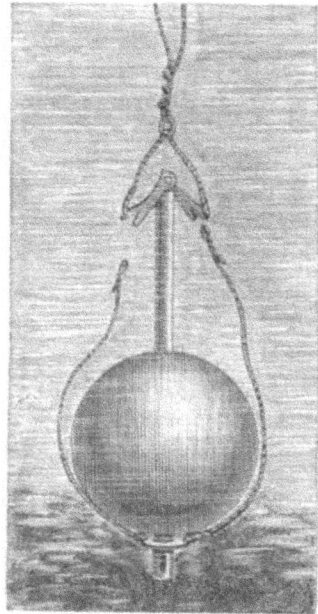

Fig. 7. Brooke's Tieflot.

Tieffeelote bloße Modifikationen ſind. Brooke konſtruierte einen Eiſenſtab, einen „Peilſtock," der an ſeinem einen, dem untern Ende
hohl iſt, oben aber mittels der Öſen zweier beweglicher Arme in

einer Schnur hängt, die durch einen Ring am Ende der Lotleine läuft; jeder Arm hat an feiner untern Kante eine tiefe, von
außen nach innen gerichtete Kerbe. Vor dem Sondieren wird nun der
Stab durch eine zentral durchbohrte Kanonenkugel derart hindurch-
geſteckt, daß ein Stück desfelben unten aus der Kugel frei hervor-
ragt. Über diefes wird eine Metallfcheibe gezogen, an welche jederfeits eine hanfene oder lederne Schnur mit einer Öfe am freien
Ende befeftigt wird. Die beiden Öfen werden in die Kerben der beiden

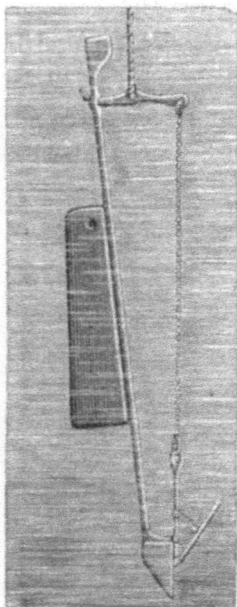

beweglichen Arme der Mittelſtange eingehängt.
Schwebt nun der Apparat, fo werden die freien
Enden der beiden Arme, infolge des Zuges der
ſchweren Belaſtung auf die Lotleine, oberhalb
des Peilſtocks einander genähert und die Öfen der
die Kugel tragenden Schnur hängen in den
Kerben. Sobald aber der Peilſtock auf den Boden
auffchlägt, wird er gehoben und während er in
die Höhe geht, fenken ſich die Arme und die
Öfen löfen ſich aus ihren Kerben aus, Schnur
und Kugel fallen zu Boden. Der in der unteren
Höhlung mit Talg ausgegoffene Peilſtock wird
frei, was der die Lotleine führende Beobachter
fofort merkt, worauf er diefelbe nicht weiter
laufen läßt. Bis zu Tiefen von 2500 Meter foll
dies Lotinſtrument recht gut funktionieren.

Der Brookefche Apparat hat nun verfchiedene
Veränderungen und Verbefferungen erfahren.

Fig. 8. Fitzgeralds
Tieflot.

Eine derfelben, das Fitzgerald-Lotinſtrument
(Fig. 8), wurde während der Expedition des Lightning gebraucht
und wird von Wyville Thomfon fehr gerühmt. Die Lotleine ift hier
am untern Ende durch ein in der Mitte einer kurzen eifernen Querſtange befindliches Loch gezogen. Die Stange felbſt endigt an der einen
Seite mit einer aufwärts gekrümmten Spitze und hat im andern Ende ein
zweites Loch, in welchem eine Kette befeſtigt iſt. Die gekrümmte Spitze
greift in eine am obern Teile eines langen, ſchweren Eifenſtabs unter-

halb eines ruderförmig verbreiterten Oberendes (um das Durchſchneiden des Waſſers zu erleichtern) befindliche Öſe ein. Am untern Ende iſt ein ſchaufelartiger, ſeitlich offner Kaſten mit ſcharfem, ſpatelförmigem Unterrande angebracht. Am gegenüberliegenden obern Rande befindet ſich ein in Angeln drehbarer Verſchluß oder eine Thüre, die durch bewegliche Querſtücke nach oben mit einer, den Schaufelkaſten mit der vorher erwähnten Kette vereinigenden, kurzen Stange verbunden iſt. Am untern Ende iſt dieſe Stange gleichfalls mittelſt Scharnier an den Kaſten befeſtigt. Der große, ſchwere Eiſenſtab hat an dem mittleren Abſchnitte ſeiner Außenſeite zwei nach oben gekrümmte Zapfen, welche eine ſchwere, dicke Metallplatte tragen.

Der Apparat iſt ſo eingerichtet, daß beim Herablaſſen der obere kurze Querbalken horizontal ſteht; beim Aufſtoßen auf den Boden hört aber die Wirkung der Zugkraft des ſchweren Eiſenſtabs plus Gewichtes auf beide Enden des Querbalkens auf, ſie wirkt nur noch auf das eine, zugeſpitzte, welches ſich demzufolge ſenkt und ſich aus dem Loche herauszieht, während das Plattengewicht ſich von ſeinen Tragezapfen loslöſt. Zugleich hebt ſich aber die Schaufel als untere Verlängerung des ſchweren Eiſenſtabs nach oben und greift in den Sand oder Schlamm des Bodens ein. Wird nun der ganze Apparat aufwärts gezogen, ſo fällt der lange Stab ziemlich in die Richtung der Kette und damit der Lotleine und die Schaufel wird infolge ihres Gewichts mit der Grundprobe gefüllt, an ihren Deckel oder ihre Thüre angedrückt und beim Aufziehen geſchloſſen erhalten.

Fig. 9.
Hydralot.

Die Lote, deren man ſich auf der Porcupine- und Challengerexpedition bediente, ſind einfacher und ſtehen dem Brookeſchen Apparat näher. Das auf der Reiſe des Porcupine und anfangs auch auf der des Challenger benutzte Lot (Fig. 9) wurde auf der Fahrt des Schiffes „Hydra“ im arabiſchen Meere von dem Grobſchmied des Schiffes, Gibbs erfunden und heißt nach dem Fahrzeug das „Hydra-Lot“. Wyville Thomſon und W. Spry, der erſte Ingenieur der Challengerexpedition, geben davon folgende Beſchreibung: der Peilſtock iſt eine

40 Zoll lange und 1 ¹/₃ Zoll weite, fefte Meffingröhre, die in vier Kammern
geteilt ift; die oberfte derfelben ift die längfte, die unterfte hat am freien
Ende ein Schmetterlingsklappenventil, zwifchen den andern finden fich
Kegelklappen. Die oberfte enthält einen Kolben, deffen Stange fich
nach oben in einen Stab fortfetzt, an welchem die Lotleine mittelft
eines Ringes befeftigt ift. Ihre Wandung hat ungefähr in der Mitte
jederfeits anfehnliche Löcher. Seitlich am obern Stabende befindet fich
ein zahnartiger Zapfen, über den eine gebogene ftählerne Spannfeder
weggeht, die in der Mitte eine Öffnung zum Durchtritt des Zapfens
befitzt, während ihre Enden an den Stab befeftigt find. Wird diefe
Feder kräftig niedergedrückt, fo kann der Zapfen durch ihre mittlere
Öffnung hindurchtreten. Die Gewichte find aus Gußeifen, wiegen je
50 Kilogramm, haben eine cylindrifche Geftalt, find in der Mitte zum
Durchtritt der Peilröhre durchbohrt, an den Rändern aber verfalzt, fodaß fie eine einzige Maffe bilden. Die Zahl der Gewichte richtet fich
nach dem wahrfcheinlichen Betrag der zu meffenden Tiefe, — auf je
1000 Faden ein Gewicht. Sie hängen in einer Schlinge von Eifendraht
und laften dabei auf einer Metallfcheibe. Vor dem Loten werden
die Eifencylinder auf die Peilröhre aufgereiht und die Tragefchlinge
über das Ende des Zapfens gehängt, fodaß durch die Druckkraft der
Gewichte die Spannfeder niedergehalten wird. Beim Aufftoßen auf dem
Boden ziehen die Gewichte den Kolben nieder, was aber nicht fehr
fchnell geht, da ja in der Röhre unterhalb des Kolbens fich Waffer
befindet, das ziemlich langfam erft aus den feitlichen Öffnungen in der
Wand entweicht. So ift Zeit genug vorhanden, daß das mit der
Schmetterlingsklappe verfehene freie Ende genügend tief in den Boden
eingetrieben werden kann. Hat die Gewichtmaffe Grund gewonnen,
dann hört der durch die Drahtfchlinge auf die Spannfeder ausgeübte
Druck auf, diefe kehrt in ihre urfprüngliche Lage zurück und fchiebt
dabei die Schlinge vom Zapfen herab. Der Peilftock wird beim Heraufholen aus den durchbohrten Eifencylindern herausgezogen, diefe bleiben
auf dem Meeresboden, während in den mittlern beiden Kammern der
Röhre fich Waffer, in der unterften aber eine Grundprobe befindet.
    Im weiteren Verlauf der Challengerexpedition wurde eine vom

Commodore C. W. Baillie erfundene Modifikation der „Hydra-Maſchine" in Anwendung gebracht (Fig. 10), deren Peilröhre 48 Zoll lang
und 3 Zoll weit war. Die Gewichte ſind gerade wie bei dem urſprünglichen Modell an die Röhre aufgereiht, aber die Drahtſchlinge hängt
hier über einem beweglichen Haken, der, nachdem das Lot auf dem
Grunde aufgeſtaucht iſt, über einen koniſchen Zapfen fällt, wodurch
die Drahtſchlinge ſammt den Gewichten losgelöſt
wird und beim Aufziehen auf dem Boden bleibt.
Infolge des größeren Kalibers der Peilröhre iſt die
Grundprobe anſehnlicher als wie diejenige, welche
die Hydra-Maſchine mit heraufbringt.

Auf einem ganz andern Prinzipe beruht Sir
William Thomſons Lotapparat. Derſelbe beſteht aus einer an einem Ende offen und in einer
oberhalb des eigentlichen Lotgewichtes befindlichen Meſſingröhre eingeſchloſſenen zwei Fuß
langen Glasröhre. Die in dieſer urſprünglich befindliche Luft wird durch den Druck des eindringenden Waſſers immer mehr und mehr zuſammen-
gepreßt, mithin wird der Grad des Druckes durch
den Höhenſtand des Waſſers in der Röhre angezeigt. Um dieſen Höhenſtand aber zu fixieren,
iſt die Röhre innen mit einem Belag von rot er-
ſcheinendem chromſauerem Silber verſehen. Soweit

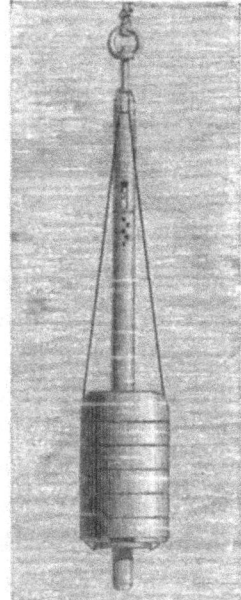

Fig. 10. Hydra-Lot des
Challenger.

das Seewaſſer eindringt, veranlaßt es eine Ver-
färbung dieſes Belags in weißlich-gelb, wonach man alſo den Stand des
Waſſers in der Röhre erkennen, weiter deſſen Druck auf die in ihr enthaltene Luft und ſomit aus dem Druck wieder die vom Apparat erreichte Tiefe berechnen kann, unabhängig von der Länge der Leine.
Leider arbeitet der Apparat nur bis zu Tiefen von 150 Faden (275 Meter).

Im Jahre 1878 ſchlug ein engliſcher Seeoffizier, Th. F. Jewell,
folgendes Lotinſtrument vor: das Lotgewicht oder der „Sinker" iſt
ein eiſerner, 26,5 Zoll langer, umgekehrter, ſchlanker Kegel, oben mit
5, unten mit 3 Zoll Durchmeſſer. In ihm befindet ſich ein runder,

3*

zentraler Hohlraum von zwei Zoll Durchmeffer, der vom obern Ende
bis zu einem Zoll oberhalb feines untern reicht. Diefe Höhlung enthält eine zirka 48 Zoll lange, an einem Ende gefchloffene, in der Mitte
gekrümmte Glasröhre mit zwei Schenkeln, jeder von 24 Zoll Länge.
Diefelbe wird, die Biegung nach oben, in den Hohlraum gefteckt und
diefer felbft am obern Ende durch einen eingefchraubten an der Lotleine befindlichen Zapfen verfchloffen. Im Boden des Metallmantels und oben im
Zapfen find durchgehende Löcher, welche dem Waffer den Zutritt zum
zentralen Hohlraum geftatten. In dem Maße, wie das Lot tiefer und
tiefer fällt, fteigt das eingedrungene Meereswaffer in dem unten offnen
Röhrenfchenkel und komprimiert die in der Röhre enthaltene Luft nach
dem gefchloffenen Ende hin. Wenn die Wafferfäule den höchften
Punkt der Biegung der Röhre erreicht hat, ift der Apparat, wie zu berechnen, in einer Tiefe von $5\frac{1}{2}$ Faden angelangt. Bei jedem weitern
Sinken des Lotes tritt nun Waffer in das untere Ende des gefchloffenen
Schenkels über, die Kompreffion der Luft wird in deffen obern Teile
ftattfinden und ihr Grad, folglich auch der Grad des Wafferdrucks
und damit der Grad der vom Apparat erreichten Tiefe ergeben fich aus
der Höhe der Wafferfäule im untern Abfchnitt des gefchloffenen Röhren-
fchenkels. Über die praktifche Anwendung diefes Lotinftrumentes ift
dem Verfaffer nichts bekannt geworden, doch dürfte fich derfelbe kaum
für Meffungen beträchtlicherer Tiefen eignen.

Ein Jahr (1874) vor der Veröffentlichung des Jewellfchen Projekts
hatte Tardieu der franzöfifchen Akademie einen Tieffee-Lotapparat
vorgelegt, über deffen weitere Benutzung indeffen auch noch nichts bekannt geworden ift. Derfelbe befteht aus einer Kautfchukhohlkugel mit
Wandungen von einigen Centimetern Dicke, welche mittelft einer Röhre
von geringem Kaliber und mit Schmetterlingsklappe mit einem oberhalb befindlichen eifernen Refervoir kommuniziert. Die Kautfchukkugel
wird nun mit Queckfilber gefüllt und jede Zunahme von äußerem, durch
das Waffer ausgeübtem Druck beim Fallen des Lotes läßt eine beftimmte
Menge von Queckfilber aus der Kugel durch die Röhre in den eifernen
Behälter fteigen, die infolge des Klappenapparats nicht zurückkann. Es
erlaubt nun, wenn der Apparat in der Tiefe gewefen ift, das Gewicht

der in das Refervoir übergetretenen Queckfilbermenge den Druck, dem
er ausgefetzt und damit die Tiefe, bis zu welcher er gelangt war, zu
beftimmen.

Diefes Inftrument würde, wie das Lot von Sir William Thomfon,
einen großen Vorzug haben, daß es nämlich die richtige Tiefe angeben
würde, gleichgültig, ob es in einer fenkrechten oder fchrägen Richtung
diefelbe erreicht hätte. Das ift bei den Apparaten, bei welchen die erreichte Tiefe durch die Länge der Leine beftimmt wird, nicht der Fall:
hier können fich durch den Einfluß von Strömungen etc. bedeutende
Störungen und damit Irrtümer einftellen.

Dergleichen Fehler in der Fehlerquelle zu vermeiden ift auch der
Zweck des Maffey-Tiefen-Indikators. Derfelbe befteht aus einer ovalen
Meffingfcheibe, welche an beiden Enden mit je einer Rolle verfehen ift.
An der obern ift die Lotleine befeftigt, an der untern mit einer zirka
einen halben Faden langen Schnur das Gewicht. Unterhalb der Mitte
findet fich quer zur Längsaxe der Scheibe ein Rad mit vier Speichen oder
Flügeln in einer folchen Stellung, daß, wenn der Apparat fällt, das Rad
und feine Axe unabhängig von der Strömung nur durch den Wafferdruck bewegt werden. Die rotierende Axe überträgt ihre Bewegung auf
die Zeiger zweier Zifferblätter, die derart eingerichtet find, daß auf dem
einen Blatte fich der Zeiger nach Zurücklegung von 15 Faden einmal
völlig herumgedreht hat. Bei größeren Tiefen muß ein anderer Zeiger
und ein anders eingeteiltes Zifferblatt mit der rotierenden Axe in Verbindung gebracht werden. Nach Wyville Thomfon foll diefer Apparat
bei mäßigen Tiefen recht gut zu verwenden fein, bei größeren wird er
aber unzuverläffig, wie alle Inftrumente mit metallenem Räderwerk,
was wahrfcheinlich eine Folge des koloffalen Druckes des Waffers ift.

Die „Nature" vom 18. März 1882 brachte die Notiz, ein ruffifcher
Seeoffizier (genannt ift er nicht) habe einen Apparat zur Beftimmung
der Meerestiefen erfunden, der ohne Leine funktioniere. Das Inftrument
beftehe aus einem Stück Blei, einem kleinen Rade mit einem Regiftrier-
apparat für die Zahl der Umdrehungen, wie am Maffeyfchen Indikator,
und einem Schwimmer. Wenn das Inftrument finkt, fo rotiert auch
an ihm infolge des Wafferdrucks das Rad und die regiftrierten Um-

drehungen zeigen die Tiefe an. Ift der Boden erreicht, fo löft fich, wahrfcheinlich ähnlich wie am Brookefchen Lot, das Bleigewicht los und der Schwimmer tritt in Thätigkeit, fodaß die Mafchine zur Ober-fläche des Meeres fteigt, wo fie leicht aufgefifcht und das Regifter abge-lefen werden kann.

Sollte fich diefer Apparat wirklich nach allen Richtungen hin und namentlich auch bei großen Tiefen bewähren, fo wäre das Loten fehr wefentlich erleichtert. Denn im übrigen ift es, namentlich wenn es bei tiefem Waffer vorgenommen werden foll, ein langwieriges und müh-feliges Gefchäft. Das Lot felbft bildet ja nur einen Teil der Mafchine, der andere befteht aus der Leine und den Hülfsapparaten. Früher nahm man allgemein zu den Lotleinen Manilahanf, gab ihnen einen Umfang von zirka 4 Centimeter, fodaß fie ein Gewicht bis zu 700 Kilogramm zu tragen vermochten. Die Anwendung des Hanfs ift indeffen mit einigen Unzuträglichkeiten verbunden: fo ift namentlich der Reibungs-widerftand im Waffer bedeutend, wodurch das Fallen des Lotes nicht unwefentlich erfchwert wird. Dem hat man nach dem Vorgange Sir William Thomfons dadurch zu entgehen verfucht, daß man die Leinen aus Klavierfaitendraht von 7 mm Durchmeffer verfertigt, fodaß fie eine weit glattere Oberfläche haben und das nämliche Gewicht bei viel ge-ringerem Umfange zu tragen vermögen als hanfene.

Jede Leine wird außerdem mit Teilungszeichen verfehen, welche wenigftens auf der Challengerexpedition bei 25, 125, 225 u. f. w. fowie bei 75, 175, 275 u. f. w. Faden weiß, bei 50, 150 u. f. w. rot und bei 100, 200 u. f. w. blau waren.

Lotungen in tiefem Waffer müffen von einem Dampfer aus ge-fchehen, da ein Segelfchiff auch bei abfoluter Windftille durch die immer auf der Oberfläche des Meeres ftattfindenden Strömungen (Dünungen) auch in verhältnismäßig kurzer Zeit auf ziemlich weite Strecken ab-getrieben werden kann, wodurch natürlich das Refultat der Lotung in feiner Richtigkeit wefentlich beeinträchtigt wird. Will man loten, fo wird alles Segelwerk weggenommen und die Kraft der Dampfmafchinen fo reguliert, daß das Schiff durch die Oberflächenftrömungen nicht abgetrieben wird. Darauf wird nahe der Spitze der großen Raae ein fogenannter Patentblock befeftigt (d. h. ein Flafchenzugkolben mit metallener Drehfcheibe) und an diefen ein Accumulator. (Fig. 11.) Ein folcher Accumulator befteht aus zwei, ungefähr 0,5 Meter von einander entfernten Scheiben, welche nahe ihrer Peripherie eine Anzahl (zirka 20) Löcher haben, durch welche ent- fprechend viel Gummiftricke von $3/4$ Zoll Stärke ge- zogen find, die oberhalb der obern und unterhalb der untern Scheibe in einem Punkte zufammenlaufen. Diefe Stricke können fich bis auf 17 Fuß ausdehnen, wenn ein jeder mit 35 Kilogramm belaftet wird (alfo bei zwanzig Stricken: $20 \cdot 35 = 700$ Kilogramm). Der Accumulator foll beim Loten (mehr noch beim Dredfchen) alle plötzlichen Rucke, welche durch Be- wegung des Schiffes oder auch durch die Gewichts- zunahme des ins Waffer eindringenden Teils der Lotmafchine entftehen und unter Umftänden die laufende Lotleine zerreißen könnten, in ihrem Effekt neutralifieren. Am untern Ende des Accumulators ift wieder ein Patentblock, über deffen Scheibe die Lotleine gelegt wird. Wenn fo zum Loten alles klar ift, dann hängt der Apparat an der Schiffsfeite fenkrecht über dem Waffer und beim Kommando „Fallen" tritt die Dampfrolle in freie Thätigkeit und der Dienftthuende notiert genau nach Minuten und Sekunden die Zeit, wann der Apparat zu arbeiten beginnt und ebenfo diejenige, wann je eine 100-Faden- Marke ins Waffer tritt: „aus der fo gefundenen Ge- fchwindigkeit des ablaufenden Lotes und aus dem

Fig. 11. Accumulator.

empirifch hergeleiteten Verhältnis der Abnahme der Gefchwindigkeit mit der Tiefe infolge der Reibung im Waffer kann man die Tiefe des von dem Lote durchftrichenen Waffers beftimmen" (v. Boguslawski).

Sobald das befchwerte Lot den Grund berührt, dringt, wie wir fahen, der Peilftock in den Meeresboden durch die Gewalt des Auf- fchlagens ein und wird zugleich frei, aber die Lotleine läuft noch weiter infolge des Beharrungsvermögens und ihrer eignen Schwere. Sie läuft jedoch weit langsamer, und der Moment, wann der langsamere Lauf eintritt, heißt der **Sprung** und entspricht ziemlich dem Moment des Aufstoßens des Lotes auf dem Grunde und muß daher gleichfalls nach der Sekunde genau notiert werden.

Der Lotapparat, welchen die Franzosen 1883 auf der Expedition des Talisman benutzten, war von dem Marineingenieur Thibaudier konstruiert und zeigte ein etwas anderes Arrangement.

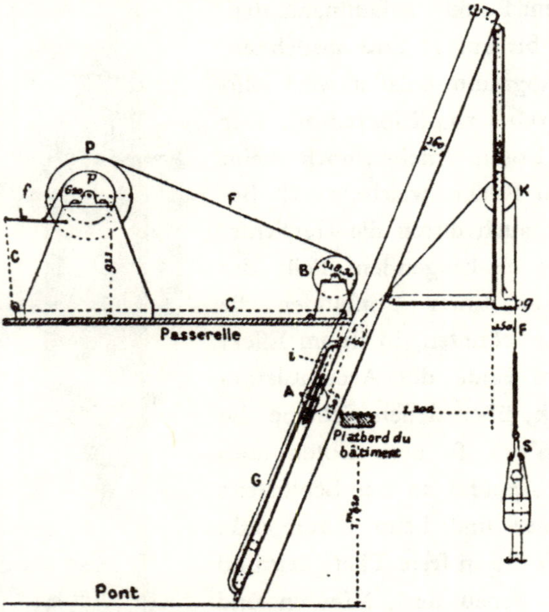

Fig. 12. Lotapparat des Talisman.

Von diesem Apparat gibt H. Filhol folgende Beschreibung: er besteht zunächst aus der Rolle P (Fig. 12), auf welcher 10000 Meter Stahldraht von 1 mm Durchmesser aufgerollt sind. Von hier verläuft der als Lotleine funktionierende Draht über ein Rad B, das genau einen Meter Umfang hat. Von diesem steigt der Draht zu einem sogenannten Wagen A hinab, der sich der Länge nach in einem hölzernen Rahmengestelle bewegt, legt sich dann wieder über einen festliegenden Kloben K und trägt das eigentliche Lot S, nachdem er durch einen Führungsapparat hindurchgetreten ist von der Konstruktion, daß das ganze Lotinstrument nicht durch das Schaukeln des Schiffes beeinflußt werden kann. Das Rad trägt an seiner einen Axe eine endlose Schraube, welche zwei Zahnräder in Bewegung setzt: diese geben die Zahl der Umdrehungen des Rades an und zwar das eine die Einer, das andere die Hunderte, das letztere ist auf 10000 Meter graduiert. Jede Umdrehung des Rades B entfpricht einem Meter und die vom Regiftrierapparate (Fig. 13) notierte Zahl der Umdrehung der Zahl von Metern des abgelaufenen Drahts. An der Axe der Drahtrolle P befindet fich ein Kurbelwerk p mit einem Gurt f, welches durch einen Hebel L in Bewegung gefetzt werden kann. Diefer Hebel wieder ift an feinem Ende mit einer Schnur C verfehen, die über zwei eingefchaltete Rollen laufend oben an den Wagen A befeftigt ift. Je nachdem nun infolge der Schaukel-bewegung des Schiffes die Spannung des Stahldrahts vermehrt oder verringert wird, finkt oder fteigt der Wagen in feinem Rahmen. Diefe Bewegung wird auf das Kurbelwerk übertragen und fo die Schnelligkeit des Abrollens des Drahtes von der Rolle P geregelt. So wirkt diefer Teil der Mafchine als fehr fein arbeitender Accu-mulator.

Der Betrieb diefes Apparats ift leicht verftändlich: an Bord wird das eigentliche Lot mit feinen be-fchwerenden Gewichten zurechte gemacht, ein Mann übernimmt den Hebel, der Regiftrierapparat wird auf o eingeftellt. Ift alles klar, fo fetzt der Mann am Hebel (Fig. 14) das Kurbelwerk durch Loslaffen des Hebels, fodaß der Zug des fchweren Gewichts am andern Ende der Drahtleine wirken kann, in Bewegung und das Abrollen der Leine vollzieht fich bis zu dem Augenblick, wo das Lot auf dem Meeresboden auf-fchlägt.

Eine Tieffeelotung ift aber immer ein ziemlich

Fig. 13. Regiftrier-apparat.

veil Zeit erforderndes, mehrere Stunden dauerndes Gefchäft, namentlich geht das Aufholen des Lotes, obgleich es mit einer Dampfmafchine gefchieht, ziemlich langfam von ftatten.

Die mit diefen modernen Hülfsmitteln in neuerer Zeit ausgeführten Tieffeemeffungen, wie fie in größerem Stile im atlantifchen Ozean vom Challenger und dem deutfchen Schiffe „Gazelle", im ftillen Ozean aber von diefen beiden Schiffen im füdlichen und von dem amerikanifchen Schiffe „Tuscarora" im nördlichen Teile vorgenommen worden find, haben

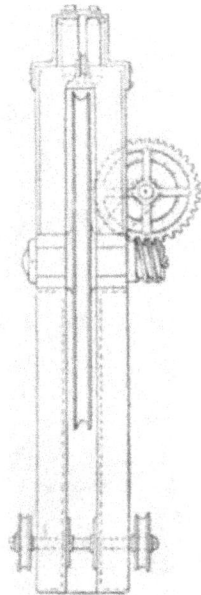

ältere Anfichten über die Tiefen und über die Konfiguration des Meeresbodens vollftändig umgeftaltet. An der Hand früherer ungenügender
Beobachtungen glaubte man im füdlichen atlantifchen Ozean Tiefen von
7706 Faden (14 100 m) bis zu 8300 Faden (15 180 m) gefunden zu haben,

Fig. 14. Fertig zum Loten.

Zahlen, welche fchon Maury um ein Drittel zu reduzieren für nötig
fand. Aber auch diefe herabgefetzten Zahlen haben fich den neueren
Erfahrungen gegenüber als viel zu hoch gegriffen herausgeftellt: die
gegenwärtig bekannte größte Tiefe des atlantifchen Ozeans beträgt

7086 m (3875 Faden) und befindet fich ungefähr 85 Seemeilen nördlich von der weftindifchen Infel St. Thomas unter 19⁰ 41' N. Br. und
65⁰ 7' W. L. Eine bedeutendere Tiefe, 4655 Faden (8513 m), fand
1874 die Tuscarora nordöftlich von Tokio unter 44⁰ 55' N. Br. und
152⁰ 26' Ö. L. Wenn eine gewaltige Erdrevolution den höchften Berg
unferes Planeten, den im Himalaja gelegenen Mount Evereft oder Gauri-
fankar in diefe Tiefe ftürzen könnte, fo würde feine Spitze als ein be-
fcheidenes Infelchen von 327 m Höhe, um 1895 m niedriger als der
Pico-alto auf den Azoren, aus dem Meere hervorragen. Solche Tiefen
find indeffen Ausnahmen: als durchfchnittliche Tiefe für das Weltmeer
überhaupt hat man 3440 m, für den atlantifchen Ozean 3681 und für
den ftillen 3887 m im befonderen berechnet. Aber was find diefe Tiefen
im Verhältnis zur Oberfläche des Weltmeeres? Hat Croll nicht Recht,
wenn er fagt, das Weltmeer fei im Verhältnis zu feinem Umfange fo
flach, als ob das Waffer in einer Schüffel von 100 m Durchmeffer 3 cm
hoch ftehe? —

Die Verteilungen der Tiefen auf die verfchiedenen Ozeane und
Meere find bei einer Betrachtung des Tierlebens von nur fehr unter-
geordnetem Intereffe und wir können fie hier füglich bei Seite laffen.
Wer fich befonders dafür intereffiert, der findet in v. Boguslawski,
Handbuch der Ozeanographie (Stuttgart 1884) B. I, pg. 51—126
eine vorzügliche Zufammenftellung.

Die Bodenbefchaffenheit des Meeres. Schon mit den alten
Handloten, mehr noch mit Sir Roß' Tieffee-Pinzette waren, wie wir
fahen, Vorrichtungen verbunden, Proben des erreichten Bodens mit an
die Oberfläche des Meeres zu bringen. Diefe Vorrichtungen find nach
dem vorher Entwickelten immer mehr vervollkommnet worden und
auch die Tieffee-Schleppnetze bringen, oft mehr als gewünfcht, Gefteinftücke und Schlammmaffen mit an das Tageslicht herauf. Was wir bis
jetzt von den verfchiedenen Arten des Meeresbodens und von ihrer
Verteilung im Weltmeere auf diefe Weife kennen gelernt haben, erlaubt

uns fchon von einer „fubmarinen Lithologie" als einem Teile der allgemeinen Geologie zu reden.

Wie der größte Teil des Feftlandes mit einer eigenartigen Erd-fchichte, dem Humus, bedeckt ift, die aus einer Mifchung von an-organifchen und organifchen Reften in verfchiedenem Verhältniffe be-fteht, fo wird auch der Boden des Meeres von einem Niederfchlag bedeckt, der aus fehr verfchiedenen Reften mineralifcher, tierifcher und pflanzlicher Natur beftehen und zufammengefetzt fein kann. Vor der Expedition des Challenger waren unfere Kenntniffe über diefen „Tieffee-Humus" fehr lückenhaft, ja fo gut wie überhaupt nicht vorhanden. Erft feit diefer Reife und befonders feit den glänzenden Unterfuchungen des an derfelben als Geologen beteiligten John Murray, deffen und A. Re-nards Darftellung (in der „Nature" vom Mai und Juni 1884 und in den „Proceedings of the Royal Soc. of London", Vol. XXIV) wir im Folgenden auszugsweife wiedergeben wollen, find wir über die geo-logifchen Verhältniffe der abyffifchen Räume beffer unterrichtet als über diejenigen vieler und ausgedehnter Territorien Afiens, Afrikas und Auftraliens.

Den Unterfuchungen der genannten Forfcher lag ein bedeutendes Material vor, das nicht bloß aus den Grundproben beftand, die bei den vom Challenger vorgenommenen Peilungen gewonnen worden waren, fondern auch aus jenen, welche während früherer englifcher und amerika-nifcher Fahrten fich angefammelt hatten. Die Schlamm- und Schlick-maffen, welche mit der Dredfche beiläufig mit heraufgebracht werden, pflegen zwar weit voluminöfer als die mittelft der Lotung erbeuteten zu fein, find aber in der Regel auch weniger wertvoll, da fie, während des Heraufholens im Netze dem Einfluffe des Waffers ausgefetzt, teil-weife zu fehr ausgewafchen werden. Die eigentliche Unterfuchung hat auf den geringen Mengen von Subftanz des Meeresbodens zu beruhen, welche in die Endkammern der Peilftöcke eindringen, — als wertvolles Kontrolmaterial mögen die beim Dredfchen erhaltenen Grundproben immerhin dienen.

Im ganzen ift es aber doch nur ein quantitativ knappes Material, welches dem fubmarine Geologie treibenden Forfcher im Vergleich mit ſeinen oberſeeiſche Verhältniſſe unterſuchenden Fachgenoſſen zu Gebote ſteht. Und nicht bloß das, — es kommen auch noch andere Momente mit hinzu, das Studium der auf dem Meeresboden ſich anſammelnden Niederſchläge weſentlich zu erſchweren: die Beſtimmung der Subſtanzen, aus welchen der unterſeeiſche Schlamm beſteht, wird durch ihre Kleinheit ungemein mühſelig, zumal die Hülfe des Mikroſkops den Beobachter vielfach im Stiche läßt. Er kann nicht, wie das dem Geologen und Geognoſten durch die gegenwärtigen Hülfsmittel ſonſt ſo leicht gemacht iſt, aus ſeinem nichtkompakten Material Dünnſchliffe machen, welche eine weitgehende mikroſkopiſche Unterſuchung geſtatten. Weiter haben die feinſten Teilchen, welche tief drunten nach mancherlei, nicht ſpurlos an ihnen vorübergegangenen Schickſalen und Irrfahrten den Boden des Meeres bedecken, ihre charakteriſtiſchen Formen verloren, ſie ſind amorph geworden, ja viele haben unter dem Einfluſſe des Seewaſſers und der dieſem beigemiſchten Gaſe ſelbſt ihre chemiſchen Eigenſchaften eingebüßt.

Wie ſchwierig, ja ausſichtslos iſt es nicht ſchon die Herkunft der Millionen kleinſter Teilchen, welche einen Kubikzoll Tieffeeſchlamm bilden, beſtimmen zu wollen? wie viele Faktoren wirkten nicht zuſammen, die nach Art und Urſprung ſo verſchiedenartigen Elemente gerade an dieſer Stelle des Erdballs zuſammenzuführen! Da ſind erſtens die ſo mannigfach die Meere in verſchiedener Richtung über- und untereinander durchkreuzenden Strömungen zu nennen, dann die vertikale Verteilung der Temperaturen und damit auch der ſpezifiſchen Schwere im Waſſer, nach denen ſich einmal die Gegenwart organiſierter, am Aufbau des Bodenſatzes mächtig beteiligter Weſen richtet, die weiter aber auch das Sinken und Steigen feinſter anorganiſcher Gebilde regeln werden. Was wird nicht alles vom Lande her den Ozeanen zugeführt! — Nicht nur

> braufen Stürme um die Wette
> Vom Meer aufs Land, vom Land aufs Meer!
> Und bilden wüthend eine Kette
> Der tiefſten Wirkung ringsumher —

auch die ſchwächſten Luftſtrömungen, uns Menſchen kaum bemerkbar, führen im Laufe der Zeiten Tauſende von Centnern feinſten Staubes,

hinaus auf den Ozean, wo er herabfinkt und langfam, ganz langfam
nach und nach zu Boden fällt. Welche ungeheure Maffen anorganifcher
und organifcher Subftanz tragen die Ströme, Flüffe und Bäche im Laufe
eines Jahres dem Weltmeer zu, welche gewaltige Laften werfen nicht
von Zeit zu Zeit oberirdifche und unterfeeifche Vulkane in die verfchiedenen Meere. Die Gletfcher der arktifchen und antarktifchen Regionen
tragen und fchieben genug feftes Material in das Waffer oder transportieren
es, am Rande zu Eisbergen fich zerbröckelnd und von dannen fchwimmend,
im Norden bis zum 36^0 n. Br. und im Süden bis zum 40^0 f. Br.

Wenn wir alle diefe Verhältniffe mit richtiger Wertfchätzung im
Auge behalten, wird es uns verftändlich, daß die Aufgabe der fubmarinen
Geologie, wie alle Verfuche auf einem neuen, noch unbebauten Gebiete
mit befondern Schwierigkeiten verbunden ift und daß es fortgefetzter
Anftrengungen bedarf, um zu einem erfprießlichen, einigermaßen be-
friedigenden Ergebniffe zu gelangen.

Was zunächft das Material betrifft, aus dem jene Niederfchläge auf
dem Meeresboden überhaupt beftehen, fo ift es von zweierlei Art und
Urfprung: anorganifch und organifch. Die mineralifchen Beftandteile,
welche in das Weltmeer gelangen, find von verfchiedener Geftalt und
Größe und hierin von den verfchiedenen Mitteln und Wegen abhängig,
durch welche und auf welchen ihr Transport vermittelt wird. Ein Ding
können wir von vornherein fchon konftatieren: ihr Volumen nimmt mit
der Entfernung von der Küfte ab. Durch mannigfache Einflüffe der
Atmofphärilien werden an den Küften Felsbrocken und Gefteinftücke
losgefprengt, fallen ins Meer, werden von den Wellen hin und wieder
gerollt und zu einem mehr oder weniger amorphen Material zerfetzt und
zerrieben, anderes führen die Flüffe herbei und bilden an ihren Mündungen bis weit hinaus aus Sand und Schlamm beftehende unterfeeifche
Deltas, die im Laufe der Zeiten fich höher und höher erhebend zu feftem
Lande fich geftalten können. Der Ausfpruch des alten Napoleon
„Holland fei eine Anfchwemmung des Rheines" und die batavifche Tief-
ebene mithin größtenteils aus dem Abfalle der Alpen aufgebaut, ent-
behrt nicht ganz der Wahrheit. Der Abfall des feften Landes fpielt
unter dem Material, das die Niederfchläge auf dem Boden der Meere in

der Nähe der Küſten bildet, die Hauptrolle. Weiter hinaus und hinab in den großen Meeresbecken verſchwindet dieſer „kontinentale Detritus" mehr und mehr und macht einem anderen Materiale Platz, das hauptſächlich aus zerſetzten und zerkleinerten modernen Geſteinen vulkaniſchen Urſprungs, aus Baſalten, Trachyten, Bimſtein u. ſ. w. beſteht oder vulkaniſche Aſche iſt, oft durch den Einfluß des Meerwaſſers bedeutend verändert, ja zu ſekundären Bildungen umgeſtaltet.

Daneben findet ſich noch kosmiſcher Staub von allerlei Art, feinſte Körnchen von Magnet- und Titaneiſen, Nickelpartikelchen meteoritiſchen Urſprungs, die ein anderer kompetenter Beurteiler freilich, Wyville Thomſon, gleichfalls für telluriſche Gebilde zu halten geneigt iſt.

Der Anteil, welchen Organismen an der Bildung des Seebodenniederſchlages nehmen, iſt immer ein weſentlicher, oft ein ſehr bedeutender, bisweilen ein faſt ausſchließlicher. Organismen ſind im ſtande, kraft ihres Stoffwechſels, die im Waſſer aufgelöſte Maſſe von Kieſelſäure, Kalk und Magneſium teilweiſe in ſich aufzunehmen, in die feſte Form überzuführen und zum Aufbau ihrer Schalen und Skelette zu verwenden. Nach dem Tode dieſer pelagiſch lebenden Organismen ſinken ihre Hartgebilde zu Boden, häufen ſich hier im Laufe der Äonen und veranlaſſen, ſich dabei noch mannigfach zerſetzend, kalkige, kieſelige, ſelbſt thonige Niederſchläge. Zu den kalkigen tragen ſeltſame einzellige Algen, nach der Auffaſſung anderer anorganiſche Bildungen von regelmäßiger Geſtalt, die als Coccolithen und Rhabdolithen faſt allenthalben im Meere ſich finden, Foraminiferen, allerlei Polypen, Stachelhäuter, Molluſken und Fiſche bei, — an der Bildung kieſeliger Abſätze beteiligen ſich Diatomeen, Radiolarien und die Nadeln von Kieſelſchwämmen. Hin und wieder werden, und ſtellenweiſe in befremdender Menge, die Zähne großer Haifiſcharten, die Felſenbeine von Waltieren und die Gehörſteine von Knochenfiſchen angetroffen.

Dieſe Niederſchläge ſind indeſſen, wie wir ſchon andeuteten, durchaus nicht von einerlei Art und die verſchiedenen zeigen eine verſchiedene aber geſetzmäßige Verbreitung auf dem Boden der Meere.

Im tiefen Waſſer, in der Nähe der Küſten des Feſtlandes und der Inſeln, ſoweit beide nicht vulkaniſchen Urſprungs ſind oder aus Korallen fich aufbauen, beftehen die Sedimente im wefentlichen aus einer Mifchung fandiger, amorpher Beftandteile mit einigen Reften oberflächlich lebender Organismen. Das ift der „Schlamm" (fo überfetzen wir das englifche Wort „mud"), den man nach feiner, dem bloßen Auge wahrnehmbaren Färbung als blauen, grünen und roten unterfcheiden kann. Der blaue Schlamm befteht aus den erwähnten typifchen Elementen mineralifcher, animalifcher und pflanzlicher Natur: je mehr wir uns von der Küfte entfernen, defto mehr verfchwinden pflanzliche Refte, defto feiner werden die mineralifchen und defto zahlreicher die pelagifchorganifchen. Der grüne Schlamm erhält feine charakteriftifche Färbung durch die Beimifchung von Glauconit, einer Eifenoxydulfilicatbildung, die höchft wahrfcheinlich unter der reduzierenden Einwirkung der fich zerfetzenden organifchen Materie ftattfindet. Häufig find die Kalkfchalen von Foraminiferen, kleinern Schnecken und Seeigeln von dem Glauconit ausgefüllt und bleibt derfelbe nach der Entfernung der Gehäufe mittels fchwacher Säure in Geftalt prächtiger Steinkerne zurück. Der rote Schlamm ift ftark eifenfchüffig, enthält keinen Glauconit und verhältnismäßig nur wenig Kiefelrefte; er wird hauptfächlich an der brafilianifchen Küfte gefunden.

In der Nachbarfchaft vulkanifcher Küften und Infeln befteht der fubmarine Niederfchlag hauptfächlich aus den Fragmenten moderner Eruptivgefteine, ift von fchwarzer oder grauer Farbe, zerfällt beim Trocknen zu einem Pulver, enthält keinen Glauconit und fehr wenig oder gar keinen Quarz. Je nach den Dimenfionen der ihn zufammenfetzenden Partikelchen kann man ihn als vulkanifchen Sand oder Schlamm bezeichnen.

Da, wo fich Koralleninfeln oder entlang der Küften der Kontinente ausgedehnte Korallenbarrièren befinden, beftehen die Sedimente auf dem Boden des Meeres aus kalkigen Subftanzen, Teilen der benachbarten Riffe nebft den Fragmenten zahlreicher oberflächlich oder auf dem Boden lebender größerer und kleinerer Organismen. Auch fie können je nach dem Volumen der fie bildenden Teilchen Korallenfand oder Korallenfchlamm genannt werden.

Derart find die Niederfchläge in der Nähe des feften Landes, gleichviel ob dasſelbe einen Kontinent oder eine größere oder kleinere Inſel darſtellt und ſie erſtrecken ſich ſeewärts bis auf eine Entfernung von 60—300 Seemeilen und bis in eine Tiefe von mehr als 6000 Meter. In der Nähe der Küſten und der Oberfläche herrſcht auf ihnen ein reges Pflanzen- und Tierleben und das letztere begleitet ſie bis zu den größten Tiefen ihres Vorkommens.

In einer durchſchnittlichen Entfernung von 200 Seemeilen von den Küſten ſind die Sedimente des tiefen Waſſers ausgezeichnet durch die große Menge von Geſteinsbruchſtücken und von Aſchen vulkaniſcher Natur, die meiſt beträchtlich verändert und mit einer unglaublich großen Maſſe von Schalen und Skelettbildungen winziger pelagiſcher, nach dem Tode zu Boden geſunkener Organismen vermiſcht ſind. Dieſe Niederſchläge laſſen ſich in ſolche einteilen, in welchen die animaliſchen Reſte und in ſolche, in denen der mineraliſche Detritus vorherrſcht. Da iſt zunächſt der Globigerinen-Schlick (mit Schlick ſei das engliſche Wort „ooze" wie mit Schlamm „mud" überſetzt), eine milchweiße bis gelbliche Maſſe, bisweilen mit einem Stich ins Rötliche oder Bräunliche, feinkörnig und im trocknen Zuſtande ein Pulver bildend. Sein Hauptbeſtandteil iſt kohlenſaurer Kalk, der ſich mindeſtens zu 40°, bisweilen ſelbſt bis zu 95° in ihm findet und in erſter Linie von Schalen von Foraminiferen, namentlich Globigerinen herrührt. Gümbel fand in einem Kubikzentimeter Globigerinenſchlamm 7 Millionen Coccolithen, 5000 größere, 200000 kleinere Foraminiferen, 220000 Teilchen ihrer zerbrochenen Schalen, 4800000 winzige Kalkſtäbchen und Staubteilchen, 150000 Reſte von Spongiennadeln, 100000 Radiolarien und Diatomeen und 240000 Mineralkörner. Daneben findet ſich noch die aus zerſetzten vulkaniſchen Mineralien gebildete Subſtanz, welche überall die Grundmaſſe aller ozeaniſchen Tieffee-Sedimente bildet. Der Globigerinen-Schlick iſt, zufolge der Aufenthaltsorte der durch ihre Schalen an ſeiner Bildung ſo weſentlich beteiligten Geſchöpfe in den wärmeren Gegenden zu finden. Auf der ſüdlichen Hemiſphäre geht er nicht ſüdlicher als bis zum 50° ſ. B. und nach Norden iſt ſeine Verbreitung im atlantiſchen Ozean eine eigentümliche. In der öſtlichen Seite geht er ziemlich weit nach Norden, unterhalb des warmen Golf-

ftroms, in deffen Waffern den lebenden Foraminiferen günftige Exiftenzbedingungen geboten werden. In der weftlichen Seite erreicht der
Schlick feine Nordgrenze weit eher, da in der kalten Polartrift die
Tiere zu leben nicht vermögen. Wir können überhaupt von vornherein
erwarten, daß, wo auf der Oberfläche des offnen Meeres die Lebens-
verhältniffe diefelben bleiben, auch die bei gleicher Tiefe unter ihm befindlichen Sedimente diefelben organifchen Beimifchungen zeigen werden.
Globigerinen-Schlick findet fich übrigens nicht in den größten Tiefen,
2400 Faden fcheinen nach unten feine Grenze zu bilden und hier geht
er allmählich in den fpäter zu befprechenden roten Tieffee-Thon über.

Die nachftehende kleine Tabelle, in welcher die während der Fahrt
von Teneriffa quer über den atlantifchen Ozean nach Sombrero in Weftindien vom Challenger gewonnenen Bodenproben nach ihrer Befchaffenheit und der Tiefe ihres Vorkommens (in Faden) eingetragen find, giebt
einen guten Begriff davon, bei welchen Tiefen Globigerinen-Schlick und
roter Thon miteinander abwechfeln:

Nr. der Station.	Art der Bodenablagerung.		Nr. der Station.	Art der Bodenablagerung.	
	Globigerinen-Schlick.	Roter Thon.		Globigerinen-Schlick.	Roter Thon.
I	1890	—	13	1900	—
2	1945	—	14	1950	—
3	vacat	vacat	15	—	2325
4	2220	—	16	—	2435
5	—	2740	17	—	2385
6	—	2950	18	—	2675
7	—	2750	19	—	3000
8	—	2800	20	—	2975
9	—	3150	21	—	3025
10	—	2720	22	1420	—
11	—	2575	23	450	—
12	2025	—			

In Tiefen über 1400 zeigt der Globigerinen-Schlick eine ſehr ſtarke Beimiſchung von den Schalen gewiſſer Molluſkenformen, der Heteropoden (Fig. 15) und namentlich Pteropoden (Fig. 16) und wird dann nach dieſen „Pteropoden-Schlick" genannt. Wie der Globigerinen-

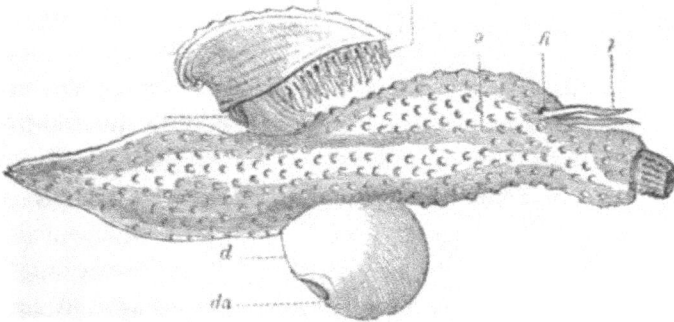

Fig. 15. Eine Heteropode (Carinaria).

Schlick ſucceſſive nach unten in den roten Tiefſee-Thon übergeht, ſo nach oben in den Pteropoden-Schlick.

Ein mehr lokaliſiertes Vorkommen hat der aus den Schalenbruchſtücken von Kieſelalgen gebildete Diatomeen-Schlick. Diatomeen finden ſich auf der Oberfläche des Meeres oder doch nahe unter ihr in verſchiedenen Gewäſſern in größern Mengen, aber wie ſcheint hauptſächlich da, wo dieſelben, ſei es durch eintretende große Ströme oder durch das kontinuierliche Abthauen bedeutender Eismaſſen, anhaltend mit ſüßem Waſſer gemiſcht werden. Zur Bildung eines beſonderen, hauptſächlich aus den Kieſelſchalen dieſer Pflanzen beſtehenden Tiefſee-Schlicks kommt es faſt nur in den ſüdlichen Teilen der Südſee, von Kerguelen

Fig. 16. Eine Pteropode (Hyalea).

bis zum antarktiſchen Eisgürtel, alſo ungefähr vom 53^0 bis zum 63^0 ſ. B. und zwar in Tiefen von 1200 bis 1900 Faden. Die Diatomeen bilden mindeſtens die Hälfte der betreffenden Schlickmaſſen, die hellſtrohgelb ausſehen und ſich trocken als ein ſehr feines, ſchmutzigweißes Mehl präſentieren, — eine Art ſubmarinen Kieſelguhrs.

Die wundervollen Kiefelfkelette der Radiolarien oder Strahlinge,
wie fie ihr großer Kenner Haeckel nennt, fehlen in keiner Tieffee-
ablagerung ganz, aber in einigen Teilen des ftillen Ozeans befteht der
Grundfchlick bis zu 80°, ja ftellenweife faft vollkommen aus ihnen.
Diefer Radiolarien-Schlick findet fich, oft abwechfelnd mit Globigerinen-Schlick oder infelartig in ihm verteilt, von 2200—4600 Faden.

Am weiteften über den Boden aller offnen Ozeane, im atlantifchen
von 2000, im ftillen von 2400 Faden an abwärts, verbreitet, findet fich
der reine rote Tieffee-Thon, die in jeder Hinficht intereffantefte und
am meiften charakteriftifche moderne Meeresablagerung. Er tritt zwar
auch in geringeren Tiefen auf, ift dann aber nicht rein, bildet vielmehr
das Bindemittel der übrigen Tieffeefedimente, des Globigerinen-Radio-
larienfchlicks u. f. w. Seine am meiften typifche Entwicklung erreicht
er indeffen im Zentrum des ftillen Ozeans. Seine Farbe ift ein helleres
oder dunkleres Braun, feltener ift fie grau, und beruht auf der Gegenwart von Eifenoxyd und Mangan. Im trocknen Zuftande bildet der
Thon ziemlich fefte Klumpen, die fich aus kleinen Teilchen von Mineralien und Kiefelfkeletten (kaum je größer als 0,05 mm) von fehr gleichmäßigen Dimenfionen zufammenfetzen. Nach Murray entfteht er durch
eine, ftellenweife Schritt vor Schritt zu verfolgende Zerfetzung von
Mineralien vulkanifchen Urfprungs, aus Bimftein, vulkanifchen Afchen etc.,
die von fupra- und fubmarinen Vulkanen auf große Strecken fortge-
fchleudert oder, bei erfteren wenigftens, auch vom Winde getragen werden.
Dazu gefellen fich zahlreiche Partikelchen kosmifchen Staubes als Magnet-
und Titaneifen, oft noch von der charakteriftifchen fphärifchen Geftalt.
Kohlenfaurer Kalk, fonft in weniger tief vorkommenden Meeresablage-
rungen fo weit verbreitet, tritt in dem roten Thon zurück, infolge des
Einfluffes von freier, im Seewaffer in bedeutenden Tiefen in größerer
Menge vorhandener Kohlenfäure. Dittmar freilich bezweifelt, daß dies
der Fall fei und meint, der unmittelbare Einfluß des Seewaffers genüge,
felbft wenn es alkalifch fei, bei entfprechend langer Zeitdauer den kohlen-
fauern Kalk nach und nach in fich aufzunehmen. Nach Gümbels
Anficht (Sitzungsber. d. math.-phyf. Klaffe d. k. b. Akad. München, 1878)
ift die Ablagerung diefes Thons in erfter Linie das Refultat eines rein

mechanifchen Vorgangs und er geht aus einer Zerfetzung thonerde-
haltiger Mineralien aus den im Meeresboden anftehenden Felfen hervor
oder aber durch den Niederfchlag der im Meereswaffer als feinfter Teilchen fuspendierten, vom Lande her durch Flüffe zugeführten (wozu
indeffen im ftillen Ozean verhältnismäßig wenig Gelegenheit ift) oder
durch auffteigende Quellen vom Meeresgrund aufgewirbelten Thon-
flocken.

Merkwürdig zahlreich find in diefem roten Thon Zähne von Haien,
Felfenbeine von Waltieren und Gehörfteine von Knochenfifchen, welche
bisweilen den Kern fehr eigentümlicher Manganknollen bilden. Diefe
Gebilde (Halofphären), die in den meiften Fällen indeffen ein „mit großer
Wahrfcheinlichkeit" einer unterfeeifchen vulkanifchen Eruption ent-
ftammendes Stück Bimftein enthalten, müffen den Boden, namentlich
des ftillen Ozeans, ftellenweife geradezu bedecken. Die Oberfläche diefer
oft anfehnlichen, von Gümbel (l. c.) näher unterfuchten Knollen ift
rauh und von fchmutzigbrauner Farbe. Auf dem Querfchnitt zeigen fie
fich als aus Überlagerungen höchft zahlreicher dünner Kugelrinden gebildet, die als dunklere und hellere dünne Schichten mit einander abwechfeln. Ihre Hauptmaffe befteht aus fefterem Thon und außerdem
enthalten fie 23,6⁰ Manganhyperoxyd und 27,46⁰ Eifenoxyd.

Die Urfache der fremdartigen Körper fucht der berühmte Münchner
Geologe in unterfeeifchen Quellenergüffen, die durch Ausfcheidung den
Manganüberzug bewirken, dafür fpricht die ungeheuere Menge des
Mangans und die Textur der Knollen. Das Arrangement der Schalen-
bildung läßt auf eine große, auf dem Boden des Waffers herrfchende
Bewegung fchließen. Von Flutbewegungen der Oberfläche kann bei den
Tiefen, in welchen die Gebilde vorkommen, nicht die Rede fein, auch
auf Grundftrömungen kann ihr Entftehen nicht zurückgeführt werden.
Diefe würden doch konftant in einer Richtung wirken, aber nicht ein
Hin- und Herrollen vermitteln, wie es die Knollenbildung vorausfetzt.
Die Urfache diefer Bewegung ift auf dem Boden des Meeres felbft zu
fuchen und fie ift in mit großer Macht auffteigenden fubmarinen Quellen
zu finden. Die oolithenartige Form der Knollen wird durch die ftru-
delnde Bewegung, welche das Auffteigen diefer Quellen begleiten muß,

erlangt, — es find Oolithenbildungen im großen, die auch ihren Mangan-
gehalt jenen Quellen entnehmen.

Manchmal ift die auf einem Haififchzahn abgelagerte Schalenbildung
mehrere Zentimeter dick, was auf einen fehr lange dauernden Abfchei-
dungsprozeß fchließen läßt. Überhaupt müffen die großen Wafferbecken,
nach Murrays Deduktion, ungeheuer alt fein. Dafür fpricht, daß der
rote Thon von vulkanifchem Materiale in einem fo hohen Grade der
Zerfetzung gebildet wird, ferner die große Menge kosmifchen Staubes,
der fich in folchen Maffen nur im Laufe von Äonen niederfchlagen
konnte. Aus diefer Vorausfetzung allein läßt fich auch die überrafchend
große Menge jener fehr refiftenten Wirbeltierrefte erklären. Es ift abfolut kein Grund erfindlich, daß nun gerade die Regionen des ftillen
Ozeans, deren Boden mit jenen organifchen Körpern fo überaus reich
gefegnet ift, zahlreichere Wale und Haie beherbergen follten als andere
Meeresgegenden, auf deren Grund folche Refte nur fehr felten gefunden
werden. Dazu kommt noch, daß manche jener Zähne ausgeftorbenen
Formen angehören: Wyville Thomfon erwähnt ihrer, die gewaltig
groß, vier Zoll breit an der Bafis waren und fich von foffilen aus den
tertiären Straten Maltas nicht unterfcheiden ließen. Die Bildung des
roten Thones ift mithin feit einer ungeheuer langen Zeit vor fich gegangen,
unbeirrt von all den geologifchen Veränderungen, welche Landmaffen
abwechfelnd fteigen und finken, Berge entftehen und vergehen ließen,
während deren die landbewohnende Tierwelt fich außerordentlich veränderte und viele ihrer alten Arten, Gattungen und Familien ausftarben
und neue entftanden. Diefe Niederfchläge in den größten Tiefen der
Meere entfprechen weder in ihrer Struktur noch in ihrem Material irgend
einer geologifchen Formation, ja Wyville Thomfon ift, entgegen der
Anficht fehr vieler anderer Forfcher, der Meinung, daß fie uns nötigen,
in keiner exiftierenden älteren Formation eine wahre Tieffeebildung zu
erblicken.

Im Anfchluß an diefe Betrachtungen der Ablagerungen in den
Meerestiefen dürften wir paffend auch des famofen Bathybius gedenken.

Diefes moderne Fabelwefen erfchien, froh begrüßt, mit hoffnung-
weckendem Glanze am wiffenfchaftlichen Himmel, leuchtete angeftaunt

einige Jahre und tauchte, nicht ohne Knalleffekt, ins wefenlofe Nichts zurück.

Im Jahre 1868 unterwarf der ausgezeichnete englifche Biologe Thomas Huxley Proben von Tieffeefchlamm, welche man elf Jahre vorher bei den Vorunterfuchungen zur Legung des erften transatlantifchen Tieffeekabels heraufgebracht hatte, einer eingehenden Unterfuchung. Er fand ihn durchfetzt von formlofen, kleinere oder größere Klümpchen bildenden eiweißartigen, gelatinöfen Maffen, welche er für Protoplasma anfah und als einen Organismus niederfter Art mit dem Namen Bathybius Haeckelii (Haeckels Tieffeewefen) bezeichnete. Die Zoologen der Porcupine-Expedition, Wyville Thomfon und Carpenter, glaubten in dem nämlichen Jahre den Bathybius wiedergefunden zu haben und ftellten fogar die Behauptung auf, Lebenserfcheinungen an ihm wahrgenommen zu haben.

Diefes protiftifche Wefen follte nun den Tieffeefchlamm allenthalben überziehen, es follte gewiffermaßen felbft einen lebenden Schlamm darftellen, es wurde als der wahre, von Oken vorhergeahnte „Urfchleim" begrüßt und zum Ureltervater aller Organismen geftempelt. Wyville Thomfon befchreibt diefen Urfchleim als Netze von eiweißartiger Subftanz bildend und langfam feine Geftalt verändernd, er fei bis zu einem gewiffen Grade bewegungsfähig und „es fei zweifellos, daß er die Erfcheinungen einer fehr einfachen Art des Lebens zeige". Haeckel felbft unterfuchte, allerdings in Weingeift konfervierten, Bathybius fehr genau, ging ihm mit Färbemitteln, Karmin und Jod zu Leibe, auf welche er liebenswürdigft reagierte, — die Exiftenz von Haeckels Tieffeewefen, theoretifch begründet, fchien auch empirifch gefichert.

Es war nun natürlich, daß man fich auf der Challenger-Expedition alle erdenkliche Mühe gab, diefen tief bedeutfamen Bathybius wiederzufinden, — man fand ihn leider nicht, wohl aber etwas anderes. That man nämlich den Tieffeefchlamm in Weingeift, fo nahm er ein gelatinöfes Anfehen an und ebenfo zeigten fich flockige Maffen. Buchanan wies nun nach, daß diefe nichts feien als Niederfchläge von fchwefelfauerem Kalk, hervorgerufen durch den Einfluß des Alkohols auf das Seewaffer. Die Refultate feiner fortgefetzten Unterfuchungen ergaben,

daß der amorphe Niederfchlag in Seewaffer, das höchftens mit dem
Doppelten feines Volumens Weingeift gemifcht ift, binnen kurzem eine
kryftallinifche Befchaffenheit annehme, bei einem größeren Zufatz von
Alkohol aber amorph bleibe und eine gallertartige Konfiftenz gewänne.
Diefer gallertartige Niederfchlag von fchwefelfaurem Kalk färbt fich
durch Jodlöfung und Karmin, — er ift, wenn er mit Schlick vermifcht
ift, unzweifelhaft Bathybius Haeckelii. Unter allen Umftänden ift diefer
Urorganısmus ein Kunftprodukt und die in ihm enthaltenen winzigen
Kalkfcheibchen oder Doppelfcheibchen, die vielgenannten Coccolithen,
find nichts als einzellige Kalkalgen, wie fie, mit Ausnahme der füdlichen Breiten jenfeits Kerguelenlands, in allen Meeren ungeheuer häufig
gefunden werden.

Huxley und Wyville Thomfon traten, angefichts diefer nicht
wegzuleugnenden Thatfachen, den Rückzug an und als nun gar Möbius
1876 auf der Naturforfcherverfammlung zu Hamburg coram publico
nicht ohne dramatifchen Effekt Bathybius machte, verlor der philo-
fophifche Urfchleim auch in Deutfchland feinen Kredit, — nur Haeckel
glaubt noch an ihn oder that es wenigftens noch vor einigen Jahren.
„Je mehr aber hier die eigentlichen Eltern des Bathybius (nämlich Huxley und Wyville Thomfon, — aber wer ift der Vater und wer die
Mutter?) fich geneigt zeigen, ihr Kind, fagt Haeckel, als hoffnungslos
aufzugeben, defto mehr fühle ich mich als Taufpate verpflichtet, feine
Rechte zu wahren und womöglich fein erlöfchendes Lebensfünkchen zur
Geltung zu bringen." Poor Bathybius!

Tieffeethermometer und Tieffeetemperaturen. Schon feit der
Mitte des vorigen Jahrhunderts (Ellis 1749) hat man die Temperatur
des Tieffeewaffers zu meffen verfucht. In der Regel bediente man fich
dabei des vom Botaniker Stephen Hales um 1738 erfundenen Schöpf-
apparates, mittels deffen man Waffer aus einer gewiffen Tiefe heraufholen kann, ohne daß eine Mifchung mit dem dabei paffierten Waffer
einträte. Daneben aber brachte man fchon 1780 Thermometer in Anwendung, die von fchlechten Wärmeleitern umgeben, in die Tiefe ge-

laffen wurden. Auf der Expedition des ruffifchen Schiffes Newa (1803 bis 1806) machte der Kommandant Krufenftern die erften Verfuche, die Temperaturen der Tieffee mittels des felbftregiftrierenden Maximum- und Minimum-Thermometers zu machen.

Ein folches Thermometer, nach feinem Erfinder (1732) das Sixfche genannt, befteht aus einer Uförmig gebogenen Glasröhre, welche oben an beiden Enden zugefchmolzen ift. Das linke Ende (vom Befchauer) ift ftärker, das rechte geringer erweitert. In der Biegung der Röhre befindet fich eine, natürlich gleichfalls gebogene Queckfilberfäule. Der linke (vom Befchauer) Röhrenfchenkel und die große Endkammer ober- halb des Queckfilbers ift vollkommen mit Alkohol oder mit Kreofot ge- füllt, der linke zum dritten Teil mit Alkohol, der Reft mit den von diefem entwickelten Dämpfen. Oberhalb des Spiegels der Queck- filberfäule befindet fich ein fogenannter Index, — ein Stahlftäbchen, an das ein Borftenftückchen befeftigt ift, das als Spannfeder dient und ver- hindert, daß das Stäbchen feiner eignen Schwere folgend, wieder zurück- gleitet, wenn es einmal an irgend einer Stelle der Röhre oberhalb des Queckfilbers angelangt ift.

Kommt diefes Thermometer nun in größere Wärme, fo dehnt fich das Kreofot oder der Alkohol links aus, fchiebt die Queckfilberfäule in den rechten Schenkel hinauf, damit aber auch zugleich den rechten Index, während die Flüffigkeit an dem linken, durch die federnde Borfte ein- geklemmten Index vorbeigeht, ohne ihn zu bewegen. Nun fetzen wir den Fall, das Thermometer wird wieder in größere Kälte gebracht, fofort zieht fich die Flüffigkeit in dem linken Schenkel zufammen, die Alkoholdämpfe im rechten erhalten freien Spielraum, dehnen fich aus und fchieben die Queckfilberfäule vor fich her, fo daß diefe ihrerfeits im linken Schenkel um fo mehr fteigt, je mehr der Alkohol oder das Kreofot infolge der Kälte fich links zufammenzieht, wobei fie zugleich den linken Index, die Klemmkraft der Borfte überwindend vor fich her nach oben fchiebt. Der rechte Index bleibt in feiner früheren Lage, da ja Flüffigkeiten und Dämpfe frei an ihm vorbeipaffieren können. So zeigt der Index in der rechten Röhre den höchften, der in der linken den niedrigften Temperaturgrad, dem das Thermometer innerhalb einer gewiffen Zeit ausgefetzt gewefen ift. Will man das Inftrument zu neuem Gebrauche fertig ftellen, fo werden die beiden ftählernen Indices mittels eines Magneten auf das Niveau der Queckfilberfpiegel herabgezogen. Das Ganze ruht natürlich auf einer graduierten Skala, von welcher man links die niedrigen, rechts die hohen Temperaturen ablieft.

Das einfache Sixfche Thermometer ift indeffen nur bis zu einer gewiffen, nicht einmal fehr bedeutenden Tiefe verwendbar. Bei größeren Tiefen treibt der Wafferdruck noch unabhängig von der Temperatur die Flüffigkeit links zu weit herunter, fo daß der rechte Index zu hoch heraufgefchoben wird, und damit höhere Temperaturgrade angiebt, als in Wahrheit auf die Flüffigkeit wirkten. Das wäre nun nicht fo fchlimm, wenn der Einfluß des Druckes auf alle „Thermometer-Individuen" gleich wirkte, dann könnte man den Fehler durch Berechnung eliminieren, — aber die Dicke und fonftige Qualität der Glasröhren ift ungleich, daher werden diefe auch verfchieden auf den auf fie ausgeübten Druck reagieren. Bei fehr bedeutenden Tiefen würde überhaupt das ganze Inftrument zerpreßt werden.

Schon Sir John Roß (1818) und du Petit Thouars (1838 auf der Reife der franz. Fregatte la Venus) machten Verfuche, die Six'fchen Thermometer durch geeignete Umhüllungen vor dem Einfluß unberufenen Drucks zu fchützen. Der berühmte, durch eigene Hand ums Leben gekommene englifche Seemann Robert Fitz-Roy, der Kommandant des Beagles, mit dem Darwin die Reife um die Erde machte, fchloß ein Sixfches Thermometer in eine in gleicher Weife gebogene weitere Glasröhre und füllte den Zwifchenraum zwifchen der innern Wand der äußern und der äußern der innern Röhre zum Teil mit Queckfilber an. Auf Vorfchlag des Profeffor Miller wurde von Cafella ein entfprechendes Thermometer konftruiert, bei welchem der Zwifchenraum zwifchen beiden Röhren anftatt mit dem fchweren und daher Befchädigungen leicht herbeiführenden Queckfilber zum Teil mit Alkohol ausgefüllt ift, fo daß die äußere Röhre den ganzen Druck allein erleidet und die neben dem Alkohol im Zwifchenraum befindliche Luft abwechfelnd zufammengepreßt und ausgedehnt wird. Diefe „Miller-Cafella"- (Fig. 17) Thermometer werden nun auf hohen Druck adjus

tiert, nämlich von $3\frac{1}{2}$ Ton engl. (70 Ctr.) auf den Quadratzoll Oberfläche, was für eine Tiefe bis zu zirka 4800 Meter vollkommen genügt.
Als der Challenger die erwähnte große Tiefe nördlich von St. Thomas
(7086 Meter) lotete, wurden zwei mit hinabgelaffene Miller - Cafella-
Thermometer (Nr. 39 und 42 des Inventars) zerbrochen wieder heraufbefördert, fie hatten dem furchtbaren Druck nicht zu widerftehen vermocht!

Das Doppelrohr wird nun auf
eine Platte von Hartgummi mit
Porzellanfkala befeftigt und dann in
eine fefte Kupferkapfel (Fig. 17 b) gebracht, welche oben und unten
Löcher zum freien Durchtritt des
Waffers hat.

Die Sixfchen Maxima - und
Minima - Thermometer haben indeffen mancherlei Fehler und ihr
Gebrauch ift mit gewiffen Unbequemlichkeiten verbunden: fie müffen
forgfältig in vertikaler Stellung aufbewahrt werden, fonft geraten fie
in Unordnung, die Indices find bis
zu einem gewiffen Grad unzuverläffig, denn es ift nicht mit abfoluter Sicherheit ausgefchloffen, daß
fie nicht einmal dem eigenen Gewicht folgend fich fenken, daher
bleibt eine jede mit diefen Inftru-

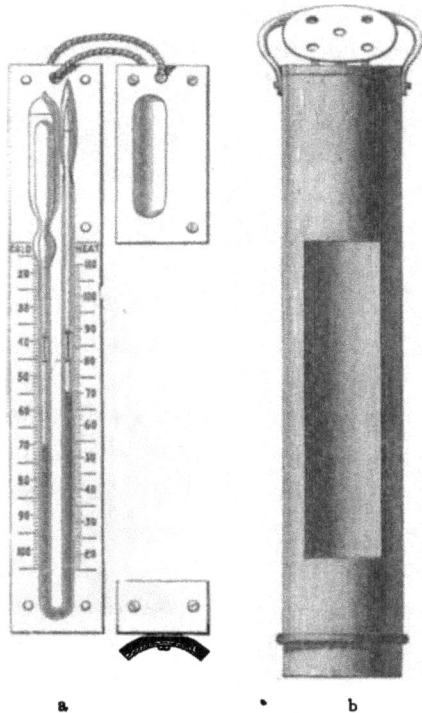

Fig. 17. a) Miller-Cafella-Thermometer,
b) feine Hülfe.

menten angeftellte Beobachtung zweifelhaft und bis zu einem gewiffen
Grade anfechtbar und außerdem arbeiten auch die beften nicht genau
genug rückfichtlich des Anzeigens der Bruchteile von Graden.

Ein anderes Tiefleethermometer, dem das Prinzip des Breguetfchen
Thermographs zu Grunde liegt, hat J. Saxton, ein nordamerikanifcher
Beamter der U.-S. Coast Survey, konftruiert. Eine aus einem Platin-
und einem Silberftreifen, die durch ein eingefchaltetes Goldplättchen

verbunden find, gebildete Spirale rollt fich mehr auf oder zieht fich mehr zufammen je nach dem Steigen und Fallen der Temperatur. Diefe treibende Kraft bringt eine Spindel, um welche die Spirale läuft, zum Drehen und ein übertragendes Räderwerk verftärkt diefe Bewegung, welche fich auf einem Zifferblatt regiftriert. Für geringere Tiefen foll der Apparat gut genug arbeiten, aber bei größeren werden, wie bei allen Tieffeemafchinen, an welchen Räderwerke fich befinden, die Fehler zu groß und find außerdem nicht konftant.

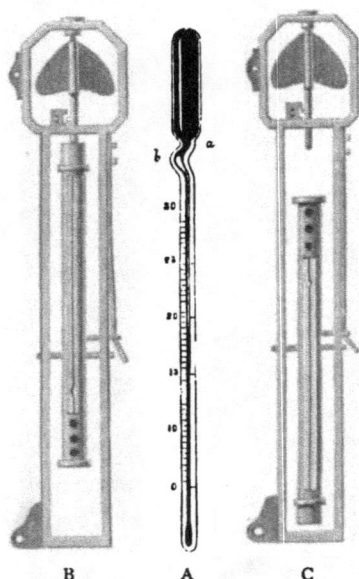

Im Jahre 1878 traten nun Negretti und Zambra (Fig. 18) mit einem Tieffee-thermometer hervor, das allen Anforderungen bis jetzt am beften entfpricht. Es ift dies Inftrument ein fogenanntes „Kipp- oder Umdrehungsthermometer" und die Sache läuft darauf hinaus, daß von einer Queckfilbermaffe fich ein Faden losreißt, wenn der Apparat umgedreht wird. Die Queckfilberkammer hat nicht, wie gewöhnlich, die Geftalt einer Kugel, fondern ift cylindrifch. Das Lumen der Röhre ift bei ihrem Anfange unmittelbar oberhalb der Kammer (Fig. 18A) in befonderer Art verengt und oberhalb diefer Stelle, da, wo die ganze Röhre eine feitliche Biegung macht, in

B   A   C

Fig. 18. Negretti-Zambra-Thermometer.

der Richtung von rechts nach links ftark erweitert, worauf es fich wieder verengt und verengt bleibt, bis zum oberften Ende, in welchem es fich wieder zu einem kleinen cylindrifchen Refervoir erweitert. Hält man das Inftrument fenkrecht mit dem Queckfilber nach unten, fo ift die Kammer, die ganze Röhre und ein Teil des obern Refervoirs mit Queckfilber gefüllt, der Reft des Refervoirs ift luftleer, fo daß alfo das Queckfilber Raum zum Steigen hat.

Wird das Thermometer umgekehrt, fo daß die Queckfilberkammer nach oben kommt (wie in Fig. 18A und C), fo reißt der Queckfilberfaden bei a ab und fein unterer Teil wird mit in das Refervoir gezogen, das dann ganz gefüllt ift, während ein anderer Teil in der Röhre bleibt und vom Queckfilber in der Kammer durch einen luftleeren Raum getrennt ift. Die Länge diefes letzteren Teiles entfpricht der Temperatur, bei welcher die Umdrehung des Inftrumentes gefchah. Die Graduierung befindet fich, wie bei den meiften, wiffenfchaftlichen Zwecken dienenden, Thermometern in der Wandung der Röhre felbft auf einer Emailplatte.

Um das Inftrument zur Beobachtung gefchickt zu machen, hält man es in normaler Stellung, die Kammer nach unten, das Refervoir nach oben (wie in Fig. 18B). Das Queckfilber in der Röhre refp. im Refervoir nimmt dann den der äußeren Temperatur entfprechenden Stand ein, wie in einem jeden gewöhnlichen Thermometer. Hat es den richtigen Stand erreicht, fo wird der Apparat einfach umgekehrt und kann in diefer Stellung bis zu gelegener Zeit zum Ablefen aufbewahrt werden. Der abgeriffene und nach unten gefallene refp. gezogene Teil des Queckfilberfadens ift zu zart, als daß auch ein bedeutender Temperaturwechfel den Grad feiner Ausdehnung wefentlich zu ändern vermöchte. Die anfehnlichere Menge des Queckfilbers in der oberen Kammer wird allerdings noch durch die Temperatur beeinflußt: dehnt es fich bei gefteigerter Wärme aus, fo wird etwas davon in die Erweiterung der Röhre bei b fallen, kann aber, da die Kraft der Adhäfion des Metalls an der Innenwandung der Röhre die Schwerkraft überwiegt, nicht weiter nach unten gleiten, fodaß alfo der abgeriffene Queckfilberfaden in der Röhre auf alle Fälle unverändert bleibt. Für diefe Stellung ift auch die Skala graduiert, deren Zahlen bei normaler Stellung des Inftruments (Kammer nach unten) mithin auf dem Kopf ftehen und in umgekehrter Reihe aufeinanderfolgen.

Eingefchloffen ift das Inftrument in eine fehr ftarke Glasröhre, die allerdings Schutz gewährt, aber auch den Einfluß der Temperatur verlangfamt. Um diefem Übelftand zu begegnen, ift der untere Teil der umhüllenden Röhre, fo weit die Kammer des Thermometers in ihr fteckt, mit Queckfilber ausgefüllt und gegen den übrigen Teil des Lumens abgefchmolzen. Diefes Queckfilber wirkt, als fehr guter Wärmeleiter, die außerhalb der Außenröhre herrfchende Temperatur auf das

Innere des Thermometers vermittelnd zu übertragen. Der ganze Apparat
wird, bevor er in die Tiefe verfenkt wird, in einen länglichen Holz-
kaften eingefetzt, der außerdem fo weit mit Schrot gefüllt ift, daß er
eben noch fchwimmen würde. Derfelbe wird hierauf unmittelbar oberhalb des Lotes fo an deffen Leine befeftigt, daß die Queckfilberkammer
nach unten fteht. In diefer Lage bleibt das Ganze bis das Lot, nachdem es den Boden berührt hat, wieder aufgezogen wird. Beim Aufziehen kippt es infolge des Widerftandes des Waffers und des im Kaften
befindlichen Schrotes, das dabei an deffen anderes Ende rollt, um, der
Queckfilberfaden reißt ab und die Temperatur wird in der oben befchriebenen Art durch feinen Stand in der Röhre markiert.

Die Vorzüge diefes Thermometers find fehr bedeutend: an ihm
laffen fich noch 0,2, ja felbft 0,1 Grade ablefen und es kann in der
kurzen Zeit von 5—10 Sekunden um 5^0 F. fteigen oder fallen.

Eine fpätere Verbefferung des Apparats betrifft feine Befeftigung
und die Art feines Umkippens. Das Thermometer wird, die Queckfilberkammer nach unten, dergeftalt in einen Metallrahmen befeftigt,
daß es das Übergewicht nach unten hat, oben aber durch eine Propellerfchraube eingefpannt ift. Die Flügel diefer Schraube find derart, daß
fie fich beim Hinablaffen gefchloffen erhält, beim Emporziehen aber auf-
dreht, fo daß das Thermometer losgelaffen wird und dem Übergewicht
folgend umkippt (Fig. 18C). Da aber die Propellerfchraube bisweilen
durch äußere Hinderniffe, oder dadurch, daß fie zu fchwer geht,
in ihrer Thätigkeit beeinträchtigt wird, fo hat A. Milne Edwards
für die Talisman-Expedition einen anderen Umdreh-Modus erfunden
(Fig. 19). Das Thermometer wird in feinem Rahmen durch einen
feitlichen Haken, der von oben in das untere Ende einer metallenen
Schutzhülle eingreift, in feiner Lage erhalten. Diefer Haken ift an
den äußeren Stab des Rahmens beweglich befeftigt und verlängert fich
über das Scharnier als langer Arm, an deffen Ende ein dünner Bindfaden befeftigt ift. Das andere Ende diefes Bindfadens ift an den Trage-
draht der Lotgewichte angeknüpft. Erreicht die ganze Mafchine den
Boden, fo löfen fich, wie wir fahen, die Gewichte mit ihrem Draht los,
dabei wird der Bindfaden, der den Draht mit dem Hakenarm verbindet,

natürlich zerriffen, der Hakenarm aber nach
unten gezogen, fo daß fich der in der Thermo-
meterkapfel eingehakte Zapfen aushebt, das
Thermometer frei wird und, dem Übergewicht
folgend, umkippt.

Die Verteilung der Temperaturen des
Meeres nach den Tiefen, nach Ozeanen und
Zonen ift fehr intereffant, kann uns hier aber
nur beiläufig einen Augenblick befchäftigen.

Die Temperatur des Meereswaffers ift im
allgemeinen auf der Oberfläche und nahe unter
ihr am höchften, von hier nimmt fie während
der erften 100 Faden rafch ab, dann langfamer
bis zu 500—600 Faden und darauf äußerft
langfam entweder bis zum Boden oder bis zu
einem gewiffen Horizont oberhalb desfelben,
von wo aus bis zum Grunde dann die Temperatur die gleiche oder faft die gleiche bleibt.
In den großen Tiefen (von 3000 Faden an)
fchwankt die Temperatur nur um 5⁰ C., von
+ 2⁰ unter den Tropen bis — 3⁰ in den
arktifchen und antarktifchen Gewäffern, auf
der Oberfläche aber um 33⁰, da fie hier unter
dem Äquator + 30⁰, in der Nähe der Pole
— 3⁰ betragen kann. Die großen Ozeane find
aber bei gleicher Tiefe weder unter fich noch
in ihren einzelnen, wenn auch unter gleichen
Breitgraden gelegenen, Regionen betreffs der
Temperatur gleich. So ift durchfchnittlich der
ftille Ozean unterhalb 1500 Faden um ein
Grad kälter als der atlantifche.

Sehr eigentümlich geftalten fich aber die
Verhältniffe der Temperaturverteilung nach den
Tiefen ein und desfelben Ozeans in feinen

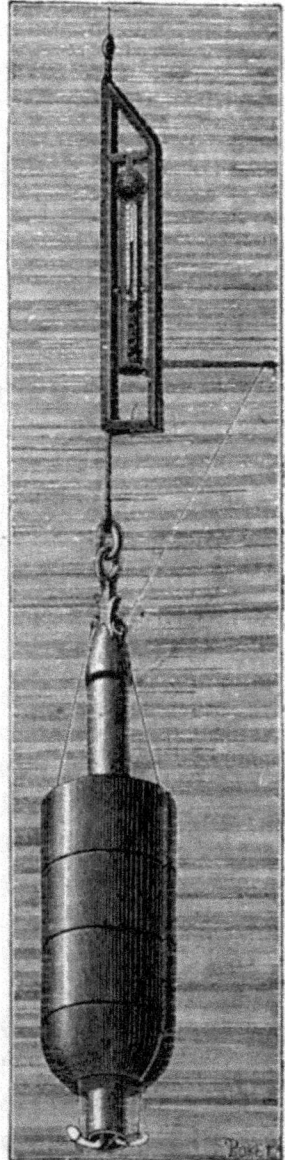

Fig. 19. Negretti-Zambra-Thermometer zufammen mit Hydralot

verfchiedenen Teilen. Einmal fteigen im allgemeinen die „Ifobathy-
thermen", die Horizonte gleicher Temperaturen, im Meereswaffer vom
Äquator polwärts, was wenig erftaunlich ift, dann aber zeigen fich fehr
merkwürdige Verfchiedenheiten nach den Längsgraden. Im öftlichen
atlantifchen Ozean z. B., von der Weftküfte Englands bis zum Kap der
guten Hoffnung beträgt die Temperatur, faft gleichmäßig, von 2000 Faden
an bis zum Boden, 1,9° C. im nordweftlichen bis zum Kap Orange in
Guyana 1,6°, aber in dem füdweftlichen Teil, vom Kap Orange füdlich,
finkt die Temperatur mit zunehmender Tiefe nach und nach, es findet
fich oberhalb des Bodens keine hohe Schicht Waffers von gleichmäßiger
Temperatur und diefe finkt auf dem Boden felbft um 2° gegenüber
derjenigen in derfelben Tiefe unter demfelben Breitgrad in der öftlichen
Hälfte; wenn fie hier + 1,9° C. beträgt, beträgt fie dort — 0,3° C.

    Dies erklärt fich folgendermaßen: der Boden der Ozeane fenkt fich
nicht, wie man früher wohl meinte, muldenartiger vor den Küften der
fie umlagernden Kontinente, fo daß etwa in ihrer Mitte fich die bedeu-
tendfte Tiefe finden müßte, — er befitzt vielmehr wie das oberfeeifche
Land Gebirge, Thäler, Hochplateaus von verfchiedener Höhe, Tiefe,
Richtung und Geftalt. So zieht fich in der Mitte des atlantifchen Ozeans
vom 53° n. Br. bis zum 53° f. Br. ein gewaltiger Gebirgszug, der nur
an einzelnen tiefften Stellen, gewiffermaßen Päffen, bis 1970 Meter
unter der Oberfläche des Meeres finkt, aber mit einzelnen hohen Berg-
fpitzen fich über diefelbe erhebt. Solche Bergriefen find von Nord
nach Süd: die Azorengruppe mit dem Pico alto auf Pico (2222 Meter),
St. Paul (20 Meter) Afcenfion (870 Meter) und der Gaucinfankar des
Gebirges Triftan d'Acunha (2440 Meter). Diefes großartige Gebirge,
gewiffermaßen das Rückgrat des Bodens des atlantifchen Ozeans, läuft
nicht ganz gerade von Nord nach Süd: erft wendet es fich als Del-
phinrücken füdfüdweftlich bis zum 10° n. Br. und 50° w. L., von da
als „Verbindungsrücken" faft rein öftlich bis 15° w. L. und endlich
als Challengerrücken rein füdlich. Von diefem Längsgebirge gehen
zwei anfehnlichere Quergebirge weftlich und öftlich ab, welche dasfelbe
mit den viel höheren Gebirgs- und Hochplateaumaffen, Südamerika und
Afrika genannt, verbinden. Das erftere Quergebirge erftreckt fich von

der Stelle, wo Delphin- und Verbindungsrücken zufammenftoßen, nach
der Küfte von Guyana, das andere etwas nördlich von Triftan d'Acunha
beginnend bis zur Walfifchbai und Damaraland in Weftafrika. Infolge
der Architektur diefer fubmarinen Gebirge finden fich auf dem Boden
des atlantifchen Ozeans drei große Thäler mit weit ausgedehnten Tief-
ebenen. Das eine gewaltigfte erftreckt fich öftlich vom atlantifchen
Längsrücken vom 53^0 n. Br. bis zum 32^0 f. Br., ein zweites nordweft-
liches Baffin weftlich vom 53^0 bis zum 10^0 n. Br. und ein drittes füd-
weftliches von hier bis zum antarktifchen Meere.

In diefer Geftaltung des Bodens des atlantifchen Ozeans liegt aber
der Schlüffel für das Verftändnis der verfchiedenen Art, wie fich in feinen
Gewäffern die Temperaturen verteilen.

Es ift klar, daß das kalte Bodenwaffer der tropifchen Meere nicht
an Ort und Stelle feine Temperatur erhalten haben kann, denn die Erde
giebt allenthalben auch unter Waffer von ihrer Wärme ab und um fo
mehr, je näher ihrem Mittelpunkte, alfo auf dem tiefen Meeresboden ficher
mehr als auf einer Ebene des Landes unter gleicher Breite. Es läßt fich
beweifen (vergl. Zöbitzer bei v. Boguslawski-Krümmel, Handb. der
Ozeanogr. B. II pg. 283), daß die Temperatur des Waffers auf dem
Meeresboden, wenn alle Bewegungsmöglichkeit in vertikaler Richtung
ausgefchloffen wäre, der mittleren Wintertemperatur der Atmofphäre
unmittelbar an der Oberfläche entfprechen würde. Diefe ift nun aber
unter dem Äquator ungleich viel höher als jene und das tropifche Bodenwaffer muß feine Kälte wo anders acquiriert haben und es muß von wo
anders herkommen.

In den großen Ozeanen finden, abgefehen von den fchnelleren horizontalen Strömungen, auch vertikale ftatt, welche durch die Temperatur-
differenzen veranlaßt werden, aber fo langfam von den Polen zu den
Tropen in der Tiefe und von den Tropen zurück zu den Polen an der
Oberfläche ftattfinden, daß fie durch Meffungen nicht mehr nachweisbar
find. Von den Polen dringt das kalte, folglich fchwere Waffer nach
dem Äquator zu fehr langfam, aber ftätig vor und erwärmt fich unterwegs als fchlechter Wärmeleiter nur wenig. Am Äquator gelangt es,
vielleicht wegen des vom andern Pole her ftattfindenden Gegenftromes

des kalten Bodenwaffers zum Stillftand, nimmt nach und nach die
Bodenwärme an und fteigt demzufolge auch nach und nach zur Oberfläche, während es neuen vom Pole herkommenden Waffermaffen Platz
macht. An der Oberfläche wird es nun noch mehr erwärmt und
ftrömt langfam polwärts wieder ab, um, wieder abgekühlt, zu Boden zu
finken und den Kreislauf aufs neue zu beginnen. So können wir uns,
fchematifch, das Meereswaffer an jeder Seite des Äquators als eine Maffe
darftellen, welche an ihrer Oberfläche, Unterfläche und an der Berührungs-
fläche mit der entfprechenden transäquatorialen Waffermaffe in fortwährend langfamen Bewegung ift, die aber je näher ihrem Kern umfomehr in Stillftand geraten und eine um fo gleichmäßigere Durchfchnitts-
temperatur annehmen wird.

Aber die Züge diefes Schemas werden durch allerlei Störungen beeinträchtigt und verwifcht. Erftens finden fich noch andere, durch verfchiedene Einflüffe veranlaßte horizontale Strömungen, außerdem ander-
weitige Verfchiebungen des Oberflächenwaffers lokaler Art durch Winde,
Einmünden von Flüffen u. f. w., und endlich ift der Boden des Meeres,
wie wir fahen, nicht fo eben und gleichmäßig, daß die kalten Polwäffer
überall unbehindert und in gleicher Tiefe zum Äquator vordringen
könnten.

So bilden z. B. jene beiden unterfeeifchen Quergebirge im atlantifchen Ozean Barrieren, welche den Zufluß der kalten antarktifchen
Gewäffer auf dem Meeresboden nach dem Äquator zu regeln. Weftlich
von dem großen Längsrücken, der überhaupt nicht von den kalten
Bodenftrömungen berührt wird, kann der Zufluß des ganzen vom Südpol kommenden Tiefwaffers ftattfinden, es findet fich hier entlang der
Oftküfte Südamerikas bis zum 10^0 n. Br. eine „kalte Rinne", in
welcher das Waffer von einer gewiffen Tiefe an gradatim an Wärme
bis zum Boden abnimmt, hier aber eine Temperatur von unter 0^0 C.
hat. Ähnlich ift es auf der öftlichen Seite des atlantifchen Ozeans, aber
nur bis zu dem Quergebirge zwifchen Challengerrücken und Damaraland. Jenfeits desfelben tritt die auf den erften Blick fonderbare erwähnte
Erfcheinung auf, daß das Waffer bis zur Weftküfte Englands hinauf in
einer Tiefe von 2000 Faden an bis zum Boden faft allenthalben eine

Temperatur von $+ 1{,}9^0$ C. hat. Und doch ift diefe Thatfache nicht fchwer zu erklären: das öftliche Quergebirge hält die tiefen Schichten des kalten Grundwaffers zurück, bis fie fich durch die Bodenwärme der Erde genügend erwärmt haben, um in die Höhe fteigen und mit den wärmeren oberen Schichten zufammen über die Barriere hinwegfließen zu können. Beide haben dann eine gleiche Temperatur und dringen nun in das nördlich vom Quergebirge gelegene öftliche Baffin ein, das daher von einer gewiffen Tiefe (unter 2000 Faden) an einen gleichmäßig erwärmten Inhalt haben wird. Das nachfolgende Schema (Fig. 20) mag zur Erläuterung

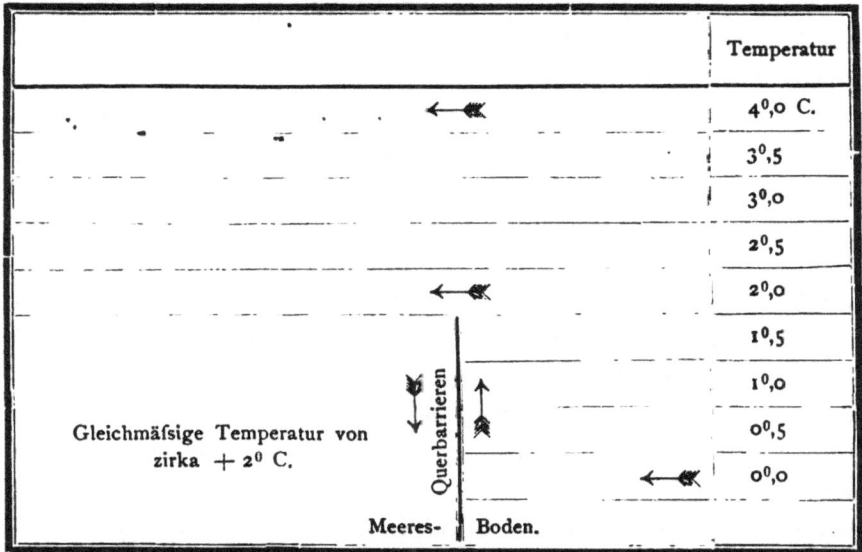

Fig. 20. Schema zum Erklären der Beeinfluffung kalter Bodenftrömungen durch ein unterfeeifches Quergebirge.

eines Vorgangs dienen, der fich auch fonft noch findet. So zieht fich auf dem Tieffeeplateau des nordatlantifchen Ozeans ein Gebirge von Schottland nach Island hinüber, der Wyville Thomfon-Rücken; an diefem ftauen fich die kalten arktifchen Gewäffer und fo trennt er einen nördlichen, in der Tiefe kalten, Meeresteil von einem wärmeren füdlichen. Diefe Verhältniffe find natürlich von großer Wichtigkeit für Beurteilung des Vorkommens gewiffer Tierformen auf dem Boden des Meeres, denn jene Waffer-Barrieren find zugleich auch Barrieren für die Tieffeefaunen.

Je weiter nun der Zugang iſt, durch welchen die kalten Polwaſſer
auf den Grund des Meeres äquatorwärts vordringen, deſto ſtärker wird
ihr Zufluß ſein und deſto mehr und länger werden ſie ihre Eigenſchaften
beibehalten können. So beeinflußt das antarktiſche Meer, das in weiter
offener Kommunikation mit allen großen Ozeanen ſteht, die Temperatur-
verhältniſſe dieſer weit mehr und viel weiter bis zum Äquator, ja über
ihn hinaus als das arktiſche, das nach Süden hin durch viel engere und
flachere Kanäle ſowohl mit dem atlantiſchen als mit dem ſtillen Ozean
kommuniziert. Der letztere ſteht außerdem durch eine viel breitere
Baſis mit dem ſüdlichen Eismeer in Verbindung als das atlantiſche
Meer, erhält folglich mehr kaltes Grundwaſſer und hat daher auch eine
geringere Bodentemperatur.

Einzelne tiefe Meere kleineren Umfangs bilden unterſeeiſche, rings
abgeſchloſſene Becken und haben, da die abſchließenden ſeichteren Regionen als Barrieren wirken, eine gleichmäßige Temperatur von einer
gewiſſen Tiefe an; dieſe Temperatur iſt aber um ſo höher, je weiter die
Barrieren heraufragen und je mehr ſie den Zufluß kalter Bodenwaſſer
abhalten. Die kleine, aber tiefe, zwiſchen Borneo und den Philippinen
befindliche Suluſee erläutert dies ſehr gut. Sie hat eine Maximaltiefe
von 2550 Faden, iſt aber rings von teilweiſe als Inſeln (Borneo, Palá-
wan, Mindoro, Panay, Mindanao etc. und im Südoſten die Inſeln des
Suluarchipels) zu Tage tretenden unterſeeiſchen Höhenzügen abge-
ſchloſſen und ihre Temperatur iſt von 300 Faden an bis zum Boden
eine gleichmäßige von + 10⁰. 2. C. Genau ſo verhält es ſich mit dem
Mittelmeere, das von 300 Meter an abwärts bis zu ſeiner größten gekannten Tiefe (über 3000 Meter) eine Temperatur von 13,8 bis 13,5⁰ C.
hat und in der Straße von Gibraltar durch eine ſehr dicht unter dem
Waſſerſpiegel (ſtellenweiſe bloß 82 Meter) gelegene Barriere von dem
kalten Grundwaſſer des atlantiſchen Ozeans abgeſchnitten iſt.

Die Kenntnis der Verteilung der Temperaturen auf dem Boden
des Meeres hat übrigens ein wiſſenſchaftliches, aber auch ein wirtſchaft-
liches Intereſſe, da ſich namentlich im nordatlantiſchen Ozean viele wich-
tige Fiſche in ihrem Vorkommen nicht nur nach der Tiefe, ſondern
auch nach den Wärmeverhältniſſen des Waſſers richten.

Man könnte nun die Frage aufwerfen, warum das Meereswaffer auf dem Boden bei — 3⁰ C. nicht gefriere. Darauf würde zu antworten fein, daß einmal der Gefrierpunkt des falzigen Meereswaffers überhaupt ein anderer als der des füßen Waffers fei, indem er nicht bei o⁰, fondern im bewegten Zuftande bei — 2,55⁰ C., im ruhenden aber bei — 3⁰ 17 C. liege und daß weiter bei dem Waffer aus großen Tiefen infolge des ungeheueren Druckes noch eine weit bedeutendere „Überkaltung", d. h. Herabfetzung der Temperatur ftattfinden könne, bevor es in den feften Aggregatzuftand übergehe.

Druckverhältniffe auf dem Boden der Tieffee. Der Druck, welchen die ungeheuere Wafferfäule in den tiefften Tiefen des Meeres ausübt, ift über alle Begriffe gewaltig. Wyville Thomfon fagt: ein Menfch würde bei einer Tiefe von 2000 Faden ein Gewicht auf fich laften haben gleich dem von 20 Lokomotiven, eine jede mit einem langen mit Eifenfchienen belafteten Güterzug, — mit anderen Worten, der Menfch würde, wenn er plötzlich einem folchen, aber in nur einer Richtung, nicht allfeitig wirkenden Drucke ausgefetzt würde, fo platt wie Poftpapier gedrückt werden. Mofeley berechnet

Fig. 21. Korkfcheiben, welche den Eingang zum Schleppnetz aufgefperrt halten.
a vor dem Gebrauch, b nach dem Gebrauch (auf denfelben Maßftab reduziert).

den Druck auf den Quadratzoll für je 1000 Faden zu ein Ton englifch (2250 Pfund) oder 166 Atmofphären, fodaß fich der größte Druck im Meere, entfprechend der bedeutendften Tiefe desfelben, auf ca. 4½ Ton (10125 Pfund) oder 747 Atmofphären pro Quadratzoll ftellen würde. Dem entfprechend giebt Perrier ein Gewicht von 10850 Kilogramm für je 1000 Meter Tiefe auf den Quadratdecimeter an. Hölzerne Gegenftände werden durch diefen Druck auf die Hälfte ihres Volumens zufammengepreßt. Auf der Talisman-Expedition bediente man fich ftarker, an einer Schnur aufgereiheter Korkfcheiben, um den Eingang in das Dredfchnetz offen zu erhalten. Nachdem fie nur kurze Zeit in Gebrauch waren, wurden fie (Fig. 21a und b) um mehr als die Hälfte ihres Volumens reduziert und ihr Gewebe war bedeutend verdichtet, fo daß fie die Konfiftenz von Holz annahmen.

Das Waffer felbft wird durch diefen furchtbaren Druck nur wenig in feinem Volumen verändert: bei 1524 Meter würde es, entfprechend einem Drucke von 159 Atmofphären, nur um 1_{144} an Volumen abnehmen und bei 30480 Meter (Tiefen, wie fie in Wahrheit niemals im Meere vorkommen) nur um $1_{.7}$.

Man'hat zwar Inftrumente erfunden, um den Wafferdruck in den Meerestiefen direkt zu meffen, aber Wyville Thomfon bemerkt fehr richtig, es fei, wenn man alle in Betracht zu ziehenden Elemente der Berechnung genau kenne, weit bequemer die Frage am Studiertifche zu Haufe als auf der Kampagne draußen beantwortend auszuarbeiten.

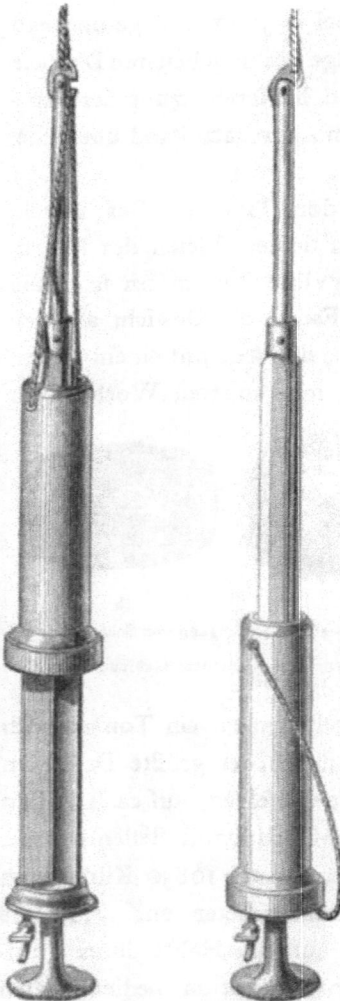

Fig. 22. Tieffee-Wafferfchöpfer.

Chemie des Tieffeewaffers. Um fich Proben von Tieffeewaffer unvermifcht zu befchaffen, bedient man fich verfchiedener Inftrumente. Das eine, fchwedifchen Urfprungs, diente zuerft auf der deutfchen Unterfuchungsexpedition in der Nordfee 1872 und wurde auch auf der Reife des Challenger in Anwendung gebracht. Seine Konftruktion erinnert teilweife an das Prinzip des Brookefchen Tieffeelotes. Ein drei Fuß langer Meffingftab (Fig. 22) hat oben einen beweglichen, feitlich eingekerbten Aufhänger, mittels deffen er an der Leine befeftigt ift. In feinem oberen Drittel ift diefer Stab glatt und rollrund, in den beiden unteren hat er vier ziemlich weit vorſpringende Längsleiſten, die aber nicht kontinuierlich durchlaufen, ſondern in der Mitte ſich gegen einander um 45⁰ drehen, ſodaß ſie alternierend zu einander zu ſtehen kommen. An der Stelle, wo ihre Kontinuität unterbrochen iſt, findet ſich ein ſehr accurat gearbeiteter, horizontaler, meſſingener Abſatz oder ein Schied und ein ebenſolcher aber etwas breiterer am unteren Ende der Längsleiſten, unterhalb deſſen ſich der Stab als ein feſter, unten verbreiterter Staucher oder Puffer, um Beſchädigungen beim Auffloßen auf den Boden zu vermeiden, fortſetzt. Beide Abſätze ſind durchbohrt, der untere hat einen nach außen ſich öffnenden Hahn, der obere eine von einem Metallzapfen geſchloſſene Art Spundloch. Die Längsleiſten dienen einem Cylindermantel von Meſſing als Läufer oder Gleiter. Dieſer Mantel hat die halbe Länge der Längsleiſten und wird vor dem Herablaſſen des Apparats in das Meer über das mittlere Drittel des ganzen Stabes gezogen und mittels einer Schnur in die ſeitliche Kerbe des beweglichen Aufhängers eingehängt. Sobald nun der Apparat auf dem Boden aufſtößt, läßt die Lotleine nach, der Aufhänger ſenkt ſich vom Gewicht des Mantels gezogen ſeitlich, die Schnur hängt ſich aus und der Mantel gleitet auf die untere Hälfte des Leiſtenteils des Stabes. Sein unterer und oberer Rand ſind aber genau ſo gearbeitet, daß ſie waſſerdicht auf die beiden Abſätze ſchließen und ſo das zwiſchen den Längsleiſten im Moment des Herabgleitens des Cylindermantels befindliche Tieffeewaſſer abgefangen wird und beim Heraufholen unvermiſcht bleibt. Will man das Waſſer aus den abgeſchloſſenen, nicht waſſerdicht von einander geſchiedenen Zwiſchenräumen zwiſchen den Leiſten entfernen, ſo löſt man den Zapfen aus dem Spundloch des oberen Abſatzes und öffnet den Hahn des unteren.

Dieſer Apparat funktioniert natürlich nur, nachdem er den Boden erreicht hat, aber es kommt auch darauf an, Waſſer aus höheren Meeresſchichten zur Unterſuchung zu erhalten und zu dieſem Behufe hat Buchanan, der Phyſiko-Chemiker des Challenger, eine ſinnreiche Schöpfflaſche ausgedacht (Fig. 23). Eine 2—3 Fuß lange, $2\frac{1}{2}$ Zoll weite Meſſingröhre iſt oben und unten durch ein Diaphragma geſchloſſen, in welches je ein tubenförmiges Einſatzrohr geſchraubt wird. Dieſe Röhren

können durch felbftbewegende Hähne abgefchloffen werden, die durch
eine bewegliche Längsftange miteinander verbunden find, fo daß beide
fich zugleich öffnen oder fchließen. An diefer Stange ift oben eine bewegliche Metallplatte angebracht. Beim Herablaffen (Fig. 23 links) kann
das Waffer frei durch die ganze Röhre paffieren, denn durch den Gegendruck des Waffers ift die Seitenftange gehoben und die mit ihr verbundenen korrefpondierenden Hähne ftehen offen. In der gewünfchten

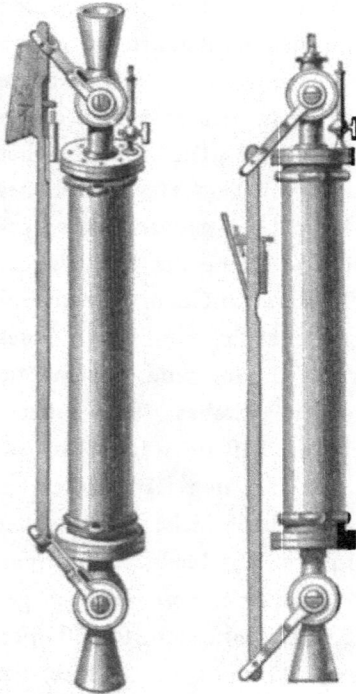

Fig. 23. Buchanans Wafferfchöpfer.

Tiefe wird mit dem Apparat Halt gemacht, worauf er wieder nach oben gezogen wird. Jetzt wirkt der Gegendruck
des Waffers in der anderen Richtung
gegen die Seitenftange, fie wird nach
unten gedrängt, demnach fchließen fich
die Hähne und das im Moment des
Heraufholens in der Röhre befindliche
Waffer wird abgefperrt. Will man den
Inhalt der Röhre zur Verfügung haben,
fo fchiebt man einfach die Stange nach
oben, fo daß die Einfatztuben geöffnet
find. Im oberen Diaphragma befindet
fich eine Ventilröhre, welche bis in das
eingefchloffene Waffer reicht. Ihr Zweck
ift, überfchüffiges Waffer, das vielleicht
durch die unter geringerem Druck ftatt-
findende Ausdehnung der ganzen Maffe,
namentlich auch freier Gafe, den Apparat gefährden könnte, entweichen zu
laffen, ohne daß von den oberhalb des Waffers fich anfammelnden
Gafen etwas verloren geht. Das tubenförmige Ende der oberen Einfatz-
röhre kann abgefchraubt und durch einen Gas fammelnden Apparat
erfetzt werden.

Die chemifche Unterfuchung hat dargethan, daß im Seewaffer überhaupt 32 Elemente vorkommen, die meiften indeffen nur in Spuren.

Seine charakteriftifchfte Eigenfchaft ift fein Salzgehalt, der zu-

gleich einer der wichtigften Faktoren für das Tierleben im Meere
ift. Der Grad des Salzgehaltes fchwankt an und nahe der Oberfläche
des Meeres fehr bedeutend nach Lokalität, Jahreszeit, herrfchenden
Winden u. f. w., namentlich in den Tropen. Je tiefer fich die Wafferfchichten befinden, defto mehr vermindern fich die Verfchiedenheiten an
Gehalt des Salzes und zwifchen 800—1000 Faden fcheint derfelbe in
allen Meeren gleich zu fein. Diefe Wafferfchicht ift zugleich die falz-
ärmfte, — fowohl oberhalb wie unterhalb derfelben wird der Salzgehalt
immer größer. Der höhere Gehalt des Bodenwaffers an Salz ift aber
eine Folge der langfamen Vertikalftrömung vom Pol zum Äquator auf
dem Boden und zurück auf der Oberfläche.

Neben den feften Beftandteilen enthält das Meereswaffer nun auch
Gafe. Zunächft eine Mifchung von Stickftoff und Sauerftoff, alfo atmo-
fphärifche Luft, aber von einer anderen Zufammenfetzung als die uns
umgebende. Während diefe im Durchfchnitt $23^0/_0$ Sauerftoff und $77^0{}_0$
Stickftoff enthält, ift der Gehalt an Sauerftoff in der dem oberflächlichen
Meereswaffer beigemengten Luft zwifchen 33 und $35^0{}_{,0}$. Nach der Tiefe
zu vermindert fich zunächft der Sauerftoffgehalt bis zu einem gewiffen
Grade, um dann nach dem Boden hin wieder zuzunehmen. Buchanan
fand folgendes durchfchnittliche Verhalten:

Tiefe (in Faden)	o	25	50	100	200	300	400	800	von 800 bis zum Boden
Sauerftoffgehalt der Luft	33.7	33.4	33.2	30.2	33.4	11.4	15.5	22.6	23.5

Aus der bemerkenswerten Thatfache, daß zwifchen 200 und 400
Faden Tiefe ein fo plötzlicher und bedeutender Mangel an Sauerftoff
eintritt, glaubte B u c h a n a n auf einen ftarken Konfum desfelben, alfo
auf ein gerade hier befonders ftark entwickeltes Tierleben fchließen zu
dürfen, jedenfalls auf ein regeres als auf dem Boden des Meeres, da
außerdem bei geringerer Tiefe mehr Gelegenheit zur Erneuerung des
Sauerftoffs durch die größere Nähe einmal der Oberfläche, dann aber
der Vegetation, welche nur in äußerft winzigen Formen unter 100 Faden
hinabfteigt, geboten fei.

Das war ein Trugfchluß. Die größere Menge an Sauerftoff nahe
der Oberfläche ift allerdings auf die von Buchanan angezogenen Urfachen zurückzuführen, aber weder berechtigt der Mangel daran zwifchen
200 und 400 Faden dazu, auf ein gefteigertes, noch der vermehrte Gehalt
von 800 unterwärts auf ein reduziertes Tierleben fchließen zu dürfen.
Wie bei der Verteilung des Salzgehaltes refp. der Dichtigkeit im Seewaffer ift die Urfache auch diefer Erfcheinung vielmehr in der vertikalen
Strömung zu fuchen. Gerade in jenen, fo zu fagen, ftagnierenden
Waffermaffen mit weniger Salz, weniger Sauerftoff, geringer oder gar
keiner Bewegung und konftanter Temperatur ift das Tierleben im Verhältnis zu feiner Entfaltung auf der Oberfläche und in der Tiefe nur
fchwach vertreten.

Daß die im Seewaffer enthaltene Luft einen bedeutenderen Prozent-
teil Sauerftoff enthält als die uns umgebende, hat übrigens feinen Grund
darin, daß das Seewaffer für Sauerftoff ein größeres Abforptionsver-
mögen befitzt als für Stickftoff.

Auch über die Verteilung freier Kohlenfäure im Meereswaffer ift
man zu verfchiedenen Zeiten verfchiedener Anficht gewefen und ift es
von verfchiedenen Seiten noch heute. Man fchloß und fchließt teilweife
noch auf eine Zunahme derfelben mit der Tiefe, einmal aus der nach-
gewiefenen Abnahme an Sauerftoff, dann aber auch aus dem Zurück-
treten des Kalks in den größten Tiefen, wo der rote Thon meift nur
fehr geringe, bisweilen gar keine Spuren von Kalk befitzt, wo die Tiere
mit kalkigen Schalen und Skeletten immer mehr verfchwinden und
folchen mit entfprechenden kiefeligen Gebilden Platz machen. Die neueren
forgfamen chemifchen Analyfen von Tieffeewaffer haben indeffen keine
Vermehrung freier Kohlenfäure in der Nähe des Bodens der Ozeane
nachzuweifen vermocht. Jedenfalls ift nicht foviel vorhanden, daß fie
dem Tierleben fchädlich fein könnte. Hin und wieder mögen fich in
der Tiefe Waffermaffen mit vermehrter freier Kohlenfäure tinden, diefe
ift dann aber auf die Gegenwart vulkanifcher Quellen zurückzuführen.
Was die Auflöfung der kalkigen Organismenrefte in der Tiefe betrifft,
fo ift Dittmar der Meinung, daß fie noch lange nicht die Gegenwart
einer freien Säure beweifen, fondern nur die löfende Fähigkeit des See-

waſſers an und für ſich, das ſelbſt wenn es alkaliſch iſt, bei genügend
langer Zeit kohlenſaueren Kalk aufzulöſen und aufzunehmen vermag.

Das Licht und die Tieffee. Einer der wichtigſten und thätigſten
Arbeiter im großen Laboratorium der Natur iſt das Sonnenlicht. Unter
ſeinem Einfluße wird anorganiſche Materie in organiſche umgeſetzt und
ſo beruht in letzter Linie alles Leben auf Erden auf ſeiner Gegenwart.

Die Tiefe, bis zu welcher das Sonnenlicht oder gewiſſe Strahlen
desſelben in das Meer einzudringen vermögen, werden je nach den Umſtänden ſehr verſchieden ſein: ein heller oder ein trüber Tag, eine
ruhige oder eine bewegte Oberfläche, ein mehr oder weniger von Fremdkörpern freies Waſſer werden, je nachdem dieſe Faktoren zuſammen-
wirken, den Grad des Eindringens fördern oder behindern.

Die älteſten in dieſer Hinſicht angeſtellten Unterſuchungen (aus den
vierziger Jahren unſeres Jahrhunderts herrührend) und alle weiteren bis
1880 (während der Expedition des k. k. öſterreichiſchen Schiffes „Hertha"
unter Wolf und Lukſch im adriatiſchen und joniſchen Meere ausgeführt) ſind ſehr roh und geben ſicher keine richtige Vorſtellung von der
wahren Tiefe, bis zu welcher das Sonnenlicht gelangen kann. Sie beruhen auf Experimenten, bei denen meiſt weiße Gegenſtände (Marmor-
tafeln z. B.) an Leinen in das Meer geſenkt wurden, ſolange bis ſie dem
von oben beobachtenden Auge entſchwanden. Wenn man nun auch
teilweiſe (Wolf und Lukſch) verſuchte, die erzielten Reſultate durch
Berechnung der Intenſitätsverluſte, welche die Sonnenſtrahlen bei ihrem
Durchgang durch verſchiedene Medien von verſchiedener Dicke und
Dichtigkeit auf dem Hinwege zum verſenkten Gegenſtande und das
reflektierte Licht durch Abſorption auf dem Rückwege durch dieſelben
Medien bis zum Sehorgan des Beobachters erlitten hatten, richtiger zu
ſtellen, ſo entſprechen doch die gewonnenen Befunde ſicher nicht entfernt den Tiefen, bis in welche auch noch das ganze weiße Sonnenlicht
gelangen kann. Wolf und Lukſch verſenkten viererlei Scheiben:
weiße, blankmeſſingene, blankkupferne und grünangeſtrichene und ſtellten
durch Beobachtung und Berechnung feſt, daß ſie in entſprechender

Reihenfolge bei nachstehenden Tiefen verschwanden: 48,11 Meter, 37,01 Meter, 34,40 Meter und 30,01 Meter.

Weit exaktere Untersuchungen nahmen F o l, früher schon mit ähnlichen Beobachtungen im Genfer See beschäftigt gewesen, und S a r a s i n im Hafen von Villafranca vor, indem sie nach einer älteren, nicht zur Ausführung gelangten Idee von S i e m e n s, das photographische Verfahren anwendeten.

In die Dunkelkammer wurden mit der sehr empfindlichen Monkhovenschen Bromgelatine behandelte Platten in Kästchen lichtsicher eingeschlossen, die so eingerichtet waren, daß sie sich bei gewissen Tiefen öffneten, im Moment des Heraufholens aber von selbst wieder schlossen. Ein solches Kästchen (Fig. 24 bb) besteht aus Messing, ist von rechteckiger Gestalt, 40 Centimeter lang und halb so breit und enthält die mit Klammern befestigte empfindliche

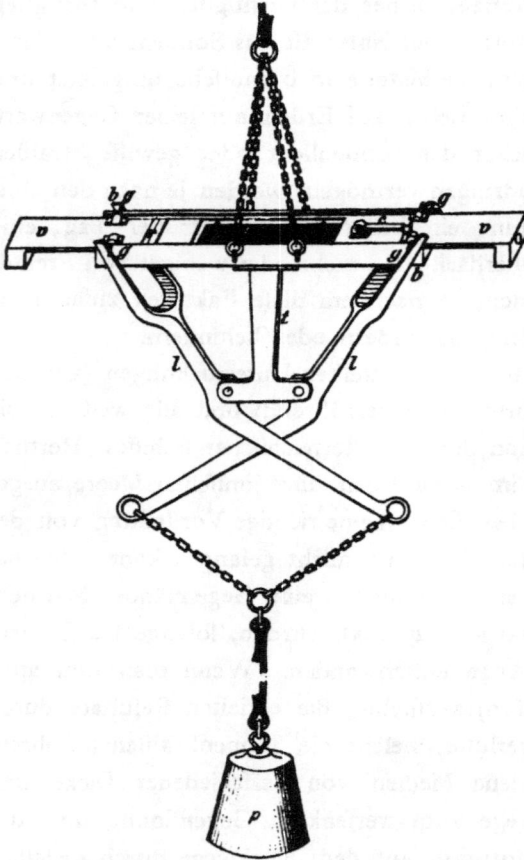

Fig. 24. Photographischer Apparat zum Messen der Lichtintensität in größeren Wassertiefen nach F o l und S a r a s i n. (Mém. de la Soc. de Phys. et d'hist. natur. de Genève, Tome XXIX, No. 13, Fig. 1.)

Platte (p). Oben ist dieses Kästchen durch zwei übereinander weggleitende und in Falzen laufende Messingschiebdeckel (vv) sicher verschlossen, die durch die Kraft einer am Boden des Kästchens befindlichen starken Feder wieder auseinandergeschoben werden, wie das

in der Figur dargeftellt ift. Vom Boden des Käftchens nach unten
geht ein ⌐förmiger Stiel (t) ab, welcher die Scharniere für zwei nach
innen eingeknickte und zangenartig übereinander greifende Ableiteftangen (ll) trägt. Jede diefer Stangen endigt oben in einer Gabel,
von deren beiden Zinken je eine an jede Seite des Käftchens herantritt
und fich an Stifte (g g) anlegt, welche jederfeits die Schieber tragen.
Unter dem Einfluffe der innerlichen Feder geben fich die beiden Schieber
auseinander und mit ihnen die beiden Ableiteftangen. Zwifchen diefen
ift unten mittels einer Kette ein Gewicht (P) angebracht, das wie die
drückende Kraft auf eine Schere wirkt und durch feinen Zug die Zange
gefchloffen hält. Dadurch werden die gabeligen Enden der Ableiteftangen einander genähert und mit ihnen die beiden Schieber übereinander und über die fenfitive Platte gefchoben, fodaß nicht die Spur
von Licht zum Innern des Käftchens und zu feinem Inhalt Zutritt hat.
Ein an dem oberen Schieber befeftigtes Häkchen (c) fchlägt, wenn derfelbe eingefchoben ift, nach innen um und faßt in einen Falz (r) des
unteren Schiebers, fodaß fich das Käftchen während des Hinablaffens
nicht von felbft öffnen kann. Das Öffnen geht erft vor fich, wenn das
Gewicht den Boden erreicht hat, denn dann hört feine Zugkraft auf und
die fchwächere auseinanderfchiebende Kraft der Feder im Käftchen tritt
ausfchließlich in Aktion. Die Dauer der Ausfetzung der Platte war
10 Minuten. An einem fonnigen Märztag wurde der Apparat in das
Meer gefenkt und es zeigte fich, daß die Platten in größeren Tiefen wie
400 Meter nicht mehr reagierten. Durch fechs Experimente zu verfchiedenen Vormittags- und Mittagsftunden und bei verfchiedenen Tiefen
wurde dies feftgeftellt. Zwifchen 1.20 und 1.30 N. M. fand fich bei
405 Meter keine Spur von Reaktion mehr und auch bei einer Tiefe von
390 Meter war der um 11 V. M. auf die Platte hervorgebrachte Eindruck fchwächer, als er gewefen fein würde, wenn man die Platte der
Luft in einer hellen, aber mondfcheinlofen Nacht ausgefetzt gehabt hätte.
Helle Bewölkung fchien den Grad des Eindringens des Lichtes nicht zu
beeinfluffen.

    Intereffant ift eine Thatfache, welche fich noch aus den Fol-Sarasin-
fchen Verfuchen ergab, daß nämlich im Mittelmeer bei 380 Meter eine

ſtärkere Beleuchtung vorhanden iſt als im Genfer See bei 192 Meter. Im Mittelmeere ſcheint das eigene Abſorptionsvermögen des Waſſers ſelbſt die hauptiächliche, wenn nicht ausſchließliche Urſache des Ver- ſchwindens des Lichtes in der Tiefe zu ſein, im Genfer See dürften aber allerlei Verunreinigungen ein gewichtiges Wort mitſprechen.

Fol und Sarasin haben ſelbſt die Schwäche, welche dieſem geiſt- reich ausgedachten Apparate anhaftet, gar wohl erkannt, nämlich, daß er nur auf dem Boden in Aktion tritt, aber nicht an irgend einer be- liebigen Stelle im Waſſer oberhalb desſelben, was natürlich mit vielen Unbequemlichkeiten für den Experimentator verbunden iſt. Sie haben daher noch einen andern, etwas komplizierteren Apparat konſtruiert, bei welchem die Deckel mittels eines Uhrwerks geöffnet werden, während des Ganges desſelben auch geöffnet bleiben, nach Ablauf ſich aber wieder ſchließen. Aufgezogen oder richtiger in Thätigkeit geſetzt wird das Werk im Waſſer bei beliebiger Tiefe durch den Druck eines kleinen Gewichtes, das man an der Leine nachlaufen läßt.

Viel einfacher iſt ein von von Peterſen ausgedachter und von Chun beſchriebener und abgebildeter Apparat, der auf dem Prinzip der Propeller-Schraube beruht. Mein Freund Chun ſchreibt über dieſes Tiefſee-Photometer folgendes: „Die Bromſilberplatte, welche, wie vor- herige Verſuche lehrten, von dem Seewaſſer nicht angegriffen wird, liegt in einer aus Blei hergeſtellten Doſe (Fig. 25A). Der ebenfalls aus Blei beſtehende Deckel der Doſe kann an einem Scharnier auf- und zuge- klappt werden und greift in einen doppelten Falz derart ein, daß ſeit- lich kein Lichtſtrahl einzudringen vermag. Dieſe Doſe hängt excentriſch, freibeweglich in einem Rahmen und würde demgemäß ohne weitere Vorrichtung die auf Fig. 25B erſichtliche Stellung einnehmen. Um nun in beliebiger Tiefe ein Öffnen des Deckels, alſo eine Expoſition herbei- zuführen und nach beliebiger Zeit wieder die Doſe zu ſchließen, iſt nach dem Prinzip des Negretti und Zambraſchen Umkippthermometers (vergl. pg. 60 und Fig. 18 dieſes Buches) ein Propeller (p) verwertet. Derſelbe beſitzt vier Flügel und beginnt erſt zu wirken, wenn der Apparat in die Höhe gezogen wird. Ein feines, an dem Propeller befeſtigtes Schrauben- gewinde greift durch eine Schraubenmutter in den durchbohrten Rand der Doſe und ſteckt etwa einen halben Centimeter tief in dem ſeitlichen Falz des Deckels. Der Apparat wird nun in eine beliebige, durch das Zählwerk der Lotleine kontrolierbare Tiefe herabgelaſſen. Wird er, dort angelangt, in die Höhe gezogen, ſo hebt ſich das Schraubengewinde

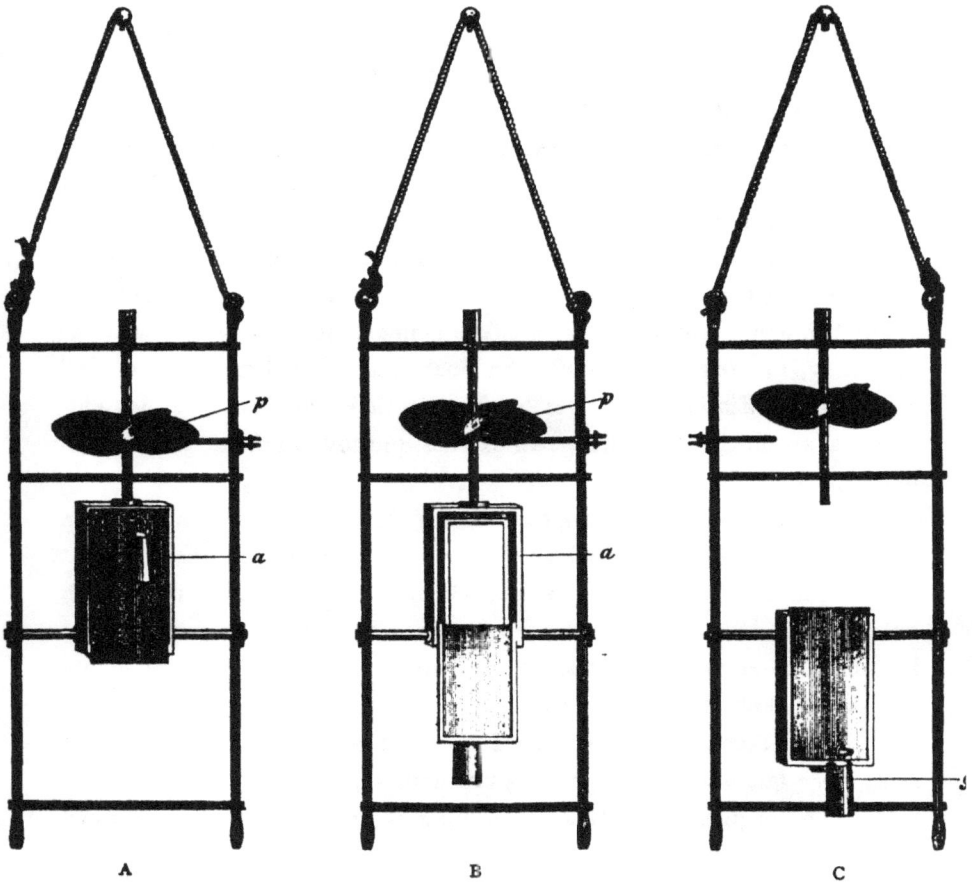

Fig. 25. von Peterſens photographiſcher Apparat zur Meſſung der Lichtintenſität in gröſseren Tiefen (nach Carl Chun „Die pelagiſche Thierwelt etc." in Bibliotheca zoolog. Heft I, Fig. 4—6). A beim Herablaſſen, B bei der Arbeit, C beim Heraufholen.

durch die Drehung der Flügel des Propeller und tritt aus dem entſprechenden Falz des Deckels. Letzterer klappt auf und die Platte wird exponiert (Fig. B). Ein dem Deckel ſeitlich anhängendes Bleigewicht (g)

erleichtert das Aufklappen, welches bei einer Hebung des Apparates um
2,5 Meter erfolgt. Hat man die erforderliche Zeit hindurch exponiert,
fo tritt bei einer weiteren Hebung das Gewinde auch aus der entfprechenden Öffnung der Dofe und letztere, weil excentrifch aufgehängt,
klappt zu (Fig. 25 C)."

Nach weiteren vorläufigen Mitteilungen unferes Gewährsmannes fand
von Peterfen, daß die Platten noch bei 500—550 Meter nach halb-
ftündiger Expofition deutlich reagierten.

Pouchet hat gegen aus früheren Beobachtungen gezogene Folge-
rungen einige, nicht unwichtige Bedenken vorgebracht. Nach ihm beweifen jene nur, daß weißes Sonnenlicht nicht tiefer in das Meer eindringt als bis zu 400 Meter, aber deshalb könnten die grünen und blauen
Strahlen 'noch recht gut viel weiter gelangen und das fei fogar fehr
wahrfcheinlich. Mofeley hat freilich einmal, aber ohne weitere Begründung, hervorgehoben, daß man doch kaum annehmen könne, daß
irgendwelche Einzelftrahlen des Spektrums tiefer in das Seewaffer ein-
drängen als folche, für die gewöhnliches photographifches Papier em-
pfindlich fei.

Vor Pouchet hatte übrigens fchon (1884) Verrill ähnliche Ideen
wie diefer ausgefprochen und zu begründen verfucht. Er meint, Licht
müffe auch in den tiefften Tiefen herrfchen, fonft hätten die oft fo hoch
entwickelten Augen der Tieffeetiere keinen Sinn, und er behauptet nicht
bloß die Exiftenz von Licht, fondern unternimmt es auch auf fehr intereffante
Art die Qualität diefes Lichtes zu beftimmen und zwar folgendermaßen:

Es ift bekannt, daß fehr viele Tieffeetiere oft äußerft lebhaft gefärbt
find, aber faft immer orange bis purpurrot oder braunrot, — hellgelb
fowie alle Nüancen von Grün und Blau werden nur außerordentlich
felten, z. T. felbft niemals bei ihnen angetroffen. Dies fpricht dafür,
daß die ungeheure Waffermenge des Meeres bis zum tiefften Boden
hinab die grünen Strahlen des Sonnenlichtes durchläßt, während alle
orangenen und roten reforbiert werden. Diefe durchgelaffenen grünen
Strahlen können aber von komplementär gefärbten Tieren nicht reflektiert
werden, weshalb diefe an ihrem Aufenthaltsorte faft unfichtbar oder doch
ebenfo gefchützt wie dunkelbraune oder fchwarze fein werden. Es fcheint

Verrill wahrfcheinlich, daß mehr oder weniger Sonnenlicht wirklich bis in die größten Tiefen des Ozeans eindringen könne in Geftalt eines fanften meergrünen Lichtes, bis zu zwei oder drei Taufend Faden vielleicht mit einer Leuchtkraft, wie fie der nicht volle Mond in unferen Nächten entwickelt, und in die größten Tiefen nicht ftärker als der oberirdifche Sternenfchimmer. Eins dürfe man nicht vergeffen, daß nämlich das weit vom Lande entfernte Waffer der Tieffee viel durchfichtiger als das nahe an der Küfte fei.

Von einer durch Phosphoreszenz erzeugten Beleuchtung des Tieffeebodens will Verrill nichts wiffen. Die wäre doch nach feiner Meinung zu dürftig, um den dort haufenden Tierformen Augen von oft fo hoher Entwicklung und brillante, wenn auch negativ wirkende Farben anzuzüchten.

Die in diefer Deduktion enthaltenen Einwürfe gegen die Annahme der abyffifchen Finfternis find nicht fo ohne weiteres von der Hand zu weifen.

Der Behauptung Verrills, daß in der Tieffee Licht fein müffe, wird man unbedingt beiftimmen; auch gegen feine Annahme, daß diefes Licht wahrfcheinlich grünlich fei, läßt fich nicht viel einwenden, ja die Thatfache, daß fehende Krebfe, Ringelwürmer u. f. w. der Tiefe rotes Augenpigment haben, gewinnt durch diefe Annahme nur neue Bedeutung. Aber ift es nötig, die Quelle diefes Lichtes unmittelbar in der Sonne zu fuchen? Giebt es wirklich einen Beweis dafür, daß die Phosphoreszenz auf dem Meeresboden eine fo dürftige ift, wie Verrill fie darftellt? John Murray giebt auch zu, daß manche Strahlen des Sonnenlichtes vielleicht in größere Tiefen eindringen, als man gewöhnlich annimmt, aber er möchte trotzdem behaupten, daß keine bis in die größten Tiefen eindringen. Freilich, die Wiffenfchaft hat noch kein Mittel gefunden, empirifch feftzuftellen, ob und wie weit etwa einzelne Strahlen in das Meereswaffer gelangen.

Bei der Beurteilung der auf dem Boden der See möglicherweife vorhandenen Phosphoreszenz darf man nicht allein an größere leuchtende Tiere denken, obgleich auch diefe ficher wohl ein fehr intenfives Licht entwickeln werden. Wyville Thomfon erzählt, daß auf der Fahrt

von den kapverdifchen Infeln nach Südamerika der Glanz des füdlichen
Sternhimmels in einer klaren, aber allerdings mondfcheinlofen Nacht
von dem Leuchten des Meeres ganz verdunkelt wurde. Leicht konnte
man auf dem Verdeck die kleinfte Schrift lefen. Während der erften
beiden Nächte fchien die Lichtquelle hauptfächlich auf zahlreichen Pyrofomen, anfehnlichen fchwimmenden Kolonien von Seefcheiden oder Afcidien, zu beruhen, die im Waffer weiß aufglühten wie gefchmolzenes Eifen.
Wenn die von den Pyrofomen ausgehende Helligkeit in diefem Falle trotz
des tropifchen Glanzes der Geftirne fo bedeutend war, fo können wir gut und
gern annehmen, daß bei 2000 Faden z. B. das, dem Bau und der Entfaltung
der Leuchtorgane nach zu fchließen, bei Fifchen noch ganz anders entwickelte Licht die Dunkelheit auch noch ganz anders durchftrahlen wird.
Es ift aber auch kein Grund vorhanden, die abyffifche Gegenwart winziger
Lebewefen in Zweifel zu ziehen und es ift gar nicht unwahrfcheinlich,
daß, zum Teil wenigftens, diefelben Formen, welche der Oberfläche des
Meeres den herrlichen Schimmer verleihen, durch die vertikale Strömung
mit in die Tiefe geführt werden. Die herabgefetzte Temperatur dürfte
lange nicht für alle jene unendlichen kleinen Organismen von abfolut
zerftörender Wirkung fein, denn, wenn auch unter den Tropen das
Meeresleuchten weit mächtiger auftritt, fehlt es doch auch in den gemäßigten, felbft in den kalten Regionen nicht, und Sauerftoff, ohne deffen
Gegenwart die doch auch auf einem Verbrennungsprozeß beruhende
Phosphoreszenz überhaupt nicht recht gedacht werden kann, ift, wie
wir fahen, in jenen Regionen reichlich genug vorhanden. Anders mag
es in der ftagnierenden Waffermaffe zwifchen Oberflächen- und Bodenwaffer fich verhalten.

Andererfeits wäre doch vielleicht ein Einwand gegen die unbe-
wiefene, aber immerhin mögliche Gegenwart grüner Strahlen des Sonnenlichtes in bedeutenden Tiefen zu machen, während diefelbe umgekehrt
für geringere fehr wahrfcheinlich wird.

Die vertikale Verteilung der Pflanzen im Meere, namentlich ihrer
Färbung nach, ift nämlich eine fehr eigentümliche. Die grünen und (durch
Phaeophyll) braunen Algenformen, die Siphoneen und Fucaceen wachfen
nahe der Oberfläche, oder, wenn fie ja tiefer wurzeln, treibt doch die größere

Maffe ihres Körpers in folchen Wafferfchichten, welche dem Einfluffe des gewöhnlichen Sonnenlichtes noch völlig zugänglich find. Das Chlorophyll und Phaeophyll, Modifikationen des Chromophylls, durch deren Gegenwart die für den Stoffwechfel der Pflanze nötige Sauerftoffausfcheidung vor fich geht, werden, wie Engelmann nachgewiefen hat, am lebhafteften in entfprechender Weife von den roten, dann von den blauen Strahlen des Sonnenlichtes angeregt, während unter dem Einfluffe der grünen ein Minimum der Ausfcheidung ftattfindet. Nun fehen wir, wie mit zunehmender Tiefe oder mit zunehmendem Schatten des Standortes (in Grotten, an der Nordfeite von überhängenden Felfen etc.) die grünen und braunen Algen verfchwinden und violette und rote (Florideen) ihre Stelle vollkommen einnehmen, Pflanzen alfo mit den komplementären Farben zu Grün und Gelb. Diefe Farben der Rhodophyll genannten Modifikationen des Chromophylls leiften unter diefen Umftänden doch dasfelbe wie das wahre Chlorophyll (z. B. auch bei der einzelligen roten Alge Haematococcus) und heben die negative Wirkung der rein grünen und gelben Lichtftrahlen auf. Diefe aber dringen wirklich allein in bedeutendere Tiefen, da, wie wir auch fonft wiffen, das grün oder blau gefärbte Seewaffer alle andern Farbenftrahlen abforbiert. So fand Aitken, als er gefärbte Gegenftände in Seewaffer untertauchte, daß weiße blau, gelbe grün und purpurrote violett erfchienen — Beweis genug, daß alle roten Strahlen abforbiert waren, womit freilich gewiffe Beobachtungen Secchis, denen zufolge grüne Strahlen von Blau und Indigo abforbiert werden follen, fo wenig ftimmen, wie die Anficht von A. Agaffiz, daß bei 50 Faden im Meere ein rötlich-gelbliches Dämmerlicht herrfchen foll.

Im übrigen harmoniert die Sache prächtig mit den Anfichten von Verrill-Pouchet, allein fie hat ihr „Aber". Nämlich unterhalb 100 Faden verfchwinden die farbigen Pflanzen, nur wenige Nulliporen finden fich noch und in großen Tiefen über 1000 Faden kommt nur noch, fo weit wir wiffen, eine einzige, ein parafitifcher, in Korallen bohrender, fehr niedrig ftehender Fadenpilz, Achlya penetrans, vor, der freilich zum Affimilieren kein Licht braucht.

Angefichts diefer Thatfachen neige ich mich doch zu der Anficht,

daß auch grüne Strahlen von einiger Leuchtkraft nicht tiefer als aller-
höchstens 500 Faden eindringen werden, daß dann im ganzen Finsternis
herrscht, bis wieder auf dem Boden und in seiner Nähe das organische
Licht der Phosphoreszenz beginnt. Wahrscheinlich wird dieses auch
mehr grünlich sein entsprechend (aus den von Verrill angeführten
Gründen) der komplementären Farbe so überaus zahlreicher, dort hau-
fender niederer Tiere. Geschlossen sind freilich die Akten über die
Lichtverhältnisse der Tiefsee noch lange nicht und die genaue Erforschung
der hier herrschenden Erscheinungen gerade in dieser Richtung ist zwar
sehr wünschenswert, aber auch mit großen Schwierigkeiten verbunden.
Eins dürfen wir namentlich nicht übersehen, daß wir nämlich doch
immer nur nach der Leistungsfähigkeit unserer Augen das Sehvermögen
anderer Geschöpfe zu beurteilen vermögen. Lichtstrahlen, die wir längst
nicht mehr als farbig empfinden, können trotzdem noch gar wohl von
Tieren empfunden werden, wie Sir John Lubbock dies für die Ameisen
gegenüber den ultravioletten Strahlen so gut wie bewiesen hat.

Zweiter Teil.

Das Tierleben der Tiefsee.

(Bathyzoologie.)

———————

Erftes Kapitel.

Der Fang der Tieffeetiere und die dabei gebräuchlichen Apparate.

Die Bathyzoologie, die Tierkunde der Tieffee, ift noch keine alte Wiffenfchaft.

Gelegentlich hatte man wohl fchon, feitdem das Intereffe für die Naturwiffenfchaften und der Sammeleifer rege geworden waren, einen toten fremdartigen Fifch auf der Oberfläche des Meeres treibend oder an der Küfte angefpült gefunden und ihn als große Seltenheit und einen wiffenfchaftlichen Schatz erften Ranges in einem Mufeum untergebracht, hin und wieder war einmal eines jener feltfamen Echinodermen, ein Pentacrinus oder Holopus, zum Erftaunen der gelehrten Welt durch Zufall an das Tageslicht befördert worden — es waren bei den Lotungen allerlei niedere Tiere ab und zu den Beobachtern zu Geficht gekommen — durch den Eifer und das Gefchick von dem Tieffeefifchfang obliegenden Völkern, wie von Japanern und Cebu-Infulanern, war man mit herrlichen Kiefelfchwämmen, mit den ftattlichen Hyalonemen und eleganten Euplektellen bekannt geworden, aber eine methodifche Unterfuchung der eigentlichen Tieffee auf ihre Tierwelt hin ging zuerft von den Skandinaviern aus.

Die Methoden, die Bewohner der abyffifchen Gründe des Ozeans zu fangen und zu fammeln, haben, wie jedes Ding in der Welt ihren Werdeprozeß, ihre Gefchichte und auch hier fehen wir wieder, wie fo oft, daß die dabei in Anwendung gebrachten Apparate und Inftrumente nichts find als Modifikationen folcher, wie fie der gefunde, durch Erfahrung gewitzigte Menfchenverftand, in diefem Falle der von ungebildeten Fifchern fchon feit Jahrhunderten, vielleicht feit Jahrtaufenden

erfunden hatte. Daß tief drunten im Meere Fifche fein müßten, konnte
dem offenen Auge beobachtender Naturmenfchen nicht lange verborgen
bleiben und der Hunger ift nicht bloß, wie das Sprichwort fagt, der befte
Koch, er ift auch für den Jäger und Fifcher und im Grunde genommen
für die meiften Menfchen der befte Lehrmeifter!

In dem volkreichen Japan fteckt man, wie an den Küften Italiens,
fo ziemlich alles in den Mund, was das Meer an Tieren liefert und die
Quallen fichern nur ihre Neffelorgane vor dem Verfpeiftwerden. Bei den
Japanern fcheinen denn auch Grund- oder Schleppnetze feit uralter Zeit
in Gebrauch zu fein. Mofeley hat (Nature 8. April 1880) die Kopie
eines japanifchen Holzfchnittes gegeben, auf dem ein Fifcher in feinem
Boote fitzt, während feine am Hinterteil des Fahrzeuges nachfchleppende
Dredfche Mufcheln fängt. Damit man auch wiffe, worum es fich handelt,
hat es der Künftler naiverweife für nötig gefunden, die Dredfche auf
dem Waffer fchwimmend darzuftellen, denn wenn fie an ihrem richtigen
Ort wäre, fähe man ja nichts von ihr. Die Dredfche wird in einer
Randerklärung als aus Korbgeflecht beftehend befchrieben. Auch die
Fifcher der Nordfee bedienen fich feit langer Zeit, wir wiffen nicht wie
lange, verfchiedener Grundnetze. Das eine, von den Engländern „beam-
trawl" genannt, ift fehr groß und dient zum Fang von Grundfifchen.
Im Dienfte der Wiffenfchaft wurde es in etwas modifizierter Form und
in ausgedehnterem Maße zuerft in Nordamerika von der U. S. fish-
commission benutzt und es ift der Vater aller der großen Tieffeenetze,
welche die Engländer the trawl-net und die Franzofen le chalut nennen.

Der Vater eines kleineren Tieffeenetzes ift das alte Auftern-Scharr-
netz, the dredge, la drague, wohl ein uraltes Inftrument. Es befteht aus
einem eifernen Handrahmen, deffen untere oder Bodenkante gefchärft
ift und der fich nach vorn in zwei, in einem fpitzen Winkel (an dem
das Tau befeftigt wird) zufammenftoßende Arme verlängert. Der Sack
befteht unten aus einem von eifernen Ringen gebildeten Kettenwerk,
oben aus grobem Netzgarn (Fig. 26). Es ift klar, daß diefes etwas
primitive und derbe Inftrument in diefer Geftalt nicht fehr zart mit den
zu fangenden Objekten umgeht, außerdem gehört zu feiner Handhabung
ein großes Gefchick, wie es wohl von dem von Jugend an daran ge-

wöhnten Aufternfifcher übungsweife erlangt wird, dem Naturforfcher aber
doch nur fehr felten zu Gebote fteht.

Eines ähnlichen Netzes bedienen fich nach der Mitteilung von Eck-
hels die Schwammfifcher an der Weftküfte von Kleinafien. Der Rahmen
desfelben ift ein längliches Rechteck von 6 Meter Länge und 1 Meter
Höhe, feine untere Seite befteht aus einer Eifenftange von zirka 3 Centimeter Durchmeffer, die obere und die beiden kürzeren Querfeiten aus
hölzernen Stangen. An diefes Geftell ift ein fackförmiges, aus finger-
dicken Kamelhaarftricken beftehendes Netz mit 10 Centimeter im Quadrat
großen Mafchen angebracht. An die Ecken des Rahmens find Taue befeftigt, die, je zwei und zwei, rechts und links auf einer Länge von einem
Meter an einander geknüpft find und an diefe beiden Knotenpunkte ift
wieder je ein Tau angebunden, das in einer Entfernung von 3 Meter
mit feinem Pendant und
der Zugleine vereinigt
wird. In der Regel wird
das Netz durch die Be-
wegung eines mit vollen
Segeln fahrenden Bootes
auf dem Boden nachge-

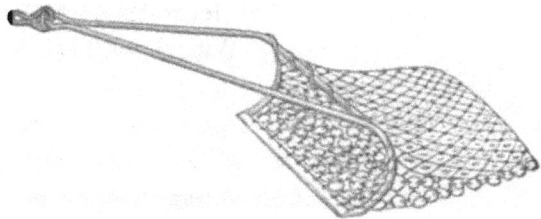

Fig. 26. Aufterndredfche.

fchleppt, wobei es merkwürdigerweife an das Bugfpriet mittels der Zugleine angebunden wird und diefe wird von einer vom Stern herab-
hängenden Taufchlinge, der Leitung halber, gehalten. Die Fifcher benutzen es bei Tiefen von 150 bis 200 Meter.

Der erfte Mann, welcher eine echte Dredfche zu wiffenfchaftlichen
Zwecken anwendete, war der ausgezeichnete Naturforfcher und dänifche
Konferenzrat Otho Friedrich Müller (1730—1784), der von ihr auf
dem Titelblatt feiner „Zoologia danica", eine in den Arabefken einer
niedlichen Vignette nach damaligem Gefchmack verfteckte, winzige Abbildung und im Text folgende Befchreibung giebt, die hier, ihrer Ehr-
würdigkeit halber, wörtlich verdeutfcht folgen mag: „Das Haupt-
inftrument, mittels deffen ich die Bewohner des tiefen Meeres und feiner
Buchten an die Oberwelt zu fördern bemüht war, war ein Netzfack aus
Hanffchnüren geftrickt und am Rande des Eingangs mit vier zugefchärften

Eifenfchienen verfehen, welche 1 Elle lang, 4 Zoll breit und im Quadrat
angeordnet waren. Von ihren Zufammenftoßungswinkeln erhoben fich
vier Eifenftangen, die am anderen Ende durch einen beweglichen Ring
vereinigt waren. An ihn wurde ein Tau von 200 und mehr Klafter
(orgyae) Länge befeftigt. Der in das Meer geworfene Sack fiel infolge
des Gewichts feiner Eifenteile rafch zu Boden u. f. w."

Eine wefentliche Verbefferung erfuhr die alte Müllerfche Dredfche
1838 durch Robert Ball, indem von ihm der quadratifche Rahmen
mit einem folchen, der 12—15 Zoll lang, aber nur 4 hoch war, ver-
taufcht wurde, und an Stelle der vier Eifenftangen deren nur zwei,
an der Befeftigungsftelle der Leine bügelartig zufammenftoßende und am
Ende nach den Ecken des Rahmens zu gabelig fich teilende verwendet
wurden. Diefe Dredfche hat keine verfchiedene obere und untere Seite
und an den breiten Seiten des Rahmens findet fich je ein zum Eingangs-
lumen des Netzes in einen Winkel von 110^0 geftelltes $1^1{}_2$—2 Zoll breites
Schabeifen. Wyville Thomfon fah, wie Dr. Ball mit diefem Inftrument, indem er es in gewöhnlicher Dredfchftellung hinter fich her
zog, auf den Fußboden des Zimmers geftreute Kupfermünzen auflas.
Diefelbe Art von Dredfche wurde in dem nämlichen Jahre (1838) auch von
den Amerikanern auf der Wilkfchen U. S. Exploring Expedition benutzt
und fie ift das Vorbild für alle kleineren Schleppnetze geblieben. Mit ihr
arbeiteten auch William Stimpfon zwifchen 1848 und 1851 im Hafen
von Bofton, A. E. Verrill 1864 an der Küfte von Maine und Graf
Pourtalès 1867 an der Nordküfte des Golfs von Mexiko. Auch die
Dredfchen, deren man fich auf den Expeditionen des Lightning und
Porcupine bediente, waren nach demfelben Modelle gearbeitet, aber
größer. An den Rahmen, der immer aus dem beften Schmiedeeifen
gearbeitet fein follte, wird mittels eiferner, in Zwifchenräumen von zirka
1 Zoll befeftigter Ringe ein aus fehr feftem Bindfaden (Handarbeit) verfertigtes Netz mit halbzölligen Mafchen befeftigt, das in feiner hinteren
Hälfte, um das Durchgleiten kleinerer Objekte zu verhindern, mit Beuteltuch gefüttert ift. Während der Fahrt des Porcupine kam Kapitän
Calver auf die Idee, an ein folches Schleppnetz ein halbes Dutzend alter
Deck-Wafchlappen zu befeftigen. Der Erfolg war überrafchend, denn

„der aufgezafelte Hanf brachte alles Rauhe und Bewegliche, das ihm in den Weg kam, mit herauf und wufch den Boden des Meeres, wie er das Verdeck des Schiffes gewafchen hatte". Nach allerlei Erfahrungen kam man zu der Überzeugung, daß es am praktifchften fei, derartige Quaften aufgedrehten Hanfs in gewiffen Zwifchenräumen an eine eiferne, am Boden des Netzes der Länge nach befeftigte Stange anzuhängen. Gelegentlich benutzte man auch fchon auf der Porcupine-Expedition die Quaften allein ohne Netz.

Während der Fahrt des Challenger erfuhr die Ballfche Dredfche einige weitere Verbefferungen; an die kürzeren Querteile des 4 Fuß 6 Zoll langen und 1 Fuß 3 Zoll weiten eifernen Rahmens wurden zwei runde eiferne Stangen parallel zu den Seiten des Netzes befeftigt, die hinten durch eine mit einem Gewicht befchwerte und mit acht Hanfquaften verfehene andere Eifenftange von zirka 8 Fuß Länge verbunden waren. So wird das Dredfchnetz auf dem Boden des Meeres lang ausgefpannt gehalten und die Quaften können fich nicht über feinen Eingang weglegen. Die hintere Hälfte des ebenfalls 4 Fuß 6 Zoll langen Netzes ift fehr kleinmafchig, die vordere aber hat einzöllige Mafchen. Zwifchen dem Rahmen und der hinteren Querftange find drei Stricke vom beften Hanf ausgefpannt, an welche das Netz befeftigt ift.

Auf den Expeditionen des Blake, während deren Verlauf die Methoden des Lotens und Dredfchens fo bedeutende und tief eingreifende Umgeftaltungen erfuhren, daß fie gewiß zu den wichtigften Entwicklungs-epochen der Tieffeeforfchung gehören, wandten die Amerikaner eine fehr wefentliche Modifikation diefes alten Modells an. Das Geftell des Apparates ift hier ein eiferner, oben und unten mit je zwei feitlichen und einer mittleren Querftange verbundener, 4 Fuß langer Doppel-rahmen, an deffen beide längeren vorderen Seitenftücke in gewöhn-licher Art verbreiterte und am Rande gefchärfte Schaber angenietet find. In diefem feften Gerüfte hängt das eigentliche Netz in bekannter Weife an dem vorderen Rahmen befeftigt, und das ganze übrige Geftell, mit Ausnahme natürlich vom Eingange, wird zum Schutz des Innennetzes mit Segeltuch überzogen. An den drei unteren Querftangen des Gerüftes ift die eiferne, mit drei Gewichten befchwerte Stange befeftigt, an welcher

die Hanfquaſten, vier an der Zahl, angebracht ſind. Fig. 27 iſt nach
Sigsbee und zeigt die Dredſche ohne den Überzug von Segeltuch.

Eine von Sigsbee erfundene beſondere
Modifikation iſt die Harkendredſche (Rake-
dredge, Fig. 28), deren Konſtruktion ſich
zur Genüge aus der Abbildung ergiebt.
Sie iſt überquer 42 Zoll lang und dient
dazu, den Boden aufzulockern und die
hier verſteckten Tierformen dem nach-
folgenden Netze erreichbar zu machen.
In bedeutenden Tiefen iſt ſie nicht verwendbar. Die größte Verbeſſerung, welche
allen dieſen Apparaten von A. Agaſſiz gegeben wurde, beſtand aber darin, daß

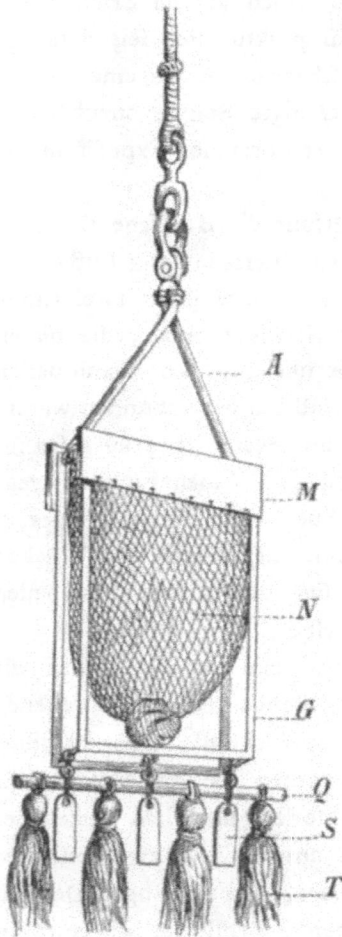

Fig. 27. Dredſche des „Blake", ohne den
äuſsern Überzug. A Hängſtange, M Schab-
eiſen, N Netz, G Rahmen, Q Querſtange,
an welcher die Quaſten T hängen, S Gewichte.

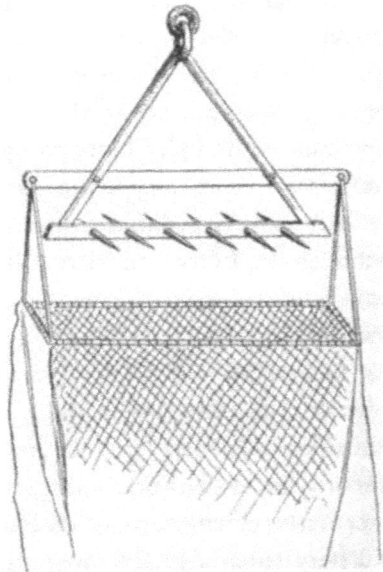

Fig. 28. Sigsbees Harkendredſche.

er anſtatt der früheren Hanfleinen von 1,6—2,4 Centimeter Durchmeſſer (Fig. 29, 1), an welche die Dredſchen befeſtigt waren, ſolche aus
ſtählernem Klavierdraht von nur 1 Centimeter Durchmeſſer (Fig. 29, 2)

in Anwendung brachte, wodurch das Herablaffen und Heraufholen der Netze, namentlich aber der großen Grundnetze ganz wefentlich erleichtert wurde.

Das Vorbild diefer großen Grundnetze (trawl net, le chalut) war, wie erwähnt der „beam-trawl" der englifchen Fifcher gewefen. Die gewöhnliche Dredfche ift für größere Tiefen nicht hinreichend und fie ift namentlich auch zu klein, fodaß die wahrfcheinliche Maffe der von ihr erbeuteten Objekte, von denen größere, befonders Fifche, von vorn herein ziemlich ausgefchloffen find, nicht im Verhältnis zu der Mühe des Hinablaffens und Heraufholens fteht. Da kam man während der Expedition des Challenger auf die Idee, einmal einen Verfuch mit dem alten beam-trawl, der, wie bereits bemerkt, 1872 fchon der nordamerikanifchen U. S. fish-commiffion fehr gute Dienfte geleiftet hatte, zu machen, und der erfte rein wiffenfchaftliche Gebrauch diefes Netzes wurde beim

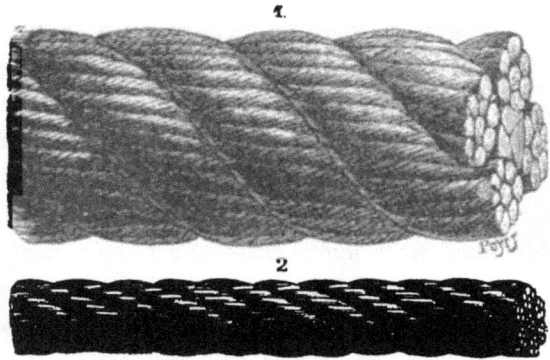

Fig. 29. 1) Alte Hanfleine der Dredfche, 2) neue Drahtleine.

Kap St. Vincent an der Südweft-Ecke Portugals bei einer Tiefe von 600 Faden gewagt. Der Erfolg war fo überrafchend, daß man gleich darauf das Netz auf eine Tiefe von 1090 Faden auswarf und ein gleich günftiges Refultat erzielte. Die größte Tiefe, bei welcher das große trawl auf der Reife des Challenger benutzt wurde, war 2650 Faden auf der Reife von Halifax nach den Bermudas.

Das Tieffee-Grundnetz des Challenger war ein kegelförmiger Sack von 30 Fuß Länge, deffen Mündung mit der einen Seite an einem 15 Fuß langen Balken von hartem Holze mittels einer Anzahl Taufchlingen befeftigt'war. Der übrige frei herabhängende, dicht mit dicken Bleiplatten befetzte Teil des Mündungsrandes fchleppt über den Boden hin. An jedem Ende des Balkens waren fchlittenkufenartige Eifen von 3 bis

4 Fuß Länge befeftigt, deren Gewicht fo verteilt war, daß fie beim vor-
fichtigen Hinablaffen nach unten zu liegen kamen, fodaß der Balken
fich oben, der freie Teil des Netzrandes fich unten befand. In diefem
größeren gefchloffenen Sacke hing ein zweites, unten offenes Netz, zirka
22 Fuß lang, fodaß der ganze Apparat nach Art einer Fifchreufe
funktioniert. Das untere Ende des äußeren gefchloffenen Sacks war mit
Beuteltuch gefüttert, fodaß kleine Objekte nicht durch die Netzmafchen
entfchlüpfen konnten. Die beiden Kufeneifen und das Ende des äußeren
Netzes wurden mit drei gleichfchweren (14 Pfund wiegenden) Gewichten
befchwert und an den erfteren die Taue befeftigt, welche zirka 5 Fuß
vor dem Querbalken mit der Zugleine verbunden waren.

Sigsbee und Agaffiz nahmen auf den Expeditionen des Blake eine
Reihe von Verbefferungen mit diefem Apparate vor. Sie ließen im freien
Ende des äußern Sackes gleichfalls eine Öffnung, die indeffen beim Ge-
brauch mit Draht zugerafft wurde und nur bei der Entleerung des Netzes
diente; dann änderten fie das Verhältnis von Balken, Kufen und Netz-
mündung, indem fie letztere nur mit den Seiten an, durch eine lange eiferne
Mittelftange vereinigte, Querftäbe der bügelartig gebogenen, in ihrem oberen
Ende gleichfalls wieder durch eine gleiche eiferne Mittelftange (ftatt des
Balkens) verbundene Kufen befeftigten. So war der größte Teil des
Netzrandes, der mit Bleiplatten verfehen wurde, frei und konnte lofe über
den Boden fchleifen und war es dabei einerlei, auf welche feiner beiden
Breitfeiten das Grundnetz fiel, der Erfolg der Arbeit wurde dadurch
nicht in Frage geftellt. Weiter führten fie von den Bügelkufen zum
unteren Ende des äußeren Netzes jederfeits ein dickes Tau, welches den
Sack am Zufammenfallen hinderte und vom Bügel noch zirka 12 Fuß
weiter nach vorn lief und fich hier mit feinem Pendant und der Zugleine vereinigte. Endlich fpannten fie quer durch den vorderen Teil des
Netzes ein anderes ftarkes Tau, das von etwas größerer Länge, als die
Breite des Lumens des Sackes an diefer Stelle betrug, war und woran
große Korkfcheiben befeftigt wurden, fodaß die Möglichkeit des Zu-
fammenfallens des Netzes in jeder Richtung wefentlich verringert wurde.
Ganz derfelbe Apparat, nur mit der Zuthat einer großen Tauquafte
an dem einen Bügel, wurde von den Franzofen auf der Expedition des

Talisman in Anwendung gebracht
(Fig. 30).

Das Ideal eines Tieffeenetzes,
fowohl einer Dredfche als eines
Trawlnetzes, das nach allen Seiten
hin den Anforderungen entfpricht
und namentlich nicht mehr oder
weniger tief in den Schlamm ein-
finkt, fondern rein den Boden ab-
kratzt, bleibt noch zu erfinden und
ift hier gefchickten, denkenden Me-
chanikern ein fchönes Feld offen,
der Wiffenfchaft außerordentliche
Dienfte zu leiften. Sehr zu wünfchen
wäre es auch, wenn an den Tieffee-
fchleppnetzen Vorrichtungen angebracht wären, mittels welcher fie
fich erft öffneten, wenn fie auf dem
Boden ankämen, fich aber wieder
fchlöffen, wenn fie heraufgeholt
würden. Wie die Apparate zur
Zeit eingerichtet find, können fowohl während ihres Weges hinab,
wie herauf, allerlei Bewohner der
zwifchen dem Boden und der Oberfläche befindlichen Wafferfchichten
in diefelben hineingeraten und uns
fo falfche Vorftellungen von der
bathymetrifchen Verteilung der Organismen im Meere geben.

Die Schleppnetze find indeffen
nicht die einzigen Inftrumente,

Fig. 30. Grofses Tieffee-Grundnetz (Modell
Sigsbee-Agaffiz).

Tiere des tieferen Meeres zu fangen, es giebt vielmehr noch fowohl ähnlich konftruierte, aber eine andere Art des Fangs ver-

mittelnde, wie anders befchaffene, mit denen man die nämliche Beute
berückt.

Die Apparate der erfteren Art find wirkliche Netze, aber fie dienen
nicht dazu, die Fauna des Meeresbodens zu erlangen, fondern jene in
den verfchiedenen Schichten des Waffers frei fchwimmende, — es find
Schwebnetze (tow-nets, drag-nets der Engländer und Amerikaner). Die
gewöhnliche Form zum Fifchen in nicht zu großen Tiefen befteht zunächft
aus einem Ring viertelzölligen Eifens, deffen Lumen man je nach Wunfch
und Bedürfnis nimmt. An diefen Ring wird ein fpitz endigendes Netz
aus feinem Muffelin, am beften aus guter Müllergaze befeftigt. Für den
Fang fchwimmender Organismen in tiefem Waffer brachte Agaffiz
große Schwebnetze in Anwendung, zu deren ovalem 5 zu 3 Fuß weiten

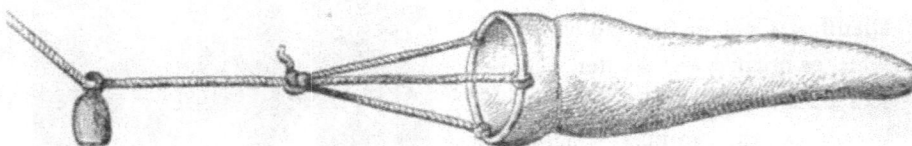

Fig. 31.   Schwebnetz.

Ringe dreiviertelzölliges Eifen genommen war. Das Netz befteht aus
einem Netzwerk mit viertelzölligen Mafchen und fein hinteres Ende
ift mit Muffelin überzogen. Es muß rafch durch das Waffer bewegt
werden.

Die Schwebnetze des Challenger waren von verfchiedener Größe
und ihr Reif hatte je nachdem 10, 12, 14 oder 16 Zoll Durchmeffer. An
ihm waren drei Taue befeftigt, welche in einen Knoten mit der Zugleine zufammenliefen; das aus Muffelin etc. beftehende Netz war fpitz
und fehr lang (Fig. 31). Sollten fie bei einer Tiefe von 200—800 Faden
funktionieren, fo wurde an der Leine zirka 10 Faden vor dem Eingang in das Netz ein Gewicht von 14 Pfund angebracht. Die größte
Tiefe, bei welcher fie während der Reife gebraucht wurden, war zwifchen 1000 und 2000 Faden auf der Fahrt zwifchen Japan und den
Sandwich-Infeln. Sie wurden auch angewendet, um Organismen bei
ruhendem Schiff aus der Tiefe zu holen: dann wurde der Sack der
Länge nach mit einem Streifen feiner Wand an eine unten mit einem

Gewichte befchwerte Verlängerung der Zugleine befeftigt und diente fo als Schöpfapparat.

Es ift klar, daß der nämliche Übelftand, durch welchen die Tieffee-Schleppnetze in ihren Erfolgen beeinträchtigt werden, genau fo auch bei den Schwebnetzen eintreten wird, auch hier wird namentlich beim Heraufholen eine Vertaufchung der Faunen verfchiedener Wafferfchichten leicht eintreten. Man hat verfucht diefen Inkonvenienzen auf verfchiedene Art vorzubeugen.

So konftruierte Sigsbee einen Apparat, der kein eigentliches Netz war, vielmehr aus einem 2 Fuß hohen, 10 Zoll weiten Hohlcylinder beftand, welcher im Boden eine Schmetterlingsklappe hatte. Er wurde mittels einer Aufhängevorrichtung (friction clamp) derart an eine Leine befeftigt, daß die Klappe gefchloffen war und fo bis in die gewünfchte Tiefe hinabgelaffen. Darauf ließ man an der Leine ein Gewicht nachlaufen, das bei Berührung der Aufhängevorrichtung den Cylinder loslöfte und ihn, jetzt mit geöffneter Klappe, 50 Faden tiefer gleiten ließ, bis er auf eine an der Leine angebrachte Hemmvorrichtung anftieß, wo fich feine Klappe fchloß und auch beim Heraufholen gefchloffen blieb. Es ift klar, daß der Hohlcylinder bloß folches Waffer mit Inhalt einfchließt, das der betreffenden von ihm offen durchfahrenen 50 Faden langen Wafferfchicht angehört.

Während der Erdumfeglung des italienifchen Schiffes „Vettor Pifani" (1882—1885) kam deffen Kommandeur Palomba auf die Idee, mit einem Schließnetz eine Propellerfchraube, wie fie bei den verbefferten Negretti-Zambra-Thermometern (fiehe Figur 18, pg. 60) in Anwendung kommt, zu vereinigen. Chun und von Peterfen nahmen diefe Idee auf und es gelang dem letzteren, einen fehr finnreichen Apparat zu konftruieren, der vorzügliches leiftet.

Chun, nach deffen Abbildungen die nebenftehenden Figuren kopiert find, giebt von dem Apparat folgende Befchreibung: „der verwendete Propeller (p) befitzt vier Flügel und ift in der Mitte einer langen Meffingftange befeftigt, die ihrerfeits in einem eifernen Rahmen (r) aufgehängt ift. Die obere Hälfte der Meffingftange (st) ift glatt und kann in eine Hülfe (f) fich völlig einfchieben; die untere Hälfte (st) ift mit einem feinen

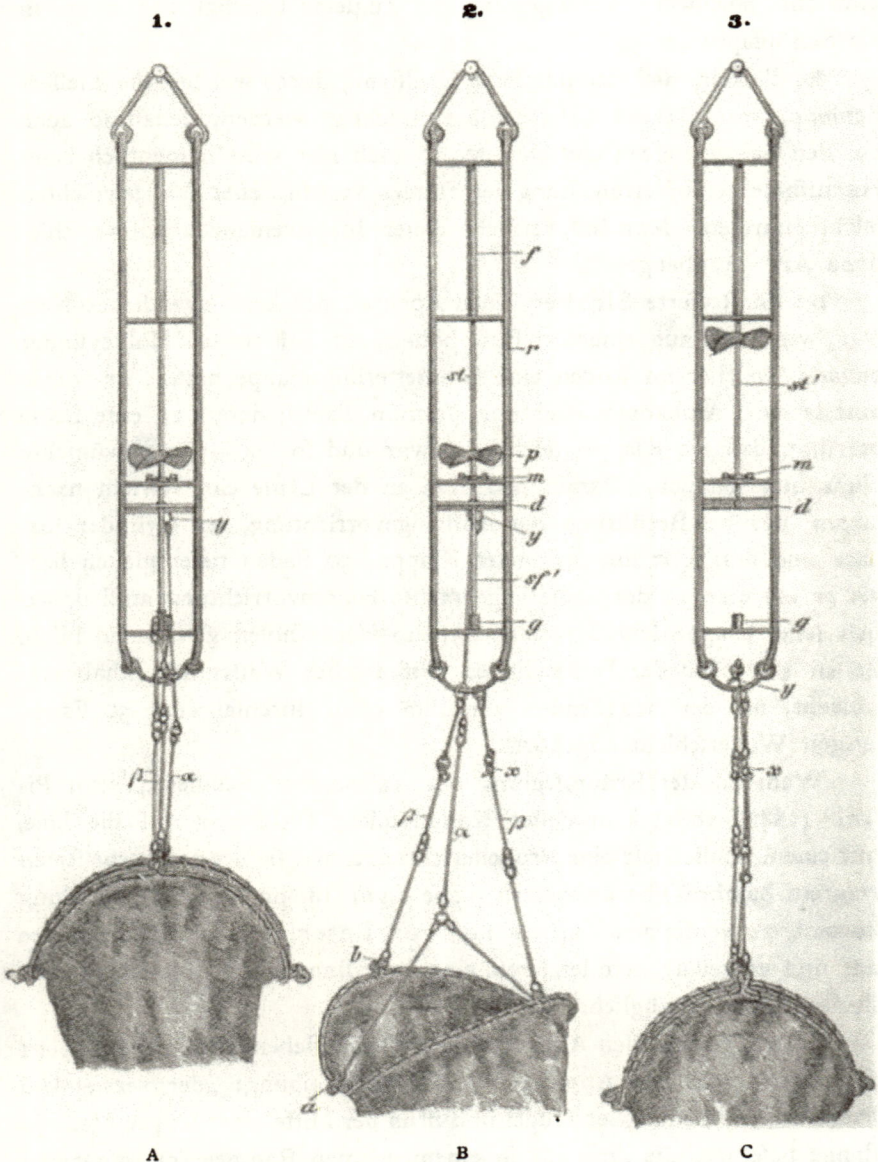

Fig. 32. von Peterfen's Schliefsnetz. A beim Herablaffen, B bei der Arbeit, C beim Heraufholen.
(Nach Carl Chun ,,Die pelagifche Tierwelt'' etc. in Bibliotheca zoolog. Heft I, Tafel 1, Fig. 1, 2, 3.)

Schraubengewinde verfehen, das durch eine fehr exakt gearbeitete Schraubenmutter (m) läuft. Wird der Propeller vertikal gehoben oder horizontal durch das Waffer gezogen, fo drehen fich die Flügel derart, daß allmählich der Meffingftab fich hebt. Umgekehrt fenkt fich der Stab durch entgegengefetzte Drehung der Flügel, wenn der Apparat in die Tiefe herabgelaffen wird. Eine kleine, an einer Querleifte befeftigte Hülfe (g) verhindert ein Senken des Stabes über diefe hinaus beim Herab-laffen. Das allmähliche Heben des Stabes bietet nun die Möglichkeit, fucceffive die Drähte α und β auszulöfen.

Vermittels kleiner Ringe x können die das Schließen des Netzes bewerkftelligenden Drähte β auf die kleine Hülfe g aufgelegt werden und ebenfo kann der Draht α, welcher das Öffnen veranlaßt, auf einer durchbohrten Platte d vermittels eines Ringes y feftgelegt werden.

Vor dem Herablaffen des Netzes winde man den Meffingftab mit dem Propeller völlig in die Höhe und lege zunächft den Ring y auf die Platte d auf, drehe dann den Stab st' durch Ring y und die Öffnung der Platte d fo weit abwärts, bis das Ende des Stabes in der Nähe der Hülfe g angelangt ift. Darauf lege man auf die Hülfe die beiden Ringe x und drehe den Stab, bis er auf den Boden der kleinen Hülfe g an-gelangt ift.

Das Netz ift nun gefchloffen, da lediglich die Drähte β wirken und wird gefchloffen in die gewünfchte Tiefe verfenkt. Zieht man an der Leine, welche den eifernen Rahmen trägt, an, fo ftellen fich Rahmen und Netz fchräg, während gleichzeitig der Propeller in Aktion tritt. Nach einigen Minuten tritt das Ende des Stabes st' aus der Hülfe g und es löfen fich die Ringe x aus. Die Drähte β werden fchlaff, während der Draht x, an dem jetzt allein das Netz hängt, anzieht und das Öffnen bewerkftelligt. Das Netz fifcht nun geöffnet 15—20 Minuten, während gleichzeitig der Stab st' in dem Muttergewinde fich durch weitere Drehung des Propellers hebt. Schließlich tritt fein Ende aus der Öff-nung der Platte d und der Ring y wird ausgehakt. Die Drähte α werden fchlaff und das Netz hängt allein in den Drähten β, die nun ihren Zug ausüben und das Netz zum Schließen bringen."

Soweit C h u n , der mit diefem Apparat im Mittelmeer ausgezeichnete

7*

Refultate erzielte und dabei die Erfahrung gewann, daß die Anwendung eines ftarken Stahldrahts als Leine nicht immer vorteilhaft ift, da derfelbe leicht reißt, fobald durch eine in langer Spirale erfolgende Drehung des Netzes der Draht bei fpäterer ftarker Spannung einen Knoten bildet. So gingen bei Ponza zwei Netze verloren.

Diejenigen Inftrumente, welche teilweife diefelbe Aufgabe haben, aber anders gebaut find, wie die Dredfche, find nun zunächft die Quaftenapparate. Als Calver darauf kam, aufgefaferte Lappen mit der Dredfche zu verbinden, dachte er ficher nicht daran, daß er ein fehr altes Verfahren in Anwendung brächte.

Der Graf Ferdinand Marfigli (1658—1730) erzählt uns in feinem berühmten und hervorragenden Buche über die Naturgefchichte des Meeres, daß fich die Korallfifcher im Mittelmeere eigentümlicher Apparate bedienen, um fich der teilweife unter überhängenden Felfen wachfenden koftbaren „Pflanzen", wofür er die Korallen noch hielt, zu bemächtigen. Der eine „engin" genannt, befteht aus zwei gekreuzten Balken, an deren Kreuzungsftelle des Sinkens halber eine Kanonenkugel angebracht ift, während an den vier Enden des Kreuzes fich Tauwerk, teils in ganzem, teils in aufgefafertem Zuftande befindet. Ein Ende des Kreuzes nach dem andern wird vom Schiffe aus unter die überhängenden Felfen, wo man Korallen vermutet, gebracht und drehend bewegt, wobei die ftarken Tauftücke die Korallenftücke abfchlagen, die aufgefaferten fie aber umfpinnen. Ein anderes zu demfelben Zweck benutztes Inftrument, mit Namen Salabre, ift eine Art Löffel, nämlich ein einfacher Balken, der an dem einen Ende ein Netz mit eifernem Reifen trägt.

Der ausgezeichnete venetianifche Naturforfcher Vitaliano Donati befpricht in feiner Naturgefchichte des adriatifchen Meeres beide auch von ihm abgebildeten Inftrumente genauer, verwechfelt aber aus Mißverftändnis die beiden Benennungen Marfiglis*). Er benutzte das „engin" zu wiffenfchaftlichen Zwecken und, indem er an die Spitzen der 2 bis 3 Schritt langen Balken aufgefaferte Hanfquaften von 20 bis 30

---

*) Es beruht auf einem Irrtum, wenn im „Narrativ of the Challenger (Vol. I first part pg. XXXV) gefagt wird, Marfigli (oder Marfilli, ficher nicht Marfili) und Donat hätten fich bei ihren Unterfuchungen des Aufternfchabers bedient.

Schritt Länge band, scheuerte er, wie er sich ausdrückt, damit den Boden des Meeres und brachte eine Menge Organismen, selbst ansehnliche Steine in dem Faserwerke verwickelt mit herauf, wobei er sich einer kleinen im Boote befestigten Winde bediente. Er rühmt den Nutzen des Apparats, der bei den Venetianern „ordigno" d. h. Maschine heißt, namentlich auf unebnem felsigem Boden und zwischen Steinen gar sehr.

Vier Menschenalter nach Donati verfertigte Sigsbee, ohne seinen Vorgänger zu kennen, eine „Quastendredsche" (Tangles) von folgender Konstruktion: eine zirka 10 Fuß lange Eisenstange trägt an beiden Seiten stützende Reifen von runder oder ovaler Form, um den Stab vom Boden abzuhalten. An diesem Stabe sind in gleichmäßigen Zwischenräumen sechs Eisenketten von 15 Fuß Länge angebracht, an welche bei je 3 Fuß die Quasten angeknüpft sind (Fig. 33). Das Instrument dient hauptsächlich zum Fang von Echinodermen auf rauhem Boden, kann auch mit großem Vorteile verwendet werden, um die Seesterne von den Austernbänken, wo sie sich oft so schädlich bemerkbar machen, zu entfernen. Einen anderen, von den Vene

Fig. 33. Sigsbees Quastendredsche.

tianern „trezzola" genannten Apparat, der hauptsächlich zum Losreißen und Halten von auf dem Grunde des Meeres festgewachsenen Organismen, besonders dann, wenn der Boden eben ist, dient, beschreibt der erwähnte Donati. Es ist ein etwa 1000 Schritt langes, starkes Tau, an welches in kurzen Zwischenräumen mittels dünnerer Stricke feste Fischhaken befestigt sind, derart gekrümmt, daß sie alle Seegewächse, welche sie zu

faſſen bekommen, auch feſthalten. Damit dieſe „Hakendredſche"
ſinkt und nicht flottiert, iſt ſie in gewiſſen Diſtanzen durch Bleiſtücke
beſchwert.

Als die Reiſenden des Challenger auf Zebu waren, lernten ſie eine
ähnliche Maſchine kennen, deren ſich die Eingebornen bedienen, um ſich
der ſchönen beliebten Euplektellen zu bemächtigen. Zwei 8 Fuß lange
Stäbe aus geſpaltenem Bambus werden unter einem ſtumpfen Winkel
aneinander befeſtigt und durch ein Spannwerk von Bambus in ihrer
Lage erhalten. Die beiden langen Stäbe ſind vorn mit zahlreichen
Angeln befetzt, welche ihre Spitze nach dem Scheitel des Vereinigungs-
winkels hin wenden. Das Ganze wird in geeigneter Weiſe mit Steinen
beſchwert, welche den Apparat auf den Boden halten und ſeinen Scheitel,
an welchen die aus Manilahanf beſtehende Zugleine befeſtigt iſt, niederdrücken. Beim Fahren mit dem Boot beherrſcht dieſe, von den Ze-
buanern „Reckaderos" genannte Hakendredſche eine Straße von faſt
14 Fuß Breite und reißt mit den Angelhaken die in dem Schlamm
wurzelnden Kiefelſchwämme heraus und hält ſie feſt.

Ein nach demſelben Prinzip gebautes Inſtrument benutzten Dr. Malm
und Profeſſor Milnes Marſhall zum Fang einer rieſigen Pennatulide
(Funiculina quadrangularis), die wie eine Rute bei mehr als Manns-
länge nur $^1/_2$ Zoll im Durchmeſſer hat und mit ihrem Stil faſt einen Fuß
weit im Sande ſitzt. Einem ſolchen Geſchöpf iſt mit der gewöhnlichen
Dredſche nur ganz zufällig einmal beizukommen, aber Milnes Marſhall erzielte mit der Hakendredſche ſchöne Erfolge, desgleichen auch
mit einer beſonderen Modifikation derſelben, bei welcher die Angelhaken
nicht direkt an die Balken, ſondern zu fünft oder ſechſt an am Ende mit
Bleigewichten beſchwerte Schnuren von 4 Fuß Länge befeſtigt waren.
Später wurden die Angelhaken gruppenweiſe, je drei und drei zuſammen,
an die Schnuren angebunden und dieſe ſelbſt überquer in Stricke ein-
geflochten, damit ſie ſich nicht verwirrten. Mit dieſem Apparate
wurden öfters 4—5, einmal ſogar 7 Exemplare jenes ſeltenen Tieres
erbeutet.

Das Manipulieren mit den meiſten dieſer Maſchinen, namentlich mit
den gewaltigen Trawl-Netzen iſt keine leichte Sache. Für einen auf dem

Porcupine ftattgefundenen Dredfchzug berechnet W y v i l l e T h o m f o n folgendes Gewicht:

Gewicht des Tauwerks (im Waffer um $\frac{1}{4}$ reduziert) 1375 Pfd.

Dredfche und Sack . . . . 275 „

Mit heraufgebrachter Schlick . . . . 168 „

Angehängte Gewichte . . . . 224 „

zufammen 2042 Pfd.

Um folche Maffen zu bewegen, bedarf man felbftverftändlich befonderer, durch Lokomobilen in Thätigkeit gefetzter Winden, die namentlich für den Blake in hoher Vollkommenheit verfertigt wurden — Mafchinen, von denen die von den Franzofen auf der Reife des Talisman gebrauchten, doch nur in fehr unwefentlichen Punkten verfchieden waren (Fig. 34 und 35).

Auch die Leine der Dredfche ift mit einem Accumulator verbunden, der auf dem Challenger noch nach dem alten, bei Betrachtung der Lotmafchine befchriebenen Modelle gearbeitet war, auf dem Blake aber (und danach auf dem Talisman) aus 39 Stück $4\frac{1}{2}$ Zoll breiter und 3 Zoll hoher, gewaltfam auf einen Stab angereihter und angepreßter Kautfchukfcheiben beftand, die gegen einander und gegen den fie central durchbohrenden Eifenftab durch meffingene Lager gefchützt waren. Die Talje (P) des Accumulators (A) läuft über die Scheibe eines Patentblocks oben am Mafte und weiter zu einem andern an der Spitze (Nocke) der großen Raae (E) befindlichen, über deffen Scheibe die Leine des Trawlnetzes (C) gezogen ift. Der Accumulator, der fich fechs Fuß ausdehnen kann, zieht fich zufammen und verlängert fich während der Arbeit des Trawlnetzes auf dem Meeresboden, entfprechend den Unebenheiten von Berg und Thal, über welche es dahin gleitet.

Für das Dredfchverfahren felbft hat Sir W y v i l l e T h o m f o n eine Reihe von Vorfchriften gegeben. Nach diefen thut man immer gut, fich, bevor man die Dredfche auswirft, durch eine Lotung von der Tiefe des Meeres an der betreffenden Stelle zu vergewiffern. Auch follte man immer die Bodentemperatur meffen, da dadurch die verfchiedenen aufeinanderfolgenden Züge der Grundnetze rückfichtlich der Verbreitung

der Organismen auf dem Meeresboden gar fehr an Wert gewinnen, denn
öfter können, durch früher von uns betrachtete Umftände, kalte und

Fig. 34. Dampfwinde zum Aufziehen der Grundnetze.

warme Stellen mit fehr verfchiedenen Faunen fich dicht bei einander befinden. Eine Hauptsache ist, daß man die Leine der kleinern Dredschen recht reichlich bemißt (für unter 100 Faden Tiefe die doppelte Länge,

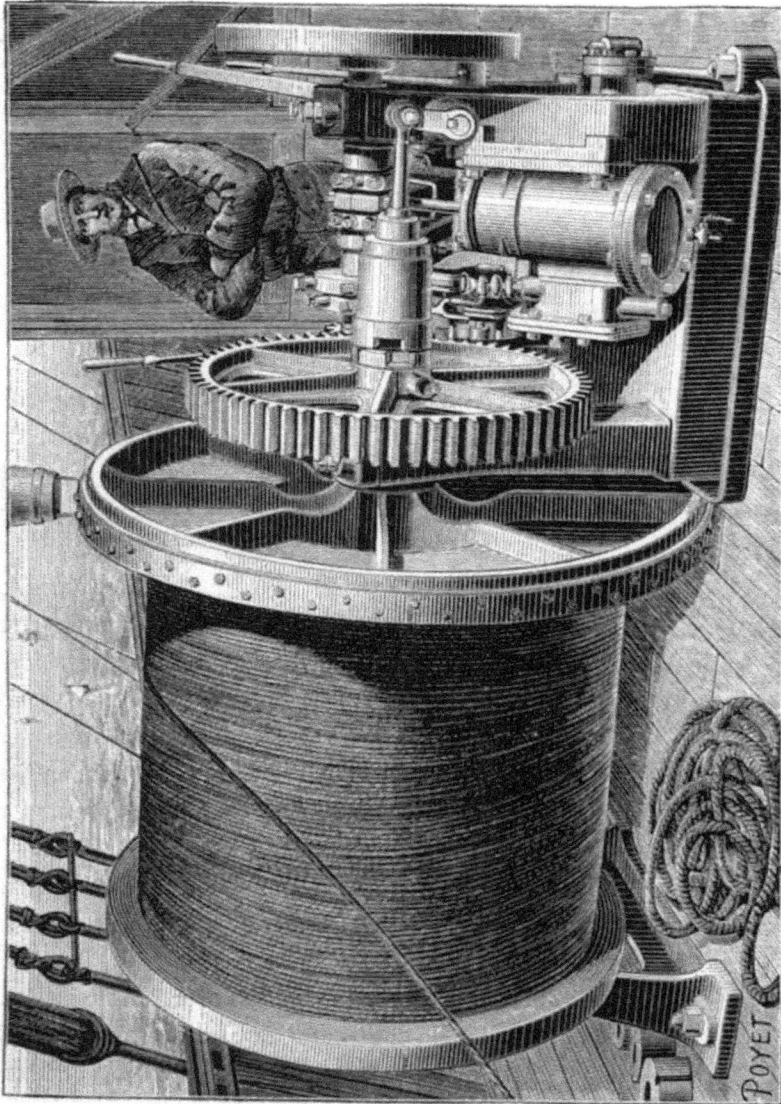

für unter 40 Faden die dreifache). Dann sind die Bewegungen des

Netzes weniger ruckweife und plötzlich. Da im Waſſer Strömungen
aus mancherlei Gründen vorhanden fein können, fo iſt es angezeigt, an
der Leine, 3—4 Faden vor der Dredſche, ein Gewicht von 14—50 Pfd.,
je nach der Tiefe, in welcher der Apparat zu arbeiten hat, zu befeſtigen,
wodurch ſich fein Eingangsrand dem Boden dichter anlegt. Würde man
das Gewicht näher nach der Dredſche zu anbringen, fo könnte es leicht
zartere, namentlich feſtgewachſene Objekte befchädigen oder niederdrücken, ſodaß ſie dem Gefangenwerden entgingen.

Das Fahrzeug, von
welchem aus man dredſcht,
fei es ein Ruder- oder
Segelboot oder ein Dampfer, bewegt ſich, nachdem man bemerkt hat,
daß der Apparat den
Boden erreichte, langfam
weiter. Bei Tiefen von
40 bis etwa gegen 200
Faden läßt man die Dredſche eine gute Viertelſtunde
unten, während welcher
Zeit ſie ſich, wenn ſonſt

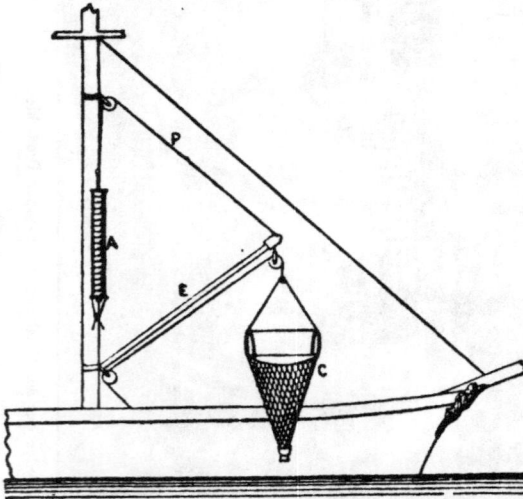

Fig. 36. Das Trawlnetz des Talisman bereit zum Auswerfen.
Schema: A Accumulator, C Trawlnetz, E Raae, P Talje.

alles gut geht, hinreichend gefüllt haben wird, worauf man ſie an Bord
windet. Bei geringeren Tiefen kann man ſie ungefähr 3 Minuten arbeiten laſſen und holt ſie mit der Hand herauf.

Weit ſchwieriger geſtaltet ſich das Fangen mit den Grundnetzen,
befonders mit dem rieſigen Trawl in größeren Tiefen, etwa von 200
Faden an. Auch mit den beſten Hilfsmitteln iſt das keine leichte Arbeit
und kein Vergnügen, aber es wird ganz außerordentlich mühſelig in
Tiefen von annähernd 3000 Faden und kann nur von größeren Dampffahrzeugen aus geſchehen. Es iſt ein zeitraubendes Geſchäft: vor Tagesanbruch ſchon wird der Apparat verſenkt und nach drei Stunden erſt
hat er den Boden erreicht. Während dieſer Zeit muß das Schiff ſo viel

wie möglich an der gleichen Stelle gehalten werden, denn bei unmotivierten Bewegungen finkt das Netz leicht in den Schlamm ein und füllt fich mit diefem, anftatt mit den gehofften Schätzen, — oder es gerät dabei bisweilen die lange Leine in eine eigenartige Vibration, der zufolge fich das Netz in der Tiefe nicht gleitend, fondern hüpfend über den Boden bewegt, fodaß nur wenig Objekte fich in den Quaften verwickeln oder auf der Außenfeite hängen bleiben. Ift der Apparat unten angekommen, fo dampft das Schiff mehrere Stunden langfam weiter und das Spiel des Accumulators verrät den unebenen Weg, den das Netz zurückzulegen hat. Glaubt man, daß die Dredfche genügend gefüllt ift, fo beginnt das Heraufholen, worüber Stunden auf Stunden vergehen, fodaß oft fchon die Dämmerung hereingebrochen ift, wenn der Apparat wieder an Bord gehißt wird.

Hier haben die Naturforfcher indeffen, wenn ich nach meinem Naturell auf das anderer fchließen darf, nicht ohne Herzklopfen und mit einem von Minute zu Minute gefteigerten Erwartungsfieber Siebe, Schalen, Gläfer, Lupen und hundert andere Dinge zurechte geftellt, um die erhoffte Beute gebührend zu empfangen. Bisweilen werden fie getäufcht: nicht viel mehr kommt herauf als Schlamm und Schlick, aber ein andermal wieder ift der Ertrag ein enormer; fo dredfchte der Talisman bei den Kapverdifchen Infeln einmal aus einer Tiefe von 460 Metern (zirka 250 Faden) nicht weniger als 1000 Stück Fifche aus dem Gefchlechte Malacocephalus und 750 Exemplare von Garneelen aus der Gattung Pandalus zugleich!

Kommt das Grundnetz aus geringeren Tiefen herauf, dann heißt es für die Forfcher rafch fein und behutfam zugleich! Da fchnellen Fifche in die Höhe, — Garneelen machen gewagte Sprünge, — flinke Krabben laufen rückwärts und feitwärts rafch davon, — unglaublich hurtig für ihre Organifationsverhältniffe, mit fich überftürzendem Eifer die fchlanken Arme als Beine benutzend torkeln Schlangenfterne von dannen, — blitzfchnell fchlängeln fich prachtvolle Ringelwürmer dahin! — Aber Vorficht, Vorficht! nicht zu rauh und zu rafch die Kinder Pofeidons angefaßt! Hier diefe Kruftentiere werfen, unfanft gepackt, Beine und Scheren ab, — jene Seefterne amputieren fich der Freiheit

zu Liebe opferfreudig einen, felbft mehrere Arme, — dort den Holothurien
oder Seewalzen wird es vor angftvoller Aufregung ganz übel und wehe, fie
erbrechen nicht bloß den Mageninhalt, fondern die ganzen Gedärme
dazu, — Synapten und feltfame Schnurwürmer oder Nemertinen zerreißen fich in ohnmächtigem Ingrimme freiwillig felbft in Stücke!

Köftliche Minuten für den Naturforfcher! Wie fchlägt fein Herz
höher, erblickt er eine ihm wohlbekannte, aber lebend noch nie gefehene
Seltenheit, oder eine neue, fremdartige Form, der er auf den erften
Blick anfieht, daß fie geeignet ift, ein Verbindungsglied zwifchen bis
dahin getrennten und ifoliert ftehenden Gefchöpfen zu bilden. Diefe
Gefühle kennt nur der Fachmann, es find die herrlichften Blüten, welche
auf dem nicht eben dornenlofen Pfade unferer Wiffenfchaft blühen!

Der alte Otho Friedrich Müller bricht, nachdem er die Müh-
feligkeiten des Dredfchens gefchildert hat, in die Worte aus: „interdum
quidem unum et alterum molluscum, helminthicum, aut testaceum
minus notum in dulce laborum lenem reportat" (bisweilen indeffen
bringt ein oder das andere wenig gekannte Mollusk, Würmchen oder
Schaltier füße Entfchädigung für die gehabten Mühen). Enthufiaftifch
fchildert der gemüt- und humorvolle Edward Forbes mit liebens-
würdigen Worten feine erfte Dredfchfahrt: „Gar wohl erinnere ich mich
des Tages, da ich zum erftenmale zufchaute, wie die Dredfche herauf-
geholt wurde, nachdem fie in einer Tiefe von mehr als 100 Faden über
den Boden des Meeres dahingefchleppt war. Als fich uns eine ganze
Dredfche voll Gefchöpfe aus einer noch unerforfchten Tiefe zeigte, da
war es uns, als ob wir auf die Stadt eines unbekannten Volkes blickten.
Wohl erinnere ich mich auch, wie wir forgfam jede Spur organifchen
Lebens von dem umhüllenden Schlamme fonderten und mit ftrahlenden
Blicken auf Gefchöpfe fchauten, bisher noch ungekannt, oder auf ganze
Gefellfchaften von Formen, deren wahre Fundftelle vorher niemand mit
Sicherheit anzugeben vermochte, oder deren Anblick, fo in voller Kraft
und Schönheit ihres Lebens, niemals früher das Auge eines Natur-
forfchers entzückt hatte".

Die Spannung aber, mit welcher die an Bord befindlichen Forfcher
der Ankunft des Grundnetzes harren, ift proportional der Tiefe, bis zu

welcher es gefandt worden war. Mit je 100 Faden mehr Tiefe wird es wahrfcheinlicher und immer wahrfcheinlicher, fremdartige, unbekannte Wefen gefangen zu haben. Denn nicht viel ift fchon in Tiefen unter 3000 Faden gedredfcht worden und wir kennen, wie Wyville Thomfon bemerkt, nur einen verfchwindend kleinen Bruchteil des ungeheuern Meeresbodens. Um ein Ding aber braucht fich der die Schätze abyffifcher Gründe in Empfang nehmende Gelehrte nicht zu ängftigen: es ift kein rafches und behutfames Zugreifen nötig, faft alles, was das Netz den fchauerlichen Abgründen entrang, ift tot, — es ift den Tieren der Tiefe nicht befchieden, je das volle Tageslicht zu fehen.

Die Dredfche kann auf zweierlei Art geleert werden. Entweder das Netz wird in ein großes Gefäß mit Seewaffer einfach umgekehrt und fein Inhalt aus- und abgewafchen, oder, und das gefchieht jetzt wohl häufiger, es wird fo hoch gehißt, daß fein Ende in das Gefäß hineinhängt (Fig. 37). Diefes Ende ift aber, wie fchon erwähnt, offen und mit Draht gerafft. Indem diefer mehr und mehr gelüftet und endlich ganz entfernt wird, ergießt fich der Inhalt des Netzes langfam in das bereitftehende Gefäß. Alle Organismen, welche fich an der Oberfläche der entleerten Maffe zeigen, werden nun zunächft forgfältig entfernt und in geeignete, bereitftehende Glasgefäße gebracht. Es ift aber beffer, nicht weiter in dem Haufen von Schlamm und Tieren herumzuftören, da man fonft Gefahr läuft, die zarteren Gefchöpfe noch mehr zu befchädigen, als fie es, leider, oft genug fchon find.

Neben dem größeren Gefäß, in welches der Inhalt der Dredfche eingelaffen wurde, find zwei Kübel von ungefähr 20 Zoll Höhe und 2 Fuß Durchmeffer zur Hand, deren jeder einen Satz Siebe enthält. Von diefen Sieben (4 an der Zahl) fteht das untere auf dem Boden des Kübels und hat lange eiferne Handhaben, die bis über den Rand des höchften, aber fchmalften, innerften Siebes des ganzen Satzes herausragen. Jedes andere Sieb hat gleichfalls eiferne, aber kürzere Handhaben und ein aus Meffingdraht verfertigtes Bodennetz, das im oberften Sieb halbzöllige, im zweiten engere, im dritten viertelzöllige und im vierten, letzten aber weiteften, fo enge Mafchen hat, daß nur noch Schlamm und fehr feiner Sand diefelben paffieren und auf den Boden des Kübels finken kann. Nun

wird das oberſte Sieb zur Hälfte mit der von der Dredſche heraufgebrachten Maſſe gefüllt und der ganze Satz, in dem man die langen
Handhaben des unterſten Siebes faßt, in dem Waſſer des Kübels behut-
ſam auf und ab bewegt, aber ja nicht etwa gedreht, da durch eine

Fig. 37. Ankunft der Dredſche an Bord des Talisman.

drehende Bewegung die zarten Organismen ſehr leicht Beſchädigungen
erleiden. In dieſem Apparat, wie er übrigens bei den Entomologen zum
Abſieben des Laubes, der Baum- und Walderde längſt in Gebrauch iſt,
ordnet ſich nun das gedredſchte Material ſieb- oder etagenweiſe nach

seiner Größe: im obersten bleiben die gröbsten Stücke und auf den Boden des Kübels sinken die feinsten und das Brauchbare kann mit Hilfe von

Fig. 38. Marquis de Folin mit seinen Gefährten untersuchen bei Kap Breton den Inhalt der Dredschen.

Pinzetten, Pinseln u. dgl. nach und nach aufgelesen und in entsprechende Glasgefäße verteilt werden. Dredscht man in unmittelbarer Nähe der

Küfte von einem kleinen Boote aus, fo kann man auch den ganzen Inhalt der Netze mit ans Land nehmen und hier mit Muße durchftöbern
und unterfuchen. Fig. 38 zeigt uns den Marquis de Folin mit feinen
Begleitern und Gehilfen, wie fie am Strande von Kap Breton nach einem
Dredfchzuge den Netzinhalt auswafchen und durchmuftern.

Während der eine Teil der beteiligten Forfcher und ihre Gehilfen
den Inhalt der Dredfche mittels Siebens und Wafchens bearbeiten, ift
ein anderer damit befchäftigt, das Netz felbft und die Tauquaften zu
unterfuchen und alle Organismen von ihnen abzulefen, welcher Arbeit
fich die auf dem Titelbilde dargeftellten Naturforfcher eifrig widmen.

Man hat nun noch verfchiedene andere Methoden des Siebens und
modifizierte, dazu dienliche Inftrumente, namentlich während der Fahrten
des Blake in Anwendung gebracht. Das Wiegenfieb (cradle-sieve) ift
von Muldenform mit feiner Drahtwandung und wird feitlich am Schiffe
über Bord gehängt, darauf wird auf den der Dredfche entnommenen
Inhalt ein gelinder Wafferftrahl von der Schiffspumpe hergeleitet und in
einigen Minuten ift der Schlamm abgewafchen. Ein anderes feit 1877
gebrauchtes Sieb dient zugleich zur Aufnahme des ganzen Inhalts der
Grundnetze, wie fonft das Gefäß, in welches fie entleert werden. Es
ift ein viereckiger Trog, in dem ein mit $1/12$ zölligem Drahtgeflecht über-
zogener Rahmen befeftigt ift und der in einer Tafel eingefetzt wird.
Diefe hat einen wafferdicht hergeftellten Boden von Zeug und an der
Seite eine gleichfalls wafferdichte Ausflußröhre, welche das Waffer, das
auf den Inhalt des Siebes dirigiert wird, zu den Speigaten leitet.

Die erbeuteten Objekte werden nun in verfchiedenen Konfervierungs-
flüffigkeiten bewahrt, je nach ihrer Befchaffenheit und je auch nach den
Zwecken, wegen deren man fie fammelt: ob fie in Mufeen aufgeftellt
oder der wiffenfchaftlichen Unterfuchung mittels des Mikrofkops, che-
mifcher Reagentien u. f. w. unterworfen werden follen.

––––––––––

Zweites Kapitel.

Allgemeine Anpaffungen der Tiere an die Tieffee.

Der Aufenthalt in der Tieffee, das Leben unter den dort herrfchenden Bedingungen, die Exiftenz unter folchem Drucke, in fo gering bewegtem Waffer, bei derartig modifizierten Beleuchtungsverhältniffen muß
auf die dort lebenden Gefchöpfe in mehr wie einer Hinficht in höherem
oder geringerem Grade mächtig zurückwirken.

Den Druck in den tiefften von Tieren bewohnten Teilen des Meeres
würde wahrfcheinlich kein den oberften Wafferfchichten angehöriges Gefchöpf aushalten können, wenn es ihm plötzlich ausgefetzt werden würde,
obwohl zugegeben werden kann, daß manche fehr weit hinab und herauf
zu fteigen vermögen. So hat man beobachtet, daß verwundete Walfifche
bis in Tiefen hinunterdrangen, in denen die an den Harpunen befeftigten
Holzteile in einer Weife zufammengepreßt wurden, daß fie fpäter nicht
mehr auf dem Waffer fchwammen, und auch von einigen Haififchen ift
es bekannt, daß fie gewaltige Wafferfchichten ohne Nachteil in vertikaler
Richtung durchfchwimmen können. Diefe Tiere verhalten fich mithin
etwa fo, wie unter den Landtieren der Kondor, der fich auch aus einer
Höhe von 24000 Fuß in wenigen Minuten bis zur Oberfläche der Erde
herablaffen kann, — ein Weg, den wohl nur wenige Lebewefen außer
ihm ungeftraft in fo kurzer Zeit würden zurücklegen dürfen.

Eine Thatfache ift es, daß faft alle Tiere der Tieffee tot, manche
mehr oder weniger befchädigt und zerriffen an die Oberfläche des Meeres
mittels der Grundnetze und Tauquaften heraufbefördert werden. Den
Fifchen, übrigens auch den fehr tief in den Alpenfeen haufenden Formen,
wie z. B. dem Kilche (Coregonus hiemalis), find oft die innern Organe
zerriffen, Teile der Speiferöhre find zum Maule, Teile des Maftdarms
zum After herausgepreßt, die Augen find aus ihren Höhlen hervorgequollen, die Schuppen lockern fich und fallen ab. Die Urfache diefer
Erfcheinung ift, daß alle Flüffigkeiten und Gafe in dem Körper des
Tieres und in feinen Höhlen urfprünglich unter dem gleichen Drucke
ftehen, wie das umgebende Seewaffer. Wie diefes zentripetal auf das

Tier preßt, fo find jene beftrebt, zentrifugal fich auszudehnen und beide
Kräfte halten fich die Wage, fodaß unter den normalen Verhältniffen
die feinften und zarteften Teilchen vollkommen erhalten bleiben. Kommt

Fig. 39. Ein Tieffeefifch (Scopelus s. Neoscopelus macrolepidotus) aus 1500 Meter Tiefe. Ein
Teil der Speiferöhre ift herausgeprefst, die Augen find hervorgequollen, die Schuppen find ge-
lockert und fallen teilweife ab.

nun das Tier in Wafferfchichten mit viel geringerem Drucke, dann findet
die expanfiv wirkende Kraft in feinem Körperinnern nicht mehr den
nötigen äußern Widerftand, das Gleichgewicht wird geftört und der not-
wendige Erfolg wird Zerreißung und Zerpreffung fein, umfomehr, je

größere gashaltige Körperhöhlungen etwa mit im Spiele find. Die Leiber von Fifchen mit Schwimmblafen find den zerftörenden Einflüffen des verminderten äußern und des daher vermehrten innern Druckes weit mehr ausgefetzt, als die folcher ohne jenen hydroftatifchen Apparat.

Über den Kilch bemerkt der große Naturforfcher Karl Theodor von Siebold: „In einer Tiefe von 40 Klaftern haben die Kilche (im Bodenfee) und ihre mit Luft gefüllte Schwimmblafe einen Druck von ungefähr $7\frac{1}{2}$ Atmofphären auszuhalten. Werden diefe Fifche nun aus ihrem natürlichen Aufenthaltsorte herauf an die Wafferoberfläche gebracht, wo der Druck von nur 1 Atmofphäre von außen auf fie einwirkt, fo wird die in ihrer Schwimmblafe eingefchloffene Luft, welche bisher unter einem Drucke von $7\frac{1}{2}$ Atmofphären geftanden hat, bei dem Heraufziehen der gefangenen Fifche allmählich eine Druckverminderung um $6\frac{1}{2}$ Atmofphären erleiden und fich in gleichem Verhältniffe ausdehnen .... fodaß der baldige Tod eines folchen trommelfüchtig gewordenen Fifches unausbleiblich erfolgen muß". Es fcheint übrigens der Kilch im Ammerfee, den er auch noch bewohnt, nach desfelben ausgezeichneten Forfchers Bemerkung zarter gebaut zu fein als der im Bodenfee (vielleicht kommt er dort auch in größeren Tiefen vor als hier?), da bei ihm, wenn er aus dem Waffer gezogen wird, die Schwimmblafe in der Regel mit einem Knalle berftet.

Vom Fange des Kilchs giebt v. Siebold eine hochintereffante Schilderung, die hier mitzuteilen ich mir um fo weniger verfagen kann, als fie dem Laienpublikum und wohl auch den Liebhabern des edlen Fifchfports ziemlich unbekannt fein dürfte.

„Endlich" fährt mein Gewährsmann, nachdem er die Vorbereitung zum Fang und das Verfenken des Netzes befchrieben hat, fort, „konnte auch das Netz aus dem Waffer gehoben werden, aber noch wurde meine Erwartung auf die Probe geftellt, bis zuletzt das Ende des langen Netzes, der eigentliche Sack mit feinem Inhalte zum Vorfchein kam. Diefer leuchtete mir fchon aus der Tiefe als weißglänzende Körper entgegen, welche fich nach und nach immer deutlicher als dick aufgefchwollene Kilche zu erkennen gaben, und recht eigentlich den Namen Kropffelchen verdienten. Der Zug war übrigens fehr befriedigend ausgefallen,

nahe an 40 Kilche waren in das Netz gegangen. Sämtliche hatten einen
ballonförmig aufgetriebenen Bauch und hingen mit dem Rücken nach
unten an der Oberfläche des Waſſers. Aus ihrer Mattigkeit und aus
ihrem vergeblichen Beſtreben, in die Tiefe des Waſſers niederzutauchen'
entnahm ich, daß ſich dieſe Kilche in einem ganz unnatürlichen und
höchſt unbehaglichen Zuſtande befanden. Da dieſelben nach kurzer Zeit
dem Tode nahe waren, ließ ich ſogleich an einigen derſelben, um ſie vom
ſchnellen Tode zu erretten, die von den Fiſchern Stupfen genannte
Operation ausführen. Ich überzeugte mich dabei, daß dieſelben ein zu-
geſpitztes Holzſtäbchen durch die Öffnung, welche ſich bei dieſem Fiſche,
wie bei allen lachsartigen, dicht hinter dem After befindet, ſehr vorſichtig
in die Bauchhöhle einſchoben und demſelben eine Wendung nach vorn
gaben, wodurch die Schwimmblaſe angeſtochen werden mußte. Nach
dem Herausziehen des Holzſtäbchens ſtrömte ſogleich die Luft der ver-
letzten Schwimmblaſe mit einem pfeifenden Ton aus der Bauchhöhle
nach außen. Die geſtupften Kilche erhielten unter allmählichem Zu-
ſammenziehen ihrer Bauchwandungen die gewöhnliche Renkengeſtalt
wieder und ſchwammen, in ihren Waſſerbehälter zurückverſetzt, in demſelben munter und wie jeder geſunde Fiſch mit nach oben gerichtetem
Rücken umher". Es waren bei dieſem Fiſchzug auch einige Barſche
mitgefangen worden, deren weniger elaſtiſche Schwimmblaſe geplatzt war
und die dabei in die Bauchhöhle geratene Luft, der die feſten Bauch-
wände genügenden Widerſtand leiſteten, hatte von innen her den Magen
aus der Bauchhöhle hinausgedrängt und in die nachgiebige Rachenhöhle
hineingeſtülpt, wie das ähnlich auch dem Scopelus macrolepidotus
in Fig. 39 wiederfahren iſt.

Auch wir Menſchen und die Tierwelt um uns leben auf dem Boden
eines Ozeans, auf dem Grunde eines Luftmeeres. Die in den Höhlungen
unſeres Körpers und in den feinſten Lücken unſerer Gewebe enthaltenen
Gaſe ſtehen unter demſelben Drucke wie die uns umgebende Luft, auch
hier halten ſich zwei gegeneinander wirkende Kräfte das Gleichgewicht.
Beſteigen wir hohe Berge, oder heben uns mit dem Luftballon in bedeutende Höhen, ſo befällt uns die von manchen allerdings geleugnete
Bergkrankheit, das Mal di Puna der Südamerikaner: unſere Atmung

wird erfchwert, der Kopf fchmerzt, in den Ohren fauft es, die Augen brennen, Blut dringt aus Lungen, Nafe, Augen, — mit andern Worten, die zentrifugal wirkende Kraft der Gafe in uns hat (abgefehen von den Folgen einer ungenügenden Menge von Sauerftoff) die Übermacht über die zentripetal wirkende Kraft der verdünnten Luft um uns gewonnen und werden wir etwa durch den mehr und mehr fteigenden Luftballon gegen unfern Willen in höhere und immer höhere Luftfchichten getragen, fo wird die Sache fchließlich für uns, wie für den an die Oberfläche gebrachten Tieffeefifch, einen tötlichen Ausgang nehmen.

Den Fifchen des tiefen Meeres kann unter folchen Umftänden der Befitz einer Schwimmblafe verhängnisvoll werden. Viele Fifche fteigen und finken mittels ihrer Schwimmblafe: wollen fie fteigen, fo erweitern fie diefelbe, fodaß das in ihr enthaltene Gas fich ausdehnen kann, der Fifch vergrößert mit andern Worten fein Volumen ohne fein Gewicht zu vermehren, d. h. er wird relativ leichter und umgekehrt, — will er finken, fo preßt er mit der Schwimmblafe die Gafe in ihr zufammen, das Volumen wird ohne Gewichtsabnahme geringer, das Tier daher relativ fchwerer. Nun gefchieht es manchmal, daß ein Fifch in der Hitze des Verfolgens oder des Verfolgtwerdens in Wafferfchichten mit fo verringertem Drucke gerät, daß er nicht mehr mit feiner Muskelkraft die Kraft des fich ausdehnenden Gafes in feiner Schwimmblafe überwinden kann, — dann wird er, er mag beginnen was er will, immer höher hinauf und in fein ficheres Verderben getrieben. Nur ein etwaiges Anftechen der Schwimmblafe und ein dadurch bewirktes Entweichen des in ihr enthaltenen Gafes könnte ihn allenfalls noch erretten. Von welcher Art ift aber das Gas in den Schwimmblafen von Tieffeefifchen? — Nach mehreren Unterfuchungen foll es in denen der Flußfifche Kohlenfäure fein. Wenn es fich fo auch bei jenen verhält, dann ift die Kohlenfäure hier kein Gas mehr, fondern eine Flüffigkeit, da fie ja fchon unter einem Druck von 36 Atmofphären bei 0^0 in den flüffigen Aggregatzuftand übergeht. Nach Biot und de la Roche wäre aber die Luft in der Schwimmblafe ein Gemifch von Kohlenfäure, Stick- und hauptfächlich Sauerftoff, der proportional der Tiefe des Vorkommens eines Fifches bis zu $94^0/_0$ des Gemenges zunähme.

Weniger als die Körper der Fifche leiden die anderer Tiere unter
dem Einfluffe des plötzlichen Überganges in viel weniger dichtes Waffer.
Die Gefchöpfe fterben zwar meiftens auch, aber entweder ift das Material
ihrer Gewebe zu feft oder zu nachgiebig, als daß die Expanfivkraft der
innern Flüffigkeiten und Gafe diefelben zerreißen könnte, oder die
Körperhöhlungen ftehen in offener Kommunikation mit dem umgebenden Seewaffer.

Man hat neuerdings den Einfluß erhöhten Drucks auf Organismen
experimentell zu unterfuchen angefangen. Schon 1878 hatte der berühmte franzöfifche Phyfiolog Paul Bert, Unterrichtsminifter im Mi-
nifterium Gambetta, bei Gelegenheit anderer Unterfuchungen beiläufig
nachgewiefen, daß junge Aale, wenn fie einem Druck von 15 Atmofphären ausgefetzt waren, abftanden, ja daß fie nicht einmal einen folchen
von 7 Atmofphären auf die Dauer auszuhalten vermochten. Später
experimentierte ein anderer franzöfifcher Forfcher, Regnard, bloß um
das Verhalten von Organismen gegen hohen Druck zu unterfuchen.
Er fah, daß Mollusken und Blutegel bei einem Druck von 600 Atmofphären (einer Tiefe von 3900 Faden oder von 7132 Metern entfprechend)
lethargifch wurden. Ein Fifch ohne Schwimmblafe konnte ohne Scha-
den einem Druck von 100 Atm. (entfp. 650 Faden) ausgefetzt werden,
bei 200 Atm. (entfp. 1300 Faden) wurde er torpid und bei 300 Atm.
(entfp. zirka 2000 Faden) ftand er ab.

Regnard verband nun die mit entfprechend ftarken Glastafeln verfehene Kammer, in welcher die Tiere in dem Inftrumente den hohen
Druckverhältniffen ausgefetzt wurden, derart mit einem photoelektrifchen
Mikrofkope, daß er ihr Bild auf einen Schirm auffangen konnte und
experimentierte mit kleinen Krebfen (Copepoden etc.). Bei einem Drucke
von 200 Atm. zeigten fie Unruhe, bei 300 fanken fie zappelnd zu Boden
und bei 600 waren fie bewegungslos und ftarr, erholten fich aber nach
einer Viertelftunde unter normalen Bedingungen wieder. Es fcheint,
daß die leichtern Zufälle, an denen die Tiere noch nicht unmittelbar zu
Grunde gehen, vom zentralen Nervenfyftem ausgehen; nach fehr an-
haltendem, von tötlichem Ausgange begleiteten Drucke indeffen trat

auch eine merkwürdige Veränderung in den Geweben ein, indem nämlich die festern mit den flüssigen imprägniert wurden.

Ein Ding darf freilich nicht überfehen werden, daß nämlich bei
jenen Experimenten dem Waffer, in welchem sich innerhalb der Kammer
die Tiere befanden, kein Sauerstoff zugeführt werden konnte, mithin
wurde der von Anfang an darin vorhanden gewefene nach und nach
verbraucht und es können vielleicht wohl ein Teil der erwähnten, an
Tieren unter hohem Drucke beobachteten Erscheinungen auf Atemnot
zurückgeführt werden. Bei der Beurteilung des Verhaltens der Tieffeetiere unter der starken, an ihrem Aufenthaltsorte auf sie einwirkenden
Belaftung müssen wir auch nicht vergessen, daß die Geschöpfe sich jedenfalls fehr fuccessive an denselben gewöhnt haben werden, manche allerdings gewiß während ihres eignen Dafeins, — denn eine Reihe von Tief-
feefischen leben z. B. in der Jugend an der Oberfläche des Meeres, —
andere aber im Laufe vieler Generationen.

Man könnte nun vermuten, daß infolge der größern durch den
Druck veranlaßten Dichte des Waffers der Tieffee die Bewegungen, namentlich das Schwimmen in demfelben den dort wohnenden Tieren viel
Anftrengung und große Muskelarbeit bereiten müßten. Aber ein in (nicht
auf!) dem Waffer schwimmendes Tier hat faft dasfelbe fpezififche Gewicht wie das es umgebende Medium und nur für ein Tier aus ober-
flächlichem Waffer würde die Ortsbewegung in der Tiefe mit größerer
Mühe verbunden fein, da es aus weniger dichtem, folglich leichterem
Waffer, dem fein eignes Körpergewicht entfpricht, in dichteres, folglich
schwereres gekommen wäre.

Den einmal an ein Tieffeeleben angepaßten Geschöpfen erwächft
ficher aus der größeren Dichte des Waffers keine größere Unbequem-
lichkeit, denn ihre Muskeln und andere ihrer Bewegungsorgane find
nicht ftärker entwickelt als bei den oberflächlich lebenden, — im Gegenteil öfters eher fchwächer, denn fie haben bei ihren Bewegungen nicht
mit einem andern Faktor zu rechnen, der bei Oberflächen- und Küften-
tieren gar fehr in Betracht kommt, nämlich mit ftarker Bewegung des
Waffers, fei es, daß diefe durch Wellenfchlag oder Strömungen bedingt
ift. Diefer Mangel an Bewegung in der Tieffee ift auch von einem

gewiſſen Einfluß auf die Geſtaltung der dort befindlichen feſtgewachſenen
Tiere. Korallen, mehr noch die ſchmiegſameren Schwämme werden
betreffs ihrer Körperform gar ſehr durch das bewegte Waſſer beeinflußt.

Ich habe augenblicklich 8 Spezies von Horn- und Kieſelſchwämmen
in 13 Exemplaren vor mir liegen, welche ich durch die Freundlichkeit eines
Kaufmanns hieſiger Stadt erhielt. Sie ſtammen von einer Lokalität an
der Küſte der weſtindiſchen Inſel Barbados aus ſehr ſtark bewegtem Waſſer
in unmittelbarer Nähe der Oberfläche und alle zeigen in ſonderbarer Weiſe
den Einfluß desſelben. Es ſind teils einzelne Individuen, teils Stöcke
oder Kolonien. Bei den erſtern iſt infolge der Richtung des anhalten-
den, in gleicher Richtung wirkenden Druckes des ſtrömenden Waſſers
die urſprünglich runde Form des Magendurchſchnitts und Mundes in
eine ganz langgeſtreckte ovale übergegangen, ſodaß die Breite des
Mundes ſich zu ſeiner, in der Bewegungsrichtung des Waſſers befindlich
geweſenen Länge wie 6 zu 12 (bei jüngern Individuen) bis wie 9 zu
57 (bei alten derſelben Art) verhält. Die Kolonien haben nicht, wie
ſonſt gewöhnlich die derſelben Spezies, eine rundliche Geſtalt und nach
allen Seiten hin gerichtete Mundöffnungen, ſondern ſie ſind langgeſtreckt,
infolge des anhaltend in derſelben Richtung auf ſie ausgeübten Druckes
der Strömung und die Mundöffnungen ſtehen in einer Linie neben
einander, ſodaß einige dieſer Schwämme entfernt an die Panflöten
des Altertums erinnern. Dem gegenüber läßt ſich feſtſtellen, daß die
meiſten Spongien der Tiefſee, ſogar Arten ſolcher Gattungen, die in
weniger tiefem Waſſer mannigfach verzweigt und verknäult großen individuellen Schwankungen in der Leibesform unterworfen ſind, auffallend regelmäßige Geſtalten zeigen und daß die Exemplare einander
alle ſehr ähnlich ſehen.

Auch die koloſſale Entwicklung des ganzen Extremitätenapparates
gewiſſer Krebsformen der Tiefſee und die überaus langen und zarten
Borſten, mit denen derſelbe häufig beſetzt iſt, ſo wie die entſprechende
bedeutende Verlängerung einzelner Floſſenſtrahlen bei gewiſſen abyſſiſchen Fiſcharten läßt ſich mit einer einigermaßen anſehnlichen Bewegung
des Waſſers nicht in Einklang bringen. Es iſt ſo wie Moſeley bemerkt: „Alles in allem muß die Tiefſee, kalt, dunkel, ſtill wie ſie iſt,

die einförmigfte Wohnftätte fein, die man fich denken kann". Nur, können wir hinzufügen, das uralte Thema vom Freffen und Gefreffenwerden bringt etwas dramatifche Abwechfelung auch auf diefe eintönige Lebensbühne! — Es ift aber trotzdem ein verwegenes, mir unverftändliches Wort von Gwyn Jeffreys, daß die wirbellofen Seetiere keine Gelegenheit zum Kampf ums Dafein hätten! Ift nicht ihre ganze Organifation, ihr Aufenthaltsort und ihre Lebensweife das Refultat eines fortgefetzten Kampfes ums Dafein?

Die fonderbarfte Erfcheinung in der Organifation der Tieffeetiere liegt in dem Verhalten ihrer Sehorgane. Dasfelbe würde weniger fonderbar erfcheinen, wenn alle in diefer Beziehung über einen Leiften gefchlagen, wenn entweder alle blind oder alle fehend wären, fo kommen aber beiderlei Formen nebeneinander vor.

Augen find die höchften Sinnesorgane, man könnte fie die Blüten des Nervenfyftems nennen. Nur unter dem Einfluffe von Licht konnten fich Teile des allgemeinen Empfindungsapparats zu Augen fpezifizieren. Leydig fagt einmal: „Aus Taftapparaten gehen durch vollkommenere Apparate die fpezififchen Sinne hervor; am Blutegel z. B. fcheint das Auge nur eine höhere Stufe der becherförmigen Taftorgane darzuftellen. Die Taftempfindung ift die allgemeinfte, gleichfam die unterfte Sinnesempfindung". In der Regel fehen wir, daß die Augen am Kopfe der Tiere befindlich find, aber es wäre voreilig, wenn wir daraus fchließen wollten, daß etwa zwifchen unferem Auge und dem der Schnecken oder Infekten ein genetifcher Zufammenhang wäre, daß wir und jene Tiere diefe Sinnesorgane in ihrer Anlage als Augen etwa von gemeinfamen, weit, weit zurückliegenden Ahnen ererbt hätten. Dem ift nicht fo. Alle Organe, alfo auch alle Orientierungsapparate, entwickeln fich am tierifchen Körper an der Stelle, wo fie den meiften Schutz finden oder wo ihre Gegenwart am notwendigften ift. Für Orientierungsapparate wird das letztere meiftens in der Nähe des Mundes ftattfinden, denn durch deffen Lage wird in der Regel die Hauptbewegungsrichtung eines Gefchöpfes beftimmt, es geht nicht fowohl „der Nafe" als dem Munde nach! Eine weitere Folge der Anfammlung der höheren Sinnesorgane in der Nähe des Mundpoles eines Tieres ift die, daß fich hier dann

auch der am meiſten und am verſchiedenartigſten beſchäftigte Teil des
zentralen Nervenſyſtems als Gehirn entwickeln kann.

Nicht immer indeſſen iſt die Nähe des Mundes der beſte Platz für
die Entwicklung von Augen, es können ſehr wohl andere Körperſtellen
geeigneter ſein. Es giebt Tiere, welche ihre Nahrung nicht ſuchen und
doch Augen haben. Das ſind ſolche, welche eine nahezu ſitzende Lebens-
weiſe führen: Raupen, Spinnen, manche Mollusken u. ſ. w. und in der
Regel iſt es die Aufgabe dieſer dann auch gering entwickelten Geſichts-
organe bloß hell und dunkel zu unterſcheiden, oder die Annäherung
irgend eines Gegenſtandes wahrzunehmen. In dieſen Fällen ſehen wir
häufig genug, daß die Augen auch nicht am Kopfe entwickelt ſind: bei
vielen Muſcheln, die es überhaupt nicht zum Beſitze eines beſondern
Kopfes gebracht haben, befinden ſie ſich am Rande des Mantels, bei der
Schnecke Onchidium und bei den Käferſchnecken (Chiton) auf dem
Rücken, bei den letztern ſind ſie ſogar in den Schalen eingebettet, und
manche Würmer tragen ſie an den Seiten des ganzen Körpers.

Wie die Sehorgane ſich aus dem allgemeinen Taſtapparat durch
den unmittelbar und thatkräftig einwirkenden Einfluß des Lichtes entwickeln, ſo werden ſie auch in anderer, teilweiſe negativer Weiſe beeinflußt: tritt Lichtmangel ein, ſo vergrößern ſie ſich, um von den
wenigen vorhandenen Strahlen möglichſt viele zu erhaſchen. Hauſen die
Tiere an Stellen, welche dem Lichte völlig entzogen ſind, ſo verlieren
ſie ihre Augen, ſie werden blind und oft genug ſehen wir, wie in beiden
Fällen, bei mangelhaftem und fehlendem Sehvermögen, der Ur- und
Univerſalſinn, das Getaſt wieder zu ſtellvertretender Thätigkeit gelangt.
Bei den Dämmerungstieren (das ſind auch die gemeinlich als „Nachttiere"
bezeichneten Geſchöpfe) und Höhlentieren haben die einen große weit-
pupillige, die andern reduzierte verkümmerte Augen, wenn ſie ihnen
nicht, was ſich meiſtens ſo verhält, völlig fehlen. In dem letztern Falle
finden ſich dann in der Regel hochentwickelte Taſtorgane in der Geſtalt nervenreicher Warzen mit Borſten oder Haaren, oft ſogar an derſelben Körperſtelle, wo bei den im Lichte des Tages ſich tummelnden
Verwandten die Augen angetroffen werden.

An einer andern Stelle*) habe ich über die Organifationsverhältniffe der Höhlentiere gehandelt und dort das Folgende bemerkt: „Im
vordern Teile der Höhlen finden fich eigene kleine Laufkäferarten (aus
den Gefchlechtern Trechus und Bythinus), bei denen das Auge nur
60—80 Facetten aufweift, während diefelben bei ihren oberirdifchen
Verwandten zu Hunderten in jedem Auge fich finden. In Grottenteilen,
wohin im Sommer nur von 11—12 Uhr dürftige Lichtmengen nicht
von oben, fondern von der Seite her dringen, entdeckte Jofeph ein
merkwürdiges Spinnentier aus der Familie der Weberknechte oder der
Wandkanker (Siro duricornis). Bei den oberirdifchen Verwandten
befinden fich die Augen auf der Mitte des Rückens, bei diefer Grotten-
form find fie auf die Seiten des Körpers gerückt und liegen nicht flach,
fondern ftehen auf kegelförmigen Höckern: das Tier fieht von der Seite
und bewegt fich auch in einer feitlichen Richtung behende. Je tiefer
wir nun eindringen in die Höhlen, defto mehr fchwinden bei den Bewohnern die Augen, wenn wir auch zunächft noch leicht beobachten
können, daß fie einft vorhanden waren. Unfere Flußkrebfe haben, wie
die nordamerikanifchen geftielte Augen, aber ihre Nachkommen in den
Krainer und Kentuckyer Höhlen (Cambarus stygius und pellucidus)
haben wohl noch den Stiel, aber keine Facetten des Auges mehr. Am
Refte des Sehorgans der füdöfterreichifchen Dunkelform fehlen am freien
Ende des Ophthalmophors, des Augenftiels alle lichtbrechenden und
empfindenden Elemente. Es ift von einer undurchfichtigen Chitinhaut
überdeckt und der Augapfel felbft von einer derben, bindegewebigen,
fettreichen Maffe erfüllt, fowie auch durch den Augenftiel ein Binde-
gewebsftrang fich zum oberen Teile der Gehirnmaffe als entarteter Seh-
nerv hinzieht. Bei dem im Grundwaffer über einen großen Teil Europas
verbreiteten blinden Süßwafferflohkrebfe (Gammarus puteanus), welcher fich überall in tiefen Brunnen von Sylt und Helgoland bis Venedig,
in Höhlen und Grotten und in den Tiefen der großen Seen wiederfindet,
fah der berühmte Mikrofkopiker Leydig wohl, wie bei feinem nächften
Verwandten, dem gemeinen Bachflohkrebfe (Gammarus pulex), ein

*) Marshall, W., Spaziergänge eines Naturforfchers. Leipzig 1888, p. 296.

Augenganglion, das fich auch gegen die Stelle, wo bei der verwandten
oberirdifchen Form das Sehorgan liegt, hinwölbte, aber niemals vermochte er ein wirkliches Facettenauge mit Pigment und einer Sonderung in Kryftallkegel zu bemerken. Aber Schneider fand in einer
Tiefe von 2000 Fuß unter der Erdoberfläche in dem Sammelwaffer der
Klausthaler Bergwerke einen Flohkrebs, der ganz weiß, jedoch mit
großen Augen ausgeftattet war. Nach Jofeph ift eine nahe verwandte
Art, vielleicht nur eine Varietät diefes fehr variabeln Dunkelamphipoden
(Gammarus s. Niphargus stygius) in den Grotten Krains weit verbreitet und find unter denen, welche in den Wafferbaffins der vorderen halb-
dunkeln Räume haufen, immer einzelne Individuen vorhanden, bei denen
das Auge deutliche Hornhautfacetten, Kryftallkegel, Sehftäbchen und
nervöfe Elemente, aber in geringer Zahl und mit wenig Pigment aufweift".

Man follte nun meinen, bei den Seetieren würde das Sehorgan
immer in dem Maße reduziert, wie fie fich in die Tiefe verbreiten, daß
alfo auf Tagtiere der oberflächlichen Wafferfchichten Dämmerungstiere
verfchiedenen Grades in den mittleren und auf oder nahe an dem
Boden, entfprechend den Bewohnern tiefster Höhlenteile, Blindtiere folgen
würden. Das kann in der That der Fall fein, ja fogar ein und diefelbe Art kann je nach der Tiefe betreffs ihrer Augen verfchieden organifiert fein.

Das wohlbekannte Beifpiel betrifft eine Krabbe (Ethusa granulata,
Fig. 40), die im flachen Waffer gut entwickelte Augen hat, während
Exemplare aus 110 bis 370 Faden Tiefe zwar noch Augenftiele befitzen,
aber offenbar ihr Sehvermögen eingebüßt haben, indem an Stelle der
Augen am Ende der noch beweglichen Stiele fich kalkige Anfchwellungen
befinden und bei Individuen aus 500 bis 700 Faden haben die Augen-
ftiele felbft ihre Beweglichkeit eingebüßt und find zu einem fekundären
Stirnftachel verfchmolzen, während der urfprüngliche obliterierte.

Aber fo, man möchte fagen „programmäßig", verläuft die Sache
durchaus nicht immer. Oft genug finden fich großäugige Dämmerungs-
formen neben den völlig blinden Tieffeebewohnern, eine Erfcheinung,
die nicht fo ganz leicht zu erklären ift, denn offenbar haben die Tiere

auf diefelben Zuftände in diametral entgegengefetzter Weife reagiert. Was ift die Urfache diefer höchft auffallenden und befremdenden That-fache? Vielleicht, daß mehrere zufammenwirken. Der vorher fchon angeführte Schneider, ein Forfcher, welcher fich das Studium der Organismenwelt der Bergwerke zur Aufgabe geftellt hat, fpricht, bei Mitteilung feiner erwähnten Entdeckung einer großäugigen Amphipoden-form in den Waffern der tiefften Tiefen der Klausthaler Bergwerke, die Vermutung aus, daß die Zunahme von Sehorganen an Umfang und

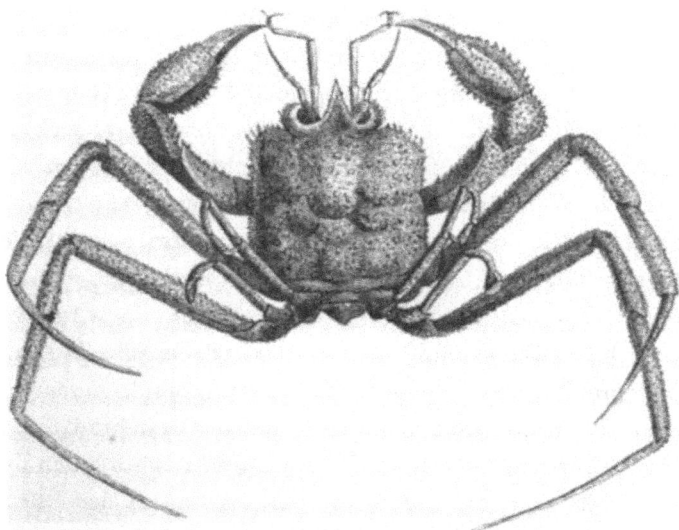

Fig. 40. Ethusa granulata, blinde Form, aber noch mit dem urfprünglichen Stirn-ftachel, aus 800 Meter Tiefe.

Pigmentreichtum vielleicht die erfte Stufe der Umbildung und negativen Anpaffung an folche Verhältniffe, wie fie in abfolut dunklen Räumen herrfchen, darftellen könnte. Diefe Idee fieht auf dem erften Augen-blicke paradoxer aus, als fie in Wahrheit ift.

Wir müffen aus gewiffen, im nächften Kapitel näher zu erörternden Gründen, annehmen, daß fich die ganze Tieffeefauna im Laufe der Zeiten nach und nach aus oberflächlich lebenden Tieren rekrutiert hat, — alle Ver-änderungen und alle Befonderheiten, welche uns die abyffifchen Formen zeigen, find die Refultate umbildender Neuanpaffung. Bevor diefe Tiere,

auch wenn fie Grundformen waren, die dunkelften und tiefften Tiefen
erreichten, mußten fie, und öfters vielleicht zahlreiche Generationen
hinter einander, die Dämmerungsfchichten, in denen doch auch an vielen
Stellen der Ozeane der Meeresboden liegen wird, durchmachen. Je
lichtärmer diefe Schichten wurden, defto mehr vergrößerten fich die
Sehorgane, wie wir das genau auch bei den landbewohnenden Dämmerungstieren verfolgen können, die um fo großäugiger werden, je aus-
fchließlicher fie fich an die Stunden der tiefften Nacht angepaßt haben:
die mehr abendlich fliegenden Fledermäufe, einige Katzen auf der einen
und manche tiefnächtliche Eulen, die Loris und der abenteuerliche
Koboldmaki auf der andern Seite find fehr lehrreiche Beifpiele! Setzen
wir nun den Fall, ein folches großäugiges Dämmerungstier des tieferen
Meeres kam endlich nach langer Zeit in die (einmal angenommenen!)
abfolut dunkeln Schichten, fo ift es fehr leicht möglich, daß das Auge
die Tendenz der Vergrößerung, welche es während zahlreicher Generationen gehabt hatte, durch eine Art Beharrungsvermögen gewiffermaßen
und infolge gefteigerten Lichtbedürfniffes bis auf einen gewiffen Grad
und durch eine gewiffe Anzahl von Generationen noch fortfetzte, bis
nach und nach Reduktion und endlich Schwund eintrat. Wenn wir die
Tieffeetiere von diefem Geſichtspunkte aus betrachten, könnten wir fagen:
hier find gewiffe Formen mit fo und fo großen Augen und das find die
neueften hier lebenden, — hier diefe mit größeren Sehorganen find älter,
diefe wieder mit kleineren find noch älter, fie find in der Rückbildung
begriffen und diefe älteften endlich find ganz blind.

Eine andere Möglichkeit ift folgende: auf dem Boden, auf den
tiefften Stellen der Ozeane herrfcht keine abfolute Finfternis, es findet
fich vielmehr ein mattes Licht (gleichgiltig ob dasfelbe in der Sonne
oder in der Phosphorescenz feine Quelle hat!). Die einen Tiere haben
fich pofitiv an diefe matte Dämmerung angepaßt, ihre Augen haben
fich vergröfsert, andere haben in einer negativen Art auf die Verhältniffe reagiert, ihre Augen verfchwanden, aber das konnten fie thun, weil
fich vikarirend eingreifende andere Sinnesorgane in entfprechend auf-
fteigender Linie entwickelt hatten, oder aber weil die betreffenden Gefchöpfe bei geringer Beweglichkeit und leicht erlangbarer Nahrung der

Augen wenig oder nicht bedurften. Es fcheint mir wirklich, daß zwifchen dem aus dem Baue erfchließbaren Grade der Hurtigkeit der Tieffeetiere und dem Grade ihrer Augenentwicklung ein innerer Zufammenhang ftattfindet. Sicher ift das häufig der Fall zwifchen Blindheit und gefteigerter Entfaltung anderer Sinnesorgane. M. O. Grimm hat in diefer Hinficht intereffante Beobachtungen während feiner Unterfuchungen der Fauna des kafpifchen Meeres, wo es kein Meeresleuchten giebt, gemacht. Von den in feiner Tiefe, die ftellenweife doch 1000 m beträgt, fich aufhaltenden Tieren haben einige Augen, andere find blind. So befitzen die dort heimifchen Arten der Krebsgattungen Myfis, Baekia und Gammaracanthus Sehorgane, die anderen, welche dafür höher entwickelte andere Sinnesorgane haben, fehlen. Während der blinde, frei umherfchwimmende, Niphargus caspius an feinen Antennen gut entwickelte Organe des Geruchs und Getaftes befitzt, hat ein nach Maulwurfsart im Bodenfchlamm wühlender Onesimus bloß die letzteren.

Die offenbaren Veränderungen, welche die Sehorgane der Tiere in der Dämmerung und abfoluten Nacht, fei es auf der Oberwelt, in Höhlen oder in der Tieffee erleiden, machen Leuten, denen jeder Gedanke einer Anpaffungsfähigkeit und Veränderlichkeit der Organismen ein Greuel ift, fchwere Kopffchmerzen. Hat man fich doch, um nur ja der Lehre Darwins keine Konzeffion machen zu müffen, zu der geradezu unglaublichen Behauptung verftiegen, daß die blinden Tiere der Tieffee nicht als rückgebildete Nachkommen fehender Vorfahren betrachtet werden dürften. Für beiderlei Arten von Blindtieren, fowohl für die des Meeresgrundes, wie für die der Höhlen, fcheine es vielmehr fehr wahrfcheinlich, daß fie die Nachkommen augenlofer Vorfahren feien!!! — Schon Agaffiz (wohlbemerkt, der Vater!) für den doch die Unveränderlichkeit der Arten eine feftftehende Thatfache war, hat vor mehr wie 40 Jahren einmal bemerkt, daß, wenn es überhaupt möglich fei, daß äußere Umftände ein organifiertes Wefen zu verändern vermöchten, fo könnte das allenfalls durch die Umftände gefchehen, die im Innern der Höhlen herrfchten.

Wie die häufige Gegenwart vergrößerter Augen für die Möglichkeit fpricht, daß auf dem Boden des tiefen Meeres eine gewiffe

Dämmerung herrfcht, fo können wir diefe vielleicht auch aus den Färbungen der dort befindlichen Tiere fchließen. Nicht alle Tieffeetiere find bunt, manche zeigen, wie die Höhlenbewohner nur die natürliche Farbe des ihre Körperhülle bildenden Stoffes, andere Fifche find dunkelbraun bis fchwarz, fie werden wie Schatten kaum bemerkbar durch die unbeftimmt und fchwach beleuchteten Waffer hufchen, andere und, wie es fcheint, die Mehrzahl find lebhaft rot und purpurn gefärbt, alfo, wie Verrill erwähntermaßen hervorhebt, komplementär zu der Farbe des mutmaßlich dort unten herrfchenden Lichts, — das günftigfte Kolorit neben dem fchwarzen die Tiere wenig auffällig zu machen. Lebhaft blaue, grüne, gelbe Tieffeetiere find mit wenig Ausnahmen nicht bekannt, auch nicht buntgeftreifte, gefleckte oder punktierte und faft immer ift bei den fchwimmenden Formen die Rücken- und Bauchfeite gleichgefärbt.

Phosphoreszenz ift bei den Bewohnern des tiefen Meeres, wie fcheint, eine weitverbreitete Erfcheinung und fie mag eine verfchiedene Bedeutung haben. Einmal kann fie beweglichen Tieren ein Mittel fein, ihre Wege gewiffermaßen mit der Laterne zu finden, ein andermal dient fie vielleicht zum Anlocken von Beutetieren oder aber fie wirkt ähnlich wie die fog. Schreckfarben, indem fie einem ungenießbaren, übelfchmeckenden oder giftigen Tiere als Warnungsmittel gegen etwaige räuberifche Mitbürger dient, denen fo ein kräftiges „Noli me tangere" zugerufen wird.

Eine andere intereffante aber gleichfalls fchwierig zu löfende Frage aus dem Leben der Tieffeetiere befchäftigt fich mit den Verhältniffen, unter denen fich wahrfcheinlich ihr Stoffwechfel vollzieht. Die Bedingungen, welche für ihre Atmung maßgebend find, weichen nicht erheblich von denen an der Oberfläche vorhandenen ab, denn wir fahen, daß die Menge des im Tieffeewaffer fuspendierten Sauerftoffes bedeutend genug ift, den Tieren einen mindeftens eben fo günftigen Gasaustaufch, wie denen im füßen Waffer zu gewähren, aber, — wie wird es mit der Ernährung? wo fuchen wir die Erftlingslieferanten, die im ftande find anorganifche Subftanz in organifche umzufetzen, auf denen alfo die Möglichkeit des Lebens in der Tiefe des Ozeans beruht?

Lebende Pflanzen finden fich, wie wir fchon hervorzuheben Gelegenheit hatten, nur in fo verfchwindend kleinen Mengen in der Tieffee, daß die Rolle, die fie hier als Vermittlerinnen des Stoffwechfels fpielen, unbedingt gleich Null gefetzt werden kann. Wallich hat die Vermutung ausgefprochen, daß gewiffe Tierformen im ftande feien, Waffer, Kohlenfäureanhydrat und Ammoniak zu zerlegen und ihre Elemente ohne den Einfluß von Licht wieder in organifche Verbindungen überzuführen. Wenn wir freilich auch zu der Annahme genötigt find, daß jene älteften und urfprünglichften Wefen, welche als gemeinfame Stammesvorfahren der ganzen Tier- und Pflanzenwelt anzufehen find, irgendwo und irgendeinmal aus anorganifcher Materie fpontan entftanden fein müffen, vielleicht auch noch entftehen können, fo können wir uns diefen Vorgang doch nicht leicht ohne Licht, fchwerer noch bei einer Temperatur von höchftens einigen wenigen Graden Celfius über o fich vollziehend vorftellen. Wallich meint, man brauche kein ‚Ausnahmegefetz‘ zu Hilfe zu rufen, im Gegenteil, der befte Beweis dafür, daß diefe betr. Organismen mit der Fähigkeit ausgeftattet feien, unorganifche Elemente für ihre eigene Ernährung umzufetzen, beruhe auf dem Dafein der nicht wegzuftreitenden Fähigkeit, die fie befitzen, kohlenfauren Kalk und Kiefel aus Waffern abzufcheiden, in denen fich diefe Subftanzen in gelöfter Form befinden. Wenn ich auch die von Wallich behauptete Möglichkeit der Überführung anorganifcher Materie in organifche durch irgend ein Lebewefen, das nicht Pflanze zu fein braucht, auf dem Boden des Meeres zugeben will, fo fcheint mir doch der hierfür aus der Bildung von Kalk- und Kiefelfkeletten abftrahierte Beweis wenig kräftig, denn alle diefe mineralifchen Gewebfelemente find immer an eine organifche Grundlage gebunden, fo gut wie der Kalk in unferen Knochen oder in den Schalen der Auftern, und fie werden dort fo gut, wie bei uns mit der Nahrung aufgenommen und durch den Affimilationsprozeß aus organifcher Materie, in der fie in gelöftem Zuftande vorhanden waren, erft ausgefchieden.

Mir fcheint aber auch die von Wallich befürwortete Annahme folcher, doch immerhin recht hypothetifcher Lebewefen, um die Ernährung der Tieffeetiere zu erklären, durchaus nicht nötig, die von Wyville Thomfon dagegen geführte Argumentation aber recht beachtenswert.

Den Meeren werden ungeheure Mengen, entweder auf dem Lande
entftandener oder in der See felbft durch Pflanzen oberflächlich gebildeter organifcher Subftanzen zugeführt. Die Themfe führt der Nordfee
täglich 5443200 Raummeter Waffer zu, in welchem bei Lambath
(London S.) auf je 10000 Teile Waffer gegen 0370 Teile organifche
Subftanz fich finden. Nehmen wir an, das Verhältnis bliebe bis zur
Mündung des Fluffes dasfelbe, fo würden täglich über 200 Raummeter
organifcher Subftanz allein von der Themfe in das Meer eingefchwemmt.
Der Amazonenftrom bringt durchfchnittlich täglich eine 1111 mal
größere Waffermenge in den atlantifchen Ozean als die Themfe. Nehmen
wir an, feine organifchen Beimengungen feien nicht bedeutender als die
des englifchen Fluffes, obwohl er meift durch Urwälder voll pflanzlichen
und tierifchen Lebens ftrömt und felbft in fich die reichfte Süßwaffer-
fauna und Flora der Welt befitzt, fo würden fich doch Tag für Tag
222,200 Raummeter organifcher Subftanz ergeben. Aus diefen Zahlen
kann man fich einen fchwachen Begriff von dem machen, was die Flüffe
zur Ernährung der Tierwelt des Meeres beitragen. Eine andere Futter-
quelle find die riefenhaften Algenmaffen an den untiefen Küften und
in den Sargaffomeeren, wo fie ftellenweife fo enorm find, daß fie die
Fahrt der Schiffe, felbft der Dampfer verzögern können, dabei dehnt fich
allein das Sargaffomeer im atlantifchen Ozean über mehr als 4 Millionen Quadratkilom. aus. Viele diefer Pflanzen wachfen fchnell und haben
relativ kurze Vegetationsperioden, fo daß ihre organifche Subftanz der
Tierwelt des Meeres bald zu gute kommt. Ein gut Teil der im Seewaffer fuspendierten verwefenden Refte der an Ort und Stelle gewach-
fenen Algen oder der von Flüffen importierten Organismen und Teile
von Organismen, zu denen noch die Leichen und der Kot unendlich
zahlreicher am und im Meere lebender Gefchöpfe, vom Säugetier und
Vogel bis zum Protozoon hinzukommen, mag äußerft langfam zu Boden
finken. Nach Mofeley braucht eine tote Salpe vier Tage um zu einer
Tiefe von 2000 Faden zu gelangen, und je winziger die abgeftorbenen
Organismen und ihre Refte find, defto länger werden fie im Waffer
fchwebend bleiben, bevor fie den Boden erreichen. Carl Brandt beobachtete, daß die Skelette gewiffer Radiolarien felbft in einem Glafe

mehrere Tage, ja Wochen in der Schwebe blieben wegen des Reibungs-
widerftandes, den die zahllofen feinen Kiefelfäden dem Waffer entgegen-
fetzen. Ein anderer Teil feinfter Subftanz gerät in die vertikale Strömung,
wird oberflächlich polwärts und in der Tiefe wieder äquatorwärts getrieben, oder wird von anderen Strömungen an weit von feiner Ur-
fprungsftätte oder von den Mündungen der Ströme entlegene Stellen
getragen.

Aber auch die zahllofen winzigen Pflänzchen, die Diatomeen, Dino-
flagellaten und befonders die Ceratien bilden nach den neuen Unterfuchungen von Henfen in Kiel einen bedeutenden Prozentfatz des von
ihm „Plankton" genannten Auftriebs des Meeres, d. h. jener winzigen
Organismen, die ohne eignen Willen ein Spiel der Wellen und des
Windes find. Nach der Berechnung diefes Forfchers wird jährlich auf
einem Quadratmeter Oberfläche 150 g organifcher Subftanz, und 130 g
davon allein durch die Ceratien aus anorganifcher Materie gebildet.
Ungeheure Quantitäten diefer Gefchöpfe felbft oder des durch fie
bereiteten organifchen Stoffs mag in Geftalt von allerlei kleinen, lebenden und toten Tieren den hungrigen Gefchöpfen der Tiefe zu gute
kommen, zunächft den Protozoen, den Seefchwämmen, Mufcheln, Seeigeln und Seewalzen, welche von dem feinen im Waffer fufpendierten
oder mit dem Sande und Schlamme des Bodens vermifchten pflanzlichen
und tierifchen Detritus fich ernähren. Sie wieder find die Nahrung
höherer Tiere und fo ift die Kette des Stoffwechfels von „Plankton"
bis zum Wirbeltiere gliedweife gebildet.

Zu intereffanten Refultaten und bemerkenswerten Schlußfolgerungen
ift Chun bei feinen Unterfuchungen über die bathymetrifche Verbreitung
der Tiere im mittelländifchen Meere gekommen, die aber doch wohl nicht
fo ohne weiteres auch in Beziehung auf die in den offenen Ozeanen ftattfindenden Verhältniffe verallgemeinert werden dürfen. Denn die Exiftenzbedingungen im Mittelmeere find wefentlich andere als etwa im atlantifchen
Ozean. Zunächft ift die Temperatur dort in allen Wafferfchichten unterhalb 550 Meter bis zum Boden konftant 13° C., da eine fehr hohe Barriere
in der Straße von Gibraltar den kalten Grundwaffern des atlantifchen
Ozeans den Eintritt oftwärts verwehrt. Auch die Verteilung des Sauer-

9*

ftoffs wird demzufolge eine andere fein, da ja Vertikalftrömungen in
diefem abgefchloffenen Binnenmeere entweder ganz fehlen oder, falls
eine oberflächliche Abkühlung ftellenweife im Norden durch eintretende
Flüffe u. f. w. ftattfinden follte, doch nur fehr geringfügig fein werden.
Unter folchen Umftänden dürfte der Sauerftoffgehalt von der Oberfläche
zum Boden im Mittelmeer fehr langfam abnehmen, mit andern Worten,
es fehlt hier die ftagnierende Zwifchenfchicht der großen offnen Ozeane,
die bis zu einem gewiffen Grade das Vordringen oberflächlich lebender
Tiere in die großen Tiefen erfchweren, wenn nicht verhindern kann.
Es ift nicht überrafchend, daß im Mittelmeere Tierformen, welche bei
150 Meter leben, auch noch bei zehnmal größeren Tiefen gedeihen
können, — abgefehen vom Tageslicht, das fie aber doch an der Oberfläche während der Nachtzeit auch entbehren müffen, fehlt ihnen keine
ihrer gewöhnlichen Lebensbedingungen.

Chun konftatiert, daß im Sommer im Mittelmeere unter 1000 Meter
neben einer typifchen Tieffeefauna auch noch eine reiche andere fich
findet, die, im Winter und Frühling herauffteigend, zur pelagifchen
wird. Es tritt alfo auch bei den Meeresgefchöpfen im großen eine
teilweife, nach den Jahreszeiten fich richtende, aber vertikale Wanderung
auf, fowie in Lappland die Renntiere und in Südamerika eine ganze
Reihe von Vögeln im Sommer in umgekehrter Richtung die kühleren Berg-
regionen auffuchen. Eine analoge Oscillation nach den Tageszeiten
hatte man fchon früher bei pelagifchen Gefchöpfen beobachtet, die nur
des Nachts heraufkamen, bei Tage aber in tiefere Wafferfchichten
flüchteten. Man hatte diefes Verhalten der betreffenden Tiere aus ihrer
Lichtfcheu hergeleitet und namentlich darauf aufmerkfam gemacht, daß
auch bei fehr hellen Vollmondsnächten das pelagifche Leben beträchtlich geringer fei als in mondlofen, aber Chun weift zur Erklärung
diefer Thatfachen auf die Temperaturunterfchiede hin. Für die Tem-
peraturveränderungen des oberflächlichen Meereswaffers nach den Jahreszeiten habe ich eine Reihe genauerer Angaben gefunden, aber für diejenigen nach den Tageszeiten habe ich mich vergeblich nach forgfältig
durchgeführten Unterfuchungen umgefehen. Es unterliegt ja nun keinem
Zweifel, daß durch die Exiftenz einer folchen zeitweiligen pelagifch-

bathybifchen Zwifchenfauna die Frage nach der Ernährung der Tieffeetiere wenigftens im Mittelmeere um, wie Chun fich ausdrückt,
eine Etage höher gerückt ift. Und vielleicht gelangen pflanzliche winzige Organismen in die obern Teile diefer Etage noch in fehr großen
Mengen, fo daß in ihnen die Übermittlung des von Pflanzen aus
anorganifcher Materie gewonnenen organifchen Stoffes ftattfindet, von
hier ab aber von Tier zu Tier bis auf die tiefften Tiefen des Meeresbodens. Leider fehlen noch genaue Unterfuchungen über diefe Verhältniffe in den freien Ozeanen, die ja, wie gefagt, andere Lebensbedingungen
bieten, als das eingefchloffene Mittelmeer!

Eins ift gewiß, wie auch die Ernährung der Meeresfauna in vielen
Stücken fich vollzieht, das Refultat ift ein fo glänzendes, daß die Landfauna ihr gegenüber quantitativ und qualitativ dürftig erfcheint. Diefe
kann keine feffilen Tiere enthalten, die als Schwämme, Moostiere, Hydroidpolypen, namentlich aber als Korallen einen fo großartigen Teil
der Tierwelt des Waffers ausmachen. Weiter giebt es kein Land-
coelenterat, kein Landechinoderm, keine zweifchalige Landmufchel, kein
Landtunikat, keinen Landfifch und die Zahl der Landwürmer und Land-
krebfe ift verfchwindend gering gegen die des Meeres. In der Zahl der
Schnecken mag fich die Land- und Seefauna die Wage halten, an Spinnen-
tieren, Infekten und höhern Wirbeltieren ift die des Landes unvergleich-
lich viel großartiger entwickelt.

Drittes Kapitel.

Herkunft und Verbreitung der Tieffeetiere.

Woher ftammt die Tieffeefauna? Ift fie drunten auf dem Meeresboden durch einen felbftändigen Entwicklungsprozeß unabhängig von
der Fauna des untiefen Waffers entftanden oder ift fie aus diefer durch
Umbildung hervorgegangen?

Der Urfprung des Lebens ift pelagifch. Er fand auf der Oberfläche
des Meeres ftatt und zwar bevor fich „das Waffer unter dem Himmel

an befondere Örter gefammelt hatte, damit man das Trockene fehe",
wie es in der Genefis heißt: einft als der fefte Teil der Erde noch eine
ziemlich gleichmäßige fphärifche Fläche bildete, war alles Waffer, die
ganze Hydrofphäre ihr als ein gleichmäßiger Mantel aufgelagert. Nachdem die Trennung der Hydrofphäre und der Atmofphäre fich fchon
vollzogen hatte, wird das Meer doch noch lange Zeit eine zu hohe
Temperatur gehabt haben, als daß fich felbft fchon auf feiner Oberfläche Organismen bilden konnten, erft mit der fortfchreitenden Erkaltung des ganzen Erdkörpers war dies möglich. Diefe Erkaltung be-
dingte aber auch Veränderungen der Oberfläche der feften Erde, des
Niveaus der Stereofphäre. Ihr Antlitz wurde runzlig und damit trat
zunächft eine Sonderung des Meeres in tiefere über den durch die Erd-
zufammenziehung gebildeten Thälern und flachere über den Höhen
ftehende Teile ein. Noch gab es kein aus dem Waffer hervorragendes
feftes Land. Die Erkaltung fchritt weiter und weiter fort, die Höhen-
züge vermehrten und erhöhten fich, vulkanifche Erfcheinungen traten
hinzu, die Tiefe der Hydrofphäre im ganzen nahm ab, denn auch ihre
Waffer wurden kalter und zogen fich zufammen. So kam es zur Scheidung von kleinen Kontinenten, Archipelen, flachen Meeresftellen und
Tieffee, fo wurden neue Exiftenzbedingungen der bereits vorhandenen,
noch wenig differenzierten Organismenwelt geboten, an welche fie fich
anzupaffen hatte.

Jetzt erft konnten feftfitzende Lebewefen fich bilden und wahrfcheinlich gelangte damit das Pflanzenreich, das fchon vorher von den
erften Urtieren, welche anorganifche Materie nicht mehr zu affimilieren
vermochten, aus dem gemeinfamen Protiftenftamme fich abgezweigt
hatte, aus dem einzelligen Zuftande pelagifcher Algen zu dem der mehr-
zelligen feftgewachfenen höheren Formen. Damit wird der allgemeine
Stoffwechfel einen großartigen, energifchen Auffchwung genommen und
das marine Tierleben wird fich an der Küfte bald reicher und immer
reicher entfaltet haben, fo reich felbft, daß die geeignetften Wohnftätten
bald nicht mehr ausgelangt haben werden und um fie ein eifriger Wett-
bewerb ftattfand.

Veranlaßt durch diefen und verdrängt durch kräftigere Konkurrenten

werden die Küftentiere gezwungen gewefen fein, nach beiden Rändern
der alten Heimat hin auszuweichen, an ihren beiden Seiten das Auf-
enthaltsgebiet zu vergrößern, die einen, nach außen verdrängt, fuchten
die Tiefe, die andern, nach innen gefchoben, ftiegen auf das junge Feft-
land, — aus der urfprünglichen Küftenfauna und Küftenflora entwickelte
fich eine Landfauna fowohl wie eine Landflora, während den Pflanzen,
die ohne Sonnenlicht nicht affimilieren können, die Tieffee verfchloffen
blieb.

Da aber die organifchen Stoff aus anorganifchem bereitende Pflanzenwelt nicht mit in die Tieffee fteigen kann, fo fetzt die Gegenwart der
Tierwelt in diefer fchon einen fehr lebhaften oberflächlich unter Einfluß des
Sonnenlichts vor fich gehenden Stoffwechfel voraus, durch ihn muß doch
das Tieffeeleben erhalten werden und diefes kann nicht exiftieren, wenn
nicht jener eine in jeder Hinficht bedeutende Ausdehnung gewonnen hat.
Die Tieffeefauna ift nicht die ältefte Fauna, fie ift jünger als
die Fauna der Küften, vielleicht fogar als die des Landes.

Als der gelehrten Welt vor ungefähr dreißig Jahren die erften
Ahnungen der Exiftenz einer Tieffeefauna heraufdämmerten, gab man
fich allerlei Hoffnungen hin, in ihr lebende Vertreter längft entfchwun-
dener Tiergruppen, Ganoidfifche, Belemniten (obgleich diefe ihrem ganzen
Bau nach eher pelagifch lebende Gefchöpfe gewefen fein mögen!), Trilobiten, Blaftoideen, Cyftoideen und andere mehr zu finden. Denn man
dachte fich die Verhältniffe da drunten zu konfervativ und vergaß darüber, daß wirklich fehr alte Formen fich auch im flachen, manche felbft
in fehr flachem Waffer in die Jetztwelt feit uralter Zeit hinüberzuretten
gewußt haben. Die ehrwürdige Zungenmufchel (Lingula), deren Ahnen
fchon in dem cambrifchen Meere, vielleicht Millionen von Jahren, ehe die
fpäter einft die Steinkohlen bildenden Pflanzen wuchfen, ein befchaulich-
vornehmes Dafein führten, — der Nautilus von blauftem Blute, der
feinen Stammbaum bis in die Silurformation, — der feltfame Molukken-
krebs, der den feinigen wenigftens bis in die Devonformation verfolgen
kann, fie alle leben nicht in der tiefften Tieffee und die wenigen lebenden Ganoidfifche find fogar ausfchließliche oder teilweife Bewohner des
füßen Waffers.

Damit foll nicht gefagt fein, daß die Tieffee keine altertümlichen
Formen berge, gewiß thut fie das, aber nicht mehr als die Küften- und
felbft die Landfauna. Das Holz unferer Wälder zernagen heutigen Tages
noch Larven von Käferfamilien und die Kräuter unferer Gärten zer-
freffen zur Zeit noch Molluskenformen, deren diefen Enkelkindern fehr
ähnliche Ahnen fchon an der reichgedeckten Tafel der Steinkohlenzeit
zu Gafte gingen.

Eine jede Fauna befteht aus verfchiedenen Elementen: wie in der
menfchlichen Gefellfchaft hauft neben dem Nachkömmling eines uralten
Gefchlechts der Parvenu, der Mann von heute, — denn wie in der
menfchlichen Gefellfchaft, giebt es auch in jeder Fauna Wefen, die eher
zu Grunde gehen, (und viele gehen und gingen daran zu Grunde!), ehe
fie den neuen Zeitverhältniffen Rechnung tragen und den neuen Umftänden fich anpaffen, aber auf der andern Seite auch folche, die äußerft
fchmiegfam fich in alle Lebenslagen fchickend durch alle fich leicht auch
körperlich beeinfluffen laffen. Wir können auch fagen, die einen find
fo günftig organifiert und fituiert, daß fie in allen Sätteln von vornherein gerecht find und fich ihnen nicht anzubequemen brauchen, die
andern aber befitzen diefe Fähigkeit in hohem Grade, — Familien,
denen beides nicht möglich, gehen in relativ kurzer Zeit unfehlbar zu
Grunde.

Wenn wir die Zufammenfetzung der Tieffeefauna einmal auf
das relative Alter der einzelnen fie bildenden Tiergruppen hin anfehen, fo werden wir eine merkwürdige Beobachtung machen. Alle
Meerestiere befitzen die Fähigkeit freier Ortsbewegung; aber in fehr
verfchiedenem Grade und während fehr verfchieden langen Zeiten ihres
Dafeins. Die einen vermögen während ihres ganzen Lebens bald rafcher
bald langfamer (Fifche, die meiften Krebfe und Mollusken) ihren Aufenthaltsort freiwillig zu verändern, andere (Polypen, Schwämme, feftfitzende
Echinodermen, Krebfe, Mollusken und Tunikaten) vermögen dies nur in
der Jugend. Es ift nun vielleicht ein Zufall, daß die altertümlich-
ften Formen (Haarfterne oder Seelilien, Hexaktinelliden und Terebrateln)
der Tieffeefauna feftfitzende find, die neueren, aber doch noch lange
nicht neueften Datums fich langfam bewegen (Mollusken, Seeigel) und

die neueften Formen durchfchnittlich auch die fchnellften find
(Fifche, Krebfe).

Unfere Kenntniffe von der vertikalen und horizontalen Verbreitung
der Organismen im Meere find, wie nicht anders zu erwarten, noch
lange nicht erfchöpfend.

Der Forfcher, welcher der Betrachtung der Verbreitung der Tiere
im Meer in beiderlei Richtung zuerft näher trat, war der öfter bereits erwähnte Edward Forbes (von 1815—1854), eine geniale und originelle
Perfönlichkeit.

In feiner köftlichen, nach feinem Tode von Godwin-Auften
(1859) vollendeten „Naturgefchichte der europäifchen Meere“,
teilt er das Meer in vier von oben aufeinander folgende Schichten,
Zonen oder Horizonte. Die erfte oberfte ift die littorale Zone, jener
Küftenftrich, welcher zwifchen den Grenzen höchfter Flut und tiefffter
Ebbe gelegen, zeitweilig nicht vom Waffer bedeckt ift. Diefe Zone ift
reich an charakteriftifchen Algenformen, welche in verfchiedenen über-
wiegenden Arten gleichfam zonenartig angeordnet find. Die hier haufenden Tiere find nicht reich an Arten, aber wohl an Individuen. Hier haufen
Spezies von Krabben, Amphipoden (Gammarus, Talitrus), Affeln (Li-
gium, Ligidium), von feftfitzenden Seepocken (Balanidae) u. f. w., die
frei beweglichen Formen unter ihnen haben nahe, das Land und füße
Waffer bewohnende Verwandte. Außerdem finden fich hier eine Reihe
von Uferfchnecken, (Chiton, Patella, Purpura, Littorina) und wenige
Mufcheln (Mytilus) und einige im Sande eingegrabene Würmer (an
unferen Küften, z. B. der Pier, Arenicola piscatorum).

Die zweite Zone von Forbes, nach einer Algengattung Lami-
naria (aus der Familie der Phanophoreen) die Laminarien-Zone genannt, reicht vom tiefften Stand der Ebbe bis zu einer Tiefe von zirka
15 Faden. In ihr finden fich braune Fucaceen und zahlreiche Florideen,
die fich gleichfalls bandweife nach Arten anordnen. Hier treffen wir
die Seenadeln und Seepferdchen (Syngnathus und Hippocampus) an,
fowie zahlreiche, Gehäufe tragende und nackte Schnecken, viele langfchwänzige Krebsformen, Garneelen und dergl., Seefterne und Schlangenfterne und viele andere mehr. Die Algenblätter felbft find oft befetzt

mit Kalkfchwämmen, Polypenftöckchen, kleinen Seeanemonen, Moostierchen und den Röhren fchalenbildender Ringelwürmer. Es herrfcht ein
reges Leben und viel Farbe, fei es, daß die Tiere, in oft wundervoller
Art fchützend gefärbt, von den Pflanzen, auf und zwifchen denen fie
leben, kaum zu unterfcheiden find, oder daß ungenießbare, gefährlich
bewaffnete oder giftige Formen in grellem Kolorite prangen. Es giebt
weit draußen in den großen Meeren entfprechende Faunen: jene find
es, welche die ungeheueren Algenwiefen der Sargaffomeere bevölkern.

Die Verhältniffe diefer beiden Küftenzonen geftalten fich natürlich
nach den verfchiedenen Meeren und der Befchaffenheit ihrer Ufer fehr
verfchieden. Es ift ein großer Unterfchied zwifchen den felfigen
Schären Norwegens und der flachen Sandküfte Hollands, zwifchen dem
Strande Nordamerikas bei Neufchottland etwa oder Neubraunfchweig,
wo die Gezeitendifferenz 19 m, und dem Neapels, wo fie nur 0,5 im
Maximum beträgt.

Die dritte Forbes'fche Zone ift die Korallineen-Zone, nach den
Korallineen, einer Kalkalgen- oder Nulliporengruppe, fo benannt. Sie
reicht bis zu 50 Faden Tiefe und ift die Heimftätte einer fehr reichen
Tierwelt, bei denen Schutz- und Schreckfärbungen, verfchiedene Verteilung der Farben nach Ober- und Unterfeite, fowie wohl entwickelte
Sehorgane noch fehr allgemein verbreitet find, entfprechend den hier
noch herrfchenden Beleuchtungsverhältniffen. Hier finden fich die zahlreichen Grundfifche, an unferen Küften z. B. die Seeteufel, Schollen,
Flundern, Rochen, meift wundervoll dem umgebenden Boden in der
Farbe angepaßt, — hier gedeihen zahlreiche, in den Tropen befonders
fchön gefärbte Mollusken, Krabben, Echinodermen, — hier erfetzen ver-
fchiedenartige Polypen in der äußern Geftalt die zurücktretende Pflanzenwelt, — hier mäften fich die zahlreichften, bunten Hornfchwämme und
mit einaxigen Nadeln verfehenen Kiefelfchwämme, — felbft wieder die
Verftecke und Wohnftätten einer nicht geringen Menge von Ringelwürmern, Krebfen und anderen fchwachen und fchutzbedürftigen niederen Seetieren.

Die vierte Zone, welche Forbes annahm, erftreckt fich von 50
Faden bis in die unbekannten Tiefen. „Wenn wir", fagt der ausge-

zeichnete Forfcher „tiefer und tiefer in diefe Region hinabfteigen, fo erfcheinen ihre Bewohner mehr und mehr eigenartig und werden weniger und weniger, — Beweis genug, daß wir uns jenen abyffifchen Gründen nähern, wo alles Leben entweder aufgehört hat oder nur ein fchwaches Aufflackern fein kümmerliches Dafein verrät."

Forbes führt nun weiter aus, daß ähnliche Verhältniffe, wie an den europäifchen Küften, fich an allen andern wiederholen, daß überall analoge oder „vikarierende" Tierarten fich in den entfprechenden Zonen finden, fo daß es möglich ift von einer an irgend einem Teile der Erde gemachten Sammlung von Seetieren zu fagen, aus welcher Tiefe fie ungefähr ftammt.

Wir urteilen an der Hand unferer, fo ungleich größeren Erfahrung jetzt anders, als vor einigen dreißig Jahren der englifche Zoologe urteilen konnte. Für die mehr oberflächliche Fauna mag die Einteilung von Forbes im allgemeinen auch heute noch gelten, aber doch nur im allgemeinen, denn wir fehen z. B., daß da, wo an den Küften der Kontinente oder den Geftaden der Infeln Korallenbänke fich befinden, die Laminarien- und Korallineenzone durch eine echte Korallenzone vertreten wird, die eine höchft charakteriftifche Tierwelt befitzt. Was aber die Art des Vorkommens von Lebewefen in größeren Tiefen angeht, fo war die Anficht von Forbes eine mehr oder weniger irrige, — wer aber möchte ihm daraus einen Vorwurf machen? Ultra posse nemo obligatur! Angefichts der Unmöglichkeit hört eben die Verpflichtung auf!

Jene neueren Erfahrungen nötigen uns zunächft für das offene, tiefe Meer drei Zonen anzunehmen, welche Haeckel fpeziell von den Verbreitungsverhältniffen der Strahlinge (Radiolaria) ausgehend als die pelagifche, zonarifche und abyffifche bezeichnet. An einer andern Stelle feiner herrlichen Bearbeitung der Challenger-Radiolarien unterfcheidet Haeckel für das allgemeine Tierleben fünf bathymetrifche Zonen, 1) die pelagifche, von der Oberfläche bis gegen 25 Faden, 2) die erleuchtete Zone von 25 bis 150 Faden oder foweit der Einfluß des Sonnenlichts fich bemerklich macht, 3) die dunkle Zone von 150 bis 2000 Faden, oder von da ab, wo der Einfluß des Tageslichts ver-

fchwindet bis dahin, wo der Einfluß der im Seewaffer enthaltenen Kohlenfäure fich bemerklich macht und die kalkhaltigen Organismen verdrängt
werden, 4) die Kiefelzone von 2000 oder 2500 bis gegen 3000
Faden, in welcher lediglich kiefelfchalige Rhizopoden angetroffen werden, die eigenartigen Verhältniffe der tiefften Regionen fich aber noch
nicht geltend machen und 5) die abyffifche Zone, in der die An-
häufungen des Tieffeeabfatzes und der Einfluß der Grundftrömungen
neue Lebensbedingungen fchaffen. Die dunkele Zone fcheint am ärm-
ften an organifchem Leben zu fein. Man könnte auch, allgemeinere
Thatfachen in Betracht ziehend, von einer anozoifchen, aporozoifchen und bathyzoifchen Vertikalregion des offenen Meeres
reden. Die erfte (von ἄνω — oben und ζῷον — lebendig) würde aus
der nach den Tageszeiten verfchiedentlich fteigenden und finkenden, pelagifchen Fauna bis ungefähr 50 Faden, und einer hypopelagifchen (ὑπό
— unten) bis gegen 300 Faden beftehen. Die zweite (von ἄπορος —
dürftig, wenig) würde von hier bis in die Nähe des Bodens, alfo nach
der Tiefe der betreffenden Meeresftelle verfchieden weit reichen; fie ift
die früher bereits erwähnte, fauerftoffarme, ftagnierende, der vertikalen
Strömung entzogene Schicht. Die dritte (von βαθύς — tief) Zone ift
die der eigentlichen Tieffee und reicht von dem Meeresboden bis
vielleicht 300 Faden, foweit die Bodenbewegung der vertikalen Strömung
fich kenntlich macht, oberhalb desfelben. Es muß bei diefer Einteilung
freilich darauf hingewiefen werden, daß unfere Kenntniffe befonders der
aporozoifchen Zone noch fehr lückenhaft find, und daß möglicherweife
in ihr doch eine eigenartige, ziemlich reiche Fauna, vielleicht mit geringerem Sauerftoffbedürfnis entwickelt fein kann. Die Mehrzahl der
in diefen drei Regionen fich aufhaltenden Tiere zeigt entfprechende
charakteriftifche Eigentümlichkeiten: fo find die der anozoifchen, namentlich des pelagifchen Teiles derfelben meift durchfichtig farblos bis blau
und, wenn es höhere Formen find, mit guten Bewegungsorganen ausgeftattet. In ihr finden fich auch die entfprechend angepaßten Eier und
Jugendformen nicht weniger, in voll entwickeltem Zuftande den andern
Zonen angehöriger Gefchöpfe. Die zweite Schicht enthält, foweit fie
bekannt ift, Tiere mit wenig charakteriftifchen Eigenfchaften. Die Be-

wohner der dritten Zone zeichnen fich aus durch Einfarbigkeit, durch Blindheit oder durch den Befitz großer Augen (wenn es fich um die Tieffee-Repräfentanten mit Sehorganen überhaupt verfehener Familien handelt), durch fchwach entwickelte Bewegungsapparate und, wenn fie zu Gruppen feffiler Tiere gehören, die in größerer Nähe der Oberfläche mannigfach afymmetrifch verzogene und verfchobene Geftalten befitzen, durch regelmäßige Körperformen.

Anders geftalten fich natürlich die Verhältniffe, wenn wir uns, wie Forbes das that, der Tiefe des Meeres, von den Küften her auf dem Boden ftetig fortfchreitend, nähern. Wir fehen dann, wie ein Teil der Küftenfauna mit dem Aufhören der Pflanzenwelt, an deren Vorhandenfein fie als pflanzenfreffend oder pflanzenbewohnend unmittelbar gebunden ift, verfchwindet, alfo eine ziemlich fcharf abgefchnittene Grenze zwifchen 150—200 Faden erreicht. Aber ein anderer Teil, die Bodenformen nämlich, geht langfam und ganz allmählich in die Tieffeefauna über: die Geftalten der Küftenfauna werden mit fortfchreitender Tiefe feltener und feltener und die der Tieffeefauna häufiger und häufiger, wo aber die Grenze zwifchen beiden Faunen ift, läßt fich nicht fagen, um fo weniger, als gewiffe, allerdings nicht zahlreiche Formen, alle Meerestiefen bewohnen. Mofeley hat darauf aufmerkfam gemacht, daß die abyffifchen Meeresgründe in größerer Nähe der Küften reicher an Zahl der Gattungen und Mannigfaltigkeit der Arten von Tieren find als jene im Ozean draußen, weit von allem Lande entfernt gelegenen. Leicht begreiflich! — der Einwanderung oberflächlicher Formen ift dort weit mehr Gelegenheit geboten als hier und es fcheint auch, daß in küftennahen Tiefen wirklich die moderneren Tieffeetiere neben den altertümlichen haufen, während die ifolierten Gefilde am Boden des hohen Ozeans mehr für diefe letzteren ausfchließlich refervert erfcheinen.

Auch die horizontale Verbreitung der Tieffeetiere, welche freilich oft mit einer entfprechenden vertikalen unmittelbar verbunden ift, zeigt mancherlei Intereffantes. Viele find, zufolge der großen Einförmigkeit der Exiftenzbedingungen kosmopolitifch verbreitet und der Unterfchied zwifchen der Fauna der arktifchen, tropifchen und antarktifchen Tieffee ift in vielen Punkten nur gering. Andererfeits fehen wir aber, wie jene

abyffifchen Gefchöpfe fich in ihrer Verteilung, ähnlich wie die der anozoifchen Zone nach den warmen und kalten Oberflächenftrömungen,
nach der Temperatur der Bodengewäffer richten. Die Forfcher auf
dem Porcupine fanden, wie früher fchon gefagt, in dem nordatlantifchen Ozean, entfprechend der Verteilung der warmen und kalten
Stellen auf feinem Grunde, wefentlich verfchiedene Faunenbezirke nebeneinander und es ift nach den weiter oben entwickelten Verhältniffen
der Temperaturverteilung im atlantifchen Ozean klar, daß die Tierwelt
am Boden des Meeres an der Oftküfte von Südamerika bei einer Temperatur von — 0,3 Cl. in vielen Stücken eine andere fein wird als die
an der Weftküfte Afrikas bei + 3⁰ Cl.

Ganz ähnlich, wie Pflanzen und Tiere, welche im Norden die Ebene
bewohnen, nach Süden zu höher und höher in die Gebirge hinauf-
fteigen und dort die ihnen zufagenden Exiftenzbedingungen, namentlich
Temperaturverhältniffe wiederfinden, folgen auch Gefchöpfe, welche die
arktifchen und antarktifchen Meere in allen Schichten bewohnen, den
mehr und mehr fich in die Tiefe fenkenden kalten Gewäffern äquatorwärts, fo daß wir unter den Tropen bei 3000 Faden diefelben Arten,
oder nur wenig veränderte Verwandte derfelben antreffen, die in den
kalten Meeren vielleicht bei 300 und weniger Faden gedeihen.

Auf eine merkwürdige Thatfache mag hier vorläufig noch hingewiefen werden. In den warmen tropifchen, den gemäßigten und den
arktifchen Meeren entwickeln fich die meiften Echinodermen mit einer
fehr eigentümlichen Metamorphofe; aus ihren Eiern gehen zunächft Ge-
fchöpfchen von mancherlei, oft abenteuerlichen und denen der Eltern
nichts weniger als ähnlichen Geftalten hervor, die mittels eigentümlich
verteilter Wimperfchnüre frei umherfchwimmen und in dem pelagifchen
Auftrieb in ungeheuern Mengen fich herumtummeln. Es ift als eine große
Ausnahme anzufehen, wenn in den erwähnten Breiten einmal eine
Echinodermenart ihr gleich oder ähnlich geftaltete lebende Junge zur
Welt bringt. Ganz anders verhält es fich nach den Beobachtungen
fowohl Studers während der Reife der Gazelle als Wyville Thomfons mit der Entwicklung der antarktifchen Echinodermen: was bei
jenen tropifchen und nördlichen große Ausnahme war, ift Regel,

und was dort Regel war, große Ausnahme. Im antarktifchen Auftriebe fehlen die phantaftifchen Larvenformen faft ganz, aber Seewalzen, Seefterne, Schlangenfterne und Seeigel bringen lebendige Junge zur Welt und mehr noch, fie haben häufig, wie die Beutler unter den Säugetieren, befondere Tafchen und Höhlungen am Körper, welche der Nachkommenfchaft in der erften Zeit als Wohnort, als Wiege dienen.

Was die Urfache diefer feltfamen Erfcheinung ift, läßt fich fchwer fagen, — vielleicht wird das lokale Strömungsverhältnis die wefentliche Schuld daran tragen.

Viertes Kapitel.
Die Urtiere oder Protozoën des Meeres.

Die ungeheuer zahlreichen Tierformen, welche feit einem undenkbar langen Zeitraume die Erde auf dem Lande und im füßen oder falzigen Waffer freilebend oder an und auf andern Gefchöpfen parafitifch haufend bevölkert haben und heutigen Tages noch bevölkern, find entweder Protozoën oder Metazoën.

Unter Protozoën, Urtieren oder Einzelltieren verftehen wir Organismen einfachfter, urfprünglichfter Art*), deren Leib aus einer Zelle befteht, welche in foweit differenziert erfcheint, daß die bildende eiweißartige Maffe, das Protoplasma oder die Sarkode, eine oberflächliche, hellere Schicht befitzt, welche oft Hüllen (Cuticularbildungen) in verfchiedener Ausdehnung (von der Zellwand bis zum Skelett), von verfchiedener Architektur und aus verfchiedenem Stoffe (Horn, Kalk, Kiefel) ausfcheidet, während die Binnenmaffe durch eingeftreute kleine Körnchen trübe und mit oft rhythmifch zufammenziehbaren, mit Flüffigkeit gefüllten Hohlräumen (fogenannten Vakuolen) von verfchiedener Zahl und Ausdehnung verfehen ift.

Die Metazoën oder Mehrzelltiere find ihrer urfprünglichen Ent-

*) Manche find vielleicht indeffen durch Rückbildung aus Metazoën entftanden, alfo nicht urfprünglich, fondern fekundär einfach! (Gregarinen?)

ftehung nach als Kolonien von Protozoën, hervorgegangen aus Teilung bei fehlender Löfung der Teilftücke, anzufehen. Infolge von Arbeitsteilung entfielen auf verfchiedene Zellkomplexe ihres Leibes verfchiedene Leiftungen, je nach der mittelbareren oder unmittelbareren, durch die Lage bedingten Reaktion auf Einflüffe der Außenwelt, wodurch diefe Zellkomplexe mit der verfchiedenen phyfiologifchen Funktion auch einen verfchiedenen anatomifchen Bau erhielten. So entftanden in den urfprünglich gleichartigen Zellmaffen, unterftützt von einer durch Faltenbildung und Einftülpung hervorgebrachten Vermehrung der Oberfläche, die verfchiedenartigen Gewebe, die fich auf verfchiedene Regionen des Körpers verteilten und fo die Organe bildeten. Die Metazoën find Organismen mit, die Protozoën Organismen ohne Organe.

Die Protozoën zerfallen weiter in zwei Klaffen: in die von Leeuwenhoek (1675) aufgefundenen Aufgußlinge (Infusoria) und in die Scheinfußlinge (Rhizopoda). Da die erftern, bis jetzt wenigftens, aus der Tieffee noch nicht bekannt find, uns folglich hier auch nicht weiter intereffieren können, wollen wir uns gleich den Rhizopoden zuwenden.

Bei den Rhizopoden ift die äußere Umhüllungshaut entweder außerordentlich fein und nachgiebig, fodaß fie nicht wahrnehmbar ift, obgleich wahrfcheinlich doch wohl die äußerfte Oberfläche des Sarcodeleibs etwas eigenartig differenziert fein wird, oder aber die Kutikularbildung hebt fich teilweife von der Körperwand ab und ftellt eine an eine organifche Grundlage gebundene Kiefel- oder Kalkfchale, oder eine, oft durch eingelagerte Fremdkörper verftärkte Hornhülfe dar. Bei manchen kommt es auch noch im Innern des Körpers zur Bildung kiefeliger Gerüftteile oder charakteriftifcher Kryftalloide. Ihr Körper entfendet eigentümliche Fortfätze (die Pfeudopodien oder Scheinfüßchen) von der Geftalt derber, lappiger, kurzer bis feinfter, haarförmiger langer Fortfätze, welche die Bewegung und Refpiration und, indem fie Nahrungsobjekte umfließen und gewiffermaßen ausfaugen, auch die Ernährung vermitteln. Wo Schalen vorhanden find, treten die Scheinfüßchen aus Öffnungen derfelben nach außen.

In der Tieffee wurden bis jetzt Vertreter von zwei Ordnungen von

Rhizopoden, nämlich der **Kammerlinge** (**Thalamophora** oder **Fo-raminifera**) und der **Strahlinge** (**Radiolaria**) aufgefunden.

Die **Kammerlinge** haben einen meift mit mehreren Kernen ver-fehenen Protoplasmaleib von wafferheller, aber auch (bei pelagifchen Formen) hellroter, purpurner, orangener, gelber, bei einigen Tieffee-formen felbft bräun-licher Farbe. Sie ent-wickeln fehr lange und zarte Scheinfüßchen, welche an etwaigen Be-rührungsftellen mitein-ander verfchmelzen und fo ein eigentümliches Netzwerk darftellen kön-nen. Immer befitzen fie eine äußere glatte, ge-rippte, warzige bis ftach-lige Schale, welche aus Kalk und Hornfubftanz, felten aus Kiefel befteht und bei manchen For-men eine beträchtliche Verftärkung durch auf-genommene Fremdkör-per, Sandpartikelchen, Schwammnadeln und anderen Detritus des Meeresbodens erhält.

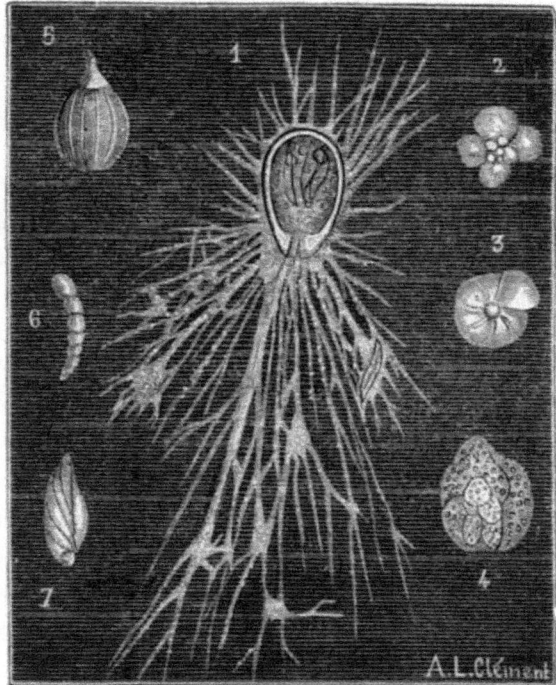

Fig. 41. Foraminiferen. 1) Gromia oviformis, aus der ein-zigen Öffnung treten die Scheinfüfschen heraus, bilden Netze mit einzelnen verbreiterten Protoplasmaftellen. Rechts wird eine Dia-tomee „gefreffen". 2) Globigerina bulloides, 3) Anoma lina hemis-phaerica, 4) Rosalina anomala, 5) Lagenulina cortata, 6) Dentalina punctata, 7) Cristellaria triangularis.

Immer ift diefe Schale mit Löchern verfehen. Sie ftellt entweder eine einzige Kammer dar, oder befteht aus einer ganzen Reihe folcher, die in einer Ebene gerade, gekrümmt oder fpiralig angeordnet find oder fich allfeitig aneinander fügen. Entweder es findet fich nur eine ein-zige Öffnung an einer Stelle, aus welcher bei voller Aktivität des Tieres ein Teil feines Sarkodeleibes tritt und von hier aus feine Pfeudopodiennetze fpinnt, oder aber die ganze Schale ift von einer großen Menge fehr kleiner Öffnungen durchbohrt, durch welche die Scheinfüßchen und ein großer Teil des Protoplasmas nach außen treten, fo daß die in der weichen Körpermaffe eingebetteten Gehäufe kaum wahrnehmbar find.

Die Kammerlinge, wenigftens ihre Schalen, find fchon lange bekannt. Wenn wir von den riefigen, fchon im Altertum beachteten foffilen ägyptifchen Nummuliten abfehen, fand fie Bianchi oder Plancus 1730 zuerft im Küftenfand von Rimini, Beccari 1731 foffil in den Tertiärfchichten von Bologna. Durch die gekammerte, fpiralıg gewundene Schale verleitet, hielt man die Gefchöpfe für Mollusken und zwar für Cephalopoden, gewiffermaßen für Nautilusarten en miniature; felbft d'Orbigny war anfänglich noch in diefem Wahne befangen. Dujardin hingegen (1835), der Forfcher, welcher die Sarkode zuerft erkannte und benannte, zeigte, daß diefe Gefchöpfe mit den Cephalopoden höchftens in der Schale eine fehr entfernte Ähnlichkeit hätten.

Durch die Entdeckungen des Challenger ift die Zahl der bekannten lebenden Kammerlinge um mehrere Hundert gewachfen. Das auf diefer Expedition gefammelte Material an Foraminiferen fand in H. B. Brady einen ausgezeichneten Bearbeiter.

Nach den Unterfuchungen diefes Forfchers find 98 bis 99 Prozent der Arten Bewohner des Bodens der See in verfchiedenen Tiefen. Hier liegen fie teils oberflächlich auf dem Sand und Schlamm oder heften fich an Schwämme und Korallen. Nur 8 bis 9 Gattungen mit etwa 20 Arten find pelagifch, aber fie find unglaublich reich an Individuen, und hauptfächlich aus ihren toten Schalen bildet fich der Globigerinen-Schlick. Es ift fehr fchwer, ja unmöglich, aus den mit der Dredfche heraufgeholten Bodenmaffen die lebenden Individuen von der ungeheuren Menge toter zu ifolieren, da alles, oberflächliche und tiefere Schichten des Schlicks, durcheinandergemengt ift. Leichter ift es zu bewerkftelligen bei den Proben, welche in die Höhlungen der Tieffeelote eindringen, da diefe fchichtenweife geordnet bleiben: zu oberft in der Kammer liegt auch die oberfte, zuerft erreichte Schlammfchicht mit den lebenden Individuen.

In den größten Meerestiefen herrfchen Formen mit nur einer

großen Öffnung und mit aus Fremdkörpern gebildeter Schale vor,
während die Gattungen mit kalkigem, von zahlreichen feinen Poren
durchfetztem Gehäufe in den weniger tiefen Gewäffern überwiegen. Echte
Tiefffeefamilien find die Aftrorhiziden und Lituoliden, deren Arten
teilweife eine fehr weite Verbreitung haben: fo wurde Rhabdammina
linearis an der norwegifchen Küfte im Hardanger Fjord, bei Irland, in

den weftindifchen Ge-
wäffern, bei Buenos
Ayres, Neufeeland und
Amboina gefunden. Die
Schale diefer „Sand-
foraminiferen", wie
man fie wohl genannt
hat, erfcheint in fehr
mannigfacher Geftalt
und Größe und die Art
und Menge der fie bilden-
den Fremdkörper ift fehr
verfchieden. Bald ift das
Gehäufe eine einzige
Kammer von rundlicher
Form, bald fteigt von
der Hauptkammer eine
Röhre auf, die fich
mehrfach veräfteln kann,
oder es ftrahlen mehrere
radiär von ihr aus; bei

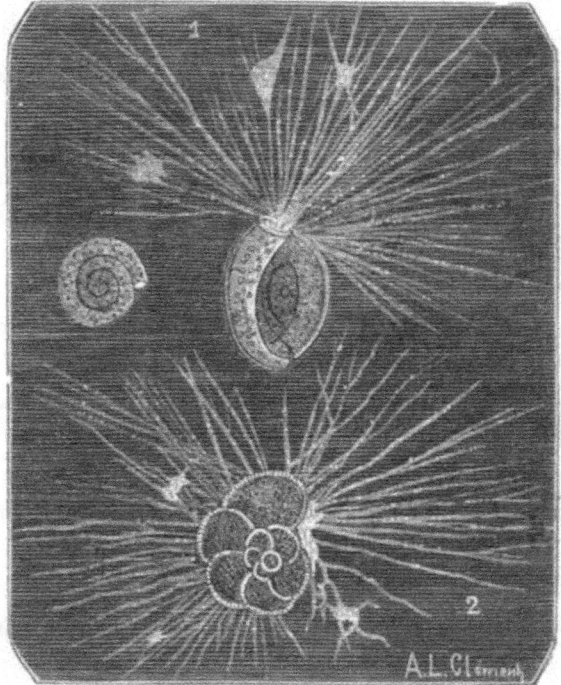

Fig. 42. Foraminiferen: 1) Miliola tenera, 2) Rotalia veneta,
beide mit dem Tiere, 3) Schale von Cornuspira planorbis.

andern Arten wieder finden fich mehrere Kammern, welche fich dicht aneinander legen oder durch längere Röhrenftücke miteinander verbunden
find. Manche Spezies find frei, andere mit dem einen Ende feftgewachfen
und heben fich in Geftalt von Säulen oder kleinen Bäumchen in die
Höhe, wieder andere find der Länge nach auf ihren Untergrund aufgewachfen.

Es läßt fich nicht verkennen, daß gelegentlich eine befondere Aus-

wahl der zur Verstärkung oder Bildung der Schale dienenden Fremdkörper aus dem umgebenden Materiale stattfindet, was namentlich rücksichtlich der Größe, bisweilen aber auch der Qualität gilt; so verfertigen
sich die Arten der Gattungen Pilulina und Technitella ihre kugel-
runden oder gestreckt ovalen Gehäuse aus Sand. In der Regel indessen
entspricht doch der Charakter des aufgenommenen Stoffes demjenigen
des umgebenden Meerbodens: so ist es bei Storthosphaera und Pe-
losina sehr feiner Sand oder Schlamm, bei den auf dem Globigerinen-
schlick hausenden Formen sind es Schalen abgestorbener kleiner Foraminiferen, auf Korallensand wird Kalk benutzt u. s. w. Diese Thatsachen
erleichtern sicher nicht die Systematik der Sandkammerlinge, denn es
läßt sich wohl denken, daß dieselben Arten auf verschiedenem Boden
auch aus verschiedenem Material verschiedene Gehäuse verfertigten. Ich
muß überhaupt gestehen, daß der Wert der meisten Spezies der Astro-
rhiziden mir sehr problematisch vorkommt!

Dergleichen Verstärkungen des Gehäuses oder des Skelettes durch
fremde Substanzen finden sich öfters im Tierreiche: es giebt See-
schnecken, deren Haus mit Bruchstücken anderer Conchylien bedeckt
ist, manche Ringelwürmer bauen sich sehr kunstreiche Röhren, bei gewissen Schwämmen besteht fast das ganze Skelett aus Fremdkörpern
und die, auch in unsern süßen Wassern nicht seltenen, Larven der
Köcherjungfrauen (Phryganidae) bedecken ihr Wohngelaß mit allerlei
im Wasser aufgelesenen Substanzen. Gerade diese Larven haben je
nach den Arten sehr verschiedene Bauordnungen sozusagen, die einen
nehmen zur Befestigung ihres Köchers bloß Sand, andre bloß tote
Schnecken und Muscheln, die dritten endlich abgestorbene Pflanzenreste.
Es ist schwer verständlich, warum sich diese Tiere auf gewisse Baustoffe
kaprizieren, wie es übrigens auch die Gehäuse tragenden Raupen mancher
auf dem Lande lebenden Schmetterlinge thun, ja hier kann sogar der
Fall eintreten, daß die männliche Raupe anders baut als die weibliche.

Bei den Sandkammerlingen nun werden die Fremdkörper auf sehr
verschiedene Art zusammengehalten: bald drücken sie sich einfach in
die oberste Schicht der Sarkode ein, häufiger indessen sondert diese eine
chitinöse hornige Schale ab, mit der sich die Sandkörner verbinden;

diefelbe kann von verfchiedener Mächtigkeit fein: das eine Mal ift fie dick und fehr weich und dann ift auch das ganze Gehäufe weich, bei andern Arten indeffen tritt fie fo zurück, daß fie kaum wahrnehmbar ift, und dann liegen die Sandpartikel dicht nebeneinander wie ein Mofaik.

Einige diefer Sandkammerlinge haben eine intereffante Gefchichte. Sie wurden nämlich von Haeckel unter dem Namen „Phyfemarien" als niederfte fchlauchförmige Metazoën, als eine Art Vorläufer der Schwämme befchrieben, eine Anfchauung, zu welcher der berühmte Forfcher leicht kommen konnte, da er auch bei den echten Schwämmen in der großen Maffe der weichen Leibesfubftanz ein Syncytium fah, d. h. ein Produkt miteinander derart verfchmolzener Zellen, daß jede Spur von den urfprünglichen Wandungen verfchwunden fei. Er nahm auch die Sarkodemaffe der betreffenden Sandkammerlinge für ein Syncytium, um fo mehr, da ähnlich geftaltete Schwämme in der That vorkommen und in diefer Ordnung die Aufnahme von Fremdkörpern nicht ungewöhnlich ift. Um die Phyfemarien entbrannte eine heftige wiffenfchaftliche Fehde, in der man fich nicht mit Handfchuhen anfaßte und fich gegenfeitig, tertiis gaudentibus, allerlei Liebenswürdigkeiten fagte!

Die Schale der übrigen Foraminiferen befteht in der Regel aus kohlenfauerem Kalk, kann oft fehr dick und von porzellanartiger Befchaffenheit fein, richtet fich aber häufig in ihrer Entwicklung nach der Tiefe, welche ihr Träger bewohnt. In größeren und, wie fchon früher einmal erwähnt, kalkärmeren Tiefen wird fie je dünner und dünner, fchließlich fo zart, daß fie beim Trocknen zufammenfällt, ja Miliolina subrotunda aus der ungeheuern Tiefe von 3950 Faden (ftiller Ozean) hat ftatt der Kalk- eine Kiefelfchale erhalten.

Manche Sandkammerlinge, namentlich von den röhrenförmigen (Botellina indivisa) oder geftreckt gekammerten (Rheoplax nodulosa) erreichen Längen von 17—26 Millimeter, für folche Gefchöpfe eine riefige Größe.

Die zweite Ordnung der Tieffee-Rhizopoden, die der Strahlinge (Radiolaria), enthält die herrlichften und fchönften Gebilde, die in der Tierwelt überhaupt vorkommen.

Ihr Körper zeigt in gewiffer Hinficht eine höhere Entwicklung als derjenige der Kammerlinge, ja irgend einer Protozoëngruppe überhaupt. Zunächft befteht er aus zwei Hauptteilen, indem eine kleinere centrale Innenmaffe fich durch eine befondere äußerft zai te Haut, die Central- oder Binnenkapfel, gegen die mächtiger entwickelte Außenmaffe als Binnenmaffe abfchließt. Diefe Haut bildet fich bei den meiften Strahlingen fchon fehr zeitig im Entwicklungsgange und hält fich während des ganzen Lebens. Bei einigen tritt fie indeffen erft fpäter unmittelbar vor der Fort- pflanzung auf. Denn die Binnenmaffe ift nicht nur das Centralorgan des ganzen Strahlings, der Kern des einzelligen Tieres, fie vermittelt auch die Fortpflanzung, in- dem ihr Protoplasma- inhalt fich um feftere Teilchen (Kernkörper- chen) in Geftalt ovaler Gebilde anlegt, welche äußerlich eine freie Hülle und an einem Pole eine lange bewegliche Geißel (Fig. 43, 3 und 4) ent- wickeln. Sie fprengen fpäter die mütterliche

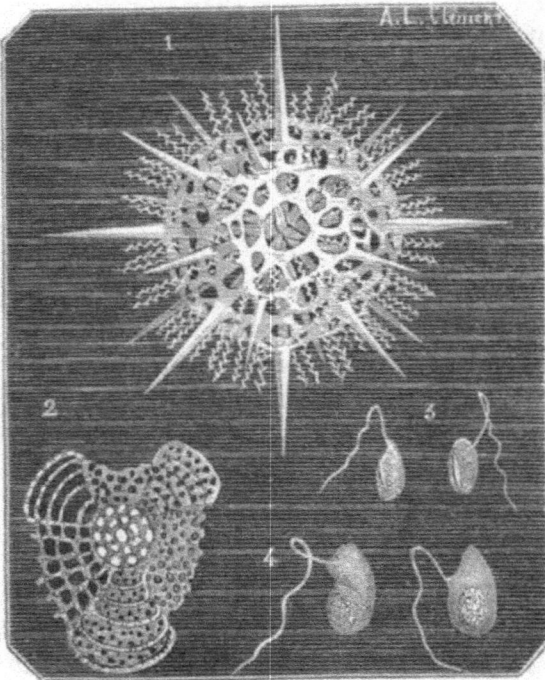

Fig. 43. Radiolarien: 1) Lychnaspis polyancistra, 2) Euchido- nia Berkmanni, — beide Oberflächenformen aus dem Mittelmeer, 3) Sporen mit, 4) ohne Kryftalloid im Innern.

Centralkapfel, fchwärmen, fich mittels ihrer Geißel lebhaft bewegend aus und werden nach und nach zu jungen Strahlingen. Daneben kommen noch allerlei andere Bildungen in dem Binnenprotoplasma vor: es kann runde, mit heller Feuchtigkeit gefüllte Hohlräume (Vakuolen), Fetttröpfchen, winzige bunte Pigmentkörperchen, Kryftalloide und wahre Kryftalle enthalten. Die Kryftalloide find organifcher Natur, finden fich fehr allgemein und fcheinen Refervenahrftoffe für die junge Schwärmbrut

zu- fein, fehr häufig findet fich wenigftens in diefen Sporen je eines von
ihnen (Fig. 43, 3). Nur felten (bei einigen wenigen Arten aus der Legion der Spumellarien) findet fich in der Binnenmaffe ein wahrer, himmel-
blaugefärbter und aus anorganifcher Subftanz beftehender Kryftall. Diefe
Subftanz ift der Farbe und der Form nach fchwefelfaures Strontian
(Coeleftin).

Die Kapfelhaut ift entweder von einer großen Anzahl feinfter Öffnungen durchbohrt oder hat einige wenige größere, von denen eine
weit ftärker entwickelt ift als die übrigen. Durch diefe Lücken tritt
das Binnenprotoplasma mit dem Außenprotoplasma in verbindenden
Zufammenhang. Diefes letztere zeigt eine dreifache Schichtung. Zunächft außen auf der Kapfelwand befindet fich eine dünne Schicht
körnerreichen Protoplasmas, das mit der Binnenmaffe durch die eben
erwähnten Löcher der Kapfelmembrane unmittelbar zufammenhängt.
Auf diefe, als Sarcomatrix bezeichnete Schicht, folgt eine weit anfehnlichere, aus einer homogenen eiweiß- oder gallertartigen Maffe be-
ftehende Decke, das Calymma ($\tau\grave{o}$ $\varkappa\acute{\alpha}\lambda\upsilon\mu\mu\alpha$ = die Decke). Diefes Calymma ift wafferreich, meift hyalin, ftrukturlos oder höchftens mit Hohl-
räumen (Alveolen) von fehr verfchiedener Konfiftenz verfehen und ift wohl
ein Abfcheidungsprodukt des übrigen Außenplasmas. Durch diefes Calymma fteigt von der Sarcodematrix (Fleifchftoff-Mutterboden), ein Netzwerk feiner Fäden hindurch, das mit einer außen aufgelagerten, von
großen Hohlräumen durchfetzten und ein oberflächliches Netzwerk bildenden Schicht körnerreichen Protoplasmas (Sarcodictyum, Fleifch-
ftoff-Netz) zufammenhängt. Von diefem Sarcodictyum erheben fich die
zahlreichen, fehr feinen Scheinfüßchen, und hier werden Hauptteile des
Skeletts gebildet.

Diefes Außenprotoplasma vermittelt alle Beziehungen des Strahlings
zur umgebenden Welt: durch dasfelbe vollzieht fich Empfindung, Bewegung, Atmung und Ernährung, außerdem bilden fich in ihm die
wefentlichften Schutzvorrichtungen in Geftalt des Skeletts.

Diefes ift meift kiefelig, — wenn auch nach meiner Meinung dem
Kiefel immer, und fei es in noch fo geringer Menge, organifche Subftanz beigemengt fein oder richtiger deffen Grundlage bilden wird —

oder es ift bisweilen rein organifch und befteht aus einer eigentümlichen
Subftanz, der Stachelfubftanz oder dem Acanthin.

Die Geftalten diefer Skelettbildungen, welche nur felten fehlen, find
unglaublich mannigfaltig. Bald find es einzelne lofe Nadelgebilde, welche
fich tangential anordnen, bald treten fie zu höchft zierlichen Gitter-
kugeln zufammen, welche mit regelmäßigen Stacheln befetzt find. Gelegentlich ftecken meh-
rere folche Kugeln
konzentrifch ineinander
und find durch Kie-
felbrücken miteinander
verbunden. Ein ander-
mal wieder fehen wir,
wie im Centrum des
ganzen Gefchöpfs lange
Strahlen immer in der
Zahl 20 zufammen-
ftoßen, die Centralkapfel
und das ganze Außen-
protoplasma durchbre-
chen und fich auf deffen
Außenfeite durch ein
mehr oder weniger re-
gelmäßiges Kiefelflecht-
werk verbinden (z. B.
Lychnaspis polyan-
cistra Fig. 43, 1). Oder
aber diefe Bildungen

Fig. 44. Oberflächen-Radiolarien: 1) Arachnocorys circumtexta,
Mittelmeer. 2) Amphilonche heteracantha, Mittelmeer, atlantifcher
Ozean. 3) Acanthometron elasticum, kosmopolitifch.

nehmen allerlei phantaftifche Geftalten an, erfcheinen als Helme, Körbchen,
Laternen, Diftelblüten, Reufen, entwickeln fich plattenartig größtenteils in
einer Ebene als durchbrochene vier- oder dreiarmige Kreuze (z. B. Euchi-
donia Berkmanni Fig. 43, 2), Scheiben, Schalen, Spangen, Sporen
und in hunderterlei andern Geftalten, mit welchen wir nichts vergleichen
können und die ganz eigenartig find. Aber alle diefe Formen find ele-

gant, oft felbft von entzückender Schönheit, und Haeckels Radiolarien-
werke follten in keiner Kunftgewerkfchule fehlen, denn fie enthalten auf
ihren herrlichen Tafeln einen großen, noch ganz ungehobenen Schatz
reizender Motive, namentlich für den Goldarbeiter, Kunftfchloffer, Ma-
jolikafabrikanten und für den Flechter der jetzt erft in Aufnahme
kommenden Barock-Korbwaren, — Motive fo zahlreich, mannigfach
und wunderbar, wie fie keine menfchliche Phantafie erdenken kann.

Die Mehrzahl der Strahlinge find mikrofkopifche Einzelwefen, aber
es giebt auch kolonienbildende unter ihnen. Alle find Bewohner des
Meeres in feinen verfchiedenften Tiefen.

Haeckel teilt die Radiolarien in zwei Unterklaffen und jede von diefen
wieder in zwei Legionen. Bei der erften Unterklaffe (Porulosa oder Ho-
lotrypasta) ift die Centralkapfel urfprünglich kugelrund, ihre Haut von
zahlreichen feinen Poren durchbohrt, aber ohne größere Hauptöffnung.
Die erfte Legion (Spumellaria) enthält Formen, deren Centralkapfel in
ihrer Haut unzählbare, allenthalben unregelmäßig verteilte feine Poren befitzt. Der Kernkörper der Binnenmaffe ift von Haus aus fphärifch. Ein
Skelett fehlt entweder oder ift kiefelig, entfteht aber niemals innerhalb
der Centralkapfel. Bei den Arten der zweiten Legion (Acantharia)
find die Poren zählbar und regelmäßig angeordnet und fie befitzen ein
Skelett, das immer innerhalb der Binnenkapfel aus Acanthin entfteht.

Die zweite Unterklaffe (Osculosa oder Monotrypasta) ift hauptfächlich dadurch ausgezeichnet, daß die Centralkapfel nicht mehr rund
ift, fondern eine Hauptaxe befitzt und daß ihre Membrane an dem einen
Pole diefer Axe (von Haeckel als Mundpol bezeichnet) die Durch-
bohrungen zeigt. Bei den Naffellarien (Nassellaria), welche die eine
Legion diefer Unterklaffe bilden, ift die eiförmige Centralkapfel einfach
und ein fiebartiges Porenfeld befindet fich an ihrem einen Pole; in der
Nähe des andern, alfo excentrifch, liegt der Kernkörper. Das kiefelige
extrakapfuläre Skelett hat meift eine Hauptaxe. Von der originellften in
jeder Beziehung merkwürdigen Legion der Phaeodaria war vor der Challenger-Expedition keine Art eigentlich gekannt, denn wenn auch hin und
wieder einmal ein paar tote Schalen befchrieben und abgebildet wurden, fo
konnte doch niemand die wahre Natur diefer Gefchöpfe erkennen. Diefe

Natur ift aber fo eigenartig, daß es mir fcheint, man könne die Phaeodarien mit mehr Recht als eine eigene Subklaffe der Radiolarien auffaffen und die Naffellarien als dritte Legion zu den Porulofen ziehen.
Jedenfalls find ihre Organifationsverhältniffe von denen der übrigen
Strahlinge fehr wefentlich verfchieden. Ihre Kapfel ift fphärifch, mit
einer Hauptaxe, hat eine doppelte Membran, die an dem einen Pole
der Axe von einer Hauptöffnung mit ftrahligem Rande durchbrochen ift. Der Kernkörper liegt in der Hauptaxe, das Skelett ift
kiefelig, extrakapfulär, und im Calymma entwickelt fich ein befonderer
konkav-konvexer Teil, der reich an grünem bis braunen Pigment ift,
das Phaeodium, welches fich mit feiner konkaven Seite über die
Hauptöffnung der Binnenkapfel wegwölbt.

In feinem Rapporte, der nicht bloß die Bearbeitung des auf dem
Challenger erbeuteten Radiolarienmaterials enthält, fondern die aller
bekannten Formen, befchreibt Haeckel 739 Gattungen und 4318 Arten,
von denen 3508 neu find, und er verfichert, er hätte die Artenzahl leicht
noch um mehr als 1000 vermehren können. Die reichfte Fundftelle für
diefe Tiere ift der Radiolarien-Schlick des Centrums des ftillen Ozeans, —
in einem einzigen mikrofkopifchen Präparate von diefem waren bisweilen
50 neue Spezies enthalten!

Was die vertikale und horizontale Verbreitung diefer wundervollen
Organismen angeht, fo laffen fie fich nach den Meeresfchichten, in denen
fie vorkommen, in drei Kategorien einteilen. Die pelagifchen Formen
bewohnen die Oberfläche aller Meere in einer gewiffen Entfernung von
der Küfte in großen Scharen, und wir finden auch bei ihnen wieder
eine bei der Verbreitungsart fo vieler Tiere zu beobachtende Erfcheinung, daß nämlich unter den Tropen die Zahl der diefe Scharen bildenden Arten weit größer, die Menge ihrer Individuen indeffen weit
geringer ift als unter den kältern Breiten, — die Summe des Radio-
larienlebens wird aber, abgefehen von den äußerften arktifchen und
antarktifchen Gewäffern, auf dem Ozean unter allen Breiten nahezu
gleich fein.

Auf diefe pelagifche Radiolarienfauna folgt eine zonariale, die fich
fchichtenweife von oben nach unten ordnet und in den Arten der ver-

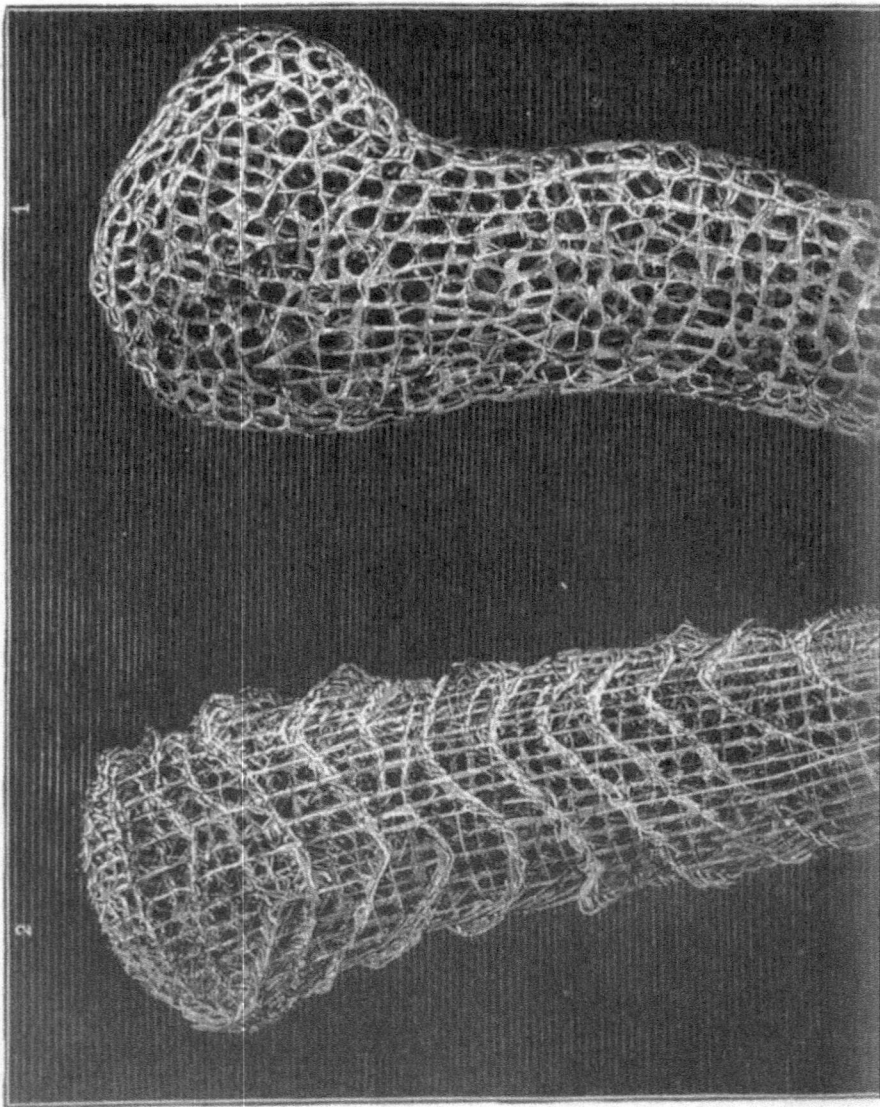

A.L.Clément.

Ausgewaschene Skelette zweier Hexactinelliden.

2) Esplectella aspergillum.

1) Alcyoncellum speciosum.

fchiedenen Schichten oft bedeutende und charakteriftifche Unterfchiede aufweift.

Die große Mehrzahl der Radiolarien indeffen entftammt der Tieffee, und wenn auch nicht alle hier gelebt haben mögen, fondern tot hinab gefunken find und fich mit ihren Skeletten an der Bildung des Radiolarien-Schlicks beteiligen, fo ift doch auch die Zahl derjenigen, welche, in wundervoller Erhaltung aller Weichteile, aus jenen Gründen mit heraufgebracht wurden, folglich doch wohl auch dort gelebt haben werden, keine geringe. Die Hälfte aller von Haeckel befchriebenen Formen rührt aus dem Radiolarien-Schlick der centralen Regionen des ftillen Ozeans aus Tiefen von 2000 bis 4000 Faden her. Die Mehrzahl der originellen Phaeodarien, auch zahlreiche Naffellarien entftammen der Tieffee, während die Acantharien und Spumellarien mehr der pelagifchen und zonariellen Fauna angehören. Zwei Charaktere find den wirklich abyffifchen Formen, wie es fcheint, gemeinfam, erftens nämlich find fie durch die Bank kleiner als die mehr oberflächlich vorkommenden Verwandten, und zweitens zeigt ihr Skelett etwas andere Architekturverhältniffe, indem nämlich die Schalen derber, die Balken des Trabekelwerkes ftärker und die von diefen umfchloffenen Mafchen kleiner find als bei pelagifchen Formen derfelben Gruppen.

In den füßen Gewäffern haben die Strahlinge, von denen Haeckel fagt, daß fie der morphologifchen Betrachtung eine neue Welt erfchließen, keine Vertreter.

Fünftes Kapitel.

Die Coelenteraten oder Hohltiere der Tieffee.

A. Die Schwämme (Spongiae).

Vor nunmehr 41 Jahren trennte Rudolf Leuckart von dem alten Cuvierfchen Tierkreis der Strahltiere (Radiata) die Polypen und Quallen als Hohltiere oder Coelenteraten ab, denen er fpäter noch die Schwämme oder Spongien (Spongiae s. Porifera) hinzufügte.

Das Charakteriftifche für die Hohltiere ift, daß fie keinen Mund und

keinen After befitzen, fondern eine einzige zu den Verdauungsorganen
führende Öffnung, welche für beide zugleich fungiert, daß weiter ihre
verdauende Höhlung keine eigene Wandung befitzt, daß zwifchen ihr
und der Leibeswand keine Leibeshöhle fich befindet, und daß fie, refp.
ihre verzweigten Ausftülpungen zugleich der Cirkulation mit dienen, —
die Coelenteraten haben einen gemeinfamen Gaftrovascularapparat.

Über die Zugehörigkeit der Schwämme zu dem Tierkreife der Hohltiere gehen die Urteile der Forfcher, felbft der Spezialiften, fehr auseinander: Leuckart, Haeckel, Claus, denen auch ich mich anfchließe,
fehen in ihnen echte Coelenteraten, F. E. Schulze, Sollas, Vosmaer
geben zwar zu, daß es wahrfcheinlich Metazoën feien, möchten fie aber
doch nicht fo ohne weiteres mit den Polypen und Quallen in einen
Tierkreis vereinigt wiffen, fehen in ihnen vielmehr eigenartige Gefchöpfe.
Eine dritte Gruppe von Forfchern, zu denen James Clark, Saville
Kent und neuerdings auch Bütfchli gehören, betrachtet fie als Kolonien von Infuforien, von fogenannten Cilioflagellaten.

Ein jeder von uns hat natürlich feine guten Gründe für feine Anfchauung, oder glaubt fie doch zu haben, und für die nächfte Zeit ift
eine Vereinigung der Anfichten nicht wahrfcheinlich, — wenigftens hoffe
ich nicht, meine Gegner zu bekehren, finde aber andrerfeits, nach
meinem fubjektiven Urteile, ihre Gründe nicht derart, daß fie mich
beftimmen könnten, die Segel zu ftreichen. Es ift hier nicht Ort und
Gelegenheit, die Urfache fo verfchiedener Meinungen zu entwickeln, ich
mußte der Thatfache bloß Erwähnung thun, um die Überfchrift diefes
Kapitels zu motivieren, durfte aber doch die gegenteilige Anficht
bewährter Forfcher dabei nicht mit Stillfchweigen übergehen. Die
Schwämme find, mit wenig Ausnahmen, wie alle Coelenteraten, Bewohner des Meeres von meift unregelmäßiger, knolliger, becherartiger,
blattförmiger, lappiger, gefingerter bis verzweigter Geftalt; in einzelnen
wenigen Fällen, wenn fie regulär gebaut find, folgen fie dem ftrahligen
Typus. Immer find fie mit einem Ende oder einer Fläche an den Boden
befeftigt, entweder an ihm feftgewachfen oder durch befondere Anker
(Fig. 45, 4 u. 5) und Wurzelausläufer mit ihm verbunden. Die Außenfeite
ift bedeckt von einer äußerft feinen Haut (dem Ektoderm), ihr Gaftro-

vascularapparat wird ausgekleidet von einer zweiten, gleichfalls fehr zarten (dem Entoderm). Zwifchen beiden liegt eine dritte, immer viel ftärker, bisweilen koloffal entwickelte Mittelfchicht (das Mefoderm). Die phyfiologifche Bedeutung der Oberhaut ift noch nicht ganz klar, vielleicht vermit-

telt fie die Empfindung, fcheidet vielleicht bei andern eine mehr oder weniger differenzierte Membrane (als Kutikularbildung) ab, mit welcher fich unter Umftänden Fremdkörper vereinigen. Höher entwickelt und in ihrem Wefen und ihrer Leiftung leichter verftändlich erfcheint die innere Haut.

Der Gaftrovascularapparat der Schwämme ift eigenartig entwickelt. In dem typifchen Falle, wie er gelegentlich bei erwachfenen Individuen, häufiger bei jugendlichen, noch nicht vollentwickelten (Larven) auftritt, bemerken wir in dem Schwamme einen centralen Hohl-

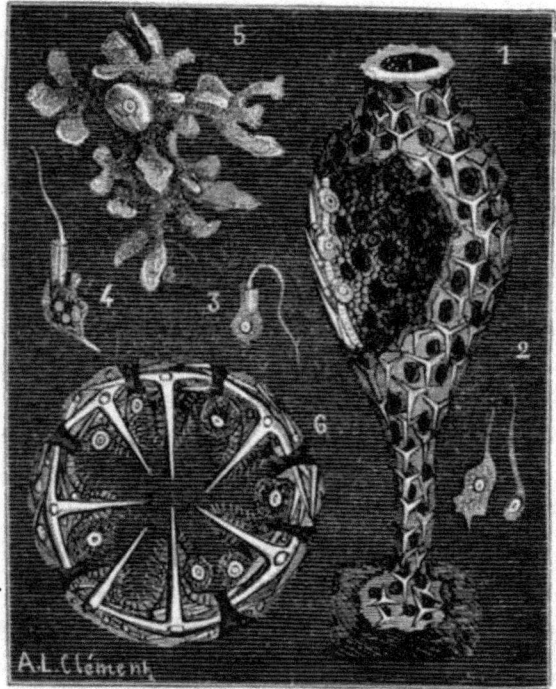

Fig. 45. Anatomie von Kalkfchwämmen. Fig. 1. Ascetta primordialis, Einzelperfon, ein Stückchen Wandung links weggefchnitten. Auf der Aufenfeite die von dreiaxigen Nadeln umrahmten Poren, welche mittels kurzer Kanäle in den Magenraum führen, der in diefem Falle von Kragen- oder Geifelzellen (3 und 4) ausgekleidet ift. Am äufsern Schnittrande fieht man 3 Eier. Oben ift die Mundöffnung. 2. Samenfäden. 5. Bewegliches (amöboides) Ei. 6. Querfchnitt durch Ascaltis Gegenbauri. Man fieht den durch vorfpringende Nadeln bewirkten radiären Bau, Geifelzellen, Eier und fieben in den Magenraum führende Kanäle.

raum (Magenraum), der am freien Ende mittelft einer größeren, dem Mundafter der übrigen Hohltiere entfprechenden Öffnung (Osculum) mit der Außenwelt in Verbindung tritt. Von dem Magenraume ausgehend verzweigen fich, unter fortwährender Teilung enger und enger werdend, im Querfchnitte runde Kanäle durch die Maffe der Wandung

des Schwammes und münden auf deſſen Außenſeite mittels feiner Poren.
Stellenweiſe erleiden dieſe Kanäle in dem mittleren Teile ihres Verlaufs
Erweiterungen, in der Regel in Geſtalt von Hohlkugeln. Dieſe können
in verſchiedener Anzahl und verſchiedener Anordnung gruppenweiſe
zuſammentreten. Nach der Anſicht der einen iſt der Magenhohlraum
und das ganze Syſtem der Kanäle von Binnenhaut (Entoderm) ausgekleidet, nach derjenigen anderer Forſcher nur bis zu und mit den Erweiterungen, während die von dieſen nach außen verlaufenden Fort-
ſetzungen (zuführende Kanäle) durch Einſtülpung von außen ent-
ſtehen und mit Außenhaut (Ektoderm) austapeziert ſein ſollen.

In den Erweiterungen ſelbſt erfahren die auskleidenden Zellen des Entoderms eine weſentliche Veränderung. Während ſie ſonſt abgeplattet erſcheinen, ſind ſie hier langgeſtreckt und am obern, in den Kanal vorragenden
Ende mit einem geißelförmigen Fortſatz verſehen. Sie aber ſind es, welche
überhaupt den Stoffwechſel des Schwammes ermöglichen. Wenn der
Schwamm nicht ruht, ſo bewegen ſich die Geißeln dieſer Zellen mit
lebhaften Schwingungen in einer Richtung centripetal nach dem Magenraum hin. Dadurch erzeugen ſie einen Waſſerſtrom, welcher erfüllt mit
fein ſuspendierten Nahrungsmitteln und mit atmoſphäriſcher Luft von
den Wandungsporen her durch das Kanalſyſtem ſtrömt. Unterwegs
giebt er die Subſtanzen, deren Vehikel er iſt, ab: Luft d. h. Sauerſtoff
an die Geißelzellen ſelbſt, welche daher zugleich auch reſpiratoriſche
Organe ſind, und die feinen Nährmaterialien an dieſe und an diejenigen
Entodermzellen, welche das Kanalſyſtem (abführende Kanäle) zwiſchen
den mit Geißelzellen ausgeſtatteten Erweiterungen, den „Geißelkammern" oder „Wimperkörben" und dem Magenraum ausklei-
ḍen. Das ausgenutzte Waſſer ſtrömt mit Gewalt in dieſen und weiter
aus der Mund-Afteröffnung heraus, indem es alle nicht verwertbaren,
in die Spongie von außen eingeführten Subſtanzen und deren eignen
·Abfallſtoff, zur Zeit der Fortpflanzung auch die Geſchlechtsprodukte mit
ſich nimmt.

Die umfangreiche Maſſe des Meſoderm beſteht aus einer hyalinen
·Grundſubſtanz von verſchiedener, gallertartiger bis knorpeliger Konſi-
ſtenz. In dieſer befinden ſich Zellen von verſchiedenem Bau und ver-

fchiedener Funktion. Die einen find rund mit verfchieden langen, zarten, nach allen Richtungen ftrahlenden Ausläufern. Sie find beweglich und vermögen in der Grundfubftanz zu wandern, befitzen einen deutlichen Kern und ausdehnbare Wandungen. In dem hungernden Schwamm find fie zufammengefallen und gruppieren fich um die Geißelkammern und um die von diefen zum Magenraum führenden Kanäle, nehmen den von dem Entoderm affimilierten Stoff in Geftalt feiner Körperchen in fich auf und fchwellen dabei an. Sind fie gefüllt, fo wandern fie langfam durch das Gewebe des Schwammes dahin, verarbeiten die Nahrung weiter und geben fie an die Umgebung in anderer Geftalt ab. So über- nehmen fie die Leiftungen, welche bei höheren Tieren der Lymphe und dem Blute zufallen. Andere, mehr an der Oberfläche, namentlich um die Poren der Außenfeite (Einftrömungsöffnungen) und um das Osculum (Mundafter- oder Ausftrömungs-Öffnung) gelegene nehmen eine fehr geftreckte Geftalt an und gleichen ganz den glatten Muskel- fafern höherer Gefchöpfe, haben auch deren Funktion, indem fie, als Sphinkteren wirkend, die von ihnen umlagerten Öffnungen zu fchließen vermögen.

Zu gewiffen Zeiten nehmen vollgefättigte Wanderzellen in der Nähe der ausführenden Kanäle eine ruhende Stellung ein und geben die auf- genommenen Nahrungsmittel nicht weiter ab, fondern verwerten fie felbft. So bilden fie fich, wenn fie ganz bleiben, zu Eiern, oder, wenn ihr In- halt eigenartig zerfällt, zu Samenballen um. Schließlich finden fich auch noch in dem Mefoderm diejenigen Zellen, welche auf verfchiedene Art das Skelett bilden, das für die Deutung der Verwandtfchaftsverhältniffe und für die Syftematik der Schwämme von größter Wichtigkeit ift und von allen Teilen derfelben die weitgehendfte Anpaffungsfähigkeit, mithin die bedeutendften Verfchiedenheiten zeigt.

Auf Grund diefer Verfchiedenheiten unterfchied man früher fchon Kalk-, Kiefel-, Horn- und Gummifchwämme, eine Einteilung, von welcher man indeffen in neuerer Zeit und mit Recht in mehreren Punkten abgekommen ift. So exiftiert zwifchen gewiffen Kiefel- und den Hornfchwämmen kein durchgreifender Unterfchied, es laffen fich vielmehr die Übergänge zwifchen beiden mit Leichtigkeit nachweifen, —

andererſeits ſtimmten die Formen der alten Gruppe der Kieſelſchwämme eben nur in dem Material ihrer Skelettbildungen, durchaus aber nicht in deren Geſtalt und Anordnung und ſonſt überhaupt nur in den weſentlich-

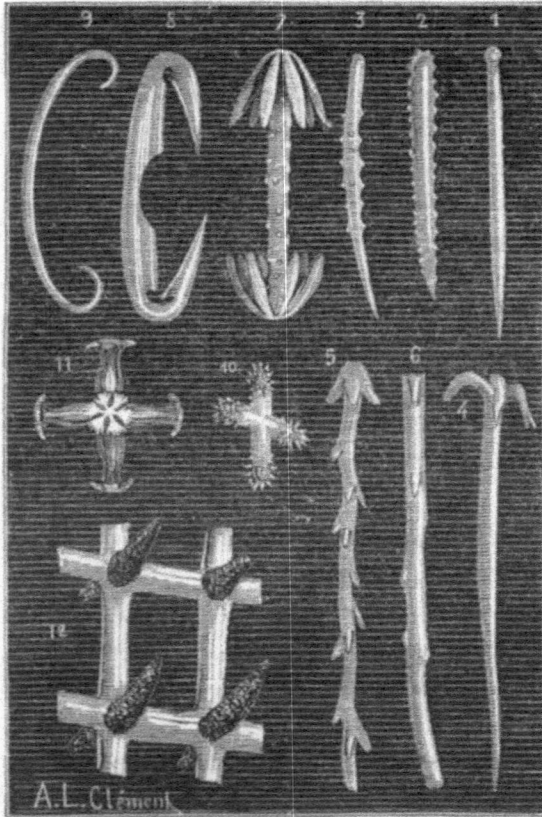

ſten, ſie im allgemeinen eben als Schwämme charakteriſierenden Eigenſchaften miteinander überein. Auch die Gummineen oder Gummiſchwämme ſind eine zweifelhafte Geſellſchaft, in welcher allerlei durch Rückbildungen entſtandene Formen mit ſcheinbarer, äußerlicher aber nicht auf innerlicher Verwandtſchaft beruhender Ähnlichkeit aufgenommen ſind.

Die Syſtematik der Schwämme iſt überhaupt keine leichte Sache, namentlich durch ihre außerordentliche Variabilität und ihre Fähigkeit ſich durch äußere Umſtände beeinfluſſen zu laſſen und ſich ihnen anzupaſſen, — ſelbſt die Skelettelemente können in Form, Größe

Fig. 46. Kieſelkörper von Spongien: 1 Suberites carnoſa, — 2, 3 Halichondria incrustans, — 4 Stelletta Collingſii, — 5, 6 Euplectella aspergillum, — 7, 10, 11 Hyalonema mirabile, — 8 Desmacidon Johnsoni, 9 Desmacidon variantia, 12 aus verſchmolzenen Sechsſtrahlern beſtehendes Gitterwerk einer dictyoninen Hexaktinellide (Farrea).

und Anordnung ſchwanken, obwohl ſie noch die beſten, unterſcheidenden Charaktere liefern.

Gar nichts iſt für die meiſten Formen, namentlich des oberflächlichen Waſſers, auf die Geſtalt zu geben und dieſe Charakterloſigkeit im äußern Habitus hat mehr wie einen Grund. Zunächft können, wie fchon hervorgehoben (vgl. S. 120), Wafferftrömungen von umformendem Einfluffe fein, oft auch der Umfang und die Konfiguration des Wohnorts. Schwämme z. B., welche, was viele gern thun, an der Unterfeite von Steinen wachfen, müffen fich felbftverftändlich den hier gebotenen Raumverhältniffen anpaffen. Ein anderer die Geftalt modifizierender Umftand liegt in dem Grade, in welchem das bewohnte Waffer mit nährenden Subftanzen angefüllt zu fein pflegt. Sind diefelben reichlich vorhanden, fo behält der Schwamm eine einfache fphärifche oder walzige Form; wo aber die Nahrung fpärlich wird, vermehren fich feine Fangapparate. Das aber find die zuführenden Kanäle mit den Geißelkammern, für welche die Poren der Oberfläche die Mäuler find. Wie wächft nun der Schwamm unter folchen Umftänden am praktifchften? Wollte er im ganzen wachfen, fo würde er dies, gerade wegen den herrfchenden kümmerlichen Ernährungsverhältniffen nicht können. Was thun? Er vermehrt einfach beim langfamen Wachfen feine Oberfläche, er faltet fich ein, bildet Vorfprünge, Äfte, Blätter, mäandrifche Labyrinthe u. f. w. und indem er das thut, vermehrt er die Zahl feiner zur Nahrungsaufnahme fähigen äußern Kanalöffnungen oder Poren. Man kann im allgemeinen fchließen, daß, wenn man zwei Exemplare derfelben Schwammart von verfchiedener Geftalt vor fich hat, dasjenige, welches bei gleichem Körperinhalt eine kleinere Oberfläche befitzt, von einer Lokalität ftammt, wo die Exiftenzbedingungen, in erfter Linie die Ernährungsverhältniffe, günftig waren.

Ein anderer und hauptfächlicher Grund des Polymorphismus der Schwammarten liegt in der Fähigkeit der meiften, ihr Wachstum auf eine befondere Art zur Geltung zu bringen, welche der Fortpflanzung nahe verwandt ift.

Wir unterfcheiden unter diefen Tieren „Einzelwefen", Perfonen, wie Haeckel fie nennt, und „Stöcke", Kormen nach der Nomenklatur desfelben Forfchers. Die Stöcke umfaffen mehrere Perfonen und demzufolge eine Anzahl von Magenräumen und Mundöffnungen, fie entftehen aber durch das Wachstum einer urfprünglich einfachen Perfon, das vom Magenhohlraum ausgeht. Diefer bildet irgendwo eine Aus-

buchtung oder Divertikel, welcher, öfter unter Vorſchiebung der vorliegenden Schwammſubſtanz, ſeltener ohne dieſelbe die Oberfläche durch-
bricht. Sobald er das gethan hat, iſt der neue Magenraum mit einem
neuen Mundaſter und zwar im Zuſammenhange mit dem urſprünglichen
fertig, — aus der Perſon wurde ein Kormus, aus dem Einzeltier eine
Kolonie.

Unſere Fig. 45, pg. 157 zeigt uns einen Kalkſchwamm (Ascetta primordialis), der eine
einzelne Perſon bildet,
Fig. 47 hingegen einen
andern (Ascandra pi-
nus), der eine baumför-
mige Kolonie iſt; — die
kleinen Anſchwellungen
an den Spitzen ſeiner Äſte
ſind Erweiterungen ſei-
ner Magenräume, in
welche die (runden,
ſchwarz dargeſtellten)
Mund - After - Öffnungen
führen. Es kann das
ganze Syſtem von Magen-
räumen einer Schwamm-
kolonie mit einander
kommunizieren, braucht
es aber nicht zu thun,
indeſſen geht das Ver-
mögen, eine gewiſſe

Fig. 47.   Ascandra pinus, baumförmiger Kormus eines Kalk-
ſchwammes.

Selbſtändigkeit zu erlangen, bei den einzelnen Individuen eines Stockes
nicht ſoweit (wenigſtens iſt kein Fall bekannt), daß ſie ſich loslöſen
könnten, ſo oft das auch bei manchen andern Coelenteraten geſchieht.
Eine künſtliche Trennung vermögen manche aber leicht zu überdauern.

Die Verhältniſſe, unter denen Magen und Aftermund bei den
Schwämmen auftreten, ſind übrigens auch ſonſt wunderbar genug. Sie

können nämlich durch Verwachfung vollkommen verfchwinden, der Schwamm erleidet Aftomie oder Lipoftomie und Agaftrie oder Lipogaftrie. Das kann einer Perfon, aber auch einer Kolonie widerfahren, und während dann ein Teil der Poren und der Kanäle als zuführend wirkt, fließt das entwertete Waffer durch einen andern Teil ab. Dann fchlagen die Geißeln der mit Kragen verfehenen Zellen in den Wimperkörben nicht mehr alle in centripetaler Richtung, fondern in einer quer durch den ganzen Körper hindurchgehenden, die einen ftrudeln das Waffer herein, die andern hinaus.

Alle diefe Umftände tragen natürlich in hohem Grade dazu bei, die Syftematik der Schwämme fehr wefentlich zu erfchweren. Bisweilen ift man wirklich ratlos und weiß nicht, ob man es mit einer Perfon oder mit einer Kolonie zu thun hat, ob jene knollenförmige Maffe und dies zierlich veräftelte Bäumchen ein und derfelben Art angehören. Erwähnung verdient es aber wiederholt, daß gerade die Tieffeefchwämme am wenigften fo fchwankende Verhältniffe zeigen.

Wir unterfcheiden folgende Ordnungen und Unterordnungen: 1) Kalkfchwämme (Calcaria), die Nadeln beftehen aus kohlenfauerm Kalk und zeigen meift vier in einen Punkt zufammentretende Strahlen (entfpr. den Axen einer dreifeitigen Pyramide). 2) Faferfchwämme (Fibrospongiae); diefe Ordnung enthält zunächft die Unterordnung der Einaxer (Monactinellidae), deren Skelett aus einaxigen Kiefelnadeln befteht. Sie geht unter kontinuierlich verfolgbarem Schwund und Rücktritt der Kiefelgebilde und ftatt deffen vermehrtem Hervortreten und fchließlich alleinigem Überhandnehmen von aus Hornfubftanz gebildeten Fafern (Badefchwamm!) in die Untergruppe der Hornfchwämme (Ceratosa s. Ceraospongiae) über. Es ift fehr wahrfcheinlich, daß auch ein Teil der Gummifchwämme (Myxospongiae) aus diefer Gruppe unter Schwund der Skelettelemente hervorgegangen ift. Eine fehr eigenartige Gruppe der Hornfchwämme bilden die Jodfchwämme (Aplysinidae), deren Horngewebe beim Verbrennen einen ganz auffallenden Geruch von Jod von fich geben, während das Skelett der Hornfchwämme, wovon fich jeder mittels eines Stückchens Badefchwamm leicht überzeugen kann, dabei einfach abfcheulich, wie verbrannte Haare,

Pferdehufe oder Federn etwa, ſtinkt. 3) Vierſtrahler (Tetractinellidae) ſind Kieſelſchwämme, deren vier charakteriſtiſche Nadeln gleichfalls
den Axen einer dreiſeitigen Pyramide entſprechen. Es ſcheint indeſſen,
daß dieſe Vierſtrahler zu Einſtrahlern ſich reduzieren (Tethya!) oder
wohl auch ganz verloren gehen können (ein anderer Teil der Gummiſchwämme?).

Ihre höchſte Entfaltung und ihre zierlichſten Bildungen gewinnen
die Schwämme aber in der vierten Ordnung, in den Glasſchwämmen
(Hexactinellidae s. Hyaloſpongiae), deren äußerſt mannigfach ge-
ſtalteten kieſeligen Skelettbildungen der Sechsſtrahler, entſprechend dem
Axenſyſtem einer vierſeitigen Doppelpyramide zu Grunde liegt.

Die Kalkſchwämme ſind meiſt klein und ſtellen entweder einzelne
Perſonen von oft großer Einfachheit (Ascetta primordialis Fig. 45, 1)
dar oder ſie bilden Kolonien von manchmal zierlichen Formen (z. B.
Ascandra pinus Fig. 47). Sie ſind Bewohner des flacheren Waſſers nahe
der Küſte, ſiedeln ſich gern auf Algen an und kleiden bisweilen auch
Felshöhlungen aus. Von den 30 auf der Challenger-Expedition geſammelten Arten ſtammten 27 aus den Schichten von einigen wenigen
bis 150 Faden, nur 2 aus einer Tiefe von 450 Faden; von einer war
das bathymetriſche Vorkommen nicht bekannt.

Auch die Hornſchwämme ſind faſt ausſchließlich Bewohner des
flachen Waſſers. Die Ausbeute des Challenger betrug 34 Arten, davon
waren zwei bei 220 und drei bei 400 Faden gefunden, der Reſt ſtammte
aus Tiefen oberhalb der Hundertfadenlinie.

Intereſſanter geſtalten ſich die Verhältniſſe der Monaktinelliden betreffs des Vorkommens im tiefen Waſſer. Diejenigen Formen, welche
den Übergang zu den ſogenannten Hornſchwämmen machen, bei denen
nur ſehr wenige, oft faſt bis zum Verſchwinden rückgebildete Kieſel-
nadeln durch mächtig entwickelte Hornſubſtanz in ſtarken Faſern zu-
ſammengehalten werden, ſodaß ſie oft ſchwer von Hornſchwämmen zu
unterſcheiden ſind, finden ſich auch wie dieſe meiſt im untiefen Waſſer,
während die Tieffeeformen oft den Habitus von Tetraktinelliden annehmen und bisweilen aus früher bereits entwickelten Gründen von
einer merkwürdigen Regelmäßigkeit ſind. Manche Arten (z. B. Chon-

drocladia longipinna aus 3000, Chr. similis aus 2385 und Axoni-
derma mirabilis aus 2250 Faden Tiefe) fehen aus wie die Geftelle von
Regenfchirmen: aus dem verdickten oberen Ende eines centralen Stieles.
ftrahlen radiär fehr regelmäßig feine und lange (25—50 Stück) Nadel-
bündel in einem nach unten offnen Winkel von 45⁰ aus. Diefe fonderbaren Spongien ftammen alle drei von einem aus rotem Thon gebildeten Boden, und es ift fehr wahrfcheinlich, daß fie mit dem centralen
Stiel im Schlamme faßen und daß die peripherifch abftehenden Seiten-
bündel das Einfinken verhinderten.

Eine andere originelle Tieffeemonaktinellide ift Radiella Sarsii
von Geftalt einer plan-konvexen oder flach bikonvexen Scheibe von der
Größe eines 20 Pfennig- bis faft eines Markftücks, am Rande mit einer
dichten Wimperzone frei hervortretender Kiefelnadeln verfehen. Häufig
finden fich bei Tieffeemonaktinelliden Stiele, die bisweilen mit wurzel-
artigen Ausläufern (Stylocordyla) tote Mufchelfchalen und dergleichen
umklammern und fo feften Halt gewinnen.

Die fchönfte Form ift aber unftreitig Esperiopsis Challengeri, ein
prachtvolles Gefchöpf aus über 800 Faden Tiefe. Hier trägt ein graziler
bis zu 20 Centimeter hoher Schaft an feiner einen Seite auf dünnen
Stielen blattartige, runde, konvex-konkave Blätter bis zu 6 Centimeter
Durchmeffer, welche fich fucceffive von oben nach unten verjüngen,
fodaß das unterfte ungefähr 1,5 Centimeter mißt. Die Stiele find am
untern Rande der auf der konvexen Oberfläche mit zahlreichen Löchern
verfehenen Blätter befeftigt.

Unter dem vom Challenger gefammelten Materiale an Monaktinelliden entftammten 85 Arten einer Tiefe von 0—50, 55 einer folchen
von 50—200, 46 waren zwifchen 200 und 1000 und 24 endlich zwifchen
1000 und 3000 Faden aufgefunden worden.

Die Schwämme mit Kiefelkörpern, die teilweife vier Strahlen befitzen
(Tetractinellidae), zerfallen in zwei Unterordnungen: Lithiftiden
und Choriftiden. Die erfteren haben ein fehr maffiges Skelett dicht
verflochtener und verwobener Kiefelkörper. Meift ift ihre Oberfeite von
einer feinen Haut überzogen, in welcher fehr dicht winzig kleine Skelettelemente in Geftalt von Spindeln, mit Knoten befetzten Stäbchen u. f. w.

eingeftreut find. Häufig ift auch die darunter liegende Fläche des infolge der Entwicklung der Nadeln fteinartig harten Körpers durch befondere Bildungen ausgezeichnet, die bisweilen das Anfehen eines runden
Buckelfchildes gewinnen, aber immer find in ihnen die Spuren einer
vierftrahligen Nadel nachweisbar. Die Nadeln der Schwämme find nämlich keine foliden Gebilde, fie haben vielmehr im Innern einen Kanal,
der im Leben von organifcher Subftanz erfüllt ift und auf deffen Wandung fich nun der Kiefel in Geftalt feiner konzentrifcher Schichten ab-
fetzt, zwifchen welchen fich immer äußerft zarte, durch Glühen nach-
weisbare Häutchen von organifcher Subftanz befinden. Auch in den
Schildchen der Lithiftiden find folche Kanäle vorhanden: drei ftoßen in
ihrer Platte unter Winkeln von 60^0 zufammen und der dritte, weit
kürzere erhebt fich fenkrecht zu ihnen in den Buckel des Schildchens.

Die Weichteile des Körpers find bei diefen Steinfchwämmen fehr zu-
rückgetreten, ebenfo ift das Kanalfyftem fehr eng, aber im übrigen weichen
die anatomifchen Verhältniffe nicht von denen anderer Schwämme ab.

Wir kennen bis jetzt keine Lithiftide aus fehr großen Tiefen, wie
überhaupt die ganze Ordnung der Tetraktinelliden mehr dem flachen
Waffer angehört. Zwifchen 150—300 Faden fcheinen, namentlich in
den wärmeren Zonen, die Hauptwohnorte der Schwämme zu liegen.

Die Choriftiden befitzen ein viel lockereres Skelett, weit ftärker entwickelte Weichteile und ein weitläufigeres Kanalfyftem. Meift find fie
äußerlich von einer mehr oder weniger dichten Schicht von eigenartigen
Kiefelkörpern überzogen (daher „Rindenfchwämme“, Cortikaten): bald
haben diefe die Geftalt ziemlich anfehnlicher, mit kurzen Wärzchen oder
Dörnchen bedeckter Kugeln (Geodiidae) oder von Sternen (Stelletti-
dae), oder fie ftellen kleine kandelaberartige Körperchen dar (Plakini-
dae). Sehr häufig find Ankernadeln, die bisweilen (Ancorinidae) zur
vorherrfchenden Form werden können. Die meiften Arten finden fich
nahe der Oberfläche des Meeres, häufig auf der Unterfeite von Steinen
oder in Höhlungen von Felfen. Am tiefften gehen die Geodien (270
Faden) und Ancoriniden (228 Faden).

Es ift, wie weiter oben fchon bemerkt, fehr wahrfcheinlich, daß die
Gummifchwämme zum Teil degenerierte Nachkommen der Ordnung

der Tetraktinelliden find, bei welchen die Skelettelemente bis auf einige Kiefelfternchen verfchwanden. Auch dürften manche Monaktinelliden (Tethya z. B.) durch Reduktion der Nadelftrahlen aus ihnen hervorgegangen fein.

Die fchönften Schwämme indeffen, die Hexaktinelliden, find in bedeutenderen Tiefen des Meeres in reicher Fülle entwickelt, ja fie find die Tieffeefchwämme par excellence.

Die Geftalt diefer befonders im mikrofkopifchen Detail herrlichen Gefchöpfe ift fo mannigfach wie die der Schwämme überhaupt: die einen ftellen hohe Körbe, zierliche Füllhörner, geftielte Keulen und Kelche, andere Vogelnefter, Pilze und mannigfach verwachfene und verfchlungene Röhren dar. Seltener find maffivere (magenlofe), veräftelte Formen oder einzelne einfache oder mäandrifch verbogene und verfchlungene Blätter. In der Regel ift aber die äußere Geftalt der einzelnen Hexaktinellidenarten nur wenigen Veränderungen und geringen Varietäten unterworfen, was ja ihrem Wefen als Tieffeefchwämme vollkommen entfpricht.

Den kiefeligen Skelettelementen liegt faft immer der Sechsftrahler zu Grunde, er zeigt aber bei einem Individuum fchon, mehr noch bei verfchiedenen Arten die mannigfachften Modifikationen in der Form. Teilweife beruhen diefelben auf verfchiedenen Reduktionen einzelner Nadelftrahlen: häufig ift der Fünfftrahler, desgleichen der Vierftrahler unter Schwund der beiden eine kontinuierliche Axe darftellenden Strahlen, feltener zweier nicht in einer Linie gelegener. Dreiftrahler finden fich oft genug, dann liegen entweder die Strahlen in einer Ebene, d. h. auf einer Axe fteht fenkrecht ein Strahl, oder aber die drei Strahlen find Hälften der drei verfchiedenen Axen. Durch Reduktion von vier in einer Fläche befindlichen Strahlen wird die Nadel zum kontinuierlichen Zweiftrahler oder fcheinbaren Einaxer und kann unter folchen Verhältniffen eine oft erftaunliche Länge erreichen.

Ein weiterer den Formenreichtum vermehrender Umftand ift der, daß die Strahlen einer Nadel in verfchiedener Zahl, am häufigften indeffen alle oder einer, eigenartige Differenzierungen ihrer Oberfläche und Spitzen haben können. Da entwickeln fich anfehnliche Dornen

(Fig. 46, 10), oder die Spitze ift mit einem Schirm gekrönt, was am häufigften bei gewiffen Zweiftrahlern an beiden Enden vorkommt, fodaß fie ausfehen wie zwei mit den Griffen aneinander gebundene Regenfchirme (die fogenannten „Amphidisken" der Hyalonematiden Fig. 46, 7). Nicht felten find lange Nadeln an dem einen Ende mit vier- oder zweiarmigen Ankern verfehen (Fig. 46, 5). Wunderbare Gebilde kommen durch ftrahlige Auflöfungen der Nadelfpitzen zu ftande. Diefelben beftehen dann etwa aus einfachen oder am Ende geknöpften oder mit Scheiben verfehenen Stacheln oder aus verbreiterten elegant gekrümmten und regelmäßig arrangierten feinen Blättchen (Fig. 46, 11). Es giebt fcheinbare fchlanke Einaxer, deren eines Ende verdickt ift und eine Anzahl geknöpfter Keulen, bisweilen auch fpitze Stacheln trägt (die fogenannten Befengabeln).

Auch die Verbindung der Nadeln ift verfchieden: entweder fie liegen lofe, nur durch die Subftanz des Mefoderms in ihrer Lage gehalten nebeneinander, verfchmelzen höchftens ganz oberflächlich (Unterordnung der Lyffakinen), oder aber die Mehrzahl der Nadeln, fpeziell reine Sechsftrahler legen fich mit ihren Schenkeln dergeftalt aneinander, daß fie kubifche oder quadratifche Mafchen umfchließen, und verfchmelzen zu einem oft fehr regelmäßigen Balkenwerk (Dictyoninen Fig. 46, 12), wobei die Kreuzungspunkte der Axen der einzelnen Nadeln von einem fekundären, in feinen Flächen durchbrochenen Oktaëder umfchloffen fein können, was bei lebenden Hexaktinelliden (Aulocystis) fehr felten, bei foffilen (Callodictyon, Marshallia, Becksia, Coeloptychium etc.) um fo häufiger ift.

Diefe Nadelformen liegen im Schwammkörper nicht etwa ganz willkürlich zerftreut, fie find vielmehr geordnet und auf gewiffe Stellen verteilt, — fie find infolge von Arbeitsteilung entftanden, und die meiften von ihnen haben ihre ganz fpezielle phyfiologifche Bedeutung für den Schwamm. Danach kann man zunächft Nadeln der Oberfläche der innern Wandung und der Innenfläche des Gaftrovascularapparats unterfcheiden, betont muß aber werden, daß fie alle Produkte des Mefoderms find. Bei vielen Lyffakinen entwickeln fich aus fehr langen, einfachen oder am untern freien Ende mit Ankern verfehenen Nadeln

Wurzelfchöpfe, mittels welcher die Tiere im Sande oder Schlamm ficher haften, oder aber fie entwickeln (Dictyoninen) aus verfchmolzenen Nadeln beftehende, fehr engmafchige Wurzelplatten, mittels deren fie fich auf Steinen, Korallen u. f. w. befeftigen. Gelegentlich kommen um den Mund herum Kränze oder Bärte längerer, freier Nadeln vor (die fogenannten Periftomkränze). Die meiften Lyffakinen ftellen· Einzelwefen dar, die meiften Dictyoninen find Kolonien.

In ihrer Größe find die Hexaktinelliden fehr verfchieden und fchwanken zwifchen wenigen Millimetern und einem halben Meter (Höhe oder zugleich auch Durchmeffer) und mehr (Poliopogon, Rhabdocalyptus, Sclerothamnus).

Die horizontale Verbreitung diefer Gefchöpfe ift eine fehr weite, von den Shetland-Infeln im Norden bis zum 74⁰ f. Br. im Süden reichende. Von den mittels der Dredfchen und Trawlnetze vom Challenger unterfuchten Lokalitäten enthielten 14.4% in der nördlich gemäßigten, 22.2% in der tropifchen und 24.7% in der füdlich gemäßigten Zone Hexaktinelliden. Im allgemeinen herrfchen, wie Franz Eilhard Schulze, der ausgezeichnete Bearbeiter der Challenger-Glasfchwämme, bemerkt, die Lyffakinen vor, namentlich in der füdlich gemäßigten Zone, wo fie fünfmal fo zahlreich an Arten als die Dictyoninen find, während fie in der nördlich gemäßigten bloß zweimal und in der tropifchen nur um 7% häufiger find. Die Lyffakinen find fpärlich im Norden, reicher unter den Tropen, aber bei weitem am reichften im Süden vertreten, die Dictyoninen hingegen präponderieren zwifchen den Wendekreifen und nehmen nach dem Nord- und Südpole (und zwar nach erfterem etwas weniger als nach letzterem) hin an Artenzahl ab.

Was die bathymetrifche Verbreitung der Hexaktinelliden betrifft, fo finden fich zwifchen 95 und 100 Faden bloß Lyffakinen, von 101 bis 1000 find beide Gruppen faft gleich ftark vertreten, aber unter 1000 Faden treten die Dictyoninen bedeutend zurück, fie find mithin, wie wir fowohl aus ihrer horizontalen wie vertikalen Verteilung fchließen können, an das warme Waffer mehr angepaßt als die Lyffakinen.

Folgende Lifte bezieht fich auf die vertikale Verteilung der Hexaktinelliden:

Bathymetrifche Verteilung der Challenger-Hexaktinelliden:

Tiefe in Faden	Anzahl der Dredfch-züge	Lyffakinen		Dictyoninen		Zufammen
95—500	63		21		22	43
501—1000	29	31	10	28	6	16
1001—1500	31		10		4	14
1501—2000	35		13		1	14
2001—2500	38	43	13	8	2	15
2501—3000	33		7		1	8

Am längften gekannt von den Hexaktinelliden ift, wenn wir von einigen mehr erwähnten als befchriebenen und kaum deutbaren Formen älterer Zeit abfehen, eine Lyffakine von Japan, der „wunderbare Glas-fchopf" (Hyalonema Sieboldii s. mirabile), zubenannt. Der Körper diefes Schwammes hat eine kurzeirunde Geftalt, ift bis 15 Centimeter lang, oben mehr oder weniger abgeftutzt und mit einem unregelmäßigen Gittergeflecht verfehen. Auch feine Seiten find mit einem fehr feinen, hauptfächlich aus fich regelmäßig aneinander legenden Vier- und Fünf-ftrahlern gebildeten Flechtwerk bedeckt, das wie feiner Muffelin ausfieht. Von Stelle zu Stelle finden fich größere runde Öffnungen von 6 bis 7 mm Durchmeffer. Diefer Schwamm fitzt auf einem bis 60 Centi-meter und länger und kleinfingerdick werdenden Schopf flachfpiralig zufammengedrehter fcheinbarer Einaxer oder Zweiftrahler, die am un-teren Ende bei fehr gut erhaltenen Exemplaren teilweife mit vierarmigen Ankern verfehen find. In feiner unteren Hälfte ift der Schopf oder Stiel glatt, in der oberen aber faft immer von einer Kolonie dicht neben-einander fitzender Polypen (Palythoa fatua) flach umwachfen, alfo jedenfalls fo weit, wie er nicht im Schlamme fitzt.

Die wiffenfchaftliche Gefchichte des Hyalonema, das auf eine be-trächtliche Litteratur blicken kann, ift fehr intereffant. Zuerft lernte man unter allerlei japanifchen Kuriofitäten die bloßen, mit dem Polypen be-fetzten Schöpfe kennen, welche von den Japanern gern gruppenweife in durchlöcherte Steine gefteckt und mit angehängten Rocheneiern (foge-

nannten ¡Seemäufen) ausgeftattet werden. Diefen Schopf mit feinen
Schmarotzern befchrieb 1832 der alte Direktor des britifchen Mufeums,

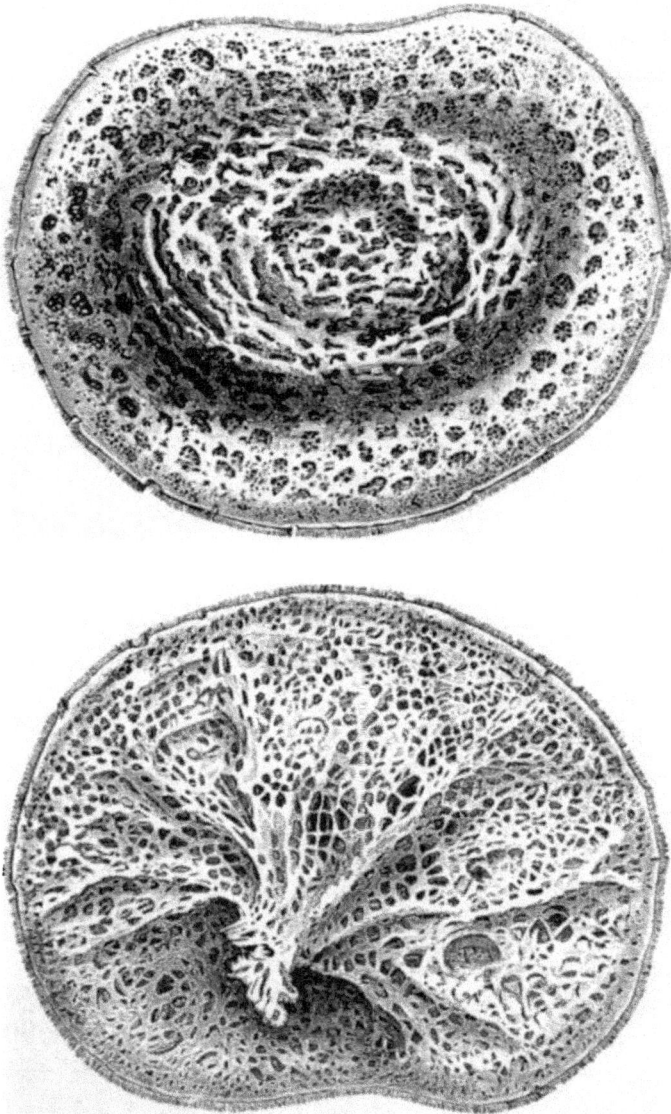

Fig. 48. Hyalonema toxeres (Wyville Thomfon) aus 1312 Faden Tiefe nat. Gr.
a) von oben, b) von unten; der Wurzelfchopf ift ausgeriffen.

John Edward Gray, als eine gorgonidenartige Koralle mit Kiefelaxe
und folgte damit einer Anfchauung, welche noch 27 Jahre fpäter von
Brandt in Petersburg geteilt wurde. Letzterer kannte aber doch fchon
den Schwamm, deffen Kreuznadeln er erwähnt, glaubt aber, derfelbe fei
ein auf der Koralle angefiedelter Parafit, alfo gerade umgekehrt, wie es in
Wahrheit der Fall ift. 1867 lernte auch Gray den Schwamm kennen,
welchen er Carteria japonica nannte, und meinte, die Japaner pflegten
gelegentlich die Gorgonide anftatt in Steine in einen Schwamm zu ftecken.
Erft der große Bonner · Mikrofkopiker Max Schultze that die Zu-
fammengehörigkeit beider Stücke als Teile eines einzigen Organismus dar,
verfiel aber in einen andern Fehler, indem er den Wurzelfchopf nicht
als folchen auffaßte, fondern als eine Art von Mundkranz. Daher bildet
er auch den Schwamm verkehrt ftehend ab; Claus war der erfte, der
die richtige Stellung erkannte.

Seit der Zeit find eine ganze Reihe von Arten und Varietäten des
Hyalonema aufgefunden und befchrieben worden. Sie haben eine
weite Verbreitung, denn man kennt gegenwärtig Formen aus den
japanifchen Meeren, aus dem ftillen, indifchen und atlantifchen Ozean,
hier von den Shetland-Infeln im Norden bis Triftan d'Acunha im Süden
und von der portugiefifchen Küfte im Often bis zu dem Meerbufen von
Mexiko im Weften. Bei Hyalonema toxeres von der weftindifchen
Infel St. Thomas (Fig. 48) ift der Körper im Verhältnis zu feiner Höhe
breiter als bei der altbekannten japanifchen. Leider waren die Exemplare immer während des Fanges mit dem Grundnetze von ihrem
Wurzelfchopf abgeriffen.

Ein dem Hyalonema nahe verwandtes Gefchlecht (Pheronema)
wurde 1868 von dem amerikanifchen Forfcher Leidy auf eine Hexaktinellide von St. Louis gegründet. Die Arten diefer Gattung haben keinen
einfachen, gewundenen, langen Wurzelfchopf im Centrum, feine Nadeln
find vielmehr voneinander gelöft und dringen von der Unterfeite des
Körpers allerwärts in den Schlamm des Meeresbodens ein. Die Geftalt
diefer Schwämme (Fig. 49) ift becher- oder neftförmig. Die abgebildete
Art Parfaiti ftammt von der afrikanifchen Weftküfte aus Tiefen bis zu
656, vielleicht bis zu 1500 Faden.

Eine der größten Lyffakinen ift das Askonema setubalense, das
an verfchiedenen Stellen der portugiefifchen und afrikanifchen Weftküfte

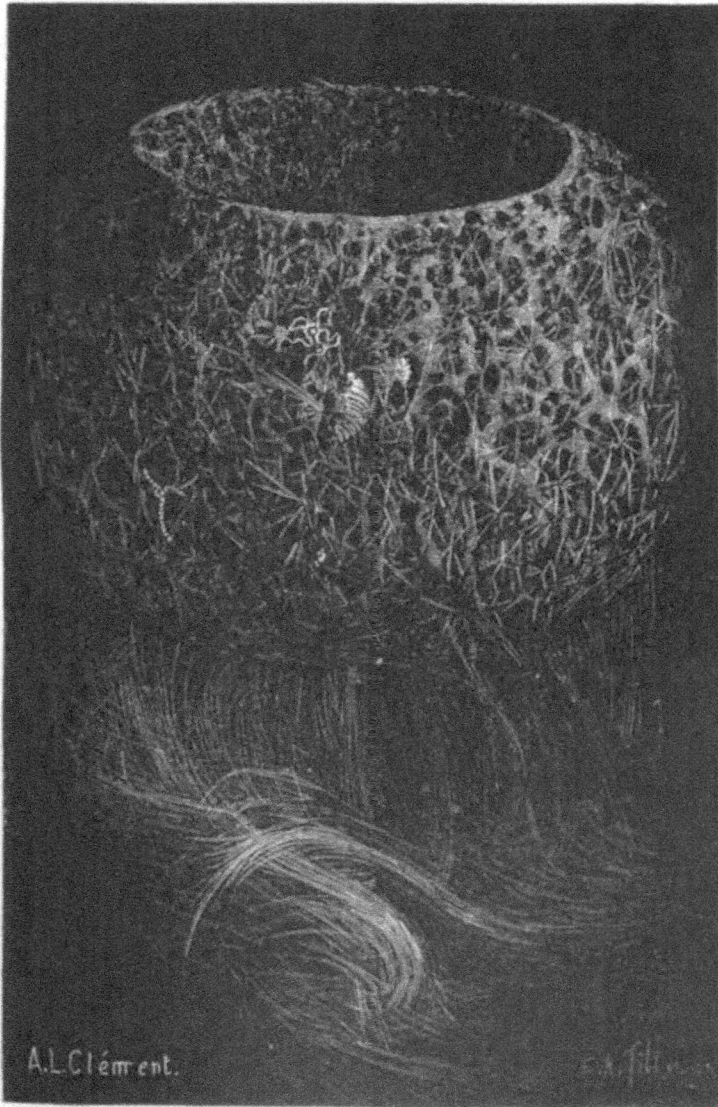

Fig. 49. Pheronema Parfaiti, H. Filhol, aus 656 Faden Tiefe.

in verhältnismäßig nicht ſehr bedeutenden Tiefen aufgefunden wurde. Es ſtellt einen meiſt ziemlich dünnwandigen, gelegentlich aber auch dick-

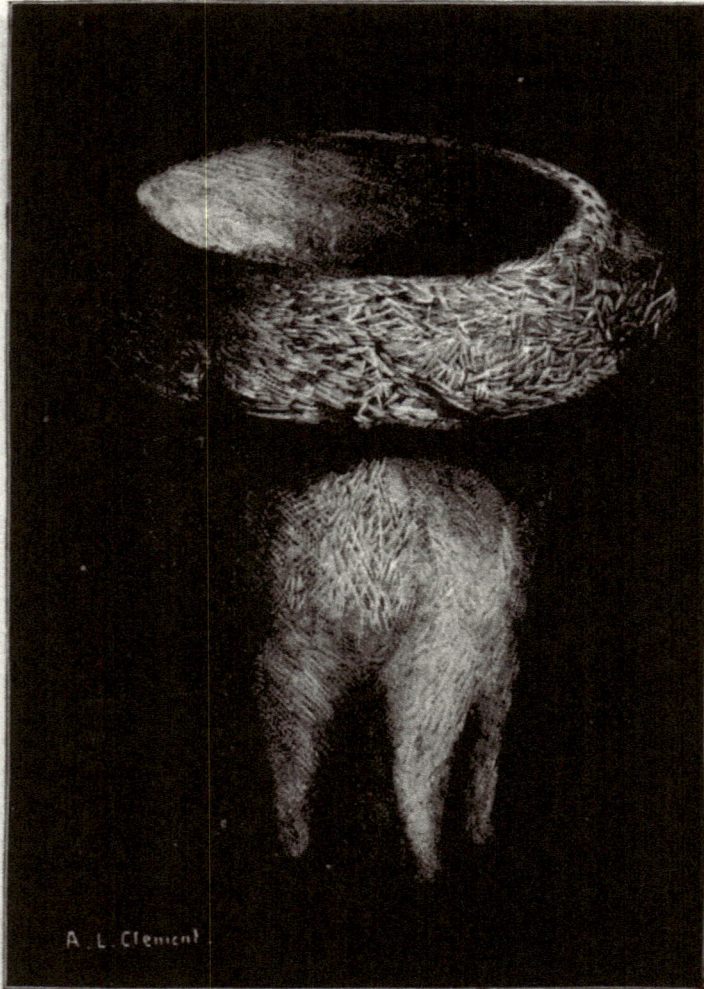

Fig. 50.   Askonema setubalense, Sav. Kent.

wandigen Becher (Fig. 50) dar, der bisweilen einen Durchmeſſer von 3 Fuß erreichen kann.

Die eleganteſten Formen unter den Hexaktinelliden gehören der

Lyffakinen-Familie der Euplektellen oder, wie man fie auch genannt hat, der „Venusblumenkörbe" an. Es find anfehnliche hohle Gebilde von Geftalt fchlanker, oft elegant gekrümmter, auf der Spitze ftehender Kegel oder in der Mitte meift etwas verbreiterter Cylinder. In der Regel haben fie reiche Wurzelfchöpfe, welche, wie auch die Wandungen des Schwammes das Anfehen gefponnenen Glafes haben. Oben ift die Röhre von einem konvexen unregelmäßigen Gitterwerk, einer „Siebplatte" überdeckt. Die Wandungen beftehen aus vertikalen, horizontalen und transverfalen Nadelbündeln, die fich mehr oder weniger regelmäßig verflechten, und zwifchen denen größere runde direkt in den innern Hohlraum führende Löcher fich befinden. Die Außenfeite ift bei wohlerhaltenen Exemplaren mit einem dichten Filz regelmäßig angeordneter Nadeln überzogen, die manchmal in undeutlich fpiraligen Zügen fich arrangieren und gleichfalls fpiralig vorfpringenden Rippen des Wandungsgewebes aufgelagert find. Die Tiere find Einzelindividuen: der große centrale Hohlraum ift der Magenraum, in dem dichten Wandungsgewebe refp. in den Rippen befindet fich das Kanalfyftem und die bei allen Hexaktinelliden fehr eigenartigen, fack- oder bienenkorbförmigen, verhältnismäßig anfehnlichen Geißelkammern.

Nächft den Hyalonemen find die Euplektellen am längften gekannt, und F. E. Schulze hat die Formen in 13 Gattungen mit 23 Arten verteilt, die eine weite Verbreitung im ganzen atlantischen und indifchen fowie im mittleren und füdlichen ftillen Ozean haben.

Die am erften während der Reife der franzöfifchen Fregatte Aftrolabe in den Gewäffern der Molukken aufgefundene Art wurde von Quoy und Gaimard (1833) unter dem Namen „Alcyoncellum speciosum" ungenügend und ohne mikrofkopifche Analyfe der Nadeln befchrieben. Das eine bekannte Exemplar diefes Schwammes (Tafel I, Fig. 1) ift offenbar ftark ausgewafchen und feines Oberflächen-Gewebes beraubt. Das Hauptgerüft zeigt ähnliche Verhältniffe, wie das der gewöhnlichen Euplektellen, ift aber unregelmäßiger, verworrner.

Acht Jahre fpäter gab Richard Owen zunächft eine kurze Befchreibung eines andern, von den Philippinen überfandten Schwammes unter dem Namen Euplectella aspergillum (Tafel I, Fig. 2), der er später eine ausführliche Arbeit folgen ließ. Eine zweite Art von den Seychellen machte er als Eupl. cucumer bekannt.

Die erftere Spezies ift von großer Schönheit, einmal durch die Regelmäßigkeit, mit welcher ihre Nadeln verflochten find, dann aber namentlich auch durch die elegante, füllhornartige, leicht gekrümmte Geftalt und durch die fpiralige Anordnung der Außenrippen. Noch vor 20 Jahren wurden diefe wundervollen Gebilde mit hohen Preifen bezahlt, gegenwärtig find fie aber von Cebu, wo fie in dem benachbarten Meere ftellenweife fehr gemein fein müffen, in folchen Mengen eingeführt, daß fich jeder für ein paar Mark den Schwamm kaufen kann, der, unter einer Glasglocke oder in einem an der Rückwand mit fchwarzem Sammte ausgefchlagenen Glaskaften aufgeftellt, ein reizender Zimmerfchmuck ift. Diefe Euplektelle (deutfch „die Schöngewobene" und aspergillum, die Gießkanne, wegen der braufeartig durchbrochenen Siebplatte) zeichnet fich vor den meiften übrigen Lyffakinen dadurch aus, daß im vollwüch-figen Zuftande ein Hauptteil der Nadeln, welche das Gerüft der Wan-dung bilden, oberflächlich durch fekundär aufgelagerte Kiefelfubftanz miteinander verfchmilzt. In der Jugend find alle Skelettelemente un-vereinigt.

Sehr nahe verwandt mit der Gattung Euplectella ift Trichaptella elegans, welche während der Fahrt des Talisman an der marokkanifchen Küfte in einer Tiefe von 480 Fad. auf einer Koralle (Lophohelia, Taf. II) aufgewachfen gedredfcht wurde. Die Bafis diefes Schwammes entwickelt keinen Wurzelfchopf, befteht vielmehr aus miteinander verfchmolzenen Nadeln, die ein fehr feftes Flechtwerk darftellen. Der übrige Körper des Schwammes ift nach der Befchreibung und Abbildung, welche Filhol davon giebt, in der Mitte erweitert und giebt dem Drucke nach. Um den Rand der unregelmäßig durchbrochenen Siebplatte fteht ein Kranz längerer Kiefelnadeln.

Die Figuren und die von Filhol mitgeteilte Charakteriftik der Trichaptella, namentlich die Thatfache, daß ihr Nadelwerk unten teilweife verfchmolzen, oben aber frei ift, erinnern fehr an Owen's Euplectella cucumer, die vielleicht nur ein ftärker ausgewafchenes Exemplar der marokkanifchen Art ift.

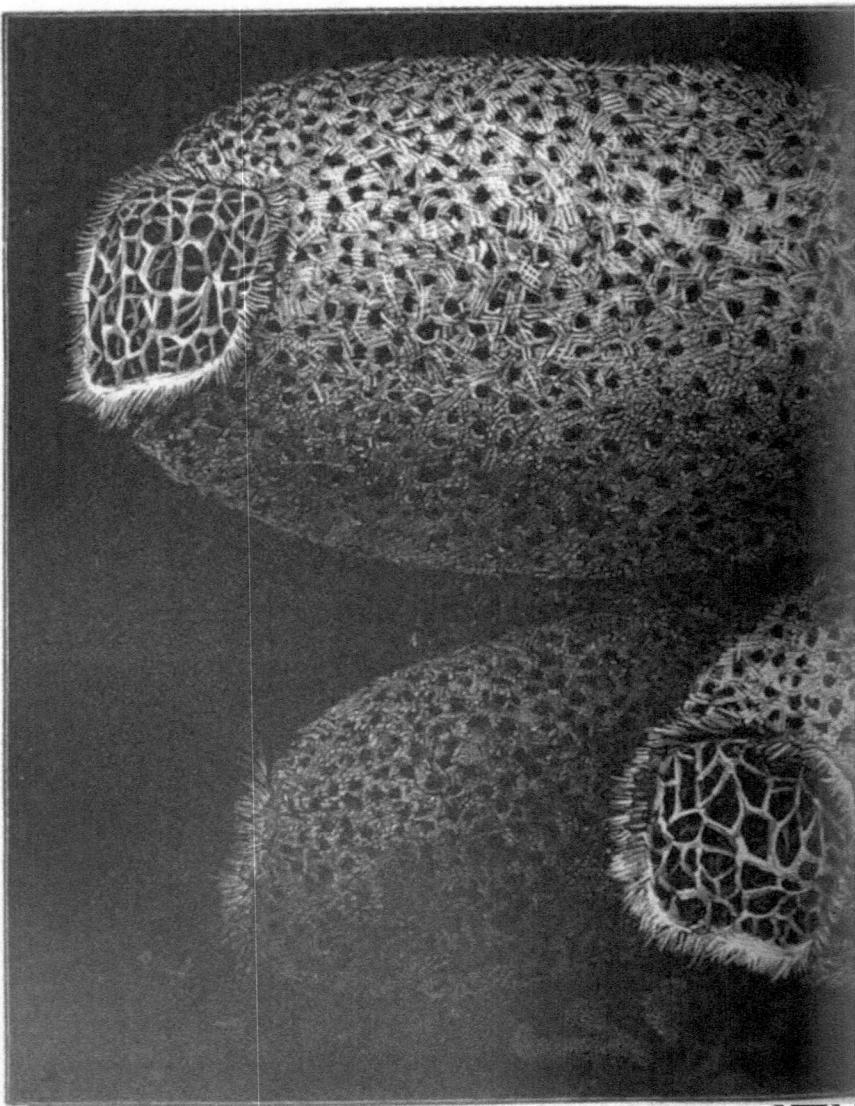

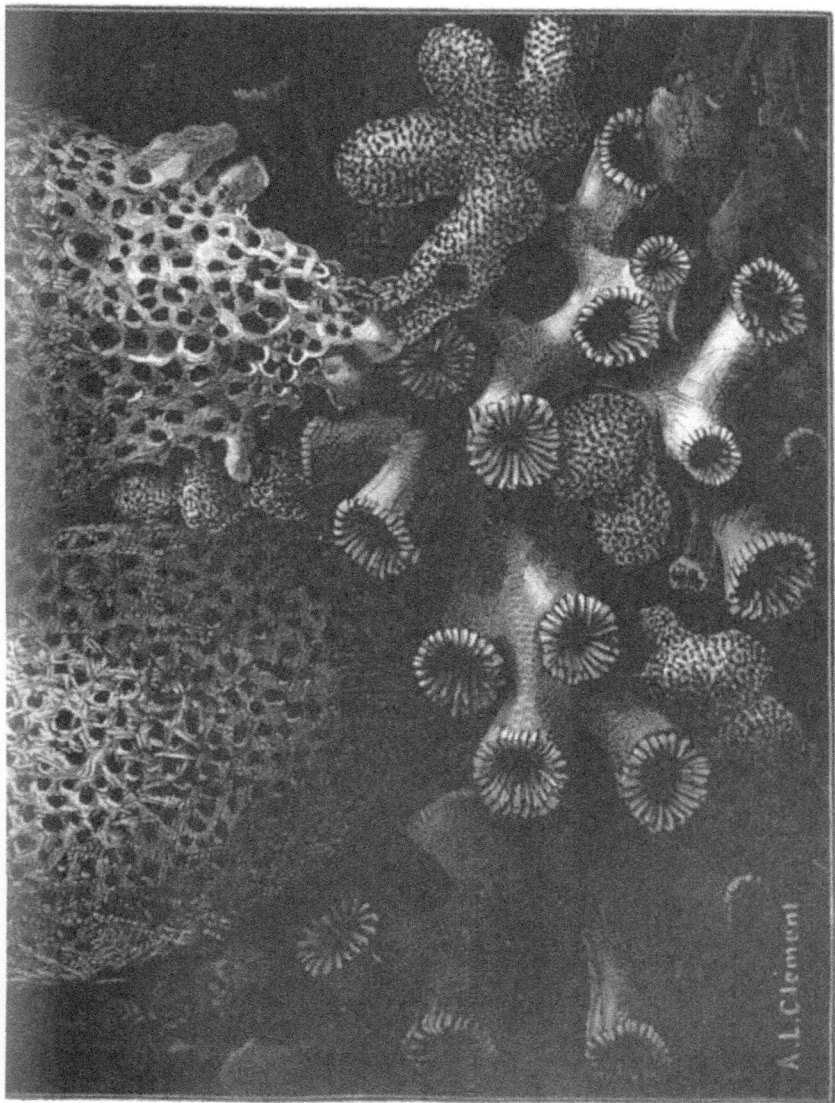

Drei Exemplare einer Hexactinellide (Trichaptella elegans).

(Auf einer Kolonie von Lophohelia angesiedelt.)

Im Vordergrund und rechts Aphrocallistes.

A.L.Clément

Erwähnenswert ift noch, daß, wie das Hyalonema auf feinem Wurzelfchopfe faft ausnahmslos von der Palythoa befetzt ift, fo in Euplectella aspergillum und auch in der fchönen, eleganten Eupl. Owenii von Japan beinahe konftant ein Pärchen kleiner Krebfe fich findet. Da diefe viel zu groß find, um aus den Öffnungen des Schwammes herauskommen zu können, fo fitzen fie in feinem Leibesraum wie Vögel in einem Käfig. Selbftredend find fie als kleine Jugendformen, vielleicht als Larven in ihr Ehebett und freiwilliges, fchützendes Gefängnis eingedrungen. Die Japanefen haben diefe Beobachtung auch gemacht und betrachten diefe Krebschen als ein verftorbenes Ehepärchen, bezeichnen fie als folche, „die mit einander alt geworden und begraben find", und fehen in dem fchönen Schwamm deren Maufoleum. Die Höhlungen und Gänge der Schwämme find überhaupt beliebte Schlupfwinkel für eine große Menge wehrlofer Seetiere, denn einmal werden die meiften infolge der Entwicklung ihres Skeletts keine fchmackhafte Biffen fein, manche mögen außerdem noch giftige Eigenfchaften befitzen, wenigftens ftinken einige (z. B. die Geodien) ganz abfcheulich.

Auch eine andere Hexaktinellide (Aphrocalliftes Bocagei) ift meift vergefellfchaftet mit einem kleinen Krebs (Galathea spongicola, f. Tafel III). Es ift übrigens Aphrocalliftes eine der fchönften Hexaktinelliden mit verfchmolzenem Nadelwerk (Dictyoniden). Sie ftellt anfehnliche unregelmäßige Röhren dar, welche nach unten gerichtete, fingerhutförmige Ausfackungen haben. Das Skelett hat käftchenartige, regelmäßig geftellte Öffnungen in feiner Wandung, und ftellenweife fpannen fich quer in dem großen Innenraum eigentümliche Siebe aus. In der Regel wächft der fchöne Schwamm auf Steinen oder noch lieber auf Korallen.

Die Hexaktinelliden find ein fehr alter Zweig der Schwammfamilie und waren befonders in der Zeit des weißen Juras und der Kreide reich entwickelt.

Sechstes Kapitel.

Hohltiere (Coelenterata) der Tieffee.

2. Polypen und Quallen (Cnidaria).

Die übrigen Hohltiere, die Polypen und Quallen hat man mit dem
Namen der Knidarien „Neffeltiere" (von $\acute{r}_i$ *xvl&η*, die Neffel) deshalb bezeichnet, weil fie mit wenig Ausnahmen im Befitz eigentümlicher
Organe, der Neffelorgane, find, mittels welcher fie beim Menfchen, und
manche in hohem Grade, ein lebhaft brennendes Gefühl auf der berührenden Haut erregen. Diefe Neffelorgane find umgeformte Zellen
des Ekto-, manchmal auch des Entoderms. Aus dem Inhalt einer jeden
folchen Zelle bildet fich eine zartwandige innere Kapfel, welche einen
eigentümlichen, fpiralig aufgerollten und meift mit Widerhaken am freien
Ende befetzten winzigen Faden und ein flüffiges fpezififches Gift (der
Ameifenfäure vielleicht naheftehend?) enthält. Nach außen verlängert
fich die Mutterzelle (der Knidoblaft) des ganzen Apparats in einen
über das Niveau der Körperoberfläche hervorragenden zapfenartigen
Fortfatz (das Knidoftyl). Ein geringer Druck auf dies Knidoftyl genügt, daß infolge des Reizes und unter Kontraktionserfcheinungen die
Wandung der Kapfel mit einer gewiffen Gewalt platzt und der Neffel-
faden mit dem Gift hervorgefchleudert wird. Meift ftehen die Knido-
blaften gruppenweife als fogenannte Neffelbatterien zufammen und
können, wenn fie zahlreich und groß find, auch für den Menfchen bedenk-
lich werden, wie an dem anfehnlichen f. g. portugiefifchen Kriegsfchiff oder
der Blafenqualle (Physalia). Zu Hapfal, einem Seebad an der efthnifchen
Küfte der Infel Dagö gegenüber, benutzt man die in der Oftfee gemeine
Scheibenqualle (Aurelia aurita) mit gutem Erfolge gegen gewiffe Arten
von Nervenlähmungen, indem man fie direkt oder mit Schlamm ver-
rieben, — denn die Neffelfähigkeit hört nicht gleich mit dem Leben
auf! — örtlich auflegt oder fie auch als Zufatz zu Bädern gebraucht.
Was die allgemeine Leibesgeftalt der Knidarien angeht, fo können
wir fagen, diefelbe fei glockenförmig mit verfchiedener Höhe. Der Rand
der Glocke fpringt in der Regel in verfchiedenem Umfange diaphragma-

artig nach innen vor und umgiebt die Mundafter-Öffnung, welche in
den centralen Magenraum führt. Diefer kann einfach fchlauchartig fein
oder er kann in die Körpermaffe eindringende Seitenräume entwickeln,
welche von fehr verfchiedenem Umfange fein können: einmal find fie einfach in der Längsrichtung des Körpers liegende Nifchen, zwifchen welchen
die Leibeswand kuliffen- oder feptenartig vorfpringt, im andern Extrem
löfen fie fich in mannigfach verzweigte und miteinander in verbindenden
Zufammenhang tretende Kanäle auf, welche die ganze Wandungsmaffe
des Körpers durchziehen.

Die Gefchöpfe find, wie die Schwämme, entweder Einzelindividuen
oder fie bilden Kolonien und kommen in beiden Fällen feftfitzend oder
freibeweglich vor. Im erfteren Falle find
fie mit dem aboralen Pole angeheftet und
entwickeln meiftens Skelette, entweder fefte,
umfangreiche, in der Regel kalkige im Mefoderm, — oder hornige als eine äußere
fchützende Ausfcheidung des Ektoderms.
Die freifchwimmenden Formen find fke-
lettlos, wenn fchon fich in ihnen eine oft
anfehnliche und bisweilen ziemlich feft
werdende Gallertmaffe entwickelt.

Sehr häufig finden fich unter den
Neffeltieren Kolonien bildende Formen,

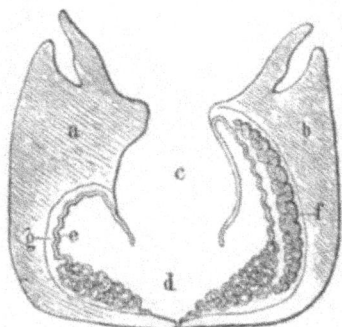

Fig. 51. Längsfchnitt durch eine Aktinie.
a Septum, b interfeptale Körperwand,
c Magen, d Leibeshöhle, e die fogenannten Mefenterialfäcke, g Gekröfe,
f Eierftock.

bei denen die einzelnen Individuen fich entweder zeitweilig loslöfen,
oder, in derfelben Skelettmaffe befindlich, in einer oberflächlichen Beziehung
zu einander verbleiben, oder endlich durch den kontinuierlichen Zufammenhang der Magenhohlräume, aus denen fie durch feitliche Sproffung oder
Divertikelbildung hervorgegangen waren, Kolonien darftellen, die man als
Tierindividuen zweiter Ordnung auffaffen kann. Die Teilnehmer an einer
folchen Stockbildung können untereinander, abgefehen von ganz neben-
fächlichen Unterfchieden in der Größe, ganz gleich fein, oder es tritt eine
Arbeitsteilung bei ihnen auf, der zufolge fie, als im Dienfte verfchiedener
Funktionen ftehend, auch eine verfchiedene Organifation annehmen. Wird
ein folches Individuum zweiter Ordnung mit zufammenhängenden Magen-

räumen gar noch freibeweglich, so kann es völlig den Eindruck eines ursprünglichen Einzelwesens machen, und die durch Arbeitsteilung verschieden organisierten Stockgenossen erscheinen dann ganz wie Organe.

Die Fähigkeit der Hohltiere überhaupt Knospen zu treiben, ist eine besondere Art des Wachstums und zwar eine solche, an der wir den Zusammenhang und die Zusammengehörigkeit von Wachstum und Fortpflanzung gut studieren können.

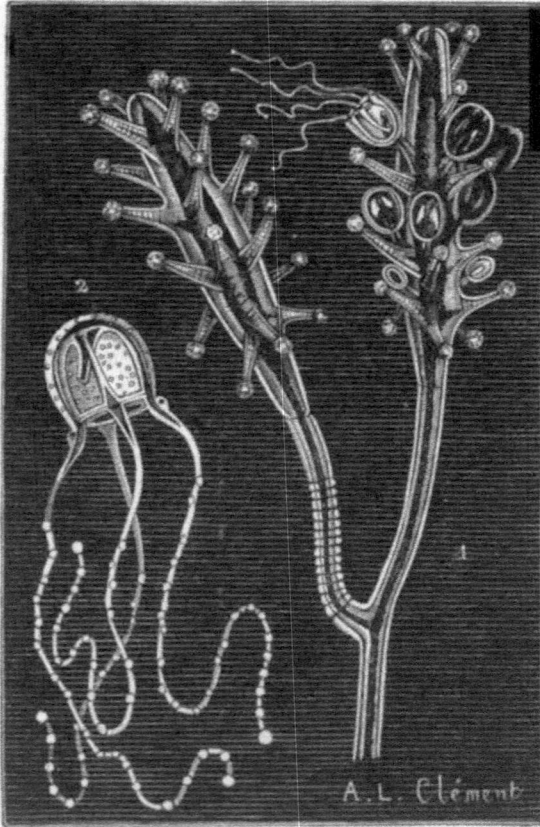

Fig. 52. Generationswechsel eines Hydroidpolypen (Syncoryne eximia). 1) Polypenstadium (Kolonie) mit Knospen, deren eine als reife Geschlechtsknospe (oben rechts) mit flottierenden Tentakeln zum Loslösen reif ist. 2) Die losgelöste Geschlechtsknospe (Qualle).

Alle tierischen Individuen haben ein bestimmtes Größenmaß und bei den meisten tritt die Fortpflanzungsfähigkeit ein, wenn dieses erreicht ist, indem dann ein Teil der genossenen Nahrung, wie während des Wachstums selbst zur Erhaltung des status quo des betreffenden Geschöpfes dient, ein anderer aber, der vorher zur Erlangung der Maximalgröße mit verwendet worden war, jetzt, da diese erreicht ist, zur Erzeugung neuer Individuen benutzt wird. Dieselbe Polypenart kann im nahrungsarmen Wasser ein Einzelindividuum bleiben, während sie unter günstigen Ernährungsverhältnissen üppig wächst, aber dieses Wachstum durch Anlage von Knospen bethätigt. Wenn,

wie bei einem Süßwafferpolypen (Hydra), fich diefe Knofpen durch
einen fich in der Kolonie vollziehenden Selbftteilungsprozeß loslöfen,
wird das Wachstum unmittelbar zur Fortpflanzung. Bringen wir einen
folchen knofpenreichen Polypen aus günftigen Lebensbedingungen in
ungünftige, wo es ihm
alfo nicht mehr mög-
lich ift, die ganze Ko-
lonie, die auf auskömm-
lichere Verhältniffe ein-
gerichtet war, zu er-
halten, fo können wir
zweierlei beobachten:
einmal, daß fich die
Knofpen, wenn fie fchon
einen gewiffen Grad der
Selbftändigkeit erreicht
haben, der fie befähigt,
durch einen eigenen
Mund und mittels eige-
ner Fangarme Beute zu
machen und fich unab-
hängig zu ernähren, los-
löfen, um die Konkur-
renz mit den Stockge-
noffen zu verringern und
wo anders auf eigene
Fauft ihr Heil zu ver-
fuchen. Wir können
ein anderes Mal aber
auch beobachten, wie

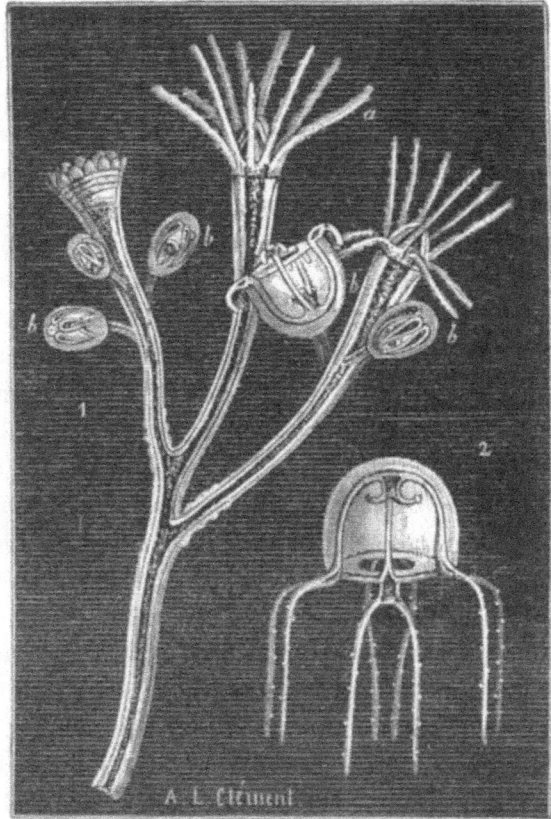

Fig. 53. Generationswechfel von Bougainvillia ramosa (Hydroidpolyp). 1) Polypenkolonie, a Nährpolyp mit Fangarmen, b Gefchlechtsknofpen in verfchiedenem Grade der Entwicklung. 2) Die
losgelöfte Gefchlechtsknofpe.

der Erftlingspolyp, das Muttertier gewiffermaßen, die noch jungen, mund-
lofen Knofpen einzieht, d. h. er verbraucht das an ihre Bildung verwendete Material, durch Hunger getrieben, wieder für fich.

Es kann aber in einer folchen Polypenkolonie, wie wir fchon hervorgehoben haben, mit den Knofpen eine Arbeitsteilung vor fich gehen: die einen werden als Schwimmglocken zu Apparaten der Bewegung oder unter Umftänden als Wurzelftolonen der Befeftigung, andere des Schutzes, des Fanges, der Ernährung und der Fortpflanzung. Während alle andern Organindividuen oder individuelle Organe im Dienft der Erhaltung des Individuums zweiter Ordnung als Individuums ftehen, ftehen die individuellen Fortpflanzungsorgane im Dienfte der Art, um deren Fortdauer zu garantieren. Unter Umftänden brauchen diefe Gefchlechtsknofpen der Kolonie keine befonderen Bewegungsapparate, fie können dann ihren Polypencharakter bewahren, günftiger indeffen ift es, wenn der Art die Möglichkeit geboten ift, den Kreis ihrer Verbreitung durch eine größere Beweglichkeit der Gefchlechtsknofpen zu erweitern. Unter folchen Umftänden entwickelt diefer Fortpflanzungsfproß lokomotorifche Hülfsmittel, wie fie einem Polypen nicht zukommen, er wird mit anderen Worten durch Anpaffung an feine neue Miffion zur Qualle, alfo fcheinbar zu einem ganz eigenartigen Dinge und neuen Individuum, das bisweilen erft nach der Loslöfung vom mütterlichen Stocke feine Vollendung erreicht, felbftändig frißt, wächft und reiche Genitalprodukte produziert. Aus den Eiern der weiblichen Quallen geht nach der Befruchtung ein eigentümliches kleines eirundes, außen mit Flimmerhaaren befetztes Wefen, eine Schwärmlarve hervor, welche fich, nachdem fie eine Zeitlang herumgefchwommen ift, feftfetzt und wächft, bis fie ihre individuelle Maximalgröße erreicht hat; fie treibt dann Knofpen und bildet fo wieder eine Kolonie mit allen den verfchiedenen Organindividuen, unter anderen auch mit den fich als Quallen loslöfenden Gefchlechtsknofpen. So gewinnt es den Anfchein, als ob auf eine gefchlechtslofe Polypengeneration eine gefchlechtliche Quallengeneration und auf diefe wieder eine gefchlechtslofe Polypengeneration folge u. f. f., es ift zur Bildung eines Generationswechfels gekommen, der auf dem Teilungsvermögen der Coelenteraten beruht und bei dem eine jede Generation nicht der elterlichen, fondern der großelterlichen gleicht.

Diefe Art des Generationswechfels findet fich bei den Hydroidpolypen (Fig. 52 u. Fig. 53).

In anderer Art vollzieht fich derfelbe bei den Scheibenquallen, ift aber auch hier auf das Teilungsvermögen der Hohltiere zurückzuführen. Aus dem Ei der gewöhnlichen Qualle (Fig. 54, 2) entwickelt fich eine gleichfalls wimpernde Larve, die, oval und dabei abgeplattet, die Geftalt eines Damenmedaillons hat und innen hohl ift. Nach geraumer Zeit des freien Umherfchwärmens fetzt fich dies, mit dem wiffenfchaftlichen Namen „Planula" (Flachling) bezeichnete Gefchöpf mit dem einen Pole feft, verbreitert feinen Körper am andern und wird bimförmig. Darauf entwickelt fich am feftfitzenden Ende eine Art kurzen Stiels, der fich mit einer hornartigen (chitinöfen) Ausfcheidung überzieht. Am freien Ende bricht der innere Hohlraum durch, womit eine Mundafter-Öffnung und ein Magenraum gebildet ift. Um die centrale Öffnung erheben fich am Rande des etwas abgeflachten Vorderendes zapfenartige Vorfprünge der Körperwand in folgender Zahl und Reihenfolge: 1, 2, 4, 8, 16, — das find die Tentakeln oder Fangarme, und im Magenraum entftehen durch deffen feitliche Ausfackungen vier Längsleiften. So ift aus der Planula der Medufe ein Polyp einfachfter Art, ein Scyphiftoma*) hervorgegangen (Fig. 54, 1).

Diefes Scyphiftoma nährt fich nach Art eines Polypen, es wächft von einer Größe von 1,5 bis auf 3,5 mm, und feine vordere Hälfte erleidet eine Reihe hintereinander gelegener ringförmiger Einfchnürungen, während der hintere Teil fich etwas aufbläht. Dabei tritt eine Verkürzung, aber Verbreiterung, der Tentakeln ein und an den vorderften Einfchnürungsftellen entwickeln fich lappenartige Fortfätze: das Scyphiftoma ift zur Strobila (Fig. 54, 2 u. 3) geworden. Die äußern Einfchnürungen fchreiten centripetal zur Mitte des Magenraumes fort, fodaß diefer in feinem vorderen Abfchnitte in eine Reihe hintereinander gelegener, durch Löcher in dem Zwifchenboden miteinander zufammenhängender Kammern zerlegt wird. Diefer Prozeß der Strobilation fchreitet von vorn nach hinten kontinuierlich fort (Fig. 54, 3), fo daß fchließlich eine ganze Anzahl am Rande

*) Es ift bedauerlich, wenn in den erften und verbreitetften Hand- und Lehrbüchern der Zoologie die Scyphiftoma fteht. Das Wort leitet fich ab von ὁ σκύφος, der Becher und τὸ στόμα, der Mund! Man wende nicht ein, dafs dies gleichgültig fei, eine folche Behauptung verrät wenig Urteil.

mit 8 zweiteiligen Lappenanhängen verfehene flache Schalen wie ein Satz Teller in einander ftecken. Endlich löft fich die oberfte Schale los und ftellt eine flache Scheibe dar, welche im Scheitel ein kleines Loch, gewifsermaßen eine Narbe des Zufammenhangs mit der Strobila, einen Nabel, wenn man will, hat. Diefes Loch führt in den losgefchnürten Teil des alten Magenraums des Scyphiftoma, welcher fich feitlich in die lappenartigen Anhänge fortfetzt und vorn bis auf eine offene Röhre gefchloffen ift. Die Scheibe dreht fich um, fodass der Eingang zur Röhre fich unterhalb befindet, — eine junge Qualle, eine Ephyra (Fig. 54, 4 u. 5) ift fertig. So löft fich eine nach der andern von der Strobila los; die Spur des alten Zufammenhanges, das Scheitelloch, verfchwindet bald, die offene Röhre unten wird zum

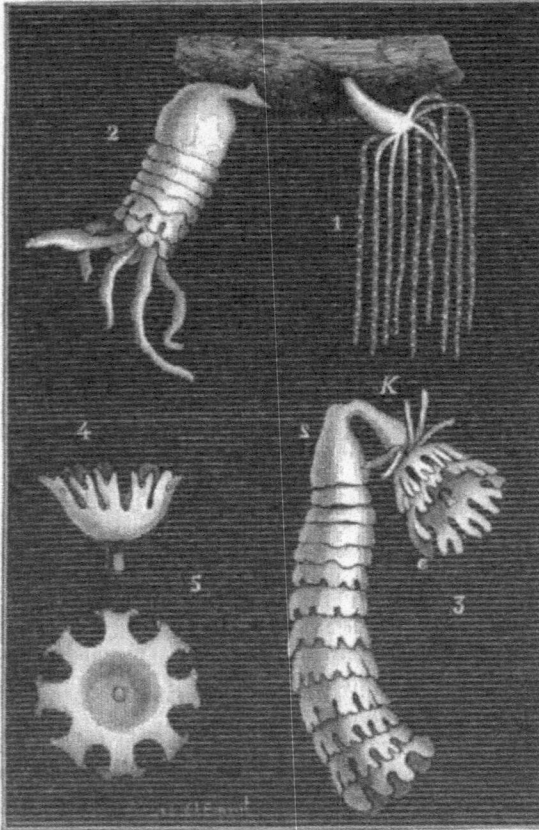

Fig. 54. Entwicklung einer Scheibenqualle (Aurelia aurita). 1) Ausgebildetes Scyphiſtoma, 2) beginnende, 3) vollendete Strobila, S Baſalſtück, K eine ſekundäre Knoſpe desſelben, die gleichfalls ſtrobiliert, 4) und 5) junge freie Quallen (Ephyren).

Mundſtiel der Qualle, die feitlichen Fortſätze des Magenraums gabeln fich in regelmäßiger Weife mehr und mehr, wodurch fich ein ziemlich kompliziert angeordnetes Gaftrovascularfyftem entwickelt in dem Maße, wie die junge Qualle zur gefchlechtsreifen Aurelia heranwächft. Das ungeteilte Baſalſtück der Strobila ernährt fich fort und fort und kann eine große Anzahl von Ephyren im Laufe einer gewiffen Zeit produzieren. Erwähnenswerth ift noch, daß das Bafalftück der Strobila gelegentlich fekundäre Knofpen treiben kann, die gleichfalls ftrobilieren. (Fig. 54, 3, K).

Der Unterfchied einer Strobila und eines Hydroidpolypen liegt zunächft darin, daß erftere in viel geringerem Grade eine Kolonie ift, als diefer. Arbeitsteilung ift nur infoweit eingetreten, als das Bafalftück einen Haftapparat darftellt und fo ergiebt fich ein Vergleich mit einem Bandwurm, einer T a e n i a von felbft: Das Scyphiftoma gleicht einer Finne, die fich mit ausgeftülptem Kopfe eben irgendwo im Darm befeftigt hat, die Strobila dem Bandwurm, ihr Bafalteil dem Bandwurmkopfe, die fich nach und nach von vorn nach hinten ein- und abfchnürenden Scheiben entfprechen den reifenden Wurmgliedern, die frei gewordene Ephyra endlich der losgelöften gefchlechtsreifen Proglottide.

Weiter ift für die Entwicklung der Scheibenquallen ein Loslöfen in der Richtung von vorn nach hinten, für die Hydroidmedufen aber in feitlicher Richtung vom Mutterftamme charakteriftifch.

Viele andere neffelnde Hohltiere kommen bei ihrer Entwicklung über das Stadium eines Scyphiftoma nicht hinaus, indem fie zeitlebens Einzelindividuen bleiben.

Man hat die Knidarien in fünf Klaffen zerlegt, nämlich in K o r a l l - polypen (Anthozoa), Hydroidpolypen oder Medufopolypen (Hydrozoa), Schwimmpolypen (Siphonophora), Scheiben-quallen (Acalepha) und Rippenquallen (Ctenophora).

Die K o r a l l p o l y p e n find meift feffile, feftgewachfene oder doch mit einem Ende in Sand und Schlamm fteckende Tiere, bei denen infolge der geringen Beweglichkeit des Körpers fich im Mefoderm ein oft anfehnliches kalkiges, bisweilen horniges, in einzelnen Fällen abwechfelnd kalkiges und horniges Skelett entwickelt hat. Die Elemente diefes Skeletts können, ähnlich wie bei den meiften Spongien, ifolierte Kalknadeln verfchieden-artiger Form fein, oder fie verwachfen zu zufammenhängenden Gerüften, und oft genug finden fich beide Arten in ein und demfelben Tiere vereinigt. Die frei beweglichen Formen zeigen keine derartigen Bildungen. Der Magenraum ift durch feitliche Längsnifchen, welche durch vorfpringende Leiften oder Septen (Mefenterialfalten) getrennt find, kompliziert (vergl. Fig. 51, S. 179). Im obern Teil des Tieres verwachfen die freien Ränder der Septen vom Mundrande an zu einer Binnenröhre, hinter welcher die Septaltafchen liegen. Unter diefer „Speiferöhre" find die Septalränder frei und die Seitennifchen kommunizieren nach oben mit den Septaltafchen, welche ihrerfeits fich fehr oft in die Tentakeln fortfetzen, fodaß letztere hohl find.

Diefe Nefleltiere pflanzen fich einfach, ohne Quallenformen fort und zwar entweder gefchlechtlich oder indem fie durch Sproffung Kolonien bilden oder endlich durch Teilung, welche häufig eine Längsteilung fein kann. Die Korallpolypen zerfallen in die beiden Ordnungen der Alcyonarien und Zoantharien.

Sehr bekannte, namentlich durch die Seewafferaquarien populär gewordene Formen der zweiten Ordnung find die Seeanemonen oder Aktinien, welche mit ihren zahlreichen, in mehreren Kreifen arrangierten Fangarmen und oft prachtvollen Farben Blumen fehr gleichen. Diefe Tiere befitzen keine Skelettelemente und find im ftande, fich frei, wenn auch langfam, durch Fortfchieben auf dem aboralen Körperende zu bewegen, manche verftehen auch zu fchwimmen. Sie find getrennt gefchlechtlich und pflanzen fich auf gewöhnlichem Wege ohne befondere Metamorphofe fort, daneben kommt bei ihnen aber auch noch eine ungefchlechtliche Vermehrung vor. Nach den Beobachtungen von Dicquemère, Hogg, Wright und andern löfen fich kleine Stückchen von der Leibeswand der Tiere (Actinoloba dianthus, Sagartia miniata) namentlich von der fogenannten Fußfcheibe, auf welcher fie fitzen und mit der fie kriechend fich bewegen, los und wachfen zu kleinen Aktinien aus. Vorübergehend kommt auch Sproffenbildung vor; fo ift es nach van Beneden keine Seltenheit, in Aquarien die Actinia plumosa mit einfachem Magenrohr, aber mit doppelter Mundöffnung zu fehen. Dalyell beobachtete bei einer in Gefangenfchaft gehaltenen Aktinie Längsteilung während mehrerer Jahre und Goffe konftatierte diefe Fortpflanzungsart für die fchöne Anthea cereus.

Die Seeanemonen find in allen Meeren, an den Küften, befonders wenn diefe felfig find, bis zum Stande der niedrigften Ebbe gemein, fie finden fich aber auch in beträchtlichen Tiefen und wie es fcheint, gelegentlich in großen Gefellfchaften zufammen. So dredfchte der Talisman einmal mit einem Zuge bei einer Tiefe von 490 Faden 250 Exemplare einer eigentümlichen Aktinie, bei welcher, wie das mehrfach vorkommt, die radiäre Symmetrie fekundär in eine bilaterale übergegangen war, indem der Mund eine ovale Geftalt angenommen hatte und von zwei lippenartigen Wülften eingefaßt wurde, auf welchen die Tentakeln ftanden (Actinotheca pellucida). Bei einer andern Form (Actinia bellis) find nach den Angaben von Wright die Kopffcheibe und der Mund oval und die Entleerung der Kotmaffen findet immer in einem und demfelben Winkel des Mundes (der ja After zugleich ift) ftatt und der ihm zunächft ftehende Tentakel ift befonders gefärbt. Auch unter dem von Richard Hertwig in ausgezeichneter Weife bearbeiteten Aktinienmaterial der Challenger-Expedition befinden fich bilateral-fymmetrifche Formen und zwar in der Familie der Amphianthiden (Stephanactis, Amphianthus). Die bilaterale Symmetrie ift hier deutlich eine Folge der Lebensweife: die Tiere umklammern nämlich mit ihrer Fußfcheibe die Axenfkelette von Koralltieren (Gorgoniden), welche bei beträchtlicher Länge einen nur geringen Durchmeffer haben. So wird fich der Körper des Parafiten oder Mietsmanns in der Richtung des Längswachstums feines Wirtes ftrecken.

Die Neigung der Seeanemonen, fich an andere Tiere anzufchließen, kann öfters beobachtet werden. Beifpielshalber findet fich in der Tieffee eine ganz eigenartige Form, (Epizoanthus parafiticus), welche eine Kolonie bildet, was für Aktinien etwas fehr Merkwürdiges ift. Diefe Kolonie fiedelt fich immer auf einem von einem Bernhardkrebfe bewohnten Schneckenhaufe an, löft dasfelbe vollftändig, fogar die Spindel mit, auf, bewahrt aber im Innern genau die Geftalt der Konchylienfchale, fodaß der Krebs in der Höhlung der Seeanemonen-Kolonie ebenfo ficher und bequem wohnt, wie vordem in dem abgelegten, annektierten Weichtierbau. Ja, vielleicht hat der Krebs noch einen größeren Vorteil von feinem Epizoanthus. Wenn er nämlich in einem Schneckenhaufe wohnt, ift er genöthigt, nach oder bei jeder Häutung umzuziehen, denn er wächft zwar, feine Wohnung aber nicht mit ihm, fowenig wie bei unfern Kindern die Kleider. Ein Umzug ift aber immer eine gefährliche Sache

für einen Bernhard- oder Diogeneskrebs. Er hat nämlich infolge des
künſtlichen Schutzes den ihm urſprünglich angeborenen einer harten
Hautbedeckung verloren, und ſein zarter ſaftiger Hinterleib wird von
andern Krebsarten und von Raubfiſchen ſehr geſchätzt. Bemerken dieſe
Schnapphähne, daß der kleine Diogenes anfängt, nervös aufgeregt auf
die Wohnungsſuche zu gehen, ſo ſchenken ſie ihm eine ſehr unerwünſchte
Aufmerkſamkeit und laſſen ihn nicht aus dem Auge. So iſt es wenigſtens bei den in ſeichtem Waſſer lebenden Formen und wird bei denen
der Tieffee nicht viel anders ſein. Es iſt ihm aber ſeine Seeanemonen-
Geſellſchaft gewiß auch noch in anderer Hinſicht nützlich, wie es ſicher
bei einem anderen Bern-
hardkrebſe der euro-
päiſchen Küſten des at-
lantiſchen und mittel-
ländiſchen Meeres der
Fall iſt. Derſelbe hauſt
gern in den abgeſtor-
benen Schalen des ge-
meinen Wellhorns, und
ſehr oft trägt er auf
dieſem ein oder meh-
rere Individuen einer
bräunlichen geſtreiften
Aktinie (Sagartia pa-
rasitica Fig. 55) auf ſich

Fig. 55. Ein Pagurus in der Schale eines Wellhorns mit a
Sagartia parasitica.

herum. Kommt er in die Lage, umziehen zu müſſen, ſo nimmt er ſehr ſorg-
fältig ſeine Mietsleute von der verlaſſenen Wohnung herunter und verpflanzt
ſie auf die neue. Dieſes Verhältnis beruht auf gegenſeitigem Vorteil, es iſt
eine Aſſociation auf Gegenſeitigkeit oder, wie man es genannt hat, ein
ſymbiotiſcher Prozeß. Der Krebs hat den größten Nutzen von der See-
anemone, die tapfer neſſelt und brennt und alle unberufenen Stören-
friede ihrem Hausherrn vom Leibe hält, ihr Vorteil aber iſt der, daß ſie
ohne eigene Anſtrengungen und viel raſcher als etwa durch dieſelben
vom Flecke und ſomit in Verhältniſſe beſſerer Ernährung kommt.

Unter den Tieffee-Aktinien findet fich weiter eine Reihe außerordentlich intereffanter Formen, die vielleicht von weittragender morphologifcher Bedeutung find. Während die Seeanemonen zu derjenigen Gruppe der Neffeltiere gehören, deren radiär angeordneten Organen und Leibesteilen die Zahl fechs (alfo diefe felbft oder ein Mehrfaches von ihr) zu Grunde liegt, fand Hertwig unter dem Challenger-Material Formen, bei denen dies nicht der Fall ift, die fich, wenigftens teilweife (Sicyonidae), wie viele andere Coelenteraten nach der Grundzahl vier (diefe oder ihr Mehrfaches) arrangieren. Er hat aus den wenigen fo befchaffenen Arten einen zweiten Tribus der Paraktinien gemacht, welchen er dem gewöhnlichen der Hexaktinien coordiniert. Diefe Paraktinien find deshalb von Bedeutung, weil fie vielleicht hinüberleiten zu den uralten, mit feftem Kalkfkelette verfehenen Tetrakorallien des Silur, Devon und Kohlenkalks, die in nur fehr fpärlichen Reften bis in die Jetztzeit fich gehalten haben (Haplophyllum Pourtalès, Guynia Duncan).

Eine zweite fehr beachtenswerte Thatfache ift die, daß manche Tieffee-Anemonen eigentümliche Umbildungen der Tentakeln zeigen. Die meiften, wahrfcheinlich alle Aktinien haben in ihren Fangarmen einen zarten, am freien Ende offen ftehenden Kanal, durch welchen beim Zufammenziehen des Tieres Waffer ausgeftoßen wird. Bei einigen abyffifchen Formen, die zum Teil der Familie der Liponemiden, zum Teil dem Tribus der Paraktinien angehören, ift nun eine Rückbildung der Tentakeln eingetreten. Bei Polysiphonia ftellen fie kurze, feftwandige Röhren dar, die im hintern Abfchnitte eirund, vorn fein ausgezogen, wenig kontraktil und nicht geeignet zum Faffen und Halten der Beute find, aber da die Endöffnung groß ift, fo funktionieren fie als Einftrömungs-Apparate, durch welche die Tiere Waffer nebft der in diefem fuspendierten Nahrung aufnebmen. Bei Sicyonis ftehn 64 warzenförmige Tentakeln mit weitem fchlitzförmigen Eingangsloche in einem Doppelkranz um die Mundöffnung. Bei Polystomidium ift eine noch bedeutendere Reduktion der Fangarme eingetreten, da fie nur als fchwacher niedriger Wandungsrand einen geräumigen Eingang zu dem Kanal umgeben. Polyopis, eine fehr eigentümliche fackförmige Gattung der Paraktinien wahrfcheinlich mit einem Loche im aboralen Pole, wie Edward-

sia, und mit 36 den Septen entfprechenden Längsfurchen auf der
äußern Körperwand, hat 36 einfache, nicht umwallte Schlitze ftatt der
Tentakeln an der Mundfcheibe. Noch mehr vereinfacht und in großer
Zahl vertreten (mehrere Hundert) find bei Liponema multiporum diefe
den Fangarmen entfprechenden Löcher, mittels welcher das Mageninnere
der Aktinie mit der Umgebung kommuniziert. Die Bedeutung diefer
merkwürdigen Umbildung liegt darin, daß hierdurch ein neues Streiflicht
auf die Abkunft der Schwämme geworfen wird.

Im März 1882, als diefe wunderbaren Tieffee-Anemonen mir noch
unbekannt waren — denn Hertwigs Abhandlung erfchien erft Ende
desfelben Jahres — fchrieb ich in einem Auffatze über Entwicklungsgefchichte der Schwämme und über das Verhältnis diefer Tiere zu den
Neffel-Hohltieren: „Poriferen (Schwämme) und Teliferen (Knidarien) find
zwei divergierende Äfte des Coelenteratenftammes, welche fich aus
der gemeinfamen Stammform der Protoaktinie entwickelt
haben", eine Behauptung, welche angefichts diefer, mit Waffer
aufnehmenden Löchern in der Mundfcheibe anftatt mit Tentakeln verfehenen, Tieffee-Aktinien aufrecht zu erhalten, ich mich mehr
denn je veranlaßt fehe.

Was die bathymetrifche Verteilung der abyffifchen See-Anemonen
angeht, fo findet fich Antemorphe elegans noch bei 2900 Faden
und zwifchen 1800 und 1900 wurden noch fechs Arten gedredfcht.

Neben den See-Anemonen, den weichhäutigen Blumentieren
(Anthozoa malacodermata), finden fich in der Tieffee auch eine
Anzahl Vertreter der harthäutigen (sclerodermata) Madreporen.
Niemand kann die Etymologie diefes Namens, der aus dem Ende des
16. Jahrhunderts von Terrante Nuporato herrührt, genau angeben;
die einen fehen in ihm ein verdorbenes italienifches Wort, das „Mutter
der Poren", d. h. mit vielen Poren verfehen, heißen foll, andere, wie
Alexander Agaffiz, leiten es aus dem griechifchen μαδαρός, haarlos, und
πόρος, Öffnung, ab, was aber noch weniger Sinn giebt als die ältere Meinung.

Die Madreporen zeichnen fich durch den Befitz eines zufammenhängenden Skeletts in der Fußplatte, der Außenwand (das Mauerblatt)
und in den Septen aus. Das Mauerblatt kann folid oder von Lücken

durchbrochen fein, fich von der Fußplatte in verfchiedenen Winkeln erheben oder als eine Fortfetzung desfelben auftreten, wonach die Leibesgeftalt walzen-, becher- oder fcheibenförmig wird. Die Tiere präfentieren fich als Einzelwefen von oft bedeutender Größe (Fungia) oder als Kolonien der verfchiedenartigften Geftalt, aber jede Art hält ziemlich genau denfelben Wachstumsmodus bei.

In gewiffer Beziehung entfprachen die während der Challenger-Expedition erbeuteten Tieffee-Madreporen den gehegten Erwartungen nicht. Sie zeigen weder befondere anatomifche Eigentümlichkeiten, noch werfen fie Licht auf Verwandtfchaftsverhältniffe der verfchiedenen Formen untereinander, und ihr Bearbeiter Mofeley meint, daß fie keine altertümlichen Formen feien, daß die Ahnen vielmehr Bewohner des flachen Waffers gewefen wären. Viele aber zeichnen fich aus durch eine wundervolle Regelmäßigkeit und außerordentliche Zartheit des Skeletts. Die verfchiedenen Arten gleichen fich in der Jugend fo fehr, daß es bisweilen geradezu unmöglich wird, fie in diefer Lebenszeit zu unterfcheiden.

Manche Formen variieren nach der Größe und nach dem Grade der Feftigkeit ihres Skeletts. So fchwanken die Exemplare von Bathyactis symmetrica zwifchen 5 und 40 mm, ohne daß etwa die Größendifferenzen auf verfchiedene Altersftufen zurückgeführt werden könnten, denn, und das ift für die Beurteilung des Alters der Anthozoen entfcheidend, die Zahl der Septen, welche mit den Jahren in regelmäßiger Weife zunimmt, ift die nämliche. Auch die Tiefe des Wohnorts ift merkwürdigerweife gleichgültig, was die Größe anlangt, aber durchaus nicht, was die Konfiftenz des Skeletts betrifft. Große Exemplare find außerordentlich zerbrechlich und bei Exemplaren aus großen Tiefen, namentlich wenn diefelben vom Diatomeenfchlick herftammen, treten in dem mit der Fußplatte in einer Fläche gelegenen Mauerblatt Lücken auf, die Folge der Kalkarmut des betreffenden Waffers. Bei den prächtigen, fcheibenförmigen bis konkav-konvexen, mützenartigen Leptopenus-Arten, Tieffeeformen erften Ranges, ift das Skelett wundervoll fymmetrifch und das Fuß- und Mauerblatt fehr regelmäßig fiebartig durchbrochen, fodaß fich, wie bei dem Netz einer Radfpinne, zwifchen den zarten weißen Längsfepten äußerft gleichmäßige Querbälkchen aus-

fpannen. Stephanotrochus nobilis (Fig. 56), aus einer Tiefe von
1000 Faden bei den Azoren, ift eine fchöne Art von Becherform mit
zwölf ftark markierten, außen als Rippen und auch oben vorfpringenden
Septen, welche die älteften und zuerft
angelegten find, zwifchen diefe fchieben
fich im Weiterwachfen die übrigen nach
und nach ein. Flabellum alabastrum (Fig. 57), mit der vorigen Spezies zufammengedredfcht, ift 50 Millimeter hoch, keilförmig, außerordentlich
zart und zerbrechlich, von prächtiger
hellroter Farbe.

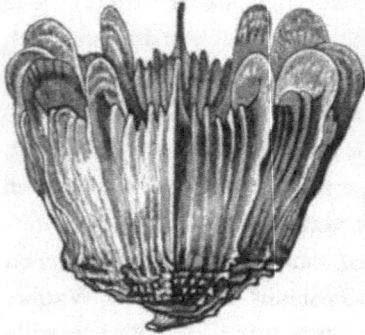

Fig. 56. Stephanotrochus nobilis von
den Azoren aus einer Tiefe von 1000 Faden.

Von den verzweigten Madreporen-
formen ift Lophohelia prolifera
(Tafel II, 1) infofern von Wichtigkeit, als fie in der Tieffee Korallen-
riffe bildet. So fanden die Naturforfcher des „Porcupine" im nordatlantifchen Ozean den Boden in einer Tiefe von 300—600 Faden und

Fig. 57. Flabellum alabastrum, von den Azoren, aus einer Tiefe von 1000 Faden.

bei einer Temperatur bis zu 0⁰ C. ftellenweife auf Meilen mit einem
Bufchwerk diefer fchönen Koralle bedeckt, die fich an gewiffen Örtlich-
keiten, z. B. zwifchen Schottland und den Faröer, zu wahren Bänken

häufte. Bei andern Madreporen ftellen die Kolonien keine verzweigten Bäumchen dar, fondern fefte, kompakte Maffen, in denen die Einzel-polypen fo dicht fitzen, daß ihre Gehäufe fich gegeneinander abflachend aus der runden Form in eine polyedrifche übergehen. (Astroïdes calycularis Fig. 58.) Wenn die Einzelpolypen fich frei hervorftrecken, wenden fie fich nach allen Seiten und geben, meift lebhaft gefärbt und von fehr eleganter Geftalt, ein prächtiges Bild.

Die Madreporen find es auch, welche den Hauptanteil an der Bil-dung der Korallen-Riffe -Bänke und -Atolle neh-men. Aber immer find es hier Arten des untiefen Waffers, welche fchon bei 22 Faden ihre untere Verbreitungsgrenze er-reichen.

Die echten Tieffee-korallen find meift Ein-zeltiere, von denen einige 30 Arten bekannt find, die unter 300 Faden vor-kommen. Manche haben

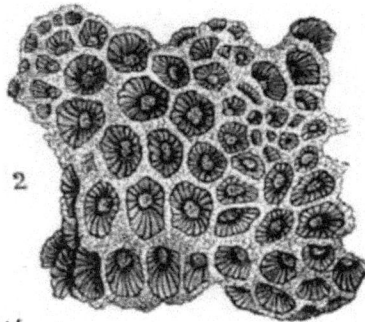

A.L.Clément.

Fig. 58. Astroïdes calycularis aus dem untiefen Waffer des Mittel-meeres. 1) Mit ausgeftreckten, in der Natur prächtig orangeroten Polypen, 2) in zufammengezogenem Zuftande.

eine fehr weite horizontale und vertikale Verbreitung; fo ift die fchöne Bathyactis symmetrica eine nahezu kosmopolitifche Bewohnerin der Meere zwifchen 32 und 2900 Faden, Deltocyathus geht bis 2375, Flabellum bis 1500 Faden. Nur auf die Tieffee befchränkt, in Re-gionen zwifchen 1600 und 2200 Faden, ift Leptopenus.

Marshall, Die Tieffee und ihr Leben.   13

Von Antipathes, einer Anthozoëngattung, welche zierliche, baum-
artige Kolonien mit einem fchwarzen hornigen Axenfkelette (daher
„fchwarze Korallen" genannt) bildet, wurden auf der Challenger-
Expedition zweimal Exemplare aus größeren Tiefen gedredfcht: das eine
Mal zwifchen den Azoren und Madeïra bei 1650, das andere Mal im
nördlichen ftillen Ozean bei 2900 Faden. Anthipathes spiralis, deren
Axenfkelett wie ein großer Korkzieher gewunden ift, wird nach den
Angaben A. Agaffiz' häufig in den weftindifchen Gewäffern zwifchen
50 und 900 Faden gefunden. Die Einzelpolypen find dimorph, größere
und kleinere, und beide Formen ftehen abwechfelnd entlang der Axe.

Fig. 59.   Ein Korallenatoll (die Clark-Infel).

Eine Art (A. columnaris) ift immer von einem Ringelwurm bewohnt, der
auf ihre Geftalt beeinfluffend einwirkt, indem fich nämlich um den centralen Axenteil eine Art Hülfe aus netzartig verflochtenen Hornfafern
entwickelt, in welcher der Wurm hauft.

Auch die zweite Gruppe der Blumenpolypen, die der Alcyonarien,
welche ftatt fechs Fangfäden deren acht und zwar gefiederte befitzen,
hat intereffante Vertreter in der Tieffeefauna.

An einem Mitgliede diefer Gruppe, der Edelkoralle, wurde die Tier-
natur der Polypen überhaupt entdeckt. Schon der blinde, 1634 zu Hanau
geborene Naturforfcher Rumphius erwähnt in feiner „Amboinafchen

Rarietäten-Kammer", daß einige indifche Philofophen der Meinung feien, die Korallfteine würden von unfichtbaren kleinen Tierchen verfertigt. Das Altertum glaubte, wie unter anderm Ovid in feinen Metamorphofen erwähnt, die Koralle fei unter Waffer ein weiches Kraut und erftarre erft an der Luft zu Stein. Der von mir fchon einmal angeführte Graf Marfigli fpricht in feiner Naturgefchichte der Meere auch ausführlich über die Edelkoralle und führt die Idee, daß diefelben Pflanzen feien, weiter aus. Schon 1707 hatte er in einem Briefe an den Abbé Bignon mitgeteilt, daß er an den Korallen Blumen entdeckt habe. „Die Blumen", bemerkt er in der ausführlichen Befchreibung, „zogen fich, nachdem fie aus dem Waffer genommen worden waren, in ihre Röhrchen zurück, erfchienen aber fofort wieder, als ich fie in ein Glasgefäß mit Seewaffer gebracht hatte. Ich fah alle meine Korallenäfte mit weißen, $1\frac{1}{2}$ Linie langen Blumen bedeckt. Aus einem weißen Kelch erhoben fich acht Strahlen von derfelben Farbe, alle gleich groß und dicht aneinander liegend. Sie bildeten einen fchönen Stern, ähnlich einer Nelke." Sechzehn Jahre nach Marfigli hatte ein junger

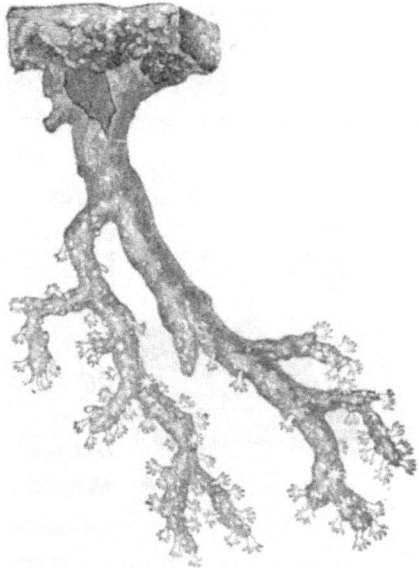

Fig. 60. Edelkoralle (Corallium rubrum). Bäumchen in der Stellung, wie fie mit der Bafis nach oben unter überhängenden Felfen wachfen. Die Polypen find hervorgeftreckt. Natürliche Gröfse.

französifcher Arzt, Jean Antoine Peyfonnel, die Korallen unterfucht und kam zu der Überzeugung, daß es Tiere feien. Réaumur, den er diefe Anficht der Akademie vorzulegen bat, kam diefem Anfuchen zwar nach, verfchwieg aber den Namen des Einfenders aus Furcht, denfelben fonft zu kompromittieren. Eine ganz andere Bedeutung erlangten die „Blumen" der Korallen, als man Anfang der vierziger Jahre des 18. Jahrhunderts die von Leeuwenhoek entdeckten Süßwafferpolypen näher durch Trembley kennen lernte.

13*

Die Edelkoralle, über welche die Wiſſenſchaft dem ausgezeichneten franzöſiſchen Zoologen Lacaze-Duthiers eine Muſtermonographie verdankt, iſt noch kein eigentliches Tieffeetier, da ſie meiſt zwiſchen 50 und 60, ſelten nur noch bei 100 Faden vorkommt. Auf der Kreuzfahrt des Talisman wurde aber eine ähnliche Form (Coralliopsis Perrieri) im atlantiſchen Ozean in einer Tiefe von 270 bis 330 Faden entdeckt.

Die Gorgoniden ſind durch merkwürdige Arten in der Meerestiefe repräſentiert. Manche derſelben erreichen die anſehnliche Höhe von einem Meter und viele ſind, wie das ſo oft bei ſeſſilen Tieffeetieren der Fall iſt, dadurch ausgezeichnet, daß ihre Axe Wurzelausläufer bildet, mittels deren ſie im Schlamme feſtſitzen, während ihre Verwandten in flachem Waſſer ſich gern mit einer verbreiterten Baſalplatte an Steine und dergleichen anheften. Sie dringen bis zu 2300 Faden in die Tiefe vor und manche zeigen, entſprechend der Ruhe ihres Aufenthaltsortes ſehr regelmäßige Formen. So beſitzt Isidigorgia Pourtalesii eine zarte unverzweigte Hauptaxe, welche ſpiralig wie ein weitwindiger Korkzieher aufſteigt. Auf dieſer ſitzen die zarten, geraden, einfachen Nebenäſtchen nach außen zu in einem rechten

Fig. 61. Edelkoralle (Corallium rubrum). Vorgeſtreckter Einzelpolyp. Vergröſsert.

Winkel, ſodaß das ganze Weſen wie eine luftige Wendeltreppe ausſieht. Ein ſeltſames Geſchöpf iſt Callozootron mirabile, in der Südſee bei 1675 Faden gefunden. Es beſitzt eine ziemlich lange, biegſame und nur teilweiſe verkalkte Axe, welche keine Seitenzweige treibt, aber auf fünf Sechſtel ihrer Oberfläche von dicht aneinander gedrängten Polypen bedeckt iſt. Der Reſt iſt ohne ſolche und mit dieſem liegt die Gorgonide auf dem Boden. Leider war das Hinterende unvollſtändig und es läßt ſich nicht ſagen, ob dasſelbe einfach oder mittels veräſtelter Wurzeln im Schlamme ſtak. Perceval Wright hält es für wahrſcheinlich, daß die ganze Kolonie zufolge der Kontraktionsfähigkeit der einzelnen Polypen im Leben wurmartige Bewegungen ausführen kann. Eine ſehr intereſſante Familie von Tieffee-Alcyonarien ſind die Chryſogorgiden, bis jetzt bloß aus dem

weftlichen atlantifchen Ozean (Weftindien, Küfte von Neuengland) bekannt. Ihre Axen find oft einfach und fehr zart, nur von der Stärke
eines Pferdehaares, bilden aber bisweilen, veräftelt und fpiralig gekrümmt,
verworrene Büfche. Das Wunderbarfte an diefen Axen aber ift, daß
fie von dem Polypenüberzug entblößt, prächtig metallifch glänzen, grün
wie Smaragd oder wie poliertes Gold und Perlmutter. Auch eine
Form aus der Familie der Ifidinen, bei denen die Axe abwechfelnd
aus verkalkten und unverkalkten hornigen Gliedern befteht, zeigt die
letzteren in Bronzeglanz, während die erfteren vom reinften Elfenbeinweiß
find, was zufammen einen fehr fchönen Effekt macht und dem Gefchöpf
den Beinamen der „gefchmückten" Hornifis (Ceratoisis ornata) ein-
gebracht hat. Viele Gorgoniden zeichnen fich durch lebhafte Phosphoreszenz aus.

In noch höherem Maße ift dies der Fall bei den Pennatuliden
der Tieffee, die fehr ftark mit bläulichem Lichte leuchten. Wyville
Thomfon vergleicht den hellvioletten Phosphorfchein der Pavonaria
quadrangularis mit dem Lichte einer Cyangas-Flamme. Bei andern
ift es ein flackernder weißer Schimmer. Die Pennatuliden find Alcyo-
narien-Kolonien, die niemals einem Untergrunde feft aufgewachfen find,
fondern mittels ihres langen einfachen Axenteils im Schlamme oder
Sande ftecken. Die Anordnung der Einzelpolypen, unter denen neben
den Gefchlechtstieren auch fterile vorkommen, ift eine verfchiedene: entweder fie fitzen auf feitlichen blattartigen Fortfätzen des Hauptftammes,
fodaß die ganze Kolonie wirklich einer Vogelfeder gleicht (Fig. 62, 1), oder
fie befinden fich direkt an demfelben, wodurch die ganze Geftalt ruten-
förmig wird (Fig. 62, 2), oder der Hauptftamm endet oben mit einer
breiten nierenförmigen Platte, in welcher die Einzeltiere ftecken, oder
endlich die ftattlichen Polypen fitzen zu einer Dolde vereinigt an feiner
Spitze. Der Stamm kann eine hornige bis kalkige Axe enthalten, welche
bei den mit nierenförmigen Endplatten verfehenen Formen (Renillidae)
indeffen fehlt, und bei den federförmigen fitzen in den Seitenblättern
anfehnliche Kalknadeln.

Als Koelliker feine große Monographie der Pennatuliden oder Federkorallen fchrieb (1871), war er nach dem Stande der damaligen Kennt-

niffe vollkommen zu der Annahme berechtigt, daß diefe Gefchöpfe hauptfächlich Bewohner des flachen Meereswaffers feien. Und für die höheren
Formen, für die echten federförmigen Pennatuliden ift diefe Anficht für
heute noch und wohl überhaupt vollkommen richtig, denn nur 4 von ihnen
finden fich unterhalb 300, keine unter 565 Faden. Von den 32 Arten der niederer organifierten, ein-fachen und altertümliche-ren Gruppen finden fich
26 unter 300, 11 unter 1000 und 4 unter 2000 Faden.

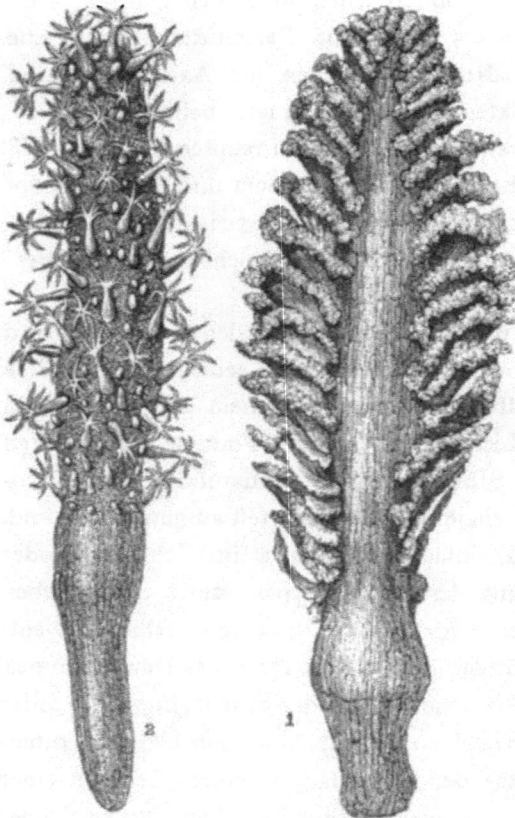

Fig. 62. Pennatuliden aus feichterem Waffer. 1) Pteroeides gri-
seum mit den Polypen auf feitlichen Blättern. 2) Veretillum cy-
nomorium, Polypen (ausgeftreckt) um den ganzen Stamm herum.

Zufällig ift eine der Tieffeeformen fchon lange bekannt, ja eine der am
häufigften aufgefundenen abyffifchen Tiere über-haupt. Das ift Umbellula groenlandica, wel-che in der erften Hälfte des vorigen Jahrhunderts
von Adriaanz, dem Kom-mandeur des Schiffes Bri-tannia, an der Küfte Grön-
lands mit der Lotleine aus 300 Faden Tiefe herauf-geholt worden war. Sie
wurde 1754 von Mylius

befchrieben. Hier fitzen bis zu einem Dutzend verfchieden großer Polypen (die größten 3 cm) mit acht langen Tentakeln an der Spitze
eines 2 mm dicken, aber 90 cm langen Stengels in Geftalt einer nach
einer Seite etwas überhängenden Dolde beifammen. Durch die neuen
Expeditionen ift die Zahl der Umbellula-Arten auf 10 geftiegen, welche

zwifchen 300 und 2500 Faden vorkommen, und Umbellula lepto-
caulis aus den papuanifchen Gewäffern ift überhaupt die bis jetzt am
tiefften aufgefundene (2440 Faden) Federkoralle.

Intereffante Tieffeeformen sind noch Protocaulon molle mit einem
26 mm hohem Schafte, an dem fich ein Polyp endftändig befindet, während
die andren feitlich alternierend in größeren Zwifchenräumen ftehen. Bei
Microptilum Willemoesii, einem 22 mm hohen Bewohner des ftillen
Ozeans, fitzen die Polypen gruppenweife im obern Teil nach der einen,
im untern Teil nach der anderen Seite gewendet am Schaft. Der nur
20 mm hohe Zwerg Leptoptilum gracile aus 700 Faden Tiefe der
Meere um Neufeeland trägt feine Polypen an einer Seite, größere und
kleinere in unregelmäßigen Gruppen abwechfelnd. Die Federkorallen
find übrigens, wie es fcheint, fehr ungleichmäßig in der Tieffee verteilt, bisweilen dürften fie auf weite Strecken fehlen. Anderfeits aber ftehen fie gelegentlich fo dicht bei einander, daß Wyville Thomfon von Pennatu-
lidenwäldern im nördlichen atlantifchen Ozean, aus unzähligen Pavonaria quadrangularis beftehend, reden kann.

Die zweite Klaffe der Coelenteraten ift die der Polypomedufen, ausgezeichnet dadurch, daß ihre Gefchlechtstiere entweder zu frei fchwimmenden Medufen werden oder aber, daß fie fich an der Kolonie als mehr
oder weniger medufenähnliche fitzende Knofpen (medufoide Gemmen)
entwickeln. Sie zerfällt in die Ordnungen der Hydroidpolypen, der Schwimmpolypen oder Siphonophoren und der Scheibenquallen oder Acalephen.

Die Hydroidpolypen find entweder folitäre oder meift Kolonien bildende Polypomedufen mit, feltener ohne, Arbeitsteilung ihrer einzelnen Individuen. Die ganze Kolonie ift das Hydrofom, das in der Regel von einer
zartern oder feftern Chitinhülle, dem Perifark, größtenteils überzogen ift. Die
einzelnen Polypen find entweder ungefchlechtliche Zooide oder gefchlechtliche Gonophoren, die fich fehr verfchieden entwickeln, bald, wie gefagt, als
Medufe fich loslöfen (vgl. Fig. 52 u. 53) bald als Gefchlechtsknofpe an der
Kolonie befeftigt bleiben können. Durch die ganze Kolonie geht ein zufammenhängender centraler Hohlraum, der fich durch Knofpung und Divertikelbildung aus dem Magenraume des erften aus dem Eie hervorgegangenen Polypen entwickelt. Bei manchen Individuen der Kolonie, welche meift in be-

fonderen becherförmigen Bildungen (Hydrotheken) des Perifarks fitzen und
rückziehbar find, fteht der centrale Hohlraum am freien Ende als ein
von Tentakeln umgebener Mund offen: diefe Individuen find die Hy-
dranthen, welche die Ernährung der ganzen Tiergefellfchaft vermitteln.
Daneben finden fich bei verfchiedenen Formen in verfchiedener Zahl
und Weife angeordnet fterile Individuen, welche hauptfächlich als
Sinnes(Empfindungs)organe wirken, andere, welche mit Neffelfäden gefüllt als Waffen (Nematophoren) dienen u. f. w.

Im ganzen müffen die Hydroidpolypen mehr als Bewohner der
feichtern Meeresgewäffer angefehn werden. Leider find die vom Challenger gefammelten Schätze von Allman nur zum Teil durchgearbeitet,
aber aus den vorliegenden Unterfuchungen, fowie aus den auf der Expedition des Blake gewonnenen Refultaten ergiebt fich foviel, daß 1240 Faden
die größte Tiefe ift, bei welcher die eleganten, zarten, fadenförmigen (Aglao-
phenia crenata Weftindien) Plumularien gefunden werden. Cladocarpus pectiniferus wurde bei den Azoren in einer Tiefe von 900
Faden entdeckt, und eine merkwürdige Verbreitung hat Cladocarpus
formosus, die bis jetzt an zwei fehr weit voneinander entfernt gelegenen
Stellen der Weltmeere beobachtet wurde, nämlich bei Nordfchottland
(167—632 Faden) und bei Japan (420—772 Faden). Außer diefen drei
Formen geht keine Art tiefer als 500, wenige nur tiefer als 300 Faden.

Von den anderen Untergruppen feien hier nur noch die Tubularien und Hydrokorallen erwähnt. Die erften haben ein nur gering entwickeltes Perifark und keine Hydrotheken, oft find fie folitäre
Individuen. Zu diefer Tiergruppe gehört eins der wunderbarften und
am meiften befremdenden Gefchöpfe, das während der ganzen Challengerfahrt aufgefunden wurde. Im allgemeinen find die Tubularien
klein: Corymorpha nutans z. B., eine in der Nordfee nicht feltene
Form, ift 60—70 Millimeter hoch, fitzt mit kurzen Wurzelausläufern im
Schlamm oder Sand, hat um den Mund zwei Tentakelkränze, einen inneren kürzeren und einen äußeren längeren; zwischen beiden entwickeln
fich die als „Steenstrupia" bekannten kleinen Quallen. Eine nahe verwandte Art (Monocaulus imperator) ift es nun, die im nördlichen
ftillen Ozean in einer Tiefe von 1875 bis 2900 Faden aufgefunden, durch

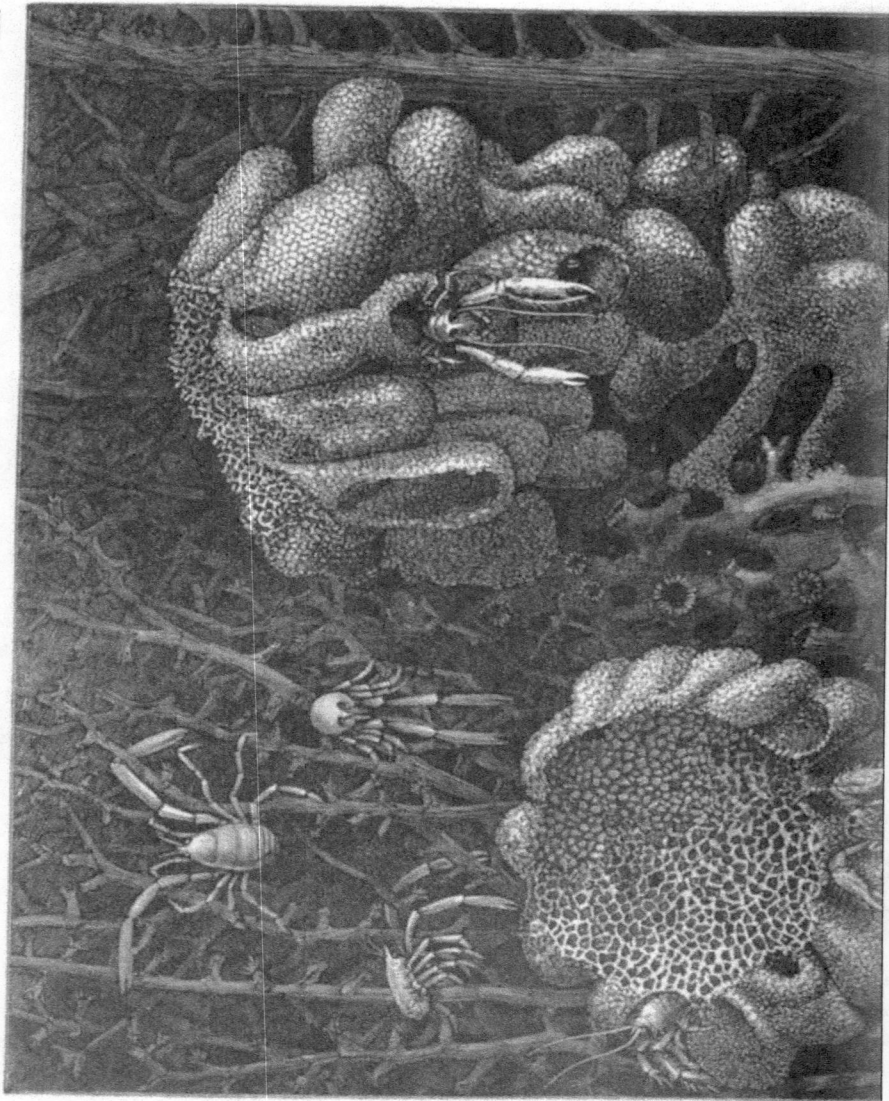

Ansicht des Bodens des nördlichen atlantischen Ozeans bei 1200 Meter Tiefe.

Links Mopsea, auf denen Galatheen herum klettern, in der Mitte eine Hexactinellide (Aphrocallistes) auf einer Korallenkolonie (Lophohelia), rechts im Schlamme wurzelnde Monactinelliden (Chondrocladia).

ihre gewaltigen Dimenfionen außerordentlich überrafcht. Im ganzen gleicht
fie, was die Geftalt angeht, einer Corymorpha fehr: fie ift wie diefe
folitär, fitzt mit einem einfachen aber zirka 2,2 Meter langen Körper
im weichen Boden und hat gleichfalls zwei Tentakelkränze, deren innerer nach den von Wyville Thomfon und Mofeley genommenen
Maßen quer über gegen 23 Centimeter mißt, der äußere dürfte, nach der
Abbildung zu fchließen, 7 bis 8 mal größer fein. Eine derartige koloffale
Entwicklung eines einzigen Hydrozoen-Individuums war vorher nicht
entfernt bekannt und läßt auf fehr günftige Ernährungsverhältniffe in
der Tiefe des nördlichen ftillen Ozeans fchließen.

Die Quallen, welche fich als frei fchwimmende Gefchlechtstiere
von Hydroidpolypen loslöfen oder durch eine abgekürzte Entwicklung
ohne folche direkt, aber mit Metamorphofe entwickeln, find meift klein
und glockenförmig. Von dem Rande der Glocke fpringt nach innen
ein mufkulöfes Diaphragma vor (das Velum), in deffen Öffnung das
freie Ende des Magenftiels hängt. Durch rhythmifche Erweiterungen
und Zufammenziehungen wird das in dem Glockenraum oberhalb befindliche Meereswaffer ein- und ausgepumpt, und durch die Kraft des
Rückftoßes des ausgepumpten Waffers bewegt fich die Qualle ruckweife
in der Richtung ihres Scheitels. Am Glockenrande finden fich weiter
in verfchiedener Gruppierung und Zahl (aber immer mit der Grundzahl 4) Tentakeln und Sinnesorgane (als Seh-, Gehör- und Gefühlsor-
gane gedeutet).

Aus der Tieffee unter 300 Faden find durch die Challenger-Expedition 7 Arten bekannt, welche von Haeckel unterfucht worden find
und bemerkenswerte Refultate gegeben haben. Über ihren Entwick-
lungsgang können bis jetzt nur Vermutungen aufgeftellt werden.

Drei von ihnen, welche die Unterfamilie der Pectylliden bilden,
zeichnen fich, man möchte fagen als Bodenbewohner, durch eine eigenartige Entwicklung ihrer Tentakeln aus. Pectyllis arctica ift eine
zierliche Medufe von 21 Millimeter Durchmeffer und wurde im nördlichen atlantifchen Ozean bei 1250 Faden gefangen. Sie hat die Geftalt
einer fchönen gleichmäßigen Kuppel und hat dreierlei refp. viererlei Ten-

takeln: am Schirmrande ftehen 48 ziemlich lange, wurmförmige, am
Ende mit Saugfcheiben verfehene, weiter treten eine bedeutende Anzahl
fehr kleiner und kurzer zur Bildung von 48 regelmäßigen Gruppen oder
Saugplatten zufammen. Außerhalb davon ftehen in zwei Reihen größere
rhombifche alternierend, zu äußerft 16 ganz große, nach innen 32 kleinere.
Pectis antarctica von Geftalt einer in der Mitte derart eingefchnürten
Glocke, daß der obere Teil faft kuglig, der untere aber unterrockartig
weit abfteht, bewohnt die antarktifchen Gewäffer und wurde bei einer
Tiefe von 1260 Faden erbeutet. Hier find fämtliche Saugtentakeln kurz
und zahlreich an dem Schirmrand verteilt. Am beften gekannt von
den Pectylliden ift Pectanthis asteroides, vom Challenger im at-
landifchen Ozean bei 600 Faden gefammelt, früher aber fchon von
Haeckel in der Adria (100 Faden) bei Pola gefunden und lebend beobachtet. Das Tier ftellt eine zirka 5 Millimeter im Durchmeffer habende
flache Schale dar, deren Rand zierlich ausgebogen ift und 16 flach ab-
gerundete Vorfprünge hat, unter welchen gruppen- oder bündelweife
12—18 Tentakeln bei einander fitzen. Die Mehrzahl diefer Tentakeln
hat am freien Ende ziemlich breite Saugfcheiben, die Minderzahl
endigt einfach. Mit den Saugfcheiben marfchiert die Medufe, indem fie
diefelben, wie ein Seeigel feine Füßchen, in der Richtung, nach welcher
fie hin will, ausftreckt, anheftet, dann an der entgegengefetzten Seite
des Randes die vorher befeftigten losläßt, nun den Leib nachzieht, die
hinteren (in der Marfchrichtung gedacht) anheftet, die vorderen loslöft, ausftreckt und weiter anheftet. Die einfachen Tentakeln fpielen dabei als
Fühlfäden frei im Waffer herum. Intereffant ift die Beobachtung von
Haeckel, daß Pectanthis mit befonderer Vorliebe verkehrt, das heißt
den Scheitel der Bodenfläche, den Mundftiel dem freien Waffer zu-
gekehrt, läuft. In der Mitte je eines Tentakelbündels fitzt ein einzelnes
Sinnesorgan.

Zu anderen Gruppen gehört die große 60 Millimeter breite Ptycho-
gena pinnulata aus dem nordatlantifchen (1250 Faden) und Stegi-
nura myosura aus dem indifchen Ozean (2150 Faden). Eine alter-
tümliche, aber fehr elegante, von unten angefehen mit den vier Zipfeln
wie die Blüte einer Kruzifere ausfehende, 4 Millimeter große Form

Cimarilea aeginoides ſtammt aus den Meeren weſtlich von Afrika bis zu den Azoren hin (1675 Faden).

Alle dieſe Tieffeeformen, auch die kletternden, zeichnen ſich durch ein ganz beſonders kräftig entwickeltes Velum aus, werden ſich folglich mit bedeutender Energie und Schnelligkeit ſchwimmend bewegen können. Vielleicht ſind in den von ihnen bewohnten Waſſerſchichten die Nahrungsmittel nicht ſehr dicht, ſodaß ſie ein großes Jagdterrain müſſen beherrſchen können, oder es dient die Schwimmbewegung mit zu einer energiſcheren Vermittlung der Reſpiration im ſauerſtoffarmen Waſſer.

Von der bathymetriſchen Verteilung der Hydromeduſen im Mittelmeere bemerkt Karl Chun: „Viele craſpedote Meduſen ſuchen während des Sommers größere Tiefen auf. Unter den Anthomeduſen fiſchte ich Lizzia (Rathkea) Köllikeri aus 1200 Meter vor Kapri in einem Exemplare und Cytaeis pusilla Anfang September vor Ponza aus 1300 Meter. Letztere hatte eine Radiolarie der Tieffee, nämlich Collodendrum ramosissimum im Magen. Von Trachomeduſen (d. h. ſolchen mit direkter Entwicklung, ohne Polypenammen) iſt Sminthea (Trachynema) eurygaster ziemlich häufig in der Tiefe. In dem Schließnetz fand ſie ſich in 1300 Meter (Ende September) und in 1200 Meter (11. Oktober) vor Kapri; Aglaura hemistoma war ebenfalls in dem Schließnetz aus 1300 Meter vertreten. Rhopalonema velatum war häufig von 100 Meter bis 1300 Meter, von Ende September an erſchien ſie auch auf der Oberfläche. Von Geryoniden fand ſich Geryonia (Carmarina) hastata in jugendlichen Exemplaren aus 1200 und 1300 Meter, während erwachſene Tiere Ende September in der Nacht an der Oberfläche gefiſcht wurden. Liriope eurybia fand ſich in 600 Meter am 11. Oktober. Am häufigſten unter allen Craſpedoten trat Cunina (Solmissus) albescens in der Tiefe auf. Bei zwei nächtlichen Zügen aus 800 und 600 Meter waren die großen Netze und Schließnetze vollgepfropft mit Cunina."

Zu den Hydroidpolypen gehören auch als Unterordnung der Hydrocorallia zwei Coelenteratenfamilien, welche man früher wegen der Geſtalt und Feſtigkeit ihres Kalkſkeletts zu den eigentlichen Korallen rechnete, das ſind die Tauſendlöcher oder Milleporiden und

die Stylasteriden. Von den erfteren wies der ältere Agaffiz fchon
vor Jahren ihre Zugehörigkeit zu den Hydroidpolypen nach; die letzteren,
als folche erkannt zu haben, ift eins der vielen Verdienfte Mofeleys.
Die Milleporen haben in der Tieffee keine Vertreter, die Stylafteriden
aber wohl. Sie wurden vom Challenger gegen-
über der Mündung des La Plata in einer
Tiefe von 600 Faden aufgefunden. Sie befitzen eine ziemlich weitgehende Arbeitsteilung der einzelnen In-dividuen, indem die
einen die Beute fangen und andern übergeben,
die fie zum gemein-famen Beften verdauen.
Dritte Individuen wie-der haben das Gefchäft
der Fortpflanzung zu beforgen. Die Farbe
des fehr feften Skeletts ift weiß bis blau, violett und rot.

Den Kolonien feft-fitzender Hydroidpolypen ftehen die Schwimmpolypen

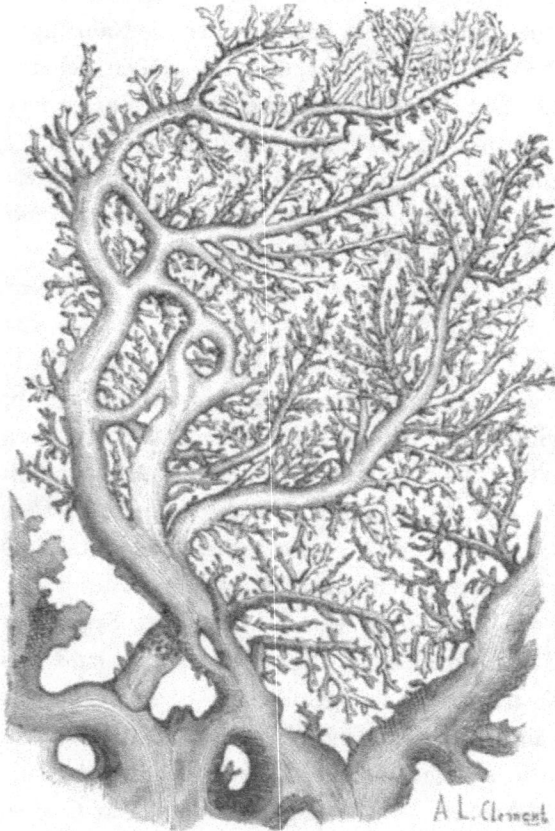

Fig. 63. Stylaster flabelliformis, von milchblauer Farbe. Aus einer Tiefe von 328 Faden.

oder Siphonophoren, die fchönften Coelenteraten, die fich, was
Schönheit betrifft, zu den Korallpolypen verhalten wie etwa die Ori-
chideen zu den Kompofiten, in ihren Organifationsverhältniffen recht
nahe und die Hauptunterfchiede find im wefentlichen Folgen der freien
Beweglichkeit, welche diefe Gefchöpfe vor den feffilen Hydroidkolonien

auszeichnet. Auch hier ift das Hydrofom von einem gemeinfamen Magenhohlraum durchzogen, von dem die einzelnen infolge von Arbeitsteilung
verfchiedenen Individuen der Kolonie nur Ausftülpungen oder Knofpen
find. Ein Perifark fehlt den Siphonophoren, aber ihre Geftalt kann
fehr verfchieden fein. Einmal entwickelt fich das Hydrofom als ein centraler Strang oder Stengel, an welchem am oberen Ende die Bewegungsorgane in Geftalt von Glocken in geringer Zahl und alternierend ftehen
(Unterordnung der Calyciphora) oder fie find zahlreich und gruppieren
fich zweireihig oder dichtgedrängt fpiralig um den vorderen Abfchnitt,
und das Hydrofom entwickelt am oberen Ende, gewiffermaßen als
Schlußftück der Schwimmglockenfäule eine gefchloffene Blafe, welche
als „Pneumatophore" einen hydroftatifchen Apparat bildet, durch deffen
Zufammenziehen und Erweitern die Kolonie finkt und fteigt. (Unterordnung der Phyfophoren).

Siphonophoren, die eine mehr pelagifche Gruppe des Coelenteratenftammes bilden, find noch nicht lange und nicht in großer Zahl aus der
Tieffee bekannt. Studer fammelte einige während der Expedition der
Gazelle, bei der Reife des italienifchen Schiffes „Vettor Pifani" wurden
Bruchftücke aus bedeutenden Tiefen heraufgebracht; die Amerikaner fcheinen indeffen im weftlichen atlantifchen Ozean auf den Fahrten des Blake gar
keine andere Formen als pelagifche gefunden zu haben, der Challenger för-
derte ungefähr ein Dutzend aus dem tieferen Meere an das Tageslicht. Diefelben werden von Haeckel bearbeitet, aber bis jetzt find erft kurze fie betreffende Notizen in dem „Syftem der Siphonophoren" des genannten Forfchers erfchienen, — aber mein verehrter Lehrer hatte die große Güte, mir
einige, die wichtigften Formen behandelnde und darftellende Korrektur-
bogen und Tafeln des im Laufe diefes Sommers erfcheinenden Reports zukommen zu laffen, wofür ich ihm auch an diefer Stelle herzlichft danke.

Vom höchften Intereffe ift eine neue, wie es fcheint auf die Tieffee
befchränkte, fehr originelle Ordnung, die der Auronekten. Ihr Hydrofom ift nicht verlängert, fondern verkürzt und verdickt, von
eiförmiger bis fphärifcher Geftalt, befteht aus einer knorpelharten
Gallertmaffe und ift von einem dichten Kanalnetz durchzogen. Auf
demfelben ftehen dicht bei einander gruppenweife Nährtiere mit je einem

Tentakel und Gefchlechtstiere. Oben ift eine fehr anfehnliche Pneumatophore entwickelt, unterhalb welcher kranzweife die großen Schwimmglocken ftehen. Eine derfelben zeigt eine höchft eigenartige Umbildung. Sie ift nämlich eine ovale dickwandige Röhre, welche in der Pneumatophore beginnt und frei nach außen mündet. Ihre Wandungen ftellen eine große „Gasdrüfe mit radiär angeordneten Drüfenkammern" dar, und Haeckel belegt den ganzen Apparat, der offenbar zur Regelung der Gasverhältniffe in der Pneumatophore dient, mit dem Namen der Aurophore. Es find nur zwei Arten bekannt, welche zwei Unterfamilien bilden. Die eine, Stephaliidae mit Stephalia corona aus dem nördlichen atlantifchen Ozean, hat einen eirunden Hauptkörper mit einem nach unten gerichteten centralen Nährtier und zahlreichen peripherifchen Nährtieren. Erfteres führt in einen anfehnlichen Centralkanal, in welchem unregelmäßig radiär und Anaftomofen bildend die Kanäle der feitlichen Nährtiere münden, fodaß der Längsfchnitt durch den Hauptkörper (Nährkörper oder Siphofom Haeckels) lebhaft an eine monozoifche Spongie erinnert: der centrale Nährpolyp trägt die Ausftrömungsöffnung und führt in den centralen Magenraum, die Nebenpolypen find den Einftrömungsöffnungen entfernt analog und ihre Kanäle entfprechen den zuführenden Kanälen des Schwammes. Diefe Art hat nur einen einfachen Kranz von Schwimmglocken, während der Repräfentant der andern Familie (Rhodalidae), ein wundervoller, 4—6 Centimeter breiter, mit einer 1—2 Centimeter breiten Pneumatophore verfehener Bewohner der füdlichen Teile des atlantifchen Ozeans Namens Rhodalia miranda, einen dreifachen Kranz alternierend angeordneter, fehr großer Schwimmpolypen trägt. Das Gefchöpf wird fich fehr fchnell und ausgiebig mittels feiner großartig entwickelten Schwimmorgane in horizontaler, aber auch vertikaler Richtung bewegen können, alfo wahrfcheinlich in Wafferfchichten haufen, in denen die Nahrung nicht allzu dick gefäet ift, vielleicht in der fchon öfters erwähnten, an Tierleben und Sauerftoff armen ftagnierenden Zwifchenfchicht.

Zwei andere Familien der Tieffeefiphonophoren (Cystallidae und Salacidae) find den Rhizophyfiden verwandt. Die erftere hat eine Gattung mit 2 Arten, Cystalia larvalis und Challengeri, von denen die erfte aus dem indifchen, die letztere aus dem füdlichen ftillen Ozean ftammt. Eine neue fehr intereffante, mit den Velellen und Porpiten zur Ordnung der Disconekten vereinigte Familie bilden die Discaliden, mit zwei je zwei Arten umfaffenden Genera: Discalia medusina aus 2500 Faden des füdlichen ftillen Ozeans und D. primordialis aus den tropifchen Teilen desfelben Meeres und weiter Disconalia pectyllis von Indien und D. gastroblasta aus dem füdlichen ftillen Ozean (2440 Faden).

Eine Reihe fehr intereffanter Unterfuchungen über die bathymetrifche Verteilung der Schwimmpolypen im Mittelmeere hat Chun gemacht. Danach ift Diphyes Sieboldii von der Oberfläche bis zu 1300 Meter fehr gemein, feltner, aber auch bis in die großen Tiefen nachweisbar ift Abyla pentagona. Eine neue Forskålia-Art fand fich im September vor Ponza bei 1300 Meter, im Oktober aber pelagifch. Es ift überhaupt eine bemerkenswerte Eigentümlichkeit der Schwimmpolypen des Mittelmeeres, daß alle Arten aus größeren Tiefen zu gewiffen Zeiten auch an der Oberfläche erfcheinen, und Chun bezweifelte die Gegenwart eigenartiger Tieffee-Siphonophoren im Mittelmeere.

Manche, wie der gemeine Hippopodius luteus durchlaufen als Larven ihre Metamorphofen in größeren Tiefen. Physophora hydrostatica, eine feltenere Form, verfchwindet mit Beginn des Sommers von der Oberfläche, aber im Oktober wurde eine Larve von ihr aus einer Tiefe von 900 Meter gefifcht, und Chun gelangt zu dem überrafchenden Refultate, „daß die im Frühjahre an der Oberfläche auftretenden jugendlichen Phyfophora-Larven mit Beginn des Sommers größere Tiefen auffuchen, um dann nach Vollendung ihrer Metamorphofe mit Beginn des Winters aufzufteigen und zu gefchlechtsreifen Tieren fich zu entwickeln“.

Angefichts folcher Thatfachen wird man die Möglichkeit nicht beftreiten dürfen, daß auch die vom Challenger aufgefundenen Tieffee-Formen in anderen Jahreszeiten pelagifch lebende Gefchöpfe fein können und daß umgekehrt als pelagifch beobachtete in anderen Monaten größere Tiefen auffuchen mögen, und vielleicht deutet die bedeutende Entwick-

lung des hydroſtatiſchen Apparates bei den Auronekten auf ſolche
periodiſche Wanderungen hin. —

Obwohl die Schirmquallen (Acalephae) hauptſächlich pelagiſche
Tiere ſind, ſo haben ſie doch auch ihre Vertreter in der abyſſiſchen
Fauna. Durch die Expeditionen des Challenger und der amerikaniſchen
Schiffe ſind etwa ein Dutzend Tieffeearten dieſer ſchönen Geſchöpfe bekannt geworden. Sie unterſcheiden ſich von den Polypomeduſen, abgeſehen von feineren anatomiſchen Verhältniſſen, hauptſächlich dadurch,
daß ſie meiſt größer ſind, kein Velum haben und ſich mittelſt Scyphiſtoma und Strobila entwickeln, wenn nicht ein Generationswechſel
überhaupt fehlt und die Eier ſich gleich zu jungen Quallen entwickeln.

Während Haeckel die Schirmquallen in vier gleichwertige Ordnungen (Stauromedusae, Peromedusae, Cubomedusae und
Discomedusae) zerlegt, teilt ſie Claus in zwei Hauptgruppen: I. Te-
trameralia, mit vier Seitentaſchen des Magens und II. Octomeralia,
mit achtfacher Wiederholung der peripheriſchen Teile. Von der erſten
Gruppe ſind zwei abyſſiſche Vertreterinnen bekannt, deren eine einer
längſt beobachteten, aber ſehr intereſſanten Familie, der der Lucernariden
angehört. Dieſe Geſchöpfe ſind echte Stauromeduſen im Sinne Haeckels
von ſehr einfachem Bau. In ihrer glockenförmigen geſtreckten Geſtalt
mit 8 kurzen plumpen Randarmen, die wieder mit kleinen Tentakeln
beſetzt ſind, erinnern ſie ſehr an die Polypenform des Scyphiſtoma und
um ſo mehr, als ſie, obwohl ſie ſich frei zu bewegen vermögen, eine
ausgeſprochene Neigung beſitzen, ſich mit dem Scheitel feſtzuſetzen. Ihr
Magenraum erweitert ſich in vier ſeitliche Taſchen. Lucernaria ba-
thyphila wurde im nördlichen atlantiſchen Ozean aus 540 Faden gedredſcht. Eine andere ſehr merkwürdige Familie der Stauromeduſen
ſind die Teſſeriden. Sie gleichen den Lucernarien ſehr, haben aber
einen kontinuierlichen Rand und lange Tentakeln, außerdem bewegen
ſie ſich ſchwimmend. Tesserantha connectens wurde im ſüdöſt-
lichen ſtillen Ozean bei einer Tiefe von 2160 Faden vom Challenger
entdeckt. Sie iſt 9 Millimeter hoch und helmförmig, da ihre hohe Glocke
in einen abgeſetzten ſchlanken kegelförmigen Scheitelfortſatz ausläuft.
Sie hat einen langen, auf dem Querſchnitte kreuzförmigen Mundſtiel

und 8 längere Randtentakeln, zwifchen welchen alternierend 8 kürzere ftehen.

Aus der Familie der Periphylliden, welche zu den Octomeralia und zwar zu Haeckels Ordnung der Peromedufae gehört und durch eine hohe Glockenform aus-gezeichnet ift und auf der Außenfeite durch eine Ringfurche in einen „Schirmkegel"und einen „Lappenkranz" geteilt wird, find 4 Tieffee-bewohner bekannt. Pe-riphylla mirabilis, ein wunderfchönes Ge-fchöpf, ift kegelförmig, ein Viertel höher als breit, mißt vertikal 160 mm und hat 12 im Leben vielleicht 400 bis 600 mm lange kräf-tige Tentakeln und am Mundrande noch 4 fa-denartige Anhänge. Sie wurde vom Challenger bei Neufeeland in einer Tiefe von 1100 Faden entdeckt, während eine andere Art (P. hya-cinthina)von denAme-

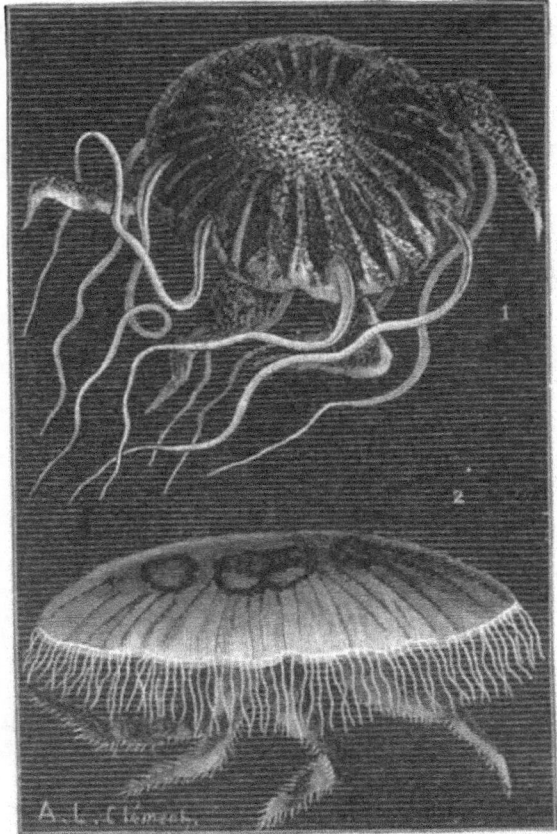

Fig. 64. Zwei pelagifche Schirmquallen. 1) Pelagia noctiluca des Mittelmeeres, 2) Aurelia aurita, gemeine Qualle der Nord- und Oftfee.

rikanern im nordweftlichen atlantischen Ozean aufgefunden worden ift. Von einer andern Gattung (Periphema) ift nur ein Bruchftück einer fehr anfehnlichen Art (regina) in den antarktifchen Gewäffern füdweftlich von Kerguelen bei Gelegenheit der Challengerfahrt gedredfcht worden. Eine vierte Art diefer Familie (Dodecabostrycha dubia) wurde auf der Fahrt des Blake einigemal aus bedeutenden Tiefen gefifcht. Sie hat in der Geftalt große Ähnlichkeit mit Periphylla, aber kürzere Tentakeln, ift von weinroter Farbe und vielleicht eine ausfchließliche Bodenbewohnerin, welche niemals an die Oberfläche fteigt.

Die Ordnung der Discomedufen, welche keinen kegelförmigen Scheitel, fondern die Geftalten von mehr oder weniger niedergedrückten Scheiben bis zur Pilzform haben, ift an der Oberfläche des Meeres durch zahlreiche Arten vertreten, von denen eine (Aurelia aurita Fig. 64, 2), mit zahlreichen kurzen Randtentakeln, 4 Mundarmen und veräfteltem Gaftrovascularapparat bis in die Oftfee geht. Atolla Wyvillii und Baïrdii fowie Nauphanta Challengeri find Tieffeevertreter derfelben Familie, zu der die gemeine Qualle gehört (Ephyridae). Die erfte diefer drei Arten ift flach, zirka 60 mm breit und 12 mm hoch, hat am Rande zahlreiche (22)

Fig. 65. Rhizostoma Cuvieri, gemeine Wurzelqualle der Nordfee.
Stark verkleinert.

kurze Tentakeln und ebenfo zahlreiche (22 mit den Tentakeln alternierende), Sinnesorgane, die aber auffallend geringer entwickelt find als bei irgend einer andern Schirmqualle, fo daß Haeckel fie nur mit großer Mühe aufzufinden vermochte. Sie bewohnt die antarktifchen Gewäffer und wurde aus einer Tiefe von 2000 Faden heraufbefördert. Die Nauphanta fieht aus wie ein modernes Salontaburett, ift 12 mm hoch und 8 mm breit, befitzt einen flachen kiffenartigen Scheibenteil, der gegen einen höheren, mit 16 unten zweizipfligen Längsfalten verfehenen Randteil ringartig abgefchnürt ift. Die beiden Exemplare diefes fchönen Gefchöpfs wurden im füdlichen atlantifchen Ozean nicht weit von Triftan d'Acunha in einer Tiefe von 1250 Faden zufammen aufgefunden.

Die Familie der Pelagiden, zu denen die im Mittelmeer gemeine Pelagia noctiluca (Fig. 64, 1) gehört, ift bis jetzt nur als pelagifch bekannt, während die Rhizoftomiden eine Art zum Kontingent der Tieffeefauna ftellen. Diefe „Wurzelquallen", von denen Rhizostoma Cuvieri (Fig. 65) ein in den europäifchen Meeren bis in die Nordfee fehr gemeiner Vertreter ift, zeichnen fich dadurch aus, daß ihre Magenarme in verfchiedenem Umfange verwachfen, aber fo, daß innere Kanäle bleiben, welche mittels feiner Öffnungen mit dem umgebenden Waffer kommunizieren und winzige Partikelchen von Nahrung aufnehmen. Tentakeln oder Randfäden entwickeln fich nicht, aber wohl find Sinnesorgane am Schirmrande vorhanden. Die einzige bekannte hierher gehörige Tieffeeform ift Leonura terminalis, eine flache Scheibe von 80—90 mm Breite mit 8 auf einer langen Strecke unverwachfenen (90 mm langen) Mundarmen, welche auf dem Durchfchnitt bajonettartig dreikantig find und im Innern drei Kanäle aufweifen, im untern Teile aber die für Rhizoftomenarme fo charakteriftifche Kräufelung zeigen. Der Vergleich eines folchen Armes mit einem Löwenfchwanze (daher Leonura) liegt nahe. Das einzige Exemplar ftammt aus dem füdöftlichen ftillen Ozean nicht weit von Juan Fernandez aus einer Tiefe von 2160 Faden.

Über Rippenquallen (Ctenophorae) der Tieffee find unfere Kenntniffe recht mangelhaft, nur Chun hat einige einfchlagende Beobachtungen gemacht. Nach diefen gehen die gelappten Formen nie in die Tiefe, während z. B. Cestus Veneris aus 656 Faden bei Ponza und feine Larve aus 440 bei Ifchia gefifcht wurden.

Siebentes Kapitel.

Die Stachelhäuter (Echinodermata) der Tieffee.

Mit den Hohltieren vereinigte man bis 1848 die Stachelhäuter
(Seeigel, -walzen, -fterne und -lilien) zu dem gemeinfamen Typus
der Radiata oder Strahlentiere und fah vielfach namentlich in den
Rippenquallen verbindende Formen. Indes ift die Ähnlichkeit beider
Tierklaffen eine rein äußerliche, durchaus nicht auf Blutsverwandtfchaft
beruhende.

Die Stachelhäuter zeigen einen ftrahligen Bau des Leibes, der
auf den Zahlentypus 5 (refp. ein Vielfaches diefer Zahl) zurückzuführen
ift und bei manchen Formen auch in den Details (z. B. den Stengel-
gliedern der Seelilien u. f. w.) ftreng gewahrt wird. Die Strahlen
(Radii) wechfeln mit Zwifchenräumen (Interradii) regelmäfsig ab,
was am deutlichften bei Seefternen (Fig 66) hervortritt. Alle Stachelhäuter befitzen als „Darmfchlauch" von der Körperwand gefonderte
Verdauungseingeweide und zwifchen beiden eine Leibeshöhle, ein eignes
Blutgefäßfyftem und ein Waffergefäßfyftem (Ambulakralfyftem), welches
die Refpiration und Bewegung vermittelt. In der Haut finden fich
immer, aber in fehr verfchiedener Ausdehnung Kalkeinlagerungen. Die
Entwicklung erfolgt meiftens mit einer oft recht komplizierten Metamorphofe. Die Echinodermen find geologifch fehr alte Gefchöpfe und
auschließlich Meeresbewohner.

Die merkwürdigfte Eigentümlichkeit in ihrer Organifation ift das
Waffergefäßfyftem. Um den Anfangsteil des Verdauungsrohres liegt ein
dünnwandiger Kanal (Fig. 66, r), von dem in typifchen Fällen 10
feitliche Kanäle ausftrahlen. Fünf derfelben find lang (in der Figur als
abgefchnitten gezeichnet) und erftrecken fich in die Radien, welche mit
Löchern verfehn find. Durch diefe treten konifche oder abgeftumpfte
feine und kurze Fortfätze der Radialkanäle, die hinten eine blafige, muskulöfe Erweiterung haben, hindurch. Zwifchen den Radialgefäfsen, alfo
interradiär, liegen alternierend fünf viel kürzere Kanäle, von denen vier
zu einfachen oder gelappten Blafen entwickelt find (die Polifchen Blafen,

Fig. 66 p) und einer als Steinkanal nach oben neben den After fteigt und hier in der Regel durch eine Art von Siebplatte (Madreporenplatte Fig. 66 o) frei nach außen mündet. Durch diefe Madreporenplatte wird Seewaffer gewiffermaßen filtriert und in das Waffergefäßfyftem aufgenommen, mittels Zufammenziehen der kleinen blafigen Erweiterungen der Füßchen, welche felbft im Körperinnern gelegen find, wird in letztere Waffer gepumpt, fie treten aus der Körperwand nach außen, das Tier heftet fich mit ihnen feft, ftreckt fie dann in einer Richtung aus, heftet fie wieder an, löft die an der andern gegenüberliegenden Körperregion befindlichen von ihrer Unterlage los, zieht den Körper mit den angehefteten nach und fo fort, wodurch es fich, und zwar manche Arten ziemlich rafch, vom Flecke bewegt.

Aus keiner Tierklaffe hat der Challenger größere Schätze und überrafchendere Neuheiten mitgebracht als aus derjenigen der Stachelhäuter, — ganze Ordnungen diefer Gefchöpfe, vorher völlig oder faft völlig unbekannt, wurden der Wiffenfchaft zugänglich gemacht.

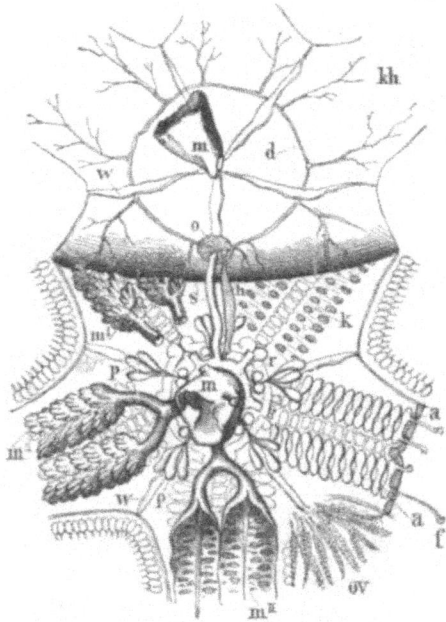

Fig. 66. Anatomie eines Seefterns. r Ringkanal mit abgefchnittenen Radiärkanälen, p Polifche Blafen, a Ampullen, f Füfschen, k Löcher zu deren Durchtritt, o Madreporenplatte, s Steinkanal, m, m Magen durchfchnitten, mII Magendivertikel geöffnet, h Herz, d Blutgefäße, ov Eierftöcke, kh Körperhaut des Rückens.

Da find in erfter Linie die Seewalzen zu nennen. Die Seewalzen, oder Seegurken (Holothuridae) find mehr oder weniger geftreckte, wurmförmige Echinodermen, deren Haut nur gering entwickelte Kalkeinlagerungen in Geftalt von Nadeln, Platten, Schnallen, Stühlchen, in feltenen Fällen von Schuppen, Stacheln und Ankern befitzt. Infolge der wurmähnlichen Geftalt und der Gewohnheit meift kriechend fich zu bewegen, hat fich bei den Holothurien aus der radiären Symmetrie fehr oft eine bilaterale fekundär entwickelt und in der Regel ift eine eigene Modifikation der radiären Füßchenreihen in foweit eingetreten, daß drei neben einander gelegene als Trivium die Bewegung vermitteln und fo die fekundäre Bauchfeite des Tieres markieren, während die andern beiden als Bivium auf dem fekundären Rücken ftehend mehr oder weniger rudimentär entwickelt oder anderweitig funktionierend fein können. Bei andern Formen (Stichopoda) find alle fünf Reihen gleich ausgebildet oder (Sporadipoda) die Füßchen find gleichmäßig über die ganze Körperoberfläche verteilt oder fie fehlen (Apoda) endlich. Von dem Schlundring des Waffergefäßfyftems treten weitere Kanäle in die Tentakeln, welche den Mund in fehr verfchiedener Zahl und Geftalt umgeben. Die Polifchen Blafen können bis auf eine verfchwinden oder fich durch Zerfallen der einzelnen bedeutend vermehren, der Steinkanal mündet entweder frei in die Leibeshöhle, dann tritt das Seewaffer in diefe durch Spaltöffnungen der Leibeswand und weiter in das Waffergefäßfyftem, oder er dringt in die Wandung des Körpers felbft ein und kommuniziert mittels Poren mit der Außenwelt, wobei es zur Bildung einer wahren Madreporenplatte kommen kann. Um den Mundabfchnitt des Darmes herum liegt ein aus 10—15 Stücken gebildeter Kalkring, und in feinem Endabfchnitt münden in der Regel eigenartige verzweigte hohle Organe, die durch rhythmifche Kontraktionen mit Waffer gefüllt bez. entleert werden und als Atmungsorgane, fogenannte „Wafferlungen", funktionieren follen.

Bis vor 12 Jahren kannte man bloß zwei Ordnungen: die Haftwalzen (Apoda) oder Synapten, fußlos und ohne Lungen, und die eigentlichen Holothurien (Pedata), welche zwei Familien, Schildtentakler (Aspidochirotae) und Baumtentakler (Dendrochirotae) bilden. Da fanden 1875 die Norweger auf ihrer Expedition nach dem Jeniffei nordöftlich von Nowaja Semlja bei 50—150 Faden Tiefe in bedeutender Anzahl eine kleine fonderbare Holothurie, welche Hjalmar Théel unter dem Namen Elpidia glacialis als Repräfentantin einer neuen Holothurienfamilie (Elpidien) 1876 befchrieb. Zwei andere Formen, Irpa abyssicola und Kolga hyalina wurden 1876 und 1878 auf den weiteren norwegifchen Fahrten in das arktifche Meer in bedeutenden Tiefen

(1050 bis 2000 Faden) gedredfcht und von Koren und Danielffen als Mitglieder der neuen Familie erkannt und befchrieben. Das Material, welches der Challenger von verwandten Gefchöpfen mit heimbrachte, beftand aus 52 Arten und drei charakteriftifchen Varietäten und fand in Théel einen ausgezeichneten Bearbeiter. Der Blake fifchte gleichfalls einige und ebenfo der Talisman.

Auf Grund diefes umfangreichen, von ihm unterfuchten Materials konnte Théel konftatieren, daß die betr. Tiere nicht nur eine eigene Familie, fondern fogar eine befondere Ordnung bilden, welche er Elafipoden (Plattenfüßler) nannte. Diefe Ordnung zerfällt in drei Familien, in die alte der Elpididen und in die neuen der Deimatiden und Psychropotiden.

Die Elafipoden zeichnen fich durch eine ganze Reihe pofitiver und negativer Charaktere von den alten Ordnungen der Pedaten und Apoden aus. Zunächft ift die Geftalt ihres Körpers in fehr hohem Grade bilateralfymmetrifch und find Rücken- und Bauchfläche recht verfchieden entwickelt, namentlich ift letztere in der Regel verkürzt, fo daß erftere fie vorn, oft auch hinten überwölbt und Mund- und Afteröffnung nicht mehr endftändig find, fondern bauchftändig werden, und manchmal ift dann der vorderfte Teil des Leibes als eine Art Kopf abgefetzt.

Sehr merkwürdig ift das Syftem der Ambulakralfüßchen befchaffen. Im Trivium können fie häufig in der Mittelreihe verfchwinden und bloß als Randfüßchen in den beiden Seitenreihen entwickelt fein, oder fie find in erfterer doppelt entwickelt, treten aber in den letzteren nicht nach außen, fondern ftecken in einem mehr oder weniger fcharf markierten, durch ihre Gegenwart wellig erfcheinenden Hautfaume oder beteiligen fich an der Bildung oft fehr langer, nicht zurückziehbarer feitlicher Fortfätze. In dem auf dem Rücken gelegenen Bivium treten die Füßchen nur felten zu Tage, bilden vielmehr in der Regel einfache oder mehrfache Reihen ähnlicher Fortfätze wie an den Seiten. Die als Füßchen und als Seiten- und Rückenanhänge nach außen tretenden Anhänge des Waffergefäßfyftems zeigen eine ausgefprochene Neigung, an beftimmten Stellen und in beftimmter Anzahl bei den verfchiedenen Arten aufzutreten, wodurch die Tiere eine feltfame Ähnlichkeit mit

Ringelwürmern oder einerfeits mit Schmetterlingsraupen, andrerfeits mit
nackten Meeresfchnecken mit ihren refpiratorifchen Rückenanhängen erhalten. Die Funktion der häufig fo merkwürdig langen Fortfätze der
Rückenfeite ift nicht ganz klar, zunächft möchte man daran denken, daß
fie hauptfächlich die Atmung vermitteln, aber Théel, auf ihren bedeutenden Reichtum an feinen Nervenveräftlungen hinweifend, neigt dazu,
fie für Taftapparate zu halten. Am Ringe des Waffergefäßfyftems befindet fich meift nur eine Polifche Blafe, felten find es ihrer zwei. Ein
fehr eigentümliches Verhalten zeigt der Steinkanal, indem er nicht wie
fonft bei den Holothurien einfach in die Leibeshöhle mündet, fondern
in oder durch die Leibeswand nach außen tritt und hier mit einer
Madreporenplatte verfchloffen fein kann. Der Kalkring ift meift und oft
in bedeutendem Grade rückgebildet, feine einzelnen Stückchen find klein
und nur lofe in Zufammenhang. Auch die Kalkeinlagerungen der Haut
find meift von einfacher, fozufagen altertümlicher Befchaffenheit. Die
als Refpirationsorgane gedeuteten Wafferlungen fehlen bis auf die geringfte Spur. Was die Färbung angeht, fo find die meiften Elasipoden, foweit man das nach in Spiritus konfervierten Individuen beurteilen kann, von der gewöhnlichen Holothurienfarbe, d. h. grauviolett,
violett, bräunlich u. f. w., fechs erfcheinen glasartig, fünf find rein weiß
und zwei find graugrün bis hell meergrün. Es finden fich aber einige
auffallende und merkwürdige Erfcheinungen in der Verteilung der Farbe;
fo ift z. B. bei Benthodytes papillifera die Rückenfeite ziemlich hell, die
Bauchfeite aber fchwarz-violett, und eine verwandte Art (B. typica) ift
oben hellbläulich, unten aber purpurrot. Mofeley hat den Farbftoff
einiger Tieffeeholothurien unterfucht und gefunden, daß derfelbe ein fehr
charakteriftifches Spektrum hat, welches dem des Farbftoffs eines Haar-
fterns (Actinometra atrata) gleicht. Er nennt diefen neuen Farbftoff
Antedonin. Nur eine Elasipode zeigt eine ausgefprochene Zeichnung
(Jlyodaemon maculatus): fie ift weißgrau mit dunkelroten Sprenkeln
und Flecken und ihre zahlreichen Rückenanhänge find rot geringelt und
mit roter Spitze, — und gerade fie ift, abgefehen von der glasartigen
Elpidia glacialis, diejenige Form, welche die geringften Tiefen (von
95 bis 150 Faden) bewohnt.

Wahrfcheinlich laufen oder kriechen die Elasipoden mit offenem Maule auf dem Meeresboden dahin, fortwährend Sand und Schlamm verfchluckend, mit denen ihr Verdauungsrohr prall gefüllt ift und von denen fie, bei dem geringen nährenden organifchen Inhalt der Subftanzen, gewaltige Maffen zu fich nehmen müffen. Ihre Tentakeln find zu kurz um als Greif- und Nährorgane wie bei anderen Holothurien dienen zu können. Was ihre bathymetrifche Verbreitung angeht, fo findet fich eine (Elpidia glacialis) von 50—2600 Faden, und zwar bewohnt fie im arktifchen Meere geringere Tiefen als im auftralifchen. Eine wurde zwifchen 95 und 150, eine zwifchen 345—1800 und eine bei 450 Faden entdeckt. Die übrigen finden fich zwifchen 500 und 2750 Faden, und zwar die meiften Arten und Individuen zwifchen 1000 und 2000. Auch andere Spezies als Elpidia glacialis zeigen eine weite horizontale Verbreitung: Laetmogene violacea ift aus der Nachbar-fchaft der Faröer und von Sidney bekannt und Oneirophantes mu-tabilis ift kosmopolitifch.

Théel teilt die Elasipoden in drei Familien ein, von denen die Elpidien von fehr veränderlicher Geftalt find und an der Mittelreihe des Triviums keine Füßchen haben. Scotoplana globosa, welche zu diefer Familie gehört, ift ein feltfames, eirundes, hochgewölbtes Wefen, deffen Körper halb fo breit wie lang ift und 7 Paar Füßchen und auf dem Rücken 3 Paar Anhänge trägt. Das vordere Paar ift fehr lang, hornartig nach vorn, das ebenfo lange mittlere nach hinten gebogen und das fehr kurze dritte liegt unmittelbar dahinter. Die Arten des Gefchlechts Peniagone haben am Vorderteil des Oberkörpers eigen-tümliche lappenartige, bald verzweigte, bald einfache Anhänge; diefer An-hang fieht bei P. Challengeri aus wie ein Stiefelknecht.

Die Mitglieder der Familie der Deimatiden haben in der Regel einen ziemlich langen, cylindrifchen oder fpindelförmigen Körper und auf dem Rücken meift zahlreiche, ziemlich lange, konifche Fortfätze. Zu ihnen gehört die als Kosmopolitin erwähnte Oneirophantes mutabilis (Fig. 67), ein glafig weißgraues bis hellviolettes Tier von bedeutender Variabilität: von 32 unterfuchten Exemplaren war ein jedes anders. So hatten manche von den Füßchen, welche an den Seiten des Bauches paarweiſe ſtehen, nur 11 Paar jederſeits entwickelt, während ein anderes an der linken Seite 28 und an der rechten 26 Paar hatte. Die bedeutendſte Größe, welche dieſes merkwürdige, auch hinſichtlich der Zahl

Fig. 67. Tiefſee-Holothurien. Im Vorder- und Hintergrunde je ein Exemplar von Oneirophantes mutabilis, in der Mitte eine Psychropotes longicauda.

und Länge ſeiner Rückenfortſätze ſehr ſchwankende Geſchöpf erreicht, iſt 104 mm.

Bei den Pſychropotiden, welche die dritte Familie der Elaſipoden bilden, ſind alle drei Reihen des Triviums entwickelt. Die Füßchen der mittleren ſtehen in zwei Reihen, die der Seitenreihen ſtecken in der egel in dem gewellten Hautfaum. Die Körper find in diefer Familie meift verlängert wurmförmig, unter Umftänden (Euphronides depressa) in hohem Grade flachgedrückt, fo daß die Tiere an Plattwürmer erinnern. Psychropotes longicauda (Fig. 67), eine der feltfamften Tierformen, ift von dunkelvioletter Farbe, bis 150 mm lang und 30 bis 35 mm breit. Im hintern Teile ihres Körpers erhebt sich auf dem Rücken zwifchen den beiden Reihen des Biviums ein merkwürdiger langer, flacher blattartiger und nach hinten gerichteter Fortfatz von rätfelhafter Bedeutung.

Wie zu erwarten, haben auch die anderen Holothurien Vertreter in der Tieffee, aber fie zeigen verhältnißmäßig wenig von der Organifation ihrer das flachere Waffer bewohnenden Vettern abweichende Verhältniffe. Eine Synapta findet fich bei 345, eine andere bei 2350 Faden und zwei echte Holothurien gehen bis 2900 Faden. Am intereffanteften find einige fich gewohnheitsmäßig im Schlamm aufhaltende Formen mit fehr gering entwickelter Fähigkeit der Ortsbewegung. Bei folchen Arten auch aus feichteren Meeresteilen nimmt der Körper eine bleibende U-förmige Krümmung an, fodaß die beiden Hauptkörperöffnungen, Mund und After, aus dem Schlamm, in welchem der übrige Leib vergraben liegt, herausragen. Es kann aber die konkave Krümmung mehr und mehr verftreichen, fodaß die Tiere faft eirund werden und mit den beiden röhrenförmigen Fortfätzen eine Geftalt annehmen, welche fich am beften mit der eines aufgeblafenen Katzen- oder Hundemagens mit dem kurzen End- refp. Anfangsteil von Speiferöhre und Dünndarm vergleichen läßt. Solche Formen find die während der Talismanexpedition in einer Tiefe von 800 Meter aufgefundenen Ypsilothuria attenuata und Talismani. Beide find übrigens mit einer ziemlich feften, ftacheligen Haut verfehen. Außerdem find noch zwei ausfchließlich die Tieffee bewohnende Gattungen (Paelopatides und Ankyroderma) bekannt. Die beiden vom Challenger in den antarktifchen Gewäffern entdeckten Holothurien mit Brutpflege (Cladodactyla crocea und Psolus ephippifer) find keine Tieffeebewohner. Bei der erfteren halten fich die Jungen in bedeutender Anzahl an den Ambulakralfüßchen des Biviums auf dem Rücken der Mutter feft, bei der anderen hat

fich ebenfalls auf deren Oberfeite ein eigenartiger, von Kalkplatten über-
deckter Brutraum für die Eier entwickelt.

Die zweite Klaffe der Stachelhäuter, die Seeigel (Echinoidea),
find meift kugelig oder herzförmig, manchmal abgeplattet, manchmal
aber mützenartig, ziemlich hoch. Ihre Körperwand ift durch ein reich
entwickeltes Kalkfkelett, deffen einzelne Teile fich feft ineinander fugen,
in der Regel zu einer feften Kapfel (der Corona) umgeftaltet, welche
zwei größere, von einer weicheren, aber auch durch Kalkelemente ge-
ftützten Haut überfpannte Öffnungen hat. In der einen liegt der Mund,
in der andern der After; erfterer ift immer nach unten gerichtet, in der
Mitte oder excentrifch gelegen, letzterer kann ihm polftändig gegenüber-
liegen, oder in verfchiedenem Grade gleichfalls excentrifch fein. Die
Platten der Corona ftehen in zehn Doppelreihen alternierend zufammen,
die einen Paare liegen radial, find für den Durchtritt der Füßchen
durchbohrt und heißen Ambulakralplatten, die andern interradial gelegenen, undurchbohrten, find die Interambulakralplatten. Auf allen
diefen Platten find gewölbte Höckerchen vorhanden, mit denen fich mit
einem unteren ausgehöhlten Ende Stacheln von fehr verfchiedener Größe
gelenkig verbinden. Die meiften befitzen innen oberhalb der Mundöffnung einen fehr komplizierten Kauapparat, der aus fünf Gruppen
von Kalkftückchen befteht, eine konifche Geftalt hat und unter dem
Namen der Laterne des Ariftoteles bekannt ift. Man unterfcheidet
nach der Lage von Mund und After regelmäßige und unregelmäßige
Seeigel. Bei den erfteren liegen beide Körperöffnungen central einander
gegenüber, ihr Leib ift ftreng radiär fymmetrifch und die Ambulakral-
reihen verlaufen vom Rande der Mundöffnung bis zu dem der Afteröffnung, — das find die Cidariden (von κιδαρις, perfifche Mütze).
Unter den unregelmäßigen Seeigeln giebt es folche Formen, bei denen
der Mund central, der After aber excentrifch liegt, meift find fie von
platter Geftalt und führen daher den Namen der Schildigel (Clypea-
stridae). Eine dritte Unterordnung der Echiniden bilden die Herz-
igel (Spatangidae), meift von herzförmiger Geftalt, nicht bloß mit
excentrifchem After, fondern auch Munde, in dem kein Kauapparat
entwickelt ift.

Als der befte lebende Kenner der Seeigel ift Alexander Agaffiz zu betrachten. Abgefehen davon, daß diefer Forfcher das reiche, auf den amerikanifchen Expeditionen gefammelte Material bearbeitet hat, fiel ihm auch die dankenswerte Aufgabe zu, die vom Challenger heimgebrachten Schätze an Echiniden zu unterfuchen. Durch diefe Forfchungen hat er unfere allgemeine und fpezielle Kenntnis diefer intereffanten und fchönen Stachelhäuter erweitert, wie kein zweiter Zoolog.

Er nimmt für die vertikale Verbreitung der Seeigel, die immer auf dem Boden lebende Tiere find, drei Zonen an: die litorale bis zu 150 Faden Tiefe, die kontinentale, abhängig von den Veränderungen, welche die Kontinente im Laufe der geologifchen Entwicklung der Erde erlitten haben, bis 500 Faden und die abyffifche, welche vom Anfange ihres Beftehens an in den Tiefenverhältniffen ihrer Wohnftätten wenige oder keine Veränderungen erfahren hat und bis 2900 Faden, die tieffte von einem Seeigel (Pourtalesia laguncula) als bewohnt gekannte Tiefe, hinabgeht.

Im allgemeinen zeigt es fich, daß die Einförmigkeit in den körperlichen Charakteren der Seeigelfauna ebenfo wie bei anderen Seetieren von der Küfte zur Tiefe hin zunimmt. Die Küften bieten, als dem Einfluße verfchiedener Temperaturen, den Verhältniffen der Wafferbewegungen, der Mannigfaltigkeit der Bodenbefchaffenheit u. f. w. viel mehr als die tieferen Teile des Meeres ausgefetzt, eine weit größere Fülle bunter Lebensbedingungen, an welche fich die Tiere anpaffen müffen und können. Wie für die landbewohnenden Gefchöpfe horizontal vom Äquator nach den Polen, namentlich nach dem nördlichen hin, die die Exiftenz beeinfluffenden Verhältniffe immer gleichförmiger werden und eine immer ähnlichere Fauna und Flora erzielen, fo ift es für die Seetiere in vertikaler Richtung von der Küfte bis zur abyffifchen Tiefe. So fehn wir denn auch, daß unter den kontinentalen Formen der Seeigelfauna des atlantifchen und ftillen Ozeans der Reichtum an eigentümlichen Arten viel bedeutender ift als unter den litoralen, und unter den abyffifchen wieder mehr als unter jenen. Anfchließend hieran läßt fich auch behaupten, daß eine Art, welche eine bedeutende vertikale Verbreitung hat, auch in horizontaler Richtung auf einem ausgedehnten Gebiete vorkommen

wird: je polytroper ein Gefchöpf ift, d. h. je leichter es fich verfchieden-
artigen Verhältniffen anzufchmiegen verfteht, um fo weiter kann es fich
in jeder Richtung verbreiten. So find Schmetterlinge, welche in der
Schweiz fowohl in den tiefen Thälern, wie an den Grenzen des ewigen
Schnees fliegen, meift in ganz Europa gemeine Arten. Es findet fich G o -
niocidaris canaliculata vertikal von der litoralen Zone bis zu 1975
Faden und in horizontaler Richtung bei den Falklandsinfeln, Natal,
Zanzibar und Auftralien, Echinus acutus bis 1350 Faden und von
Norwegen bis Ascenfion und vom Mittelmeer bis zu Nordamerikas Oftküfte, Echinus elegans wurde in vertikaler Richtung bis zu 1000 Faden
und in horizontaler von Norwegen bis Triftan d'Acunha und Neuguinea
und vom europäifchen bis zum amerikanifchen Geftade des atlantifchen
Ozeans aufgefunden. Zugleich beweifen auch Gattungen, welche in
beiden Richtungen weit verbreitet find, ihr bedeutendes Anpaffungs-
vermögen auch noch dadurch, daß fie in geologifchem Sinne fehr alt
find und viele einftige Zeitgenoffen überlebt haben. Das Gefchlecht S a l e -
nia, faft pantobathifch und kosmopolitifch verbreitet, erfcheint fchon im
oberen Jura, Echinus in der Kreide.

Was die bathymetrifche Verbreitung der daraufhin genauer gekannten Arten der drei Familien der Seeigel betrifft, fo geftaltet fich
diefelbe folgendermaßen:

Tiefe in Faden	Cidariden		Clypeaftriden	Spatangiden	
1—250	40		10	26	
500*)	21		3	12	
1000	6		2	8	
1500	13	⎱ 3 Arten von 90 (3,3 Proc.) von 1000—3000 Faden.	—	4	⎱ 7 Arten von 72 (24,3 Proc.) von 1000—3000 Faden.
2000	6		—	10	
2500	3		—	5	
3000	1	⎰	—	17	⎰

*) Inklufive der Arten von 1 — 500, alfo nicht blofs die zwifchen 251 und 500. Gilt
auch immer fo für die folgenden Tiefenangaben.

Bei Betrachtung einer derartigen Lifte dürfen wir freilich nicht vergeffen, daß der Zufall gerade bei einer folchen Art der Statiftik eine fehr große Rolle fpielt, außerdem ift ja auch in geringeren Tiefen öfter gedredfcht worden als in den größeren und größten, daher die Wahrfcheinlichkeit, reichere Beute zu machen, in jenen bedeutender als in diefen war. Aber trotzdem oder gerade erft recht deshalb ift obige Lifte fehr lehrreich. Zufall dürfte es zwar fein, daß die Cidariden bei 1000 Faden eine Steigerung in der Zahl der Vorkommnisfrequenz erfahren, eins ift aber gewiß, ihre Zahl vermindert fich gradatim mit zunehmender Tiefe. Die Clypeaftriden find unzweifelhaft eine Familie, welche keinen wefentlichen Beftandteil der Tieffeefauna bildet; wenn auch ein und die andere Art fpäter noch unter 1000 Faden gefunden werden follte, fo würde das an der Thatfache nicht viel ändern. Am intereffanteften geftalten fich die Verhältniffe für die Spatangiden, ja fie find in gewiffer Hinficht geradezu überrafchend zu nennen. Die Spatangiden find die modernfte Familie der Seeigel, das lehrt uns teilweife die Entwicklung der Echiniden in der Zeit: die Cidariden beginnen im Trias, die Clypeaftriden (inkl. Echinoconiden) im Lias, und ebenfo die Spatangiden (inkl. Caffiduliden). Namentlich fprechen aber auch ihre Organifationsverhältniffe dafür, daß fie bis zu einem gewiffen Grade entartet find, fie find in ihrer Geftalt am weiteften vom prototypifchen Seeigel entfernt und find des Kauapparats durch Rückbildung verluftig gegangen.

Man follte nun eigentlich erwarten, daß die bathymetrifche Verteilung der drei Echinidenfamilien diefen ihren fozufagen gefchichtlichen Verhältniffen entfpräche. Das ift indeffen, wie die Lifte zeigt, nicht der Fall, und daß es nicht fo ift, hat wohl feinen Grund in erfter Linie in dem Bau und in den Ernährungsverhältniffen der drei Seeigelfamilien Cidariden und Clypeaftriden füllen fich den Darm zwar auch mit Schlamm, find aber mit ihrem Kauapparat doch auch auf vegetabilifche Nahrung (Nulliporen etc.) angewiefen, während die Spatangiden wie die Holothurien ausfchließlich maritime Sedimente freffen. Ihnen war daher wohler auf dem Boden des Meeres als ihren Vettern, vielleicht könnte fogar jemand die Behauptung auffstellen, daß die Spatangiden aus den Clypeaftriden gerade in den größeren Meerestiefen hervorgingen und, einmal das Gegenteil von dem fonft üblichen Wege einfchlagend, in die feichteren Gewäffer erft einwanderten. Die Angaben darüber, auf welcher Art von Tieffeegrund die Spatangiden gefunden wurden, geben uns keinen rechten Auffchluß. Denn danach wurden von den gefammelten Exemplaren von Tieffeearten ungefähr 44 Prozent auf Schlamm (mud), 31 auf Globigerinenfchlick, 5,5 auf rotem Thon, ebenfoviel auf Radiolarienfchlick und 14 auf Diatomeenfchlick gefunden. Merkwürdig ift indeffen immerhin die verhältnismäßig ftarke Entwicklung auf der letztern Art der Tieffee-Sedimente.

Nicht ohne Intereffe find die Beziehungen der lebenden Gattungen der Echiniden zu den foffil vorkommenden Arten. Spezies von Salenia, find in gewiffen Schichten der Kreide und des Jura fehr gemein und das Gefchlecht galt für ausgeftorben, bis Graf Pourtalès im Jahre 1869 ein einzelnes

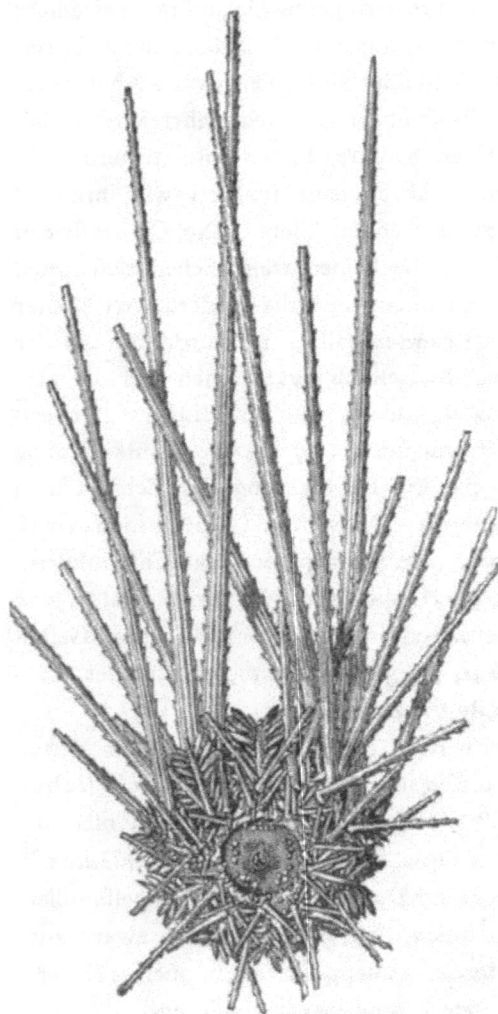

Fig. 68. Salenia varispina.

Exemplar von Salenia varispina aus einer Tiefe von 315 Faden dredfchte. Hemipedina war in der Kreidezeit mächtig entwickelt, und ein Vertreter der Gattung (H. cubensis) hat fich bis in die Jetzt-

welt herüber gerettet. Eine Familie mit altertümlichen Charakteren
find auch die Echinothuroiden, bei denen die einzelnen Kalkplatten
fich nicht ftarr aneinander fügen, fondern mit ihren Rändern übereinander greifen. Daher geben die Tiere beim Anfaffen, was übrigens
wegen der zahlreichen kleinen, leicht fich ablöfenden Stacheln ein miß-
liches Ding ift, nach und Wyville Thomfon fah, wie bei den lebenden eine wellenartige Bewegung über die Schale verlief. Eine zu diefer
Sippe gehörige Art (Phormosoma uranus), beiläufig in Tiefen von
1525 Faden gefunden, kann man, ohne irgend etwas an der Schale zu
zerbrechen, aufrollen wie ein Blatt Papier. Eine der fchönften Arten aus

Fig. 69. Asthenosoma hystrix.

diefer Familie ift das fcharlachrote Asthenosoma hystrix (Fig. 69), das
auf der dritten Fahrt des Porcupine, nicht weit von Schottlands Nordküfte
gedredfcht wurde. Eine auffallend weiche Schale hat auch der ziemlich fpitze und hochgewölbte Cystechinus vesica, welcher zwifchen
1675 und 2160 Faden vorkommt. Alexander Agaffiz vergleicht ihn
mit einem alten zerknüllten Filzhut. Überhaupt nimmt die Feftigkeit und
der Reichtum an Kalk der Koronen der Seeigel mit der Tiefe ab, fogar
bei Exemplaren derfelben Art. Möglich, daß hieran, ftellenweife wenigftens, die Armut der tieferen Gewäffer an Kalk fchuld ift, wahrfcheinlicher indeffen ift die Urfache diefer Erfcheinung darin zu fuchen, daß

die Tiere in den größeren Tiefen ein im ganzen friedlicheres Leben führen
und fefter Panzer demzufolge nicht bedürfen.

Die intereffantefte Entdeckung, welche die neueren Tieffee-Expedi-
tionen, was Seeigel betrifft, gemacht haben, ift die der fchönen und
feltfamen Pourtalefien aus der Gruppe der Spatangen. Sie find lang-
geftreckt, manche (Pourtalesia phiale und ceratopyga, Echino-
crepis cuneata) ganz von der Form fteinerner, aber undurchbohrter
Streithämmer und bilden in gewiffem Sinne einen Sammeltypus, d. h. fie vereinigen in fich Charaktere fehr verfchiedener und vor ihrer Entdeckung
weit auseinander geriffener Formen. Es find echte Tieffeebewohner
und manche haben ein weites Gebiet des Vorkommens.

Der ftattlichfte Seeigel, den man bis jetzt kennen gelernt hat, ift
auch ein Bewohner der Tiefe, Phormosoma hoplacantha, mit einem
Durchmeffer von 312 mm.

Von allen Stachelhäutern ift die Klaffe der Seefterne (Afteroidea)
die in jeder Beziehung am höchften entwickelte, was wohl in erfter
Linie darauf zurückzuführen ift, daß ihre Angehörigen im Gegenfatz zu
den meiften übrigen Echinodermen keine blöden Vegetarier bezw.
Schlammfreffer find, fondern von animalifcher Koft leben. Ein wirkliches Raubtier kann nur felten und unter ganz befonderen Verhältniffen
ein feffiles Tier fein, es muß vielmehr die Fähigkeit freier Ortsbewegung
bewahrt und diefe in um fo höherem Maße entwickelt haben, je hur-
tiger feine Beutetiere find. Mit der Gewohnheit energifcherer Bewegung
aber geht Hand in Hand eine freiere Gliederung des Körpers, ein ent-
wickelteres Muskelfyftem, höher beanlagte nervöfe Apparate und als
endliche Folge aller diefer zufammenwirkenden Faktoren eine größere
Intelligenz. Wie anders ift das planvolle Benehmen eines gefangenen
Schlangenfternes, der mit großer Gewandtheit zu entfchlüpfen verfucht
und zu entfchlüpfen verfteht, gegenüber der ftumpffinnigen Refignation
einer trägen Holothurie, die ihren höchften Trumpf ausfpielend ihre
Eingeweide von fich bricht!

Der Körper der Afteroiden zeichnet fich zunächft dadurch aus, daß
er flachgedrückt ift, daß fein Syftem von Ambulakralfüßchen fich ausfchließlich auf der Mundfeite befindet und daß feine Radien immer

mindeflens etwas eckig vorfpringen, meift fogar zu längeren, oft felbft
fehr langen Armen ausgezogen find. Diefe Arme felbft find gegliedert
und befitzen ein inneres Skelett, deffen Teile ähnlich wie die Wirbel
an dem Rückgrate eines Wirbeltieres miteinander verbunden find.

Man unterfcheidet zwei Unterklaffen der Seeflerne: die Schlangenflerne (Ophiuridae) und die eigentlichen Seeflerne (Stelleridae).

Die Schlangenflerne haben lange, meift fehr bewegliche Arme
von cylindrifcher Geflalt, welche fich fcharf gegen die Scheibe des Körpers abfetzen und auf der Unterfeite mit einer kontinuierlichen Reihe
von Schildern verfehen find, die Lücken zwifchen fich haben, aus welchen
die Füßchen hervortreten. Bei allen Formen fehlt ein befonderer After
und funktioniert dafür, wie bei den Coelenteraten, zugleich der Mund
mit. Die große Beweglichkeit der Arme erlaubt den Schlangenflernen
ein rafches Kriechen und Klettern und Preyer hat in einem hochinte-
reffanten Auffatze (Mitteil. aus d. zoolog. Station zu Neapel. Band VII)
gezeigt, wie überrafchend klug fie ihre Bewegungsfähigkeit zu benutzen
verflehen, um ihren Körper aus den ungewöhnlichflen Zwangslagen zu
befreien. Ophiuriden finden fich in allen Meeren und in allen Tiefen
und manche Arten aus der Tieffee (z. B. Ophiomusium Lymani,
Ophiocreas spinulosus, Ophiocamax hystrix) leben in großen
Gefellfchaften.

Die Zahl der bekannten Arten ift durch das von Theodor Lyman
bearbeitete Challenger-Material von 380 auf 550 gefliegen und die meiften
neuen Formen flammen aus Tiefen von über 100 Faden. Manche
Spezies, namentlich aus den Gefchlechtern Amphiura und Ophia-
canthus finden fich von der Küflenzone bis zu den größten Meerestiefen, andere Gattungen (Ophiotrochus, Ophioplinthus, Ophier-
mus) find auf die abyffifchen Regionen befchränkt. Zwifchen 150 und
500 Faden wurden bis jetzt 137, zwifchen 500 und 1000 aber 64 und
unter 1000 Faden noch 69 Arten entdeckt und von den letzteren finden
fich 50 ausfchließlich hier. Einzelne Arten haben eine fehr weite Verbreitung, fo ift z. B. Ophiomusium im nördlichen und füdlichen atlantifchen Ozean, bei Neufeeland, Japan und an der füdweftlichen Küfte
Südamerikas aus Tiefen zwifchen 565 und 1822 Faden gedredfcht

worden. Auffallend ift die Thatfache, daß von der Mitte des ftillen
Ozeans bis zur amerikanifchen Weftküfte Schlangenfterne außerordentlich felten find, nur ein einziger wurde auf diefer großen Strecke erbeutet.

Die meiflen Tieffeearten der Ophiuren find lebhaft orange und rot,
bleichen aber nach der Beobachtung von Agaffiz in Spiritus aus und
zwar weit mehr als Formen aus flachem Waffer, fodaß man auch in

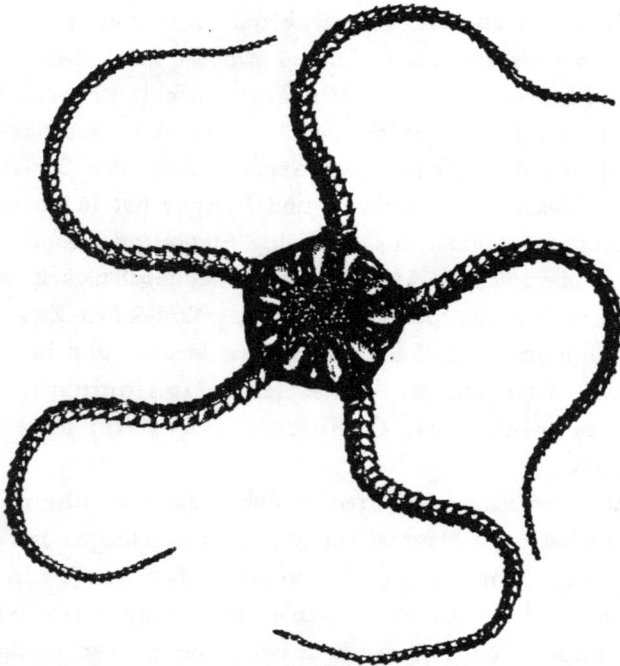

Fig. 70. Ophiomusium Talismani, aus einer Tiefe von 884 Faden.

den Sammlungen die letzteren an ihrer intenfiveren Färbung erkennen
kann. Außerdem zeigen gewiffe abyffifche Arten befondere Eigentümlichkeiten der Organifation: fo befitzen die unter 1000 Faden haufenden
Spezies von Amphiura zahlreichere Papillen am Munde als ihre
Gattungsgenoffen aus feichterem Waffer und die ebendort vorkommenden Ophioglyphen haben meift verdickte Armplatten und eine mikrofkopifch fein granulierte Oberfläche. Lyman ftellt bei Mitteilung diefer

intereffanten Thatfachen die Behauptung auf, folche Eigentümlichkeiten der Organifation feien offenbar nicht von den Exiftenzbedingungen abhängig, noch hätten fie irgendwelche Beziehungen zum „Überleben des Paffendften".

Nun, — nach meiner Meinung exiftiert kein Ding ohne Urfache in der Welt und auch jene zunächft noch rätfelhaften Unterfchiede zwifchen den Amphiuren und Ophioglyphen der Tieffee und des feichteren Waffers find unbedingt das Refultat äußerer Einflüffe, beruhen mithin auf Anpaffung. Wenn wir diefe Urfachen noch nicht erkennen können, fo beweift das nur unfere menfchliche Kurzfichtigkeit, aber ganz gewiß nicht, daß keine vorhanden wären!

Die übrigen Seefterne (Stelleridae) befitzen einen After und ihre Arme find an der Unterfeite mit einer nicht von Schildchen überdeckten Längsfurche (Ambulakralfurche) verfehen, in welcher fich die Füßchen befinden. Die meiften Arten find Bewohner der weniger tiefen Gewäffer, doch giebt es auch intereffante Tieffeeformen.

Schon Anfang der fünfziger Jahre unferes Jahrhunderts dredfchte der berühmte norwegifche Dichter und Naturforfcher Peter Kirften Asbjörnfon aus dem feiner landfchaftlichen Schönheit halber vielgepriefenen Hardangerfjord bei einer Tiefe von ungefähr 200 Faden einen wundervollen, fremdartigen Seeftern, der in gewiffem Sinne einen Übergang zwifchen den Stelleriden und Ophiuren bildete. Von einer kleinen runden, ungefähr 3 cm im Durchmeffer habenden Centralfcheibe entfprangen elf runde, fchlanke, mit fehr fchmaler Ambulakralfurche verfehene Arme von zirka 30 cm Länge, die auf das zierlichfte mit eleganten Dornen befetzt waren. Die Farbe des herrlichen Gefchöpfes ift oben rot, unten weißlich und dabei befitzt es noch die Eigenfchaft intenfiven Leuchtens. Asbjörnfon belegte den wundervollen Seeftern mit dem bedeutfamen Namen „Brifinga", nach dem von Zwergen gefchmiedeten Bruftfchmucke der Göttin Freya, den ihr der von Heimdall bekämpfte Loki ftahl und in die Tiefe des Meeres verbarg. Die Brifinga-Arten haben zum Teil eine fehr weite Verbreitung, und man hat ihrer eine ganze Reihe gefunden: fo entdeckte Michael Sars bei den Lofoten

B. coronata, welche Agaffiz in den weftindifchen Gewäffern wieder
fand, und bei der Talisman-Expedition dredfchte man B. robusta

Fig. 71. Brisinga elegans, aus 820 Faden Tiefe.

zwifchen 480 und 1900 Faden, bei 820 B. elegans (Fig. 71) bei 1300
B. spinosa, bei 785 B. semicoronata und bei 1220 B. Edwardsi.

Die letztere ift nach Filhol an der Stelle, wo fie gefunden wurde, fo häufig, daß fie bei Taufenden den Meeresboden bedecken muß.

Eine verwandte Gattung ift Freyella, welche der Talisman an der afrikanifchen Weftküfte zwifchen 1000 und 1400 Faden fand. Eine Art (F. spinosa) hat 13 fpindelförmige Arme von 25 cm Länge und ftrömt nach den Beobachtungen Perriers einen eigentümlichen Phosphorgeruch aus. Es ift dem franzöfifchen Forfcher nicht unwahrfcheinlich, daß auch fie Leuchtkraft befitzt, welche freilich wohl mit dem „Phosphorgeruch" kaum in irgend einem Zufammenhang ftehen dürfte! In einem Punkte zeichnen fich die Freyellen vor den Brifingen vorteilhaft aus: die letzteren haben die für den Sammler fehr unangenehme Gewohnheit, ihre Arme freiwillig abzubrechen, fodaß un-

Fig. 72. Hymenodiscus Agassizii, aus einer Tiefe von 452 Faden.

verletzte Exemplare wohl kaum in irgend einem Mufeum fich befinden, Freyella thut das aber nicht.

Verwandt mit den Brifingen ift ein von Agaffiz in den weftindifchen Gewäffern aufgefundener Seeftern (Hymenodiscus Agassizii, Fig. 72), der in noch höherem Grade als jene die Stelleriden und Schlangenfterne verbindet. Er hat eine runde Körperfcheibe, von welcher fich die langen, fchlanken und beweglichen Arme deutlich ab-

fetzen. Diefe Arme, immer 12 an der Zahl, während fie bei den
Schlangenfternen zu fechft oder in der Regel zu acht auftreten, find am
Rande mit langen Dornen verfehen und haben ein fehr einfaches, aus
vier Längsreihen von Stücken beftehendes Kalkgerüft.

Die charakteriftifchen Seefternformen der größeren Tiefen gehören
zu den Brifingiden, Pterafteriden, Archafteriden und Porcellanafteriden.
Bis jetzt wurden 26 Gattungen unter 1000 Faden gefunden, davon 18
neue allein vom Challenger, der überhaupt 28 neue Genera und 150
neue Spezies mit heimbrachte.

Nach den Beobachtungen von A. Agaffiz wird die Verfchiedenheit
und Mannigfaltigkeit der Seefternfauna mit der zunehmenden Tiefe
immer geringer. Die zahlreichften Individuen werden zwifchen 100 und
250 Faden gefunden, jedoch fcheint die Zahl der Arten nicht in demfelben Maße wie die der Exemplare nach untenhin abzunehmen. Bei
Tiefen oberhalb 100 Faden waren 2·7 Dredfchzüge nötig, um durchfchnittlich je eine Spezies zu erbeuten, denn bei 41 Zügen in genannter
Tiefe wurden 15 Arten in 150 Exemplaren gefangen. Zwifchen 100 und
200 Faden betrug die Ausbeute 21 Spezies mit 144 Individuen, der
Koeffizient war dabei 3·6, während er zwifchen 200 und 300 Faden 3·15
(nämlich 16 Arten in 66 Exemplaren) und zwifchen 300 und 400 Faden
3·9 ausmacht, da hier bloß 12 zu 9 Spezies gehörige Individuen gefangen wurden. Zwifchen 400 und 500 Faden wurde der Koeffizient
4·6 und zwifchen 500 und 600 Faden 1·3. Fünfzehn Dredfchzüge in
Tiefen zwifchen 800 und 900 Faden ergaben nur 3 Arten in je einem
Exemplar, aber bei 1900 bis 2000 Faden ftieg die Frequenz wieder
etwas, indem nämlich mit 4 Zügen 4 Spezies in 7 Individuen an das
Tageslicht befördert wurden. Die größte Tiefe, aus welcher überhaupt
je Seefterne (Brifinga, Hymenafter und Benthafter) gedredfcht
wurden, erreichte der Challenger weftlich von Yokohama bei 2900 Faden.
Manche Formen (z. B. Archafter mirabilis) find befähigt, in Tiefen
von 56 bis 1920 Faden vorzukommen, während andere fehr lokalifiert
in ihrer vertikalen Verbreitung find. Der eben genannte Seeftern fcheint
überhaupt einen fehr günftigen Kampf ums Dafein zu kämpfen, wenig-

ſtens wurde er bei den Fahrten des Blake zu Hunderten gedredſcht und neigt auch ſehr zur Varietäten-Bildung.

Im allgemeinen herrſchen die Archaſteriden im atlantiſchen und die Pteraſteriden und Porcellanaſteriden im ſtillen Ozean vor, während die Südſee eine ziemlich gleichmäßige Entwicklung dieſer Familien aufweiſt. Die Archaſteriden haben flache Körper und verlängerte Arme und die meiſten Arten der Tieffee zeichnen ſich dadurch aus, daß an ihren Füß-chen die Ënd-Saugſcheibchen fehlen, ſodaß ihre Bewegungsfähigkeit ſehr weſentlich beeinträchtigt iſt. Die Pteraſteriden haben kurze und dicke Arme und ihre Rückenhaut erweitert ſich auf der Scheibe zu einer Taſche, in welche der After und die fünf Geſchlechtsſchläuche ſich öffnen, und in der die Entwicklung der Eier vor ſich geht. Hymenaster, ein hier-her gehöriges Geſchlecht der Tieffee, beſitzt eine ſehr weite Verbreitung und findet ſich in allen größeren Meeren. Die Familien der Porcellanasteri-den (mit Porcellanaster granu-losus, Fig. 73) iſt erſt in neuerer Zeit bekannt geworden und wird von Tief-feeformen gebildet, die ſich namentlich dadurch auszeichnen, daß die Arme,

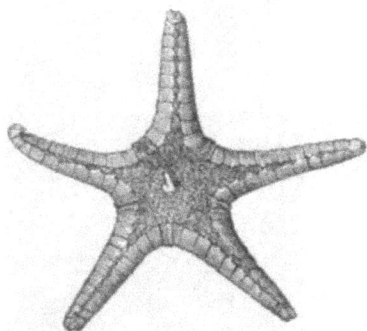

Fig. 73. Porcellanaster granulosus, aus einer Tiefe von 1250 Faden.

welche bloß die Länge des Scheibendurchmeſſers haben, am Rande mit anſehnlichen, porzellanartig durchſcheinenden Platten bedeckt ſind.

Während die Seewalzen, Seeigel und Seeſterne doch immer in ſeich-terem Waſſer ihre höchſte Entwicklung ſowohl rückſichtlich der Zahl der Arten wie der Individuen erreichen, verhalten ſich die beiden Familien der Haarſterne in dieſer Hinſicht ſehr verſchieden.

Die Haarſterne (Crinoidea, von Miller nach dem griechiſchen κρίνον, Lilie benannt) ſind zeitlebens oder wenigſtens in der Jugend feſtſitzende Echinodermen mit becher- bis kugelförmigem Körper, auf deſſen Oberſeite Mund und After liegen, während ſein aboraler Pol zur zeitweiligen oder dauernden Befeſtigung dient. Die ſchlanken Arme ſind gegliedert, beweglich, tragen an den Seiten feine, blattartige Anhänge

(die Pinnulae), find auf der Oberfeite mit einer bis zum Munde verlaufenden Furche verfehen, welche von einer zarten Haut ausgekleidet
ift und die zarten, hier zu tentakelähnlichen Bildungen entwickelten
Ambulakralfüßchen trägt und daher den Ambulakralfurchen der Seefterne entfpricht.

Die Crinoiden zerfallen in zwei Familien, in die der Seelilien
(Pentacrinidae) und die der eigentlichen Haarfterne (Comatulidae).
Die erfteren find, abgefehen vom embryonalen Alter, zeitlebens geftielt und

Fig. 74. Comatula rosacea.

am Stiel mit eigentümlichen gegliederten Anhängen, den Cirren verfehen,
während die Comatuliden nur in der Jugend einen Stiel haben.

Die Seelilien find die älteften bekannten Echinodermen, denn
Refte von ihnen (Stielglieder) finden fich in den älteften, Verfteinerungen
führenden Schichten der cambrifchen Formation, aber darum braucht
man noch nicht anzunehmen, daß fie auch die wirklich älteften find.
Ich glaube vielmehr, daß denjenigen der cambrifchen Schichten fchon
eine lange Ahnenreihe ficher teilweife freilebender vorangegangen ift.

Denn alle feffilen Tiere ftammen von nicht feftfitzenden ab: Seffilität ift erft eine fekundäre Anpaffung.

Neueren Datums und erft im Jura beginnend find die Comatulen; ihre freie Beweglichkeit ift wieder etwas neu Erworbenes, und fie hatten feftfitzende Ahnen, das lehrt uns ihre Entwicklungsgefchichte. Im Jahre 1827 befchrieb der ausgezeichnete irifche Naturforfcher

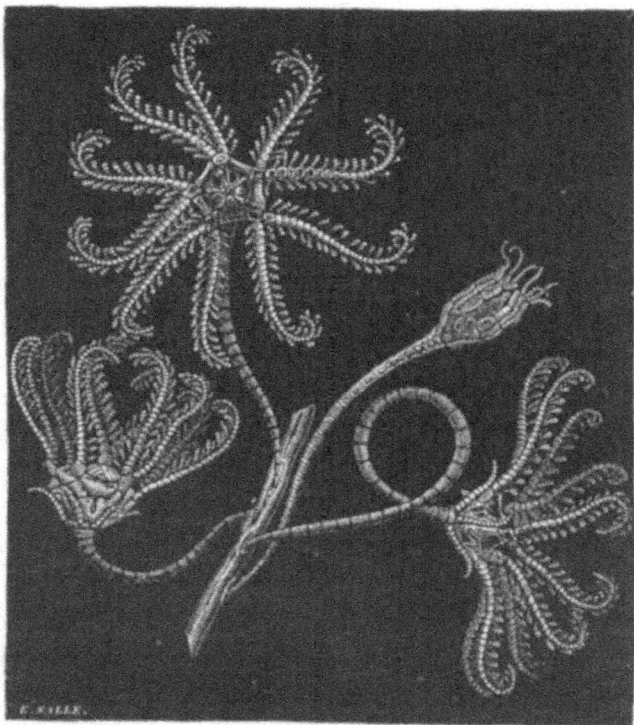

Fig. 75. Junge (Larven) Comatula rosacea im Pentacrinusftadium (Pentacrinus europaeus) ftark vergröfsert.

William Thompfon unter dem Namen Pentacrinus europaeus eine fehr kleine Seelilie mit 5, mit pinnulae befetzten Doppelarmen mit Cirren am aboralen Pole des Kelchs und auf einem Stiele befeftigt. Als er 1837 diefen vermeintlichen kleinen Encriniden wieder unterfuchte, fah er zu feinem Erftaunen, wie bei einem Exemplar der Kelch fich vom Stiele loslöfte, mittels feiner Arme anfing frei zu fchwimmen und

fich mit feinen Cirren gelegentlich feftfetzte, wie die Arme nach und nach
die Charaktere derjenigen der Comatula annahmen, kurz, er beobachtete
die poftembryonale Entwicklung der gemeinen Comatula (Antedon).
Nun wiffen wir aber an der Hand zahlreicher, fich von Tag zu Tag
mehrender Beobachtungen, daß fehr häufig, wenn auch nicht immer,
ein Gefchöpf in feiner individuellen Entwicklung die Entwicklungser-
fcheinungen, welche feine Ahnenreihe in vielfach aufeinander folgenden
Anpaffungen im Laufe unzähliger Generationen und während Aeonen
von Jahren durchgemacht hat, in nuce wiederholt, daß, wie die Wiffenfchaft dies ausdrückt, feine Ontogenie feine Phylogenie (Stammesge-
fchichte) wiederholt. Wenn alfo die freie Comatula in ihrer Ontogenie
ein Stadium aufweift, auf welchem fie, geftielt und feftfitzend, einem
Encriniden gleicht, fo dürfen wir daraus fchließen, daß fie auch phylo-
genetifch von alten geftielten Formen abftammt. In der Ordnung der Seelilien müffen fich aber fchon fehr frühzeitig manche zu einem freien Leben
emanzipiert haben, bereits im obern Silur und im Kohlenkalk treten
einzelne ungeftielte Formen (Edriocrinus, Agassizocrinus, Belem-
nocrinus) auf, aber ohne ihre Eigentümlichkeiten durch viele Generationen hindurch zu vererben. Die wahre Zeit der freien Crinoiden, der
Comatuliden kam, wie bemerkt, erft mit dem Jura, und feit jenen
Tagen hat ihre Zahl allmählich zugenommen.   .

Foffile Seelilien, oder wenigftens Teile von ihnen, mögen feit uralten
Zeiten bekannt fein, und fie find in gewiffen Schichten fo mächtig entwickelt, daß fie fich dem naivften Befchauer von felbft aufdrängen.
In meiner Heimat (Weimar) kennt der Landmann die ftellenweife im
Mufchelkalke ganze Bänke bildenden Stengelglieder von Encrinus lilii-
formis gar wohl unter dem Namen der „Bonifaciuspfennige,“ eine Be-
zeichnung, die ein hohes Alter verrät. Verfchiedene Schriftfteller des 16.
und 17. Jahrhunderts kommen öfters auf diefe Bildungen zu reden, aber
der erfte, welcher in ihnen Teile von Verwandten der Seefterne erkannte,
war 1720 Rofinus.

Im Jahre 1755 brachte ein franzöfifcher Forfcher Guettard die
erfte recente Seelilie von Martinique mit und befchrieb fie 1761 unter
dem Namen „palmier marin“; jetzt heißt fie Pentacrinus asterias

und war 1859 noch fo felten, daß van der Hoeven bloß von 7 Exemplaren wußte. Achtzig Jahre nach Guettard (1837) befchrieb d'Orbigny eine zweite fehr originelle, von Sander Rang bei Barbados aufgefundene Form unter dem Namen Holopus Rangi und 1856 endlich machte der berühmte dänifche Naturforfcher Oerftedt eine zweite Art von Pentacrinus unter dem Speziesnamen Mülleri bekannt. Die übrigen 30 Arten sind innerhalb der letzten 25 Jahre von den norwegifchen Schiffen, dann vom Porcupine, Blake und ganz befonders Challenger entdeckt worden. Der letztere brachte allein 18 neue Spezies und zwei neue Gattungen mit heim, die in P. Herbert Carpenter, dem Sohne des öfters bereits erwähnten Freundes von Wyville Thomfon einen ausgezeichneten Bearbeiter fanden.

Die wenigften lebenden Seelilien erreichen eine bedeutende Größe (Pentacrinus decorus und asterias mit 80 refp. 48 Centimeter langem Stiele find die größten), während manche foffile Formen eine weit bedeutendere Länge erlangten. Die Art der Befeftigung auf dem Boden ift verfchieden, manche mögen lofe im Schlamme ftecken, andere umklammern (Rhizocrinus Fig. 76, 2) mit befonders entwickelten, gegliederten und verzweigten Wurzelausläufern allerlei Fremdkörper auf dem Boden des Meeres. Kapitän Cole beobachtete, daß Pentacrinusarten mit einem verbreiterten Endteile auf heraufgebrachten Kabelftücken aufgewachfen waren und nur mit ziemlicher Gewalt losgelöft werden konnten. Von Pentacrinus decorus wurden durch A. Agaffiz in der Nähe der weftindifchen Infel St. Vincent Exemplare aufgefunden, die augenfcheinlich abgebrochen waren und ein halb freies Leben führten, denn das Endglied des abgebrochenen Stiels war, wie das Wyville Thomfon früher auch beobachtet hatte, glatt und abgerundet, jedenfalls ein Beweis, daß der Bruch nicht frifch war, fondern vor geraumer Zeit bereits ftattgefunden hatte. Vermutlich vermögen die Tiere unter folchen Umftänden mittels ihrer Arme zu fchwimmen, wie die Comatulen. Sie können ihre Arme langfam auf- und einrollen, und auch die Seitencirren des Stieles find einer und fogar noch etwas lebhafteren Bewegung fähig und können zum Anklammern dienen. Die Färbung der Seelilien fcheint fehr verfchieden zu fein, fie kommen pur-

purrot, gelb und weißlich vor und find die jüngeren und zarteren Individuen die helleren. Nach den Beobachtungen der franzöfifchen

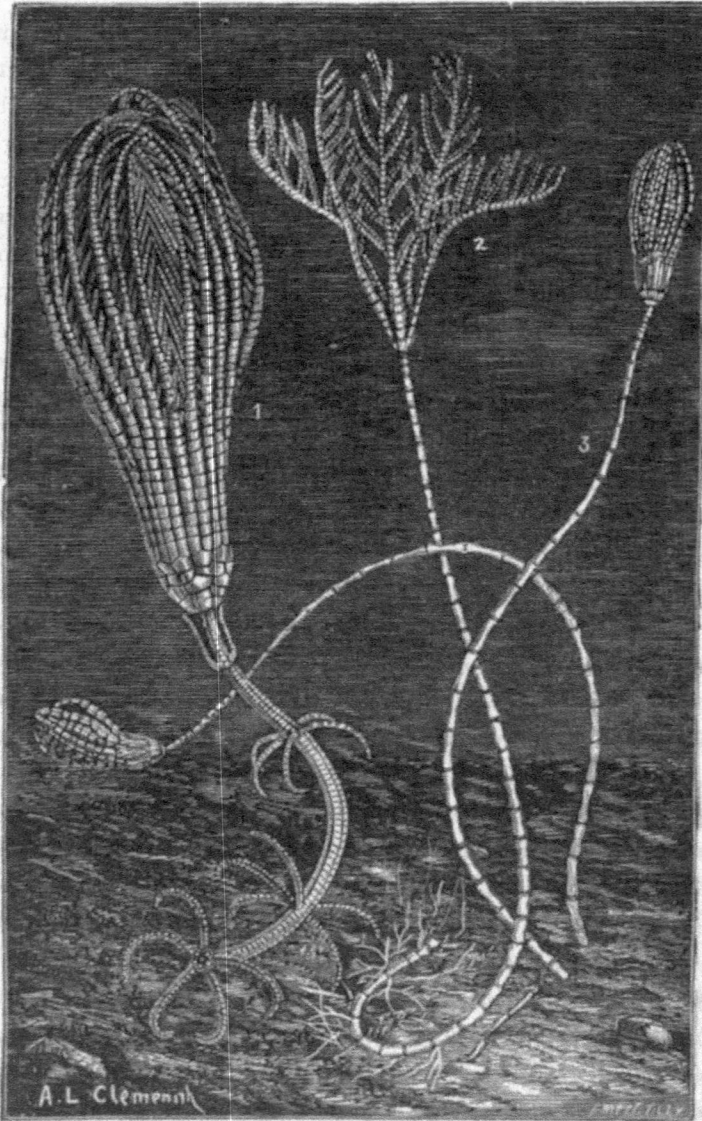

Fig. 76. Geftielte Crinoiden. 1) Pentacrinus Wyville Thomfoni. 2) Rhizocrinus lofotensis. 3) Bathycrinus gracilis.

Forfcher des Talisman ift Pentacrinus Wyville Thomfoni (Fig. 76, 1)
fchön grasgrün, was eine bei Tieffeetieren nur fehr felten vertretene
Farbe ift. H. Filhol giebt eine begeifterte Schilderung der Tierwelt
auf dem Boden des öftlichen atlantifchen Ozeans unter dem 45° n. Br.
und bei einer Tiefe von 820 Faden: „Individuen von Pentacrinus
Wyville Thomsoni bedeckten den Boden in beträchtlicher Menge
und bildeten eine Art von Wiefe, auf der anfehnliche Mopfeen fich erhoben. Der felfige Untergrund war bedeckt mit fehr zierlichen Polypen,
welche in Wirklichkeit Blumen mit geöffneten Kelchen glichen, und
mitten in diefer lebensvollen, aber an den Boden gefeffelten Welt tum-
melten fich Krebfe von einer vorher nicht gekannten Art (Paralomis
microps M. Edw.), deren Panzer mit feinen Dornen befetzt war. Die
Actynometren, freie Crinoideen, die ihren Stengel verlaffen, bevor fie
völlig ausgewachfen find, fchwammen durch das Waffer oder umklam-
merten mit ihren Cirren, wie mit Ankern, die Äfte der Mopfeen. Die
Pentacrinen und Actynometren hatten eine fchöne grasgrüne Farbe, die
Mopfeen waren orange, die Polypen tiefviolett, die Krebfe perlweiß.
Diefe Üppigkeit des Lebens, diefe Verfchwendung von Farben in einer
Tiefe von 1500 Metern unter der Oberfläche des Meeres bildet ficher
eine der merkwürdigften Erfcheinungen, welche den Naturforfchern zu
entdecken bewahrt geblieben war." (Vergl. Tafel IV).

Rhizocrinus lofotensis (Fig. 76) ift kaftanienbraun und der
Holopus Rangi, fonderbar genug, glänzend fchwarz.

Was die horizontale Verbreitung der Seelilien angeht, fo ift diefelbe
für manche Formen fehr befchränkt, was für Tieffeetiere ziemlich auffallend ift. So findet fich Rhizocrinus und Bathycrinus im atlantifchen Ozean, erfterer nur bis zum 35° f. Br., letzterer bis in das ant-
arktifche Meer hinein. Holopus ift bis jetzt nur aus den caraibifchen
Gewäffern bekannt, Metacrinus und Promachocrinus find Bürger
des ftillen Ozeans, Thaumatocrinus der Südfee. Schon in der Vorwelt find die Verhältniffe der räumlichen Verteilung ähnlich, aber da
damals die Ordnung viel artenreicher war, fpringen fie noch weit mehr
in die Augen. So finden fich im Silur der Infel Gotland nach Angelin
43 Gattungen mit 176 Arten, wovon blofs 20 Gattungen und gar nur

10 Arten auch anderwärts gefunden worden find und ebenfo ift die
Verbreitung der devonifchen und carbonifchen Arten nach Zittel
(Handbuch der Palaeontologie, Bd. I, S. 400) eine teilweife fehr lo-
kalifierte. Zittel fucht die Urfache diefer befremdenden Erfcheinung in
der Lebensweife der Seelilien, „welche diefen Tieren freie Ortsbewegung
und jedenfalls weite Wanderungen unmöglich macht," — aber dem ift
entgegenzuhalten, daß die Larven der Crinoiden ficher wie die aller
anderen Echinodermen und auch die aller anderen foffilen Seetiere frei
beweglich find und daß ihnen in diefer Hinficht diefelbe Möglichkeit,
fich zu verbreiten, offen wäre, wie den Spongien, Korallen, Hydroidpolypen, Bryozoen, Cirripedien u. a. m., deren Arten zum Teil doch
wirklich eine große Verbreitung haben. Im allgemeinen find Seelilien
von 68^0 n. Br. bis zum 46^0 f. Br. gefunden worden.

Was die vertikale Verbreitung diefer Gefchöpfe angeht, fo ift es
richtig, daß fie mit Vorliebe die tieferen Gewäffer bewohnen, aber doch
nicht fo ausfchließlich, wie man früher wohl zu glauben geneigt war.
Es finden fich:

Bis zu 100 Faden 9 Arten
von 101 bis 250 „ 12 „
„ 251 „ 500 „ 13 „
„ 501 „ 700 „ 7 „
„ 701 „ 1200 „ 4 „
„ 1201 „ 2000 „ 8 „
„ 2000 „ 2500 „ 2 „

Von den acht bis zu 2000 Faden vorkommenden Spezies werden
zwei auch oberhalb der Hundertfadenlinie angetroffen, haben mithin eine
fehr bedeutende vertikale Verbreitung.

Die Comatuliden bekräftigen ihren verhältnismäßig modernen
Urfprung gegenüber den zeitlebens geftielten Crinoiden auch darin, daß
fie es verftanden haben, fich an viel verfchiedenartigere Lebensbedingungen anzupaffen als diefe. So finden fie fich horizontal vom 81^0 n.
Br. bis zum 52^0 f. Br. verbreitet und gehen in vertikaler Richtung von
der litoralen Zone bis zu einer Tiefe von 2900 Faden, wenn fchon die
zahlreichften Arten in weniger tiefem Waffer angetroffen werden. Da-

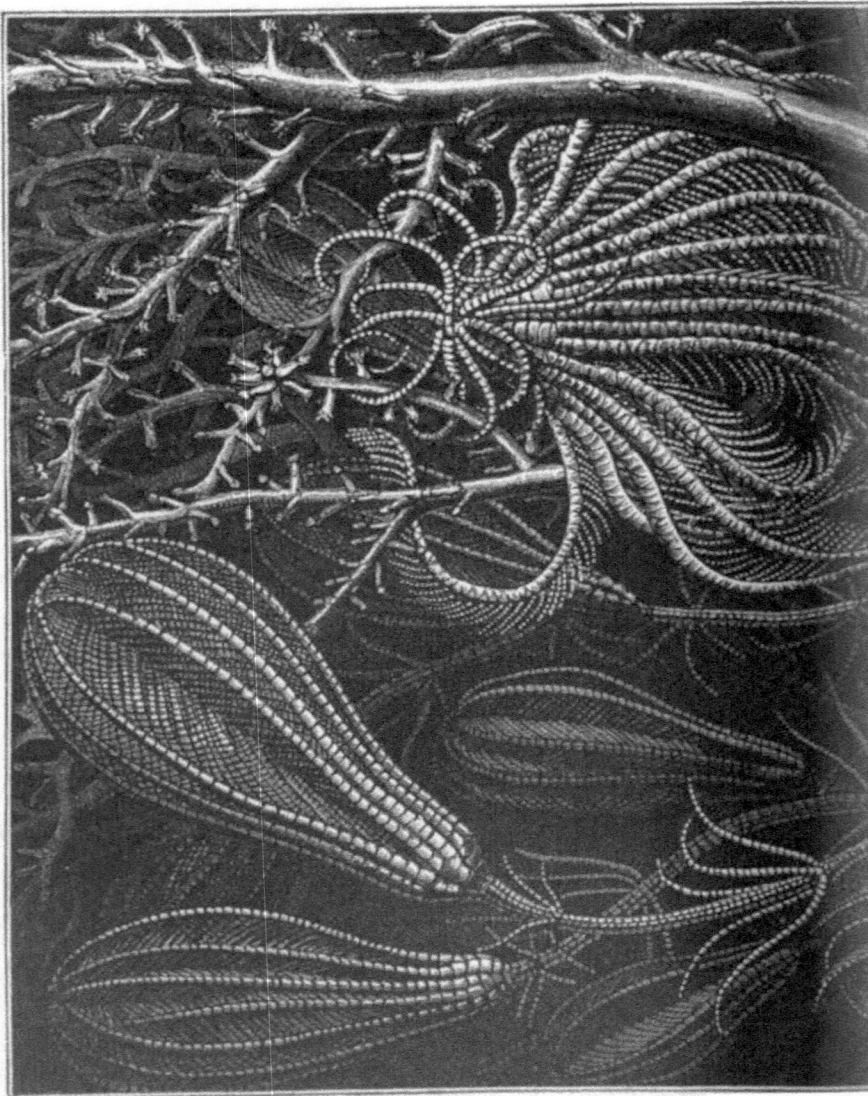

Ansicht des Meeresbodens bei 1500 Meter Tiefe.

(Unter 45°, 59', 30'' n. Br. und 6°, 29', 30'' ö. L.)

Links mehrere Pentacrinus Wyville-Thomsoni, rechts oben hängt eine Actinometra an einer Gorgonide,
unten mehrere Tiefseekorallen.

bei ift die Gattung Comatula kosmopolitifch und Actinometra ift es
beinahe. Die Folge diefer bedeutenden Schmiegfamkeit findet ihren Ausdruck ferner in der Thatfache, daß die Zahl der Arten diefer Familie
eine fehr bedeutende ift, — den 32 Spezies feffiler Crinoiden ftehen
über 400 freie gegenüber, wenn auch betont werden muß, daß die Be-
rechtigung aller diefer Arten nicht über jeden Zweifel erhaben ift. Eine
Eigentümlichkeit teilen fie mit den geftielten Formen, befitzen fie felbft
in noch höherem Grade, das ift die Neigung zur Gefelligkeit. So
dredfchte der Talisman einmal auf einem Zuge bei 68 Faden mehrere
Taufend von Comatula phalangium und bei Gelegenheit einer der
Expeditionen der „U. S. Fifhcommiffion" an der Küfte von Neuengland
war das Netz mit mehr als 10 000 Exem-
plaren der auch in den europäifchen
Meeren häufigen Comatula rosacea
(s. europaea) angefüllt.

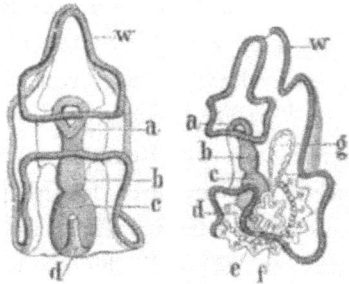

Fig. 77. Bipinnaria genannte freifchwimmende Larve eines Echinoderms
(und zwar eines Seefterns). W Wimperfchnüre zum Schwimmen, a Mund,
b Speiferöhre, c Magen, d Darm, e
Anlage des jungen Seefterns, f feines
Waffergefäfsfyftems mit dem Anhange (g).

Eine befremdende Erfcheinung ift es,
daß, wenigftens im Mittelmeer nach den
Beobachtungen von Chun, in größeren
Tiefen von unter 55 Faden die Larven
der Echinodermen, die im pelagifchen
Auftriebe fo überaus häufig find, vollkommen fehlen. Dies macht es wahrfcheinlich, daß diejenigen der abyffifchen Formen
auch oberflächlich leben und erft kurz vor vollendeter Metamorphofe in
die Tiefe gehen. Die Larven der geftielten Crinoiden kennen wir noch
nicht. Es wäre möglich, daß gerade fie nicht an die Oberfläche des
Meeres ftiegen, was das vorher erwähnte fonderbar ifolierte Vorkommen
mancher Arten in der Gegenwart und in der Vergangenheit, in der fie
auch größtenteils Tieffeebewohnerinnen waren, vielleicht erklären könnte.
In der Tiefe würden nämlich die freibeweglichen Larven nicht oder doch
weit weniger dem Einfluffe von Strömungen, die ein ausgezeichnetes
Transportmittel für im Meere lebende oder zufällig in dasfelbe hinein-
geratene Organismen find, ausgefetzt fein.

Achtes Kapitel.

Die Würmer (Vermes).

Während der Körperbau der Coelenteraten und Echinodermen darin übereinstimmt, daß er bei beiden, ohne daß sie freilich deshalb irgendwie näher miteinander verwandt zu sein brauchen, ursprünglich immer radiärsymmetrisch ist, daß seine gleichen Teilstücke als sogenannte Antimeren sich um eine Hauptaxe herumgruppieren, und daß da, wo diese radiäre Symmetrie (wie bei den meisten Spongien, Rippenquallen, Holothurien u. s. w.) völlig verschwunden ist oder einer bilateralen Platz gemacht hat, dies auf eine sekundäre Anpassung zurückgeführt werden kann und zurückzuführen ist, verhalten sich alle anderen metazoischen Tiere anders. Sie alle, vom niedersten Wurm bis hinauf zum Menschen, sind bilateral symmetrische Geschöpfe und ihr Körper kann nur durch eine einzige Ebene in zwei spiegelbildlich gleiche Hälften zerlegt werden. Nur durch sekundäre Anpassungen, namentlich durch sitzende Lebensweise im ausgebildeten Zustande oder bei sehr geringer Bewegungsfähigkeit kann die bilaterale Symmetrie gestört werden, und bisweilen finden sich auch noch Spuren einer, vielleicht aber gleichfalls erst sekundär erworbenen, radiären Symmetrie, z. B. in den Tentakelkränzen der Kopffüßler, zahlreicher Ringelwürmer, der Moos- und mancher Rädertierchen, in der Anordnung der Extremitäten der Annulaten und der Brustgliedmaßen der Insekten, selbst in der Gestalt der Wirbel und in der Lage der mit ihnen verbundenen Organe bei den Wirbeltieren.

Eine weitere Eigentümlichkeit der nicht radiären Tiere, die sich zwar auch verwischt und gelegentlich bei Coelenteraten (z. B. in der Strobila, in der Querteilbarkeit der Süßwasserpolypen u. s. w.), häufiger bei Echinodermen (Arme der Seesterne, Arme und Stengel der Seelilien, Anordnung der Füßchen bei Seeigeln und Holothurien) findet, ist die ursprünglich immer vorhandene, oft sehr deutliche (Ringelwürmer, Tausendfüße, Insektenlarven), häufig weniger (ausgebildete Insekten, Krebse, Wirbeltiere, Käferschnecken) oder mehr (Muscheln, Schnecken, Finnenwürmer u. s. w.) verwischte Anordnung gleichartiger (homonomer) oder in verfchiedenem Grade ähnlicher Teilftücke (fogenannter Metameren) hintereinander an einer Längsaxe.

Am gleichartigften find die Metameren bei den Ringelwürmern (Annelides s. Annulata) und namentlich bei den freifchwimmenden Vielborftern (Polychaetae errantes) entwickelt (z. B. bei der ausgebildeten Nereis cultrifera, Fig. 78, 1). Hier gleichen fich fämtliche Ringe oder Segmente auf der Außenfeite, abgefehen von den beiden erften, welche befonders differenzirt mit der Mundöffnung, mit Taftapparaten, häufig auch mit Augen verfehen, den Kopf bilden, und dem letzten, dem Afterfegmente. Meift trägt jedes Segment rechts und links zwei übereinander gelegene Seitenanhänge oder Fußftummel (Parapodien), von denen die oberen als Rückenfüße (Notopodien) die unteren, entfprechend der Lage des centralen Nervenftranges an der Bauchfeite, als Nervenfüße (Neuropodien) bezeichnet werden. In der Regel find beide zweiteilig, aber fonft nicht gleichartig entwickelt, und öfters auch nicht gleichartig funktionierend, indem die unteren hauptfächlich als Bewegungsorgane, die oberen nebenbei als Kiemen dienen können. Beide Fußreihen find, aber die unteren ftärker als die oberen, mit chitinöfen, fehr felten kalkigen Borften ausgerüftet, welche, fehr verfchieden und oft fehr abenteuerlich und feltfam geftaltet, einmal ein Arfenal vortrefflicher Verteidigungswaffen bilden, dann aber auch als Stemmapparate die kriechenden Bewegungen fördern mögen. Aber die homonome Segmentierung findet auch in der Anordnung und Entwicklung der inneren Organe ihren Ausdruck. So erweitert fich der Darmkanal in jedem Segment zu einer oft mit feitlichen hohlen Anhängen verfehenen Kammer, um beim Verlaffen defselben durch eine Art von der Leibeswand nach innen vorfpringenden Diaphragmas (Disfepiment) wieder eingefchnürt zu werden. Auch am Gefäßfyftem läßt fich eine metamerifche Bildung nachweifen, indem feine beiden Hauptftämme, je einer den Rücken und einer den Bauch entlang ziehend, fich in jedem Segmente rechts und links mittels je eines Quergefäßes verbinden. Das aus einem Gehirnabfchnitte und wenigftens bei den freilebenden Formen deutlich aus zwei Längsfträngen beftehende Nervenfyftem zeigt eine metamerifche Entwicklung, indem jeder Strang in jedem Segmente einen größeren nervöfen Herd, einen Ganglienknoten, entwickelt, der fich mit feinem Nachbar durch einen Querftrang vereinigt, wodurch das ganze Mark die Geftalt einer Strickleiter annimmt. Weiter liegt in jedem Segmente jederfeits ein eigentümliches gewundenes hohles Organ (das Segmentalorgan), das mit dem einen trichterförmig erweiterten Ende frei in die Leibeshöhle, mit dem anderen durch ein feitliches Loch nach außen mündet und als Exkretionsorgan überflüffige und unzuträgliche Stoffe aus dem Stoffwechfel des Tieres entfernt, zur Fortpflanzungszeit aber auch die in der Leibeshöhle losgelöft flottierenden männlichen oder weiblichen Gefchlechtsprodukte als Samen- oder Eileiter nach außen befördert.

So befitzt kraft der inneren und äußeren Organifation ein jedes Segment einen hohen Grad von Selbftändigkeit, und man kann fich in gewiffem Sinne einen Ringelwurm als eine Kolonie von ferial angeordneten Einzelwefen vorftellen, bei welcher durch Arbeitsteilung bloß die beiden Kopf- und das Afterfegment eine befondere Entwicklung erlangten.

Diefe Auffaffung findet in einer fehr eigentümlichen, bei vielen Ringelwürmern beobachteten Lebenserfcheinung eine gewiffe Beftätigung, in der Fähigkeit der Tiere nämlich, nach künftlicher Trennung die Teilftücke zu neuen Individuen zu regenerieren und fich auch vermittelft freiwilliger Teilung fortzupflanzen. Durch diefe Eigenfchaft ftimmen die Ringelwürmer und einige Strudelwürmer mit Coelenteraten (Strobila, Hydra etc.) und einigen Echinodermen (Seefternen) überein. Bei den übrigen Metazoen, felbft bis zu den Wirbeltieren hinauf findet fich wohl noch die Fähigkeit, verlorene Körperteile (Fühler, Augen, Gliedmaßen, Schwänze u. f. w.) durch Neubildung zu erfetzen, aber niemals wird es gelingen, durch künftliche Teilung aus jedem Teilftück ein neues Individuum hervorgehen zu fehen.

Der erfte Forfcher, welcher die Fähigkeit eines Ringelwurms, fich zufolge künftlicher oder auch freiwilliger Teilung fortzupflanzen beobachtete, war der durch feine Unterfuchungen der Süßwafferpolypen berühmte Schweizer Trembley, der fie bei einem kleinen, in unferen füßen Wäffern fehr häufigen Ringelwurme (Naïs proboscidea) wahr-

nahm. Seit der Zeit find jene Vorgänge bei diefem Wurme vielfach
unterfucht und auch bei anderen Formen als in derfelben oder ähnlichen
Weife fich vollziehend nachgewiefen worden, und wir wiffen jetzt, daß
bei den Anneliden die Teilbarkeit, ähnlich wie bei den Coelenteraten,
zu einem Generationswechfel
hinüberleitet.

Bei einigen Arten der
Gattung Nereïs differenziert
fich an ungefchlechtlichen Individuen häufig die hintere
größere Hälfte des Körpers in
eigenartiger Weife, indem die
Segmente fich verbreitern, ab-
platten und die Fußftummel
nebft ihren Borften in ihrer
Geftalt fich ändern. Darauf
werden die Tiere gefchlechts-
reif, find dabei getrennten Gefchlechts und wurden in diefem Zuftande von Oerftedt zu
einer eigenen Gattung (Hete-
ronereis erhoben. (Fig. 78, 3).

Nach den allerdings noch
nicht völlig abgefchloffenen
und noch manche Frage offen
laffenden Beobachtungen Cla-
parèdes find bei anderen
Arten (Nereïs Dumerilii)

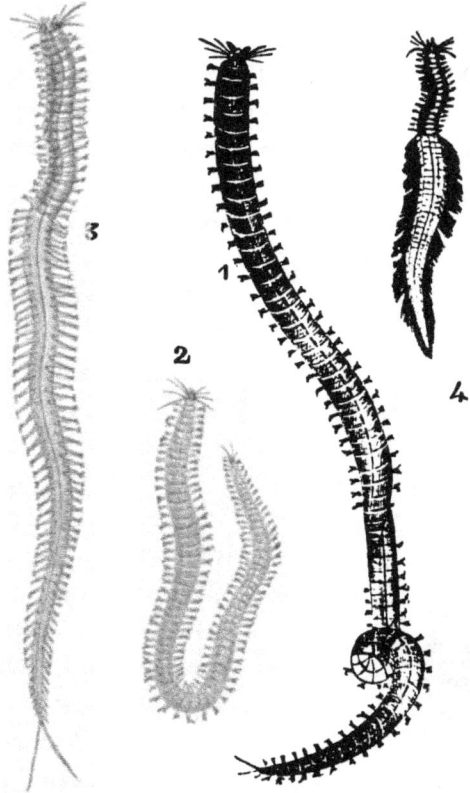

Fig. 78. Nereïs cultrifera, 1 altes, 2 junges Individuum. 3 Heteronereïs-Form derfelben Art, Weibchen.
4 Männchen.

die Verhältniffe noch komplizierter. Hier verhalten fich Individuen
derfelben Spezies verfchieden, indem manche felbftändig zur Gefchlechts-
reife gelangen, andere aber vorher erft zur Heteronereïs werden und
zwar in zwei auf verfchiedene Jahreszeiten verteilten Formen, in einer
größeren, in Röhren haufenden und einer kleineren, frei fchwimmenden. Außerdem foll von der nämlichen Spezies noch eine dritte, der

Stammart aber weniger ähnliche hermaphroditifche Heteronereïsform exiftieren.

Bei einem andern freilebenden Ringelwurme (Haplosyllis spongi- cola) entwickeln fich die letzten 20—30 Segmente des 70—90 Segmente zählenden Körpers unter Umbildung der Parapodien fowie ihrer Borften und Muskeln zur gefchlechtlichen „Schwimmknospe", welche nach den Beobachtungen Alberts pfeilfchnell das Waffer durchfchwimmt und mit ihrer an ein pelagifches Leben angepafften Organifation der fonft nur langfam fich bewegenden, in Höhlungen von Schwämmen und Steinen lebenden Haplosyllis die Möglichkeit einer weitern Verbreitung garantiert.

Eine verwandte Art (Autolytus cornutus) weift nun einen wahren Generationswechsel auf, indem fich von dem gefchlechtslofen, aus dem Eie hervorgegangenen mütterlichen Stocke Gefchlechts- tiere, wie die Ephyraquallen von der Strobila, wiederholt loslöfen.

Die vielborftigen Ringelwürmer des Meeres (Polychaeten) hat man in zwei Unterordnungen fyftematifch eingereiht: in die freifchwimmenden (Errantia) und in die röhrenbewohnenden (Tubi- colae). Die erftern, von denen indeffen auch manche „tubicol" find, haben einen deutlich gefon- derten Kopf und infolge ihrer Lebensweife als va- gierende Räuber zu guten Bewegungsorganen um-

Fig. 79. Serpula con- tortuplicata, ein wenig vergröfsert, als Beifpiel einer tubicolen Annelide, rechts ein Individuum her- vorgeftreckt.

gebildete Parapodien. Bei der zweiten Unterordnung ift der Kopfabfchnitt nur undeutlich gefondert, meift mit einem Kranz oder einer Spirale von einfachen Tentakeln verfehen, denen fich noch baumartig veräftelte Kopf- kiemen zugefellen können. Die Parapodien find kurz und funktionieren nicht als fo ausgezeichnete Bewegungsorgane wie bei den freifchwimmen- den. Die Tiere haufen meift in befonderen, von ihnen felbft gebildeten, bald aus einem hornigen bis kalkigen Abfcheidungsprodukte des Körpers allein beftehenden, bald durch Fremdkörper, Sandkörner, Schwammnadeln, Mufchelfragmente u. f. w. verftärkten Röhren, einige

wenige bohren in Conchylienfchalen, abgeftorbenen Korallen, Kalk-
fteinen u. dergl.

Viele Ringelwürmer befitzen Leuchtvermögen, das entweder auf
einer fchleimigen Hautabfonderung beruht oder aber vom Nervenfyfteme
abhängig ift und in
letzterem Falle in eig-
nen Organen an be-
ftimmten, aber je nach
den Arten recht ver-
fchiedenen Körperftellen
auftritt.

Wie die Ringelwür-
mer die Mehrzahl über-
haupt der Meereswür-
mer bilden, fo find fie
auch in der Tieffee die
zahlreichften Repräfen-
tanten der Klaffe und
herrfchen unter ihnen,
wenigftens nach den auf
den Expeditionen des
Blake gewonnenen Er-
fahrungen, die röhren-
bewohnenden vor. Sie
gehen in die größten
Tiefen; fo fand der
Challenger Serpuliden
und Terebelliden noch
bei der ungeheuren Tiefe

Fig. 80. Terebella Edwardsii, eine tubicole Annelide aus
ihrer Röhre genommen, t Tentakeln, s Parapodien, b Kopf-
kiemen.

von 3125 Faden, alfo faft 6 Kilometer unter der Oberfläche!

Im allgemeinen läßt fich für die vertikale Verbreitung der Ringelwürmer nach Profeffor McIntofh kein Gefetz aufftellen. Es fanden
fich zwifchen 1000 und 1200 Faden 4, zwifchen 1201 und 1500 aber
22 Arten, zwifchen 1501 und 2000 ihrer 20, und zwifchen 2000 und

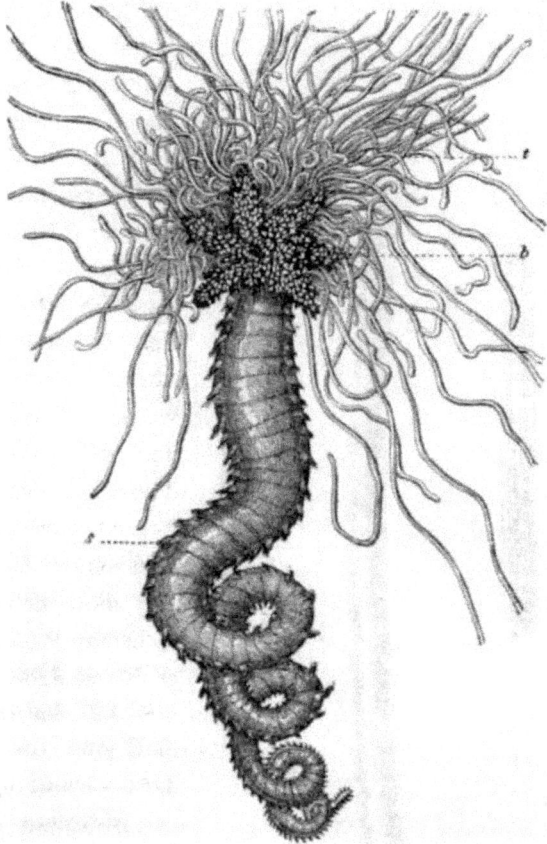

3000 wurden 22 angetroffen, unter 3000 nur noch 2 im ftillen Ozean,
darunter eine tubicole Form (Placostegus benthelianus) auf einer
Manganknolle angefiedelt.

Eine befonders intereffante Gattung der Tieffee ift Hyalinoecia,
„Glashäuschen" auf deutfch. Eine, fchon dem alten O. F. Müller be-

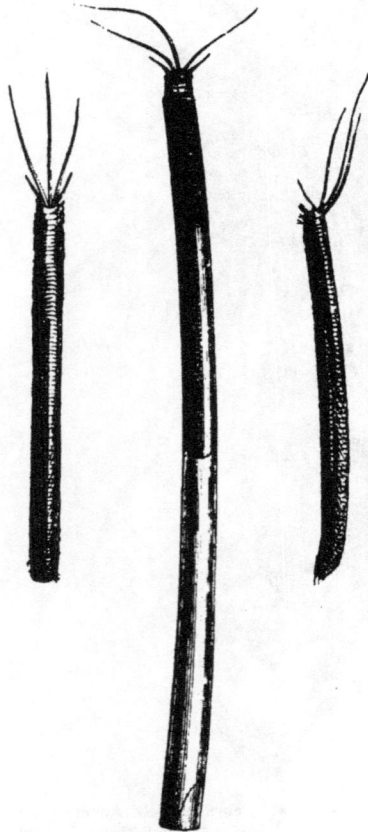

kannte Art (H. tubicola) hat eine
fehr weite, faft „panthalattifche" (könnte
man in diefem Falle ftatt kosmopolitifch fagen) Verbreitung. Die Gehäufe
diefer eigentlich zu einer freilebenden
Familie (Euniciden) gehörigen Tiere
erreichen eine bedeutende Größe.
Agaffiz erwähnt Exemplare von 15
Zoll Länge. Sie beftehen aus einer
durchfcheinenden chitinöfen Maffe,
welche bei H. Mahieuxii (Fig. 81) von
der marokkanifchen Küfte aus einer
Tiefe von 380 bis 1200 Meter nach dem
Berichte von Filhol dem abgefchnittenen
Kiel einer Gänfefeder fo fehr gleicht,
dafs zoologifch unerfahrene Begleiter der
Talisman-Expedition wirklich glaubten,
es wären Federkiele, welche zufällig einmal auf den Boden des Meeres geraten
und nun von der Dredfche mit heraufbefördert worden wären.

Erwähnung verdient noch, daß die
Ringelwürmer aus größeren Tiefen meift
befchädigt herauf gebracht werden. Ihr

Fig. 81. Hyalinoecia Mahieuxii, aus 1094
            Faden Tiefe.

weicher Körper zerreißt leicht und ein-
zelne feiner Segmente erfcheinen oft infolge des verminderten Druckes
blafig aufgetrieben.

Zu den Ringelwürmern rechnet man gegenwärtig auch eine merkwürdige Gruppe von Tieren, die in einer bewegten fyftematifchen Ver-

gangenheit bald Trematoden, bald Milben, bald Affeln fein follten, — die Myzoftomiden. v. Graff befchreibt 78 Arten derfelben, davon find 24 auf der Reife des Challenger gefunden, 22 ftammen von der amerikanifchen Expedition, die übrigen aus verfchiedenen Mufeen; diefe Gefchöpfe fchmarotzen ausfchliefslich auf Crinoiden und zwar auf den feftfitzenden Pentacriniden 8, der Reft auf Comatuliden. Die Tiere find nicht fehr groß, (Myzostoma gigas ift zirka 7—8 mm lang) flach, oval bis fcheibenförmig und zeigen einen etwas radiären Bau. An ihrem Rande haben fie 10 Paar fingerförmiger Anhänge, an der Bauchfeite befinden fich 5 Paar ungegliederte, ftummelförmige Füße (Parapodia), je fünf Stück an jeder Seite in einem Halbkreis angeordnet. Am freien Ende tragen diefelben je einen Chitinhaken und oft auch Borften zwifchen dem Rande und dem Fußftummel und alternierend mit den letzteren ftehen 4 Paar Saugnäpfe. Die ganze Oberfeite der weichen Würmer, die oft lebhaft gelb bis orange, auch fleckig gefärbt und ge- zeichnet find, wimpert.

Manche Arten leben frei auf ihren Wirten, andere bohren fich in die Arme oder deren Anhangsgebilde ein und bringen eigenartige gallen- förmige Degenerationen derfelben zu ftande, wieder andere endlich en- cyftieren fich paarweife, je ein Männchen und Weibchen, auf dem ge- plagten Haarftern. Mit ihren Wirten fcheinen fie in alle Tiefen zu gehen, foweit diefe überhaupt gelangen. So wurde Stechelopus Hyo- crini auf Hyocrinus und Bathycrinus fchmarotzend bei der Crozet- Infel in Tiefen von 1375 bis 1600 Faden gefunden und Myzostoma gigas wurde mit Antedon Eschrichtii von 50 bis 632 Faden be- obachtet.

Die übrigen Ordnungen echter und unzweifelhafter Würmer find in der Tieffee nur fchwach vertreten oder von hier doch noch wenig gekannt. Chun erbeutete im Mittelmeer ein einziges Mal aus einer Tiefe von 600 m einen Strudelwurm. Schmarotzerwürmer, fowohl Haarwürmer (Nematoden) wie Bandwürmer (Ceftoden) find als Mitglieder jener eigenartigen Fauna noch gar nicht beobachtet, obwohl es im höchften Grade unwahrfcheinlich ift, daß der Wurmparafitismus, diefe fchreckliche Geißel der Tiere, namentlich der Fifche, in der Tiefe keine

Schlachtopfer fordern follte, um fomehr, da paráfitifche Krebfe ebendort
nicht felten zu fein fcheinen.

Auch die merkwürdigen, in untiefen Gewäffern nichts weniger als
feltenen Mitglieder der allerdings nicht fehr artenreichen Ordnung der
Schnurwürmer (Nemertinen) dürften zur abyffifchen Fauna nur
ein fehr geringes Kontingent ftellen. Von den 21 Arten, welche der
Challenger mit heimbrachte, finden fich nur zwei zwifchen 1000 und
1400 Faden, aber eine davon bildet eine neue Spezies und eine eigene
Gattung.

Die Sternwürmer (Gephyrei), — jene originellen Tiere, welche
man früher mit den Holothurien vereinigte, (mit denen in der That
manche im äußeren Habitus und in den Lebensgewohnheiten Ähnlichkeit haben), jetzt aber entweder als befondere Unterordnung den Ringelwürmern zuzählt oder als felbftändige Ordnung betrachtet, — find
beffer in der Tieffee vertreten. Von den 24 vom Porcupine und Challenger gefammelten Arten finden fich

4 zwifchen 500 und 1000 Faden.

3   „   1000   „   1500   „

4   „   1500   „   2000   „

1   „   2000   „   2500   „

Selenka, der das auf der Expedition der beiden genannten Schiffe
gefammelte Material bearbeitete, macht darauf aufmerkfam, daß die in
Steinlöchern, abgeftorbenen Schneckenhäufern und Röhren haufenden Formen (Phascolion, Phascolosoma) tiefer gehen als die anderen, denn
unter 1000 Faden findet fich außer Arten diefer beiden Gattungen nur
noch eine Bonellia (Suhmii) und merkwürdig genug der gewöhnliche
Sipunculus nudus (1263 Faden), der mithin, da er auch in feichtem
Waffer gefunden wird, eine fehr bedeutende vertikale Verbreitung hat,
wie er denn auch in horizontaler Richtung von vielen, weit voneinander
entfernten Fundorten (Mittelmeer, Europas Weftküfte, Weftindien, Philippinen) bekannt ift. Auch auf den Expeditionen des Blake war der in
der größten Tiefe gefundene Sternwurm ein Phascolofoma, das, in
einer Dentaliumfchale verborgen, bei 1568 Faden gedredfcht wurde.
Von der fonft fo zahlreichen Gattung Phymosoma (18 Arten) geht

bloß eine Spezies in größere Tiefen, während die andern fich in feichten Gewäffern tropifcher und fubtropifcher Gegenden, mithin in warmem Waffer finden. Die Gattungen Phascolion und Phascolosoma bewohnen aber, foweit ihre Arten in geringeren Tiefen leben, gerade die Meere der gemäßigten und kalten Gegenden, in beiden Fällen alfo entfprechen fich die Verhältniffe der horizontalen und vertikalen Verbreitung diefer Tiere mit Rückficht auf die Temperatur.

Zu dem Typus der Würmer, dem man fo ziemlich alle Tierformen zufchiebt, die man in andern Klaffen nicht unterbringen kann, und der daher ein fehr willkürlich und unnatürlich zufammengefetzter ift, hat man neuerdings auch die Armfüßler, Moos- und Rädertierchen gerechnet.

Die Armfüßler (Brachiopoda) hielten die älteren Forfcher allgemein für Mollusken, eine Anfchauung, welche auch noch von einigen neueren geteilt wird. Die Haupturfache diefer fyftematifchen Auffaffung liegt in der Befchaffenheit der Schale, welche aus zwei Klappen beftehend und meift kalkiger Natur auf den erften Blick allerdings einer Mufchelfchale nicht wenig gleicht. Aber doch find auch in der Schale durchgreifende Unterfchiede zwifchen Mufcheltieren und Brachiopoden leicht nachweisbar. Erftens ift die bilaterale

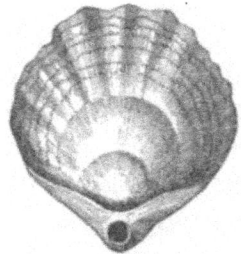

Fig. 82. Terebratella dorsata, Weftküfte von Südamerika, aus 20 bis 90 Faden Tiefe. Von der Rückenfchale gefehen. Unten greift die Bauchfchale mit centralem Loche über.

Symmetrie eine ganz andere: Die Mufchelfchale befteht immer, auch dann, wenn ihre Hälften bei feftfitzenden Arten ungleichartig entwickelt fein follten, aus einer rechten und linken Klappe, eine Brachiopodenfchale aber aus einer oberen und unteren. Die letztere ift in der Regel bei der einen Ordnung der Klaffe, bei den Tefticardinen oder fchloßfchaligen Brachiopoden tiefer gewölbt und greift am Schloß über die oberen oft hakenartig mittels des von einem Loch durchfetzten Wirbels weg (Fig. 82). Durch diefes Loch tritt ein kurzer bindegewebiger Fortfatz des Leibes des Tieres, der fogenannte Stiel, mittels deffen fich die Tiere an fremde Gegenftände, oft auch aneinander, namentlich jüngere an ältere, befeftigen. Die Formen mit einem Schloß haben an der oberen oder Rückenfchale fchenkelartige, öfters vereinigt eine Schleife bildende kalkige Fortfätze, welche das fogenannte Armgerüft bilden. Das Armgerüft ftützt die beiden, bei beträchtlicher Länge öfters fpiralig aufgewundenen Arme, deren

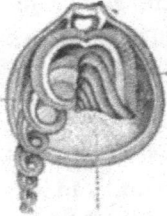

Fig. 83. Eine Rhynchonella. Die eine Schale und Mantelhälfte ift entfernt. Der rechte Arm in feiner natürlichen Lage, der linke auf- und herausgerollt.

innerer Hohlraum mit der Leibeshöhle kommuniziert. Diefelben befitzen an der Innenfeite eine Längsfurche, welche von fühlerartigen Bildungen, Tentakeln eingefaßt ift, und zwifchen ihnen befindet fich der Mund, nach welchem zu die Bewegung der Armtentakeln zum Einftrudeln der aus mikrofkopifchem Detritus beftehenden Nahrung gerichtet ift. Dabei dienen die Arme auch mit zur Refpiration. Der Atemraum, in dem die Arme liegen, fetzt fich gegen die Leibeshöhle durch eine Art fchrägen Zwerchfells (Fig. 84, s) ab. Das ganze Tier ift in eine Hautduplikatur, den fogenannten Mantel (m a), welcher auch die Schale abfondert und gleichfalls die Atmung vermitteln hilft, gehüllt. Die Schalen können durch fchräg von einer zur anderen verlaufende Muskeln (m und m 1) geöffnet und gefchloffen werden. Die zweite Ordnung der Armfüßler, die der Ecardinen oder fchloßlofen, befitzt an den Schalen weder einen Schloßapparat noch Armgerüfte.

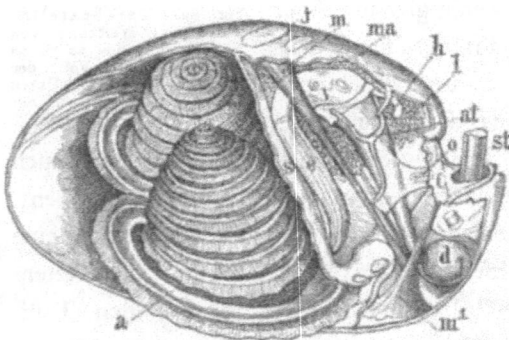

Fig. 84. Rhynchonella psittacea, die linke Hälfte der Bauchfchale und die ganze Rückenfchale ift entfernt. ma Mantel, s Scheidewand zwifchen Atem- und Leibeshöhle, a Arm, e Speiferöhre, v Magen, d Enddarm, e Leber, h Herz, at Blutgefäße, o Öffnung des Eileiters, m und m1 Muskeln, j Infertionsftelle von m1, st Stiel.

Die Entwicklung des Brachiopodenftammes im Laufe der geologifchen Zeiten ift eine eigentümliche. In den älteften Schichten, in den cambrifchen und denen des Silur, finden fich von ihnen 1776 Arten, im Devon 1366, im Kohlenkalk 871, im Dyas aber finkt ihre Zahl plötzlich auf einige 30, um fich im Trias und Jura wieder langfam zu heben und aus der Kreide find wieder etwa 230 Spezies unterfchieden und befchrieben. Doch nimmt von da der Reichtum an Formen wieder etwas ab, fodaß wir in der Gegenwart zirka 130 lebende Arten kennen.

Noch vor wenigen Jahren galten die mit einem Schloffe an der Schale verfehenen Brachiopoden als Seltenheiten erften Ranges und wurden von Conchylienfammlern mit relativ großen Summen bezahlt. Dabei wurden fie als Tieffeetiere par excellence betrachtet, da man fie noch in Meerestiefen fand, welche man damals als die äußerfte untere Grenze tierifchen Lebens anfehen zu müffen glaubte.

Daß diefe Anfichten nicht richtig waren, haben uns die neueren Forfchungen gelehrt. Die Tiere haben allerdings ein lokalisiertes Vorkommen; wo fie fich aber finden, treten fie meift in bedeutender Menge auf. So war es auch in der Vorwelt, z. B. in den triasifchen Meeren, denn im Mufchelkalk bilden Terebratellen (Terebratula s. Coenothyris vulgaris) mächtige Bänke. Die vertikale Verbreitung der lebenden Arten ift, foweit wir fie kennen, folgende. Es finden fich

zwifchen 0—500 Faden 98 Arten

„   501—1000 „   16 „

„   1001—1500 „   6 „

„   1501—2000 „   4 „

„   2001—2900 „   3 „

Wenn diefe Zahlen mit Rückficht auf die in den verfchiedenen Tiefen fehr verfchieden häufigen Dredfchzüge auch nur einen bedingten Wert haben, fo dürfen wir doch fchließen, daß die Brachiopoden im allgemeinen geringere Tiefe vorziehen. Der Challenger führte zwifchen 0 und 500 Faden 99 Dredfchzüge aus und bei einigen 20 wurden Armfüßler gefangen. Zwifchen 2000 und 2500 Faden wurde 93, zwifchen 2500 und 3000 aber 83 mal mit der Dredfche gefifcht und aus beiden Regionen wurden nur je 3 mal Brachiopoden an die Oberfläche gefördert.

Die Urfache diefer Art der vertikalen Verbreitung ift, wenn man die Organifationsverhältniffe der Tiere im Auge behält, nicht fo fchwer zu verftehen. Die Brachiopoden find als feffile, meift mit einem kurzen Stiele verfehene Tiere auf fefte Gegenftände zum Anheften angewiefen, vermögen aber im Schlamm und Schlick nicht recht zu haften. Daher

ift weder der Globigerinenfchlick noch der rote Thon für ihren Aufenthalt befonders geartet, defto mehr aber ein felfiger Untergrund.

Manche haben übrigens eine fehr weite vertikale Verbreitung. So
findet fich Terebratulina caput serpentis von 0—1180, Terebratula vitrea von 5—1456 Faden.

Die Entwicklungsgefchichte hat uns als nächfte Verwandte der
Armfüßler die Moostierchen (Bryozoa) und Rädertierchen (Ro-
tatoria) erkennen laffen. So gemein die letzteren in unfern füßen Gewäffern find, fo felten treten fie im Meere auf und aus der Tieffee find
zur Zeit noch keine bekannt. Anders verhält es fich mit den Moostierchen.

Die Moostierchen find winzig kleine, meift mikrofkopifche Gefchöpfe von Schlauchform und fitzen in einem häutigen oder kalkigen,
bisweilen gallertartigen Gehäufe. Da fie Kolonien bilden, liegen diefe Gehäufe dicht nebeneinander und formen moosähnliche oder zarte, baumartig wie bei den Hydroidpolypen verzweigte Stöckchen, während die
kalkfchaligen Arten oft den Milleporen fehr ähnlich fehen. Sie können
fich aus ihrem Gehäufe hervorftrecken und entfalten dann einen um
den Mund geftellten ring- oder hufeifenförmigen Tentakelkranz, der mit
Flimmerhaaren dicht befetzt ift und die feine Nahrung herbeiftrudelt,
fowie die Atmung vermittelt. Neben dem Mund, aber meift außerhalb des
Tentakelkranzes liegt der After und zwifchen beiden das centrale Nervenfyftem. Bei den Meeresbryozoën findet fich häufig in den Individuen
einer Kolonie Arbeitsteilung und daher Polymorphismus.

Die Bryozoën find fehr alte Gefchöpfe, die fchon im untern Silur
beginnen und in der Kreide ihre ftärkfte Entfaltung (gegen 700 Arten)
erlangen. Auch in der Jetztwelt find fie gut entwickelt und größtenteils Meeresbewohner, von denen allein der Challenger gegen 320 Arten
fammelte, darunter nach der Mitteilung von Georg Busk über die Hälfte
neue. Die Tiere finden fich in allen Meeren, und ihre Arten haben zum
Teil eine fehr weite horizontale Verbreitung: manche bewohnen den
atlantifchen, indifchen und ftillen Ozean zugleich. Auch die vertikale
Verbreitung ift bei manchen Spezies eine bedeutende, fo wurde Cri-
brella monoceras, übrigens auch eine nahezu panthalattifche Art,
von 5—1350 Faden beobachtet. Meift find aber die Tieffeeformen loka-

lifiert und an ihren Aufenthaltsort angepaßt, indem fie fehr zarte und
biegfame Kolonien bilden und am untern Ende äußerft feine Wurzel-
faferchen entwickeln, mit welchen fie Globigerinen oder andere fefte
Partikelchen des abyffifchen Meeresbodens umfpinnen.

Auf der Expedition des Challenger wurden beobachtet:

zwifchen 1000 und 1500 Faden 13 Arten

„   1501   „   2000   „   22   „

„   2001   „   2500   „   11   „

„   2501   „   3000   „   6   „

„   3001   „   3125   „   4   „

Neuntes Kapitel.

Die Gliedertiere (Arthropoda).

Aus der unüberfehbar großen Schar der Gliedertiere haben die
Taufendfüße gar keine, die Infekten nur einige wenige am Ufer lebende
oder pelagifche Vertreter in der fo üppig entwickelten Meeresfauna. Neben
einigen, in befonderer und merkwürdiger Art entwickelten Spinntieren
find es die vielen und mannigfach differenzierten, an Arten und Individuen reichen Ordnungen der Krebfe, welche in allen Meeren der
Welt, von Pol zu Pol und von der Strandlinie bis in die tiefften Tiefen
einen fehr wefentlichen Teil der Bewohnerfchaft ausmachen.

Von den zwölf Ordnungen der Kruftentiere fcheinen nur zwei,
nämlich die im Meere überhaupt fchwach vertretenen Phyllopoden und
die mehr pelagifch lebenden Stomatopoden fich nicht an der Bildung
der Tieffeefauna zu beteiligen, alle andern haben, teilweife felbft zahlreiche, Repräfentanten in der Tiefe.

Die Mufchelkrebschen (Ostracoda), eine uralte, fchon vor der
Silurzeit vorhanden gewefene Krebsfippe, find kleine Tiere mit unge-
gliedertem Körper, mit 7 Paar Gliedmaßen und umhüllt von einer hornigen bis kalkigen zweiklappigen Schale, die feitlich zufammengedrückt
und auf der Rückenfeite durch eine Membrane verbunden ift, unten
aber offenfteht. Beide Schalenhälften können durch einen central ge-

legenen Muskel gefchloffen werden und das zurückgezogene Tier vollkommen abfchließen.

Sie finden fich in den füßen und in den falzigen Gewäffern aller
Teile der Erde, und wenn fie auch im flachen Waffer zahlreicher entwickelt find, fo gehen fie doch in bedeutende Tiefen. Von den 221
auf der Challengerexpedition gefammelten Arten wurden 52 unter 500,
19 unter 1500 und noch 8 unter 2500 Faden gefunden. In der größten
Tiefe, in welcher Mufchelkrebfe überhaupt beobachtet wurden, betrug
die Zahl ihrer Spezies 3.

Die Copepoden, kleine geftreckte Krebschen mit deutlich geglie-
dertem Rumpfe und mit 4—5 Beinpaaren, fpielen bei ihrer großen
Menge und unglaublichen Fruchtbarkeit eine große Rolle im Meere.
Manche liefern, wie Agaffiz bemerkt, innerhalb dreier Wochen 30 Generationen, fodaß, wenn alles gut ginge, Nahrung reichlich genug vorhanden wäre und Feinde fehlten, die Individuenzahl ihrer Nachkommenfchaft
fich in kurzer Zeit faft aller Berechnung entziehen und große Teile des
Meeres gänzlich anfüllen würde. Auch fo fchon, da doch täglich
Milliarden der Not und der Verfolgung zum Opfer fallen, färben fie
gelegentlich namentlich in den arktifchen Gewäffern auf Quadratmeilen
hin die Oberfläche des Meeres entfprechend ihrem Kolorite blutrot oder
rotbraun. Sie fpielen eine der größten Rollen im großen Stoffwechfel
des Meeres, ja, indem fie das Hauptfutter der Heringe ausmachen und
deren Wanderungen veranlaffen, find fie von hervorragender Wichtigkeit felbft für Handel und Wandel der Menfchen. So zahlreich fie als
Individuen und Arten die Oberfläche des Meeres bevölkern, fo felten
find fie in der Tieffee: nur eine frei lebende Form (Pontostratiotes
abyssicola, 2200 Faden) ift als unzweifelhaft abyffifch bekannt. In
mittleren Tiefen des Mittelmeeres (325—710 Faden) fand Chun indeffen eine in jeder Beziehung üppige Copepodenfauna.

Nicht wenig Copepoden haben fich einer parafitifchen Lebensweife
anbequemt und erfcheinen dann infolge derfelben oft abenteuerlich
verändert und degeneriert. Auch folche Schmarotzerformen (Lernaea
abyssicola) hat man auf Fifchen und Ringelwürmern (Praxillinicola

Kroyeri auf Praxilla abyssorum bei 1950 Faden und Oestrella Le-
vinseni auf Ehlersiella atlantica bei 2750 Faden) der Tieffee gefunden.

Die originellfte Ordnung der niederen Krebfe und vielleicht der
Krebfe überhaupt bilden die durch rückfchreitende Metamorphofe merkwürdig veränderten Rankenfüßer (Cirripedia). In der Jugend als
hochorganifierte, mit Augen und trefflich entwickelten Gliedmaßen verfehene, echte Krebschen munter umherfchwimmend, fetzen fie fich fpäter
an leblofe Gegenftände, aber auch auf lebende Gefchöpfe, teilweife fogar als echte Parafiten
feft und erfahren fo we-
fentliche Veränderungen,
daß man fie früher für
eigenartige Mollusken ge-
halten hat. Der Körper
büßt feine deutliche Gliederung ein, umgiebt fich
mit einer mantelartigen,
meift durch eingelagerte
Kalkftücke verftärkten
Hautduplikatur, die Gliedmaßen werden zu einem
Strudelapparat, welcher
den infolge der feden-
tären Lebensweife zu Zwit-

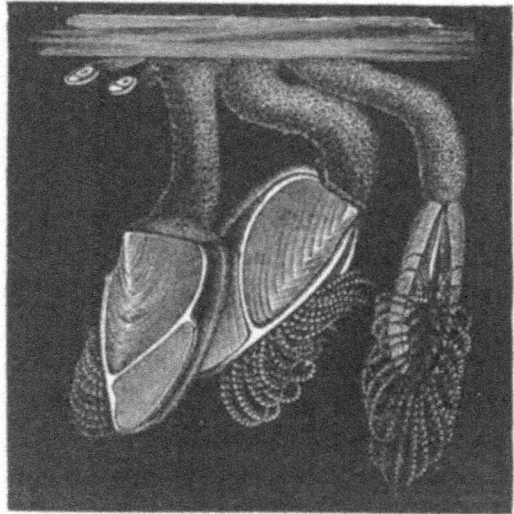

Fig. 85. Eine Entenmufchel (Lepas anatifera).

tern gewordenen Tieren die aus allerlei feinften Organismen und Or-
ganismenreften beftehende Nahrung zuführt und das des nötigen Sauerftoffs beraubte Atemwaffer erneuert.

Für die Fauna der Tieffee kommen bloß die allbekannten Familien der Entenmufcheln (Lepadidae) und der Seepocken (Balanidae) in Betracht. Die erfteren, denen die mittelalterliche Sage eine
abenteuerliche Art von Generationswechfel zufchrieb, indem gewiffe Individuen fich von ihren Stielen loslöfen und zu Bernickelgänfen werden
follten, find in der Tieffee relativ gut vertreten: von 43 Arten von
Scalpellum, einer fchönen Gattung, fand der Challenger nach dem

Berichte Hoeck's 35 zwifchen 500 und 2850 Faden, das Genus Ver-
ruca hat Spezies zwifchen 500 und 1900 Faden und die einzige neu
entdeckte Gattung (Megalasma striatum) ftammt aus einer Tiefe von
1000 Faden. Die Seepocken, welche an felfigen Geftaden innerhalb der
Gezeitengrenzen die Klippen oft in Millionen von Individuen bedecken,
fodaß fie weiß in die Ferne leuchten, find nur fparfam in der abyffifchen
Fauna vertreten und gehen nicht tief: bloß zwei Arten wurden unterhalb der Hundertfadenlinie gefunden, die eine bei 180, die andere bei
516 Faden. Es ift eine intereffante Thatfache, daß die Lepadiden und
Balaniden, die doch im feichten Waffer einen fo großen Hang zur Gefelligkeit zeigen, in der Tiefe ein einfiedlerifches Leben führen.

Die höheren Krebfe (Malacostraca), deren aus zwei Regionen
beftehender Körper fich konftant aus 19 Segmenten, nämlich 13 für das
Kopf-Bruftftück und 6 für den Hinterleib (bei unferen gewöhnlichen
Krebfen „Schwanz" genannt) zufammenfetzt, haben zahlreiche, teilweife
fehr merkwürdige Repräfentanten in der Tieffee, und auf fie hat, wie
auf die Fifche, der Aufenthalt in jenen Gründen befonders ftark modifizierend eingewirkt.

Eine fehr eigentümliche, aus nur wenig Arten beftehende Ordnung
diefer Krebfe ift die der Leptocariden, mit geftrecktem, fehr deutlich
fegmentiertem Leibe und um den Kopf und Vorderteil des Rumpfes mit
einer zarten, in der Rückenlinie vereinigten Schalenklappe. Eine einzige
bis 40 mm lang werdende Art einer neuen Gattung (Nebaliopsis
typica) wurde vom Challenger in der Südfee einmal bei 1375 und das
zweite Mal bei 2550 Faden gedredfcht. Die abyffifche Herkunft verrät
fich in den rudimentären Augen, die des Pigments und der eigentlichen
Sehelemente entbehren.

Die Hüpferlinge oder Flohkrebfe (Amphipoda) mit feitlich
zufammengedrücktem, ziemlich gleichmäßig geringeltem Körper, deutlich
abgefetztem Kopfe und ungleichartig entwickelten, teils zum Schwimmen,
teils zum Hüpfen dienenden Gliedmaßen, find zwar eine fehr zahlreiche
Krebsordnung, haben aber nicht befonders viel Vertreter in den tieferen
Teilen des Meeres. Auf der Fahrt von Japan nach Juan Fernandez
fand der Challenger bei 60 bis 70 Dredfchzügen nur einige wenige Floh-

krebfe, und wenn Stebbing auch recht haben mag, wenn er meint, diefe Thatfache beweife noch lange nicht, daß die Tiere in jenen Gegenden des Weltmeeres wirklich feltener als anderwärts wären, fo ift fie doch immerhin auffallend genug. Die feltfamfte Amphipode ift Cystisoma (nicht Cystosoma wie Weftwood fchon eine neuholländifche Zirpe nannte) Neptuni: bei verhältnismäßig riefigen Dimenfionen (103 mm lang) ift ihr Körper völlig farblos und durchfichtig, auf dem großen Kopfe liegen zwei mächtige, zirka 25 mm große Facette-Augen, dicht nebeneinander. Das Gefchöpf fcheint, nach der Anficht Wyville Thomfons, ein pelagifches Leben zu führen, aber fich am Tage in Tiefen bis zu 1500 Faden zurückziehen.

Erwähnenswert ift vielleicht noch eine von A. Agaffiz mitgeteilte Beobachtung von S. J. Smith, nach welcher fich manche Amphipoden aus ihren eigenen durch Fäden zufammengefponnenen Kotballen röhrenförmige Gehäufe machen. Auf der Expedition des Blake wurden zu verfchiedenen Malen andere Röhren mit heraufgebracht, die ganz den Eindruck von Wurmgehäufen machten, aber von Amphipoden bewohnt waren, und Agaffiz wagt es nicht zu entfcheiden, ob diefe etwa auch die Verfertiger oder nur die Befitzergreifer gewefen wären.

Zu den bekannteften Krebsformen zählen die Affeln (Gleichfüßer, Isopoda), deshalb fo bekannt, weil zu ihnen Gefchöpfe gehören, welche fich als läftiges Ungeziefer in unfern Kellern, Höfen und Gärten unangenehm bemerkbar machen — die Kelleraffeln. Keine Ordnung der Krebfe weift fo viele landbewohnende Arten auf wie diefe, aber im Waffer, im füßen, felbft tief im Schoße der Erde, mehr noch im Meere in allen Breiten von der Strandzone bis zu gewaltigen Tiefen ift doch die Mehrzahl zu Haufe.

Sie haben einen meift abgeplatteten, länglich ovalen, manchmal auch ftark verlängerten Körper (Arcturus, Neotanais, Thyphotanais). Sechs vorderfte kleine Segmente bilden äußerlich zu einer Einheit verbunden den Kopf, 7 größere ziemlich gleichbreite den Bruftabfchnitt und wieder 6 ftark verkürzte kleinere den Hinterleib. Die Bruftfegmente tragen je ein Paar fehr einfacher, zum Kriechen, bisweilen zum Fefthaken eingerichteter, ziemlich gleichentwickelter Beine, einzelne der Gliedmaßen

17*

können indeffen auch zu vorzüglichen ruderartigen Schwimmfüßen umgebildet fein (unter andern ganz befonders der fünfte Thorakalfuß bei
Eucope abyssicola). Am Hinterleib haben fich diefe Bewegungsorgane
zu Refpirationsorganen umgebildet. Manche diefer Tiere haben fich an
ein parafitifches Leben angepaßt und haufen in teilweife feltfam ver-
änderter Geftalt auf andern Krebsarten und Fifchen oder in deren
Kiemenhöhlen.

Diejenigen Affelformen, welche die Tieffee bewohnen, befitzen, wie
wir namentlich durch die Unterfuchungen von Sars und Evers
Beddard, der das einfchlagende Material der Challenger-Expedition in
vorzüglicher Weife bearbeitet.hat, wiffen, meift rückgebildete Sehwerkzeuge. Von 56 abyffifchen Arten find 34 vollkommen blind, 4 haben
degenerierte, 18 gut entwickelte Augen. Mit Rückficht auf die angenommenen Gattungen fetzt fich die Ifopodenfauna der Tiefe aus zwei
Elementen zufammen, nämlich aus fpezififchen Gattungen der Tieffee und
aus folchen, welche auch in feichterem Waffer fich finden. Von den
elf Arten der erfteren haben nur zwei funktionsfähige Augen und unter
denen der letzteren können wir zwei Gruppen unterfcheiden, nämlich
folche, die in tiefen Meeresteilen blinde, in feichteren fehende Spezies
aufweifen und folche, die auch in flacheren Gewäffern blind find.

Blinde oder offenbar blödfichtige Tiere brauchen nicht immer Bewohner dunkler Räume zu fein, wie aus einer ganzen Reihe von Thatfachen fich ergiebt, und was andrerfeits die fehenden Tieffeeformen in diefem
fpeziellen Falle angeht, fo kann ihre Sehfähigkeit eine doppelte Urfache
haben: einmal, und das dürfte für folche Formen zutreffend fein, deren
übrige Mehrzahl das feichte Waffer bewohnt, kann fie noch vorhanden fein, die Tiere leben noch nicht lange genug unter den neuen Verhältniffen, um fich ihnen fchon völlig angepaßt zu haben, zweitens aber
wird, wie wir erwähntermaßen zu fchließen gezwungen find, auch in
der Tieffee mindeftens ftellenweife ein auf organifche Quellen zurück-
führbarer fchwacher Lichtfchimmer herrfchen. Der riefenhafte Bathynomus giganteus (Fig. 86) den A. Agaffiz in den weftindifchen
Gewäffern aus einer Tiefe von 955 Faden heraufholte, befitzt an der
Unterfeite des Kopfes gelegene hoch entwickelte Augen, deren jedes

4000 Facetten zählt. Filhol behauptet, daß unter den foffilen Krebfen keine blinden Formen zu finden wären, und glaubt daraus mit fchließen

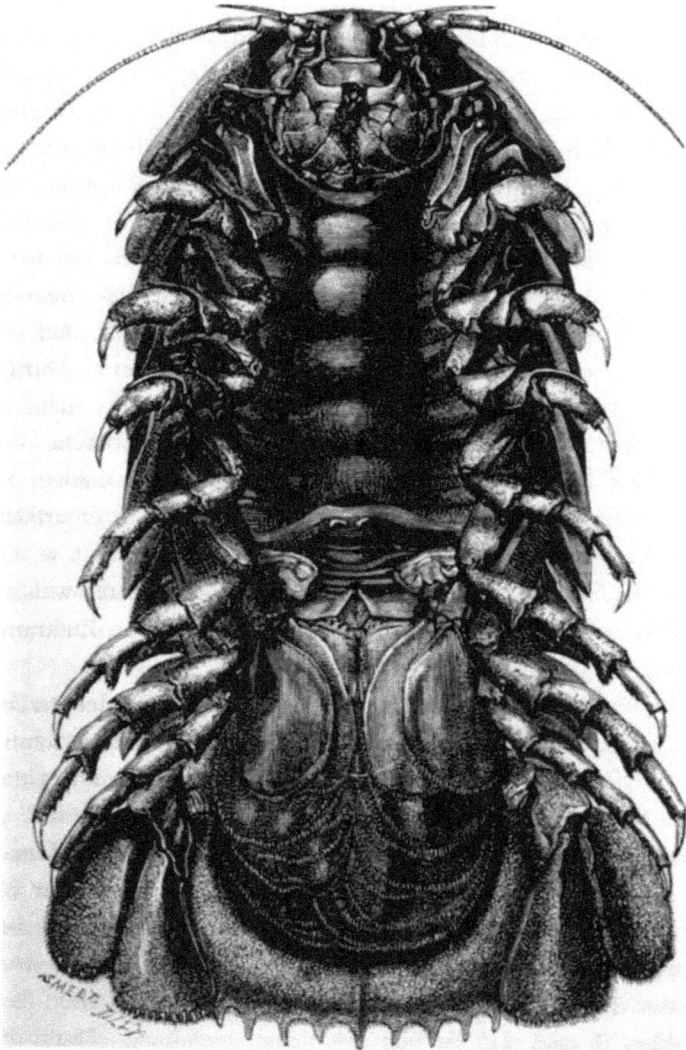

Fig. 86. Riefen-Tieffeeaffel (Bathynomus giganteus) ²/₃ nat. Gr.

zu dürfen, daß die Meere der Vorzeit nicht fo beträchtliche Tiefen, wie die der Jetztwelt gehabt hätten. Dem wäre doch wohl entgegenzu-

halten, daß der erftere Teil der Behauptung nachweisbar falsch ift: es gab
fchon im Silur blinde Trilobiten (z. B. Agnostus), ja es giebt, wie unter
den heutigen Affeln, Gattungen, zu denen fehende und blinde Formen ge-
hörten. Von hervorragendem Intereffe indeffen und weitgehender Bedeutung fcheint mir eine Beobachtung Barrandes zu fein, nach welcher
ein Trinucleus in der Jugend Sehwerkzeuge hat, die mit dem Alter
nach und nach degenerieren und fchließlich ganz verfchwinden. Diefes
Faktum deutet weit mehr als das gelegentliche Vorkommen einzelner
von Anfang an blinder Formen auf eine Anpaffung an das Leben im
Dunkeln hin, und wo follen wir für einen Trilobiten die betreffende
Dunkelheit wohl fuchen können als auf dem Boden des Meeres?

Eine weitere, nicht unintereffante Erfcheinung ift es, daß die Affel-
arten der Tieffee vielfach mit ausgezeichneten Höckern, Dornen und
Stacheln am Hautpanzer verfehen find. Das ift deshalb nicht uninter-
effant, weil fich ähnliche Vermehrungen der Körperoberfläche, denn das
find jene Gebilde, auch bei Infekten z. B. Käfern in polnahen Ländern
und in hohen Gebirgen finden. Oft treten hier folche Oberflächenver-
mehrungen auch in konkaver Art als Gruben, Furchen u. f. w. auf, und
es liegt nahe, fie mit den Temperaturverhältniffen, unter welchen jene
Tiere ähnlich wie die Bewohner der Tieffee leben, in Zufammenhang
zu bringen.

Bemerkenswert ift weiter die Thatfache, daß die Meeresaffeln eine
Neigung zeigen, nach den Polen und der Tiefe zu an Größe zuzunehmen.
So find von Serolis Bromleyana manche Exemplare aus einer Tiefe
von 1100 Faden bei 40° f. B. noch einmal fo groß als die größten
aus einer Tiefe von 400—700 Faden unter 33—37° f. B. und nach dem
Südpol hin fteigert fich diefe Erfcheinung, fodaß ein unter 62° f. B.
und bei 1975 Faden Tiefe gefangenes Individuum wieder um die Hälfte
größer war als die größten unter 40° und bei 1100 Faden erbeuteten.
Dies deutet darauf hin, daß es den Meeresifopoden in kalten Gewäffern
am wohlften ift und daß fie hier am beften gedeihen. Dafür fprechen
auch manche Erfcheinungen in ihrer geographifchen Verbreitung: fo ift
die Gattung Serolis hauptfächlich im füdlichen Ozean bis in den antarktifchen hinein, fowohl im feichten wie tiefen Waffer, verbreitet, und

die Tieffeeformen nähern fich, entfprechend der Temperatur ihres Aufenthaltsortes, dem Äquator weit mehr als die oberflächlich lebenden,
aber nur eine Art geht über ihn hinaus entlang der Weftküfte Amerikas
bis zum 33⁰ n. B.

Die übrigen Affeln, auch die der Tieffee, teilen mit Serolis die
Eigentümlichkeit, daß fie fich gern in der Nähe des Landes, und wären
es nur kleinere Infeln, aufhalten, und es ift charakteriftifch, daß der
Challenger im centralen und füdlichen Teil des atlantifchen und im centralen und weftlichen Teil des ftillen Ozeans keine einzige Ifopode angetroffen hat. Die größte Tiefe, in welcher Affeln gefunden wurden,
war 2740 Faden. Die typifchen Tieffeearten, d. h. die unter 500 Faden
vorkommenden, verteilen fich vertikal folgendermaßen:

$$500 \text{ bis } 1000 \text{ Faden } 17 \text{ Arten}$$
$$1000 \text{ bis } 2000 \quad „ \quad 29 \quad „$$
$$2000 \text{ bis } 2740 \quad „ \quad 7 \quad „$$

Die am höchften entwickelten Krebfe (Thoracostraca) zeichnen
fich dadurch aus, daß ihre Bruftfegmente entweder alle oder doch wenigftens die vorderen mit dem Kopfabfchnitte zufammen von einem gemeinfamen Rückenfchild überdeckt find und daß in der Regel ihre Augen
auf beweglichen Stielen fitzen.

Die Cumaceen, eine langfchwänzige Ordnung der Thorakoftraken,
bei denen fich bloß die drei vorderften Bruftringe mit unter dem Rücken-
fchilde befinden, find kleine Krebfe und wenig zahlreich an Arten. Das
auf der Challenger-Expedition erbeutete Material, welches von G. O. Sars
bearbeitet wurde, beftand aus 15 Arten, die eine merkwürdige vertikale
Verbreitung zeigen; 10 fanden fich von der Oberfläche bis zu 127, 5 von
1240 bis 2050 Faden. Ich habe mich nicht genau über die Lebensweife
diefer Tiere unterrichten können, aber es ift mir bei der Länge und der
großen Beweglichkeit ihres fchlanken Schwanzes fehr wahrfcheinlich,
daß fie hauptfächlich fchwimmend fich bewegen werden, und fie dürften
ein ziemlich bedeutendes Sauerftoffbedürfnis haben, dem fie jedoch mit
einem verhältnismäßig gering entwickelten Refpirationsapparat, — bloß
das erfte Kieferfußpaar trägt Kiemen, — nur unter günftigen Bedingungen,
d. h. in fauerftoffreichem Waffer, vollkommen werden gerecht werden

können; daher fcheint es mir zu kommen, daß fie in fo auffallender
Weife fauerftoffärmere Wafferfchichten vermeiden.

Die Spaltfüßer (Schizopoda), geftreckte Krebschen mit einem
dünnhäutigen, Kopf und fämtliche Bruftringe deckenden Rückenfchild,
fowie mit acht Paar gefpaltenen Füßen, zeigen eine bedeutende vertikale Verbreitung. Von den 57 auf der Reife des Challenger gefammelten, gleichfalls von G. O. Sars bearbeiteten Arten waren 32 an der
Oberfläche des Meeres, 6 von 32 bis 300, 4 von 300 bis 1000, 11 von

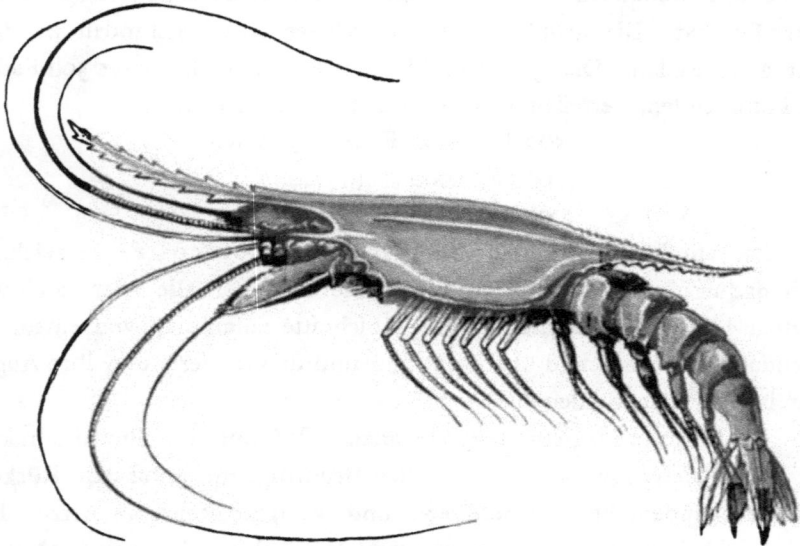

Fig. 87. Gnathophausia zoëa, aus einer Tiefe von 912 Faden. Um ¹/₅ vergröfsert.

1000 bis 2000 und 4 unter 2000 (größte Tiefe 2740!) Faden gefangen.
Eine Art hatte ein Vorkommen von 345 bis 2740 Faden. Die Augen
der abyffifchen Spaltfüßler find fehr verfchieden entwickelt; die
Gnathophaufien, (Fig. 87) echte Bewohner der Tieffee von 250 bis
2200 Faden und dabei mit ³/₅ der Arten unter 1000, zeigen gut gebildete
Augen, mit dunklem Pigment und normal entwickelten Sehelementen.
Bei Chlaraspus alata (1800 Faden) find die Augen fehr klein, bei
Boreomysis obtusa (345 bis 2740 Faden) erfcheinen die Sehwerkzeuge
normal, bei B. micropa (1250 Faden) klein mit rotem Pigment, bei

B. scyphops (1600 bis 1800 Faden) werden fie rudimentär und find ohne Sehelemente. Auch Bentheuphasia amblyops (100 bis 1800 Faden) hat gering entwickelte Sehorgane mit weißlichem Pigment. Eucope australis (1000 bis 1975 Faden) zeigt in dem Baue ihrer Augen eine merkwürdige Gefchlechtsdifferenz: beim Weibchen find fie fehr klein, mit weißlichem Pigment, beim Männchen erfcheinen fie größer und dunkel pigmentiert, aber in beiden Gefchlechtern fehlen ihnen befondere Sehelemente. Die Sehwerkzeuge von Amblyops Crozetii (1600 Faden) fowie von Pseudomma australe und Sarsii find vollkommen degeneriert und zu plattenartigen Bildungen umge-ftaltet. Das Merkwürdige hierbei liegt aber darin, daß die eine Art von Pseudomma (australe) bei 33 Faden, die andere bei 1675 Faden gefangen wurde. Wenn hier nicht durch Zufall ein Irrtum unterlaufen ift, fo ift die Sache fehr auffallend und fonderbar und dient, wie über-haupt das Verhalten der Augen der Schizopoden, nicht dazu, uns das Verftändnis der Entwicklung der Sehorgane der Tieffeetiere deutlicher zu machen. Berückfichtigung bei Beurteilung diefer Verhältniffe ver-dient es indeffen, daß manche abyffifche Schizopoden Leuchtorgane in Geftalt über den Extremitäten an den Seiten des Abdomens oder hinter den Augen gelegener phosphoreszierender Flecke und Platten haben.

Es dürften diefe Tiere eine alte Krebsfippe fein, dafür fpricht ihre weite horizontale Verbreitung: Gnathophausia zoëa (Fig. 87) z. B. findet fich im atlantifchen und ftillen Ozean, Euphausia pellucida wurde gleichfalls im ganzen atlantifchen Ozean von Norwegen an und im ftillen bis Japan hinauf und außerdem im mittelländifchen Meere beobachtet.

Die noch übrig bleibende Ordnung der Kruftentiere, die der Zehn-füßer (Decapoda) ift die am beften gekannte, am manigfachften differenzierte und zugleich zahlreichfte. Ausgezeichnet ift fie durch den Be-fitz von zehn, am freien Ende teilweife fcherenartig entwickelten Gehfüßen, die manchmal zu ruderartigen Schwimmwerkzeugen fich umgeftalten, und durch ein befonders wohl entwickeltes Rückenfchild, das in der Regel auf der Rückenfeite mit allen Bruftfegmenten verwachfen ift.

Der Hinterleib kann von fehr verfchiedenem Umfange fein und hat man feine Befchaffenheit hauptfächlich zur Begründung dreier Unterordnungen

verwendet: die Langfchwänzer (Macrura) mit ftarkem Hinterleibe von
mindeftens Vorderleibslänge, die Anomura mit kleinerem und die
Krabben (Brachyura) mit ganz kurzem, in eine Furche an der Unterfeite der Bruft eingefchlagenem.

Eins der fchönften Refultate, welches die Challenger-Expedition auf
dem Gebiet der Carcinologie erzielte, war die Entdeckung der Polycheliden oder, wie fie nach dem armen von Willemoes-Suhm auch genannt
werden, der Willemoefien. Die Tiere find blind, Augen und Augenftiele fehlen, ihr Rückenfchild ift flach, niedergedrückt, 4—5 Paar der
Gehfüße tragen am Ende Scheren, das erfte Paar ift bedeutend verlängert. Manche find wundervoll durchfichtig und erreichen eine verhältnißmäßig beträchtliche Größe. Willemoesia leptodactyla wird
120 Millimeter lang und das erfte Paar ihrer Gehfüße mißt 155 Millimeter, ift fehr fchlank und trägt am Ende Scheren mit fehr zarten
Blättern. Polycheles crucifer ift nur den dritten Teil fo groß, hat
kürzere Scheren und ift nicht nur blind, fondern an dem Orte, wo bei
den verwandten Formen wenigftens die rudimentären Augen zu fitzen
pflegen, fehlt jede Spur einer für ihre Aufnahme geeigneten Stelle.

Von hervorragendem Intereffe ift die Beobachtung Spence Bate's,
daß die ausgebildeten, aber noch im Eie befindlichen Foetus der Willemoefien wohl entwickelte Augen vom normalen Cruftaceentypus haben. Es
tritt hier alfo betreffs des Sehorgans eine jedesmalige individuelle Rückbildung ein, wie bei anderen blinden oder mit nur rudimentären Augen
ausgeftatteten Tieren (Maulwurf, der blinde Fifch der Mammuthöhle etc.)
und wie bei der erwähnten Trilobitengattung Trinucleus.

Die Artzahl der Familie der Polycheliden wurde vom Blake um 5
aus 100—1900 Faden Tiefe der weftindifchen Gewäffer ftammende Spezies
vermehrt, und auch der Talisman fand neue Gattungen und Arten zwifchen
650 und 700 Faden. Spence Bate bemerkt in der vorläufigen Mitteilung
über die Bearbeitung des einfchlagenden Challenger-Materials, Willemoefien kämen an den tiefften Ozeanftellen vor und fchienen proportional
zur Tiefe an Größe zuzunehmen. Sehr merkwürdig ift es, daß die
nächften Verwandten diefer Krebsfamilie, die Euryoniden, fich in ju-
rafifchen Schichten, im Lias und ganz befonders im lithographifchen

Schiefer von Solenhofen finden. Es wird behauptet, daß bei den typifchen Euryonarten, mit Ausnahme einer Spezies, noch nie Augen

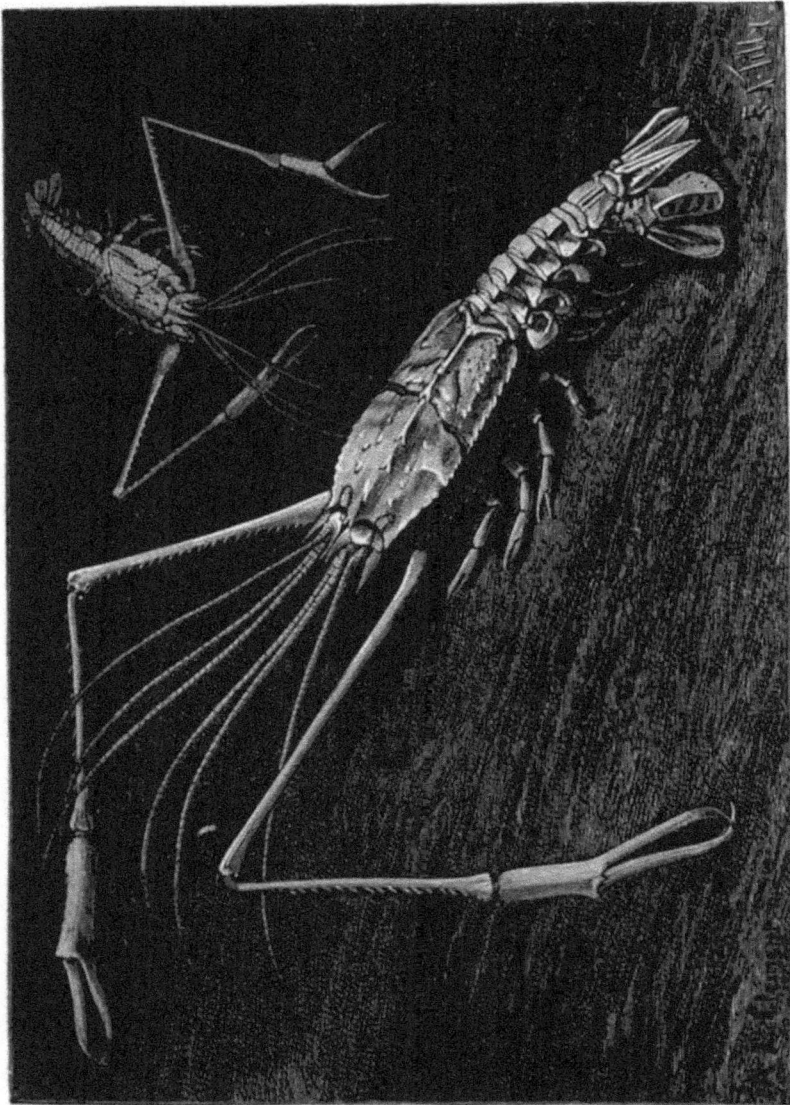

beobachtet feien. Es wäre fehr auffallend wenn diefe Tiere wirklich blind gewefen fein follten, denn der Lithographieftein ift mit ziemlicher Sicherheit als eine aus dem „feinen Kalkfchlamme einer feichten, vor Brandung und Stürmen gefchützten Bucht des Jurameeres" (Zittel) hervorgegangene Gefteinfchicht anzufehen.

Eine andere fchöne Entdeckung des Challenger ift eine unferem gewöhnlichen Flußkrebfe (Astacus fluviatilis) nahe verwandte Macrurenform (Thaumastocheles f. Astacus zaleuca). Sie hat ein abgeflachtes, nach hinten fich verbreiterndes Abdomen, deffen letztes Segment breiter als das feitlich zufammengedrückte Bruftftück ift. Die Scheren find fehr lang und zart, innen mit zahlreichen fpitzen Zähnen befetzt und erinnern lebhaft an die Mandibeln eines chilenifchen Hirfchkäfers (Chiasognathus Grantii). Auch diefes aus den weftindifchen Gewäffern ftammende Tier ift vollkommen blind und Wyville Thomfon bemerkt, daß fich am Vorderrande des Kopfbruftfchildes an der Stelle, wo fonft bei den Aftaciden die Augen zu fitzen pflegen, zwei leere Räume finden, die ausfehen, als ob ein Operateur die Augenftiele mit den Augen forgfam aus ihnen entfernt und den Platz, an welchem fie befindlich gewefen wären, mit einer chitinöfen Haut überfpannt hätte.

Filhol findet es wahrfcheinlich, daß die Tiere, ähnlich etwa wie die Ameifenlöwen, im Schlick eingegraben leben und bloß ihr gewaltiges Zangenpaar aus demfelben beutegierig und greifbereit herausftrecken. Das fcheint mir wenig glaublich und zwar aus folgenden Gründen: erftens ift die Bedeckung des Körpers feft und hart, wie Wyville Thomfon ausdrücklich hervorhebt und das wäre für ein im Schlamm vergraben lebendes Tier etwas fehr Ungewöhnliches. Eine Verwandte von Thaumastocheles, die in den europäifchen Meeren vorkommende Callianassa lebt allerdings fo, aber fie ift auch auffällig weichhäutig. Zweitens fehen wir außerdem bei dem Tieffeekrebfe das zweite, dritte und vierte Segment des Hinterleibs mit feinen Wollhaaren dicht bedeckt, was fich gleichfalls mit einem Schlammbewohner nicht gut reimen will. Mir fcheint Agaffiz recht zu haben, der auf die zahlreichen Tafthaare an den Gliedmaßen des Tieres aufmerkfam machend glaubt, diefe würden dem Krebfe behilflich fein, wenn er, wie jeder Blinde, feinen Weg taftend fucht.

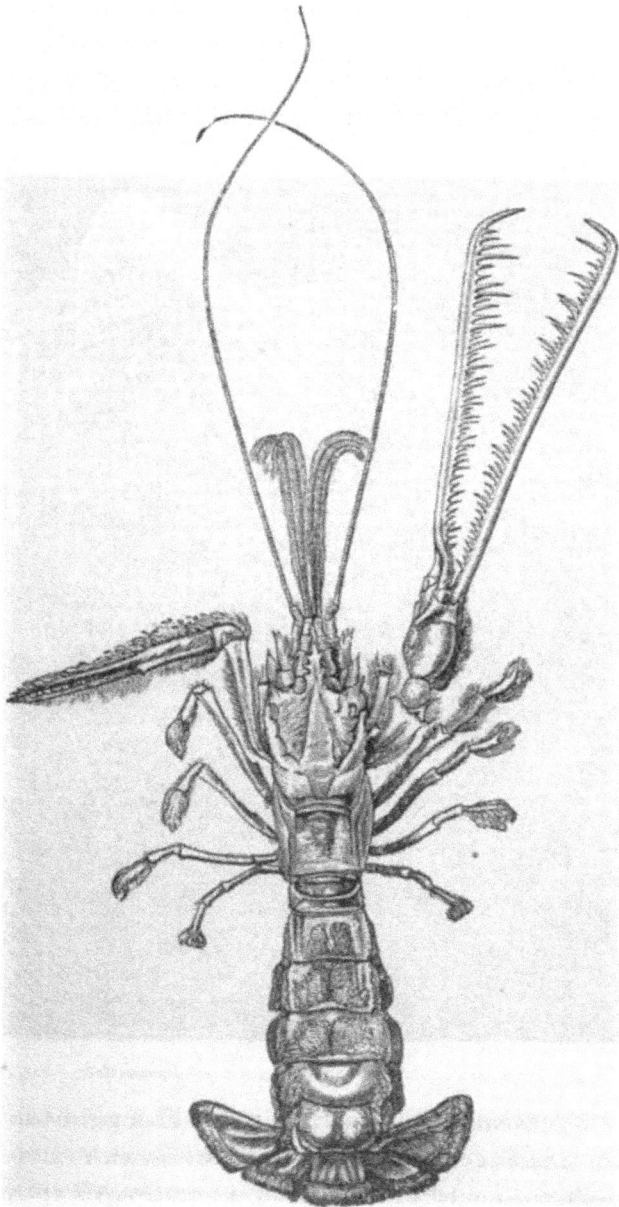

Fig. 89. Thaumastocheles zaleuca. Nat. Gr.

Die in allen Meeren durch zahlreiche Arten und Individuen vertretene Familie der Garneelen (Carididae) hat auch in der Tieffee
eine Reihe intereffanter und charakteriftifcher Vertreter, von denen das
Gefchlecht Nematocarcinus eine ganz befondere Erwähnung verdient.

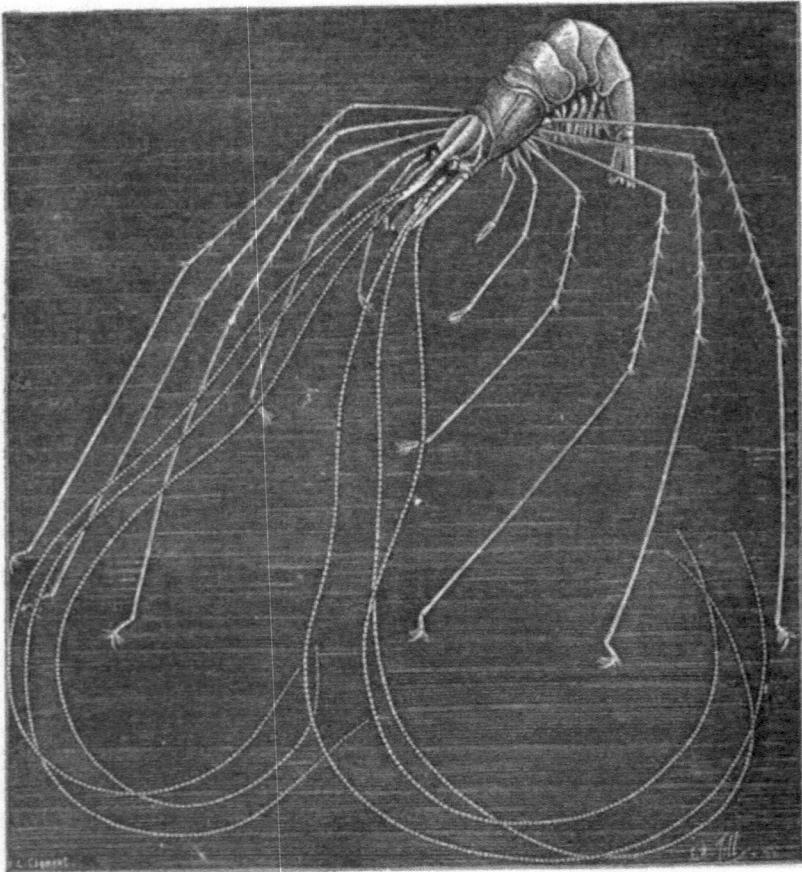

Fig. 90. Nematocarcinus gracilipes, aus 470 Faden Tiefe. Nat. Gr.

Die Spezies diefes Genus find von 225 bis 3000 Faden gedredfcht worden,
indeffen meint Spence Bate, daß fie wahrfcheinlich nicht in fo große
Tiefen hinabgehen, fondern fchwimmend die mittleren Zwifchenfchichten
des Meeres bewohnen. Er betont ausdrücklich, daß es durchaus wün-

schenswert, ja notwendig fei, bevor man die relative bathymetrifche
Verbreitung der Kruftentiere beftimmen könne, den Ozean in verfchiedenen Tiefen zu durchfifchen, ohne daß man Gefahr laufen muß, Formen
aus andern als den beftimmten und gewünfchten Tiefen beim Heraufholen der Netze mit zu fangen. Wir haben weiter oben gefehen, dafs
man jetzt angefangen hat, geeignete, diefe Gefahr ausfchließende Netze
zu konftruieren. Was aber fpeziell die Arten von Nematocarcinus
betrifft, fo fcheinen fie fich doch, wie Agaffiz mit Recht bemerkt, auf
ein Leben am Boden angepaßt zu haben. Verfchiedene Arten (z. B. N.

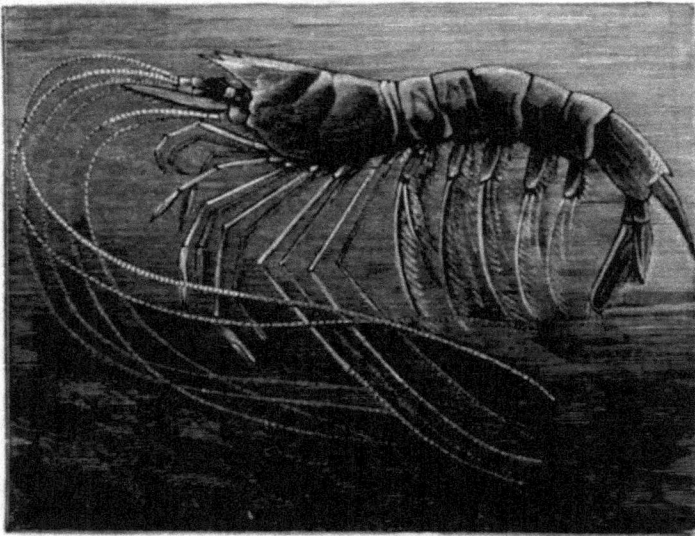

Fig. 91. Hapalopoda investigator, aus 1040 Faden Tiefe. Nat. Gr.

gracilipes Fig. 90) wurden nach der Challenger-Expedition fowohl von
den Franzofen bei 470 Faden als von A. Agaffiz in den weftindifchen Gewäffern bei 500—1400 Faden gedredfcht. Die Tiere haben außerordentlich
große, zarte Antennen von drei bis vierfacher Körperlänge und die teilweife mehr als körperlangen Beine find am Fußende mit Büfcheln feiner
Borften befetzt. So beherrfcht das Tier, wenn es auf feinen Beinen
ruht, eine bedeutende Fläche, auf welche feine Laft fich verteilt. Ift
nun der Boden weicher Schlamm, fo wird es viel weniger Gefahr laufen
einzufinken, als wenn es kurze, nahe bei einander ftehende Beine hätte, und

die Endbüschel mögen auch das Ihrige dazu beitragen, ein solches Ein-
sinken zu verringern. Die gewaltigen Antennen werden die von etwa

Fig. 92. Galathodes Antonii.

sich nahenden Feinden herrührenden Erschütterungen des Waffers aus
relativ bedeutender Entfernung wahrnehmen und die Tiere zeitig genug

warnen, daß fie fich in Sicherheit bringen können. Auch Hapalopoda investigator (Fig. 91) aus 1040 Faden befitzt mächtig entwickelte Antennen und feine drei hinterften Gehbeinpaare find bedeutend verlängert, laufen aber, anftatt mit Borften befetzt zu fein, in eine Reihe feiner Glieder, wie fie ähnlich die Antennen zufammenfetzen, aus. Der prächtige, durchfichtige von Chun im Mittelmeer bei 440 bis 650 Faden mit dem Schließnetz gefangene Sergestes magnificus hat bei einer Körperlänge von 38 mm äußere Antennen, die 115 mm meffen, und diefelben find, offenbar zur Vermehrung des Empfindungsvermögens in der untern Hälfte mit zarten Borften an beiden Seiten befetzt, welche ihrerfeits wieder äußerft zarte Wimperchen tragen.

Die zehnfüßigen Krebfe mit mittellangem Schwanze (Anomuren) finden fich bis gegen 2400 Faden Tiefe und die Galatheen und Bernhardkrebfe (Paguriden) gehen am tiefften. Bei den abyffifchen Formen der erfteren Familie find nach den Beobachtungen von J. R. Henderfon die Augen faft ausnahmslos ohne Pigment und offenbar leiftungsunfähig, unter Umftänden ift fogar der Augenftiel zu einem Dorn verlängert, an deffen Ende nur noch ein Reft der gewölbten Hornhaut fich befindet. Galathodes Antonii (Fig. 92), welche während der Expedition des Talisman bei 2400 Faden gefunden wurde, hat gleichfalls atrophierte Augen, aber dafür als Sitz ftellvertretender Taftorgane bedeutend vergrößerte Antennen. Eine verwandte bei 510 Faden gefangene Form (Pachygaster formosus, Fig. 93) hat hingegen wohl entwickelte Augen, aber kurze Antennen. Ihr erftes Beinpaar ift außerordentlich verlängert, und fie wird jedenfalls mittels derfelben in Felslöchern oder im Schlamme nach Beute herumftochern und wühlen.

Die Tieffee hat während der verfchiedenen Expeditionen eine Reihe ganz befonders intereffanter neuer Thatfachen aus der Naturgefchichte der Bernhardkrebfe geliefert. Zunächft konnte konftatiert werden, daß der eigentümliche fymbiotifche Prozeß, der, wie früher erwähnt, zwifchen Seeanemonen und Paguriden herrfcht, mit diefen beiden fo verfchiedenen Tiergruppen in der Tieffee noch bis über 3000 Faden ftattfindet, wo Pagurus abyssorum (Fig. 94) gefunden wurde.

Die meiften Eremitkrebfe leben bekanntlich in den hinterlaffenen

Gehäufen abgeftorbener Schnecken, in welche fie mit dem Hinterende voran hineinfchlüpfen. Infolge diefer Gewohnheit find mit ihrem Körper

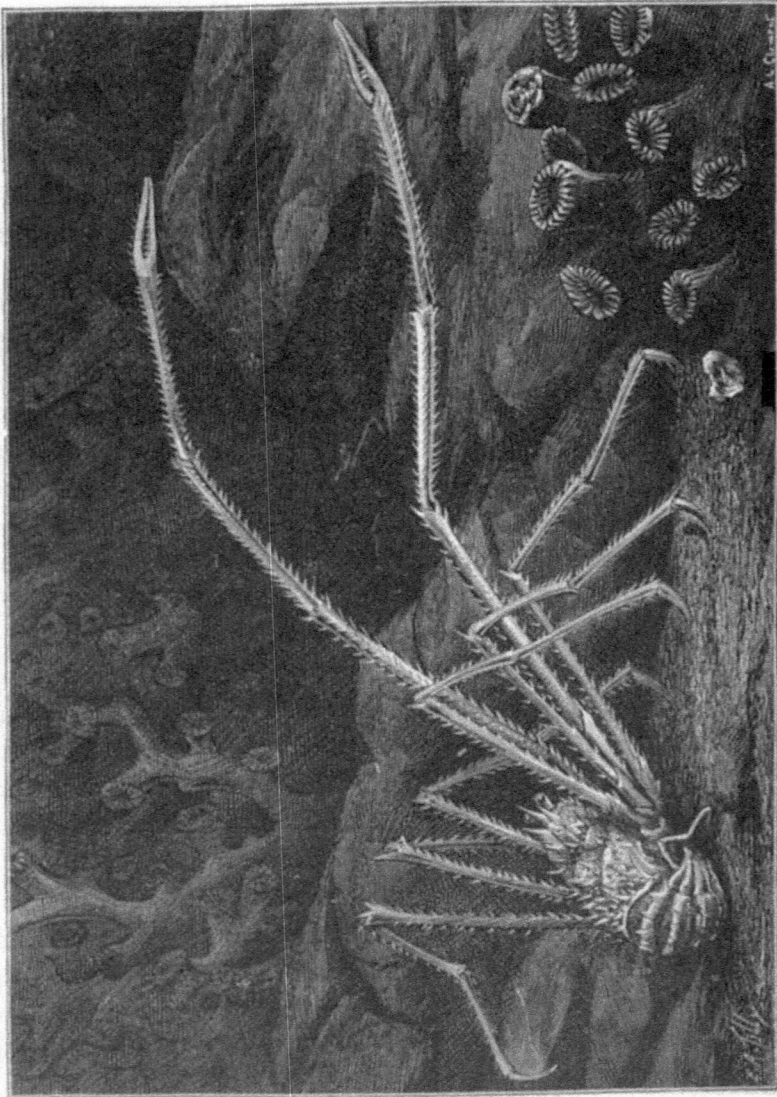

Fig. 93. Pachygaster formosus.

allerlei feltfame Veränderungen vor fich gegangen. Zunächft ift derfelbe afymmetrifch geworden, indem der runde Hinterleib entfprechend der fpiraligen Windung des Schneckenhaufes feitwärts gekrümmt ift. Meift zeigen auch die Scheren eine ungleichartige Entwicklung und das Tier benutzt, wenn es beunruhigt fich fo tief als möglich in feine Wohnung zurückzieht, die ftärkere als eine Art Hausthür, mittels welcher es, indem es das Scherenende quer vorlegt, den Eingang verfchließt. Am Hinterleibe haben fich die Endfloffen, oft auch die feitlichen kleinen Anhänge der Segmente zu fchräg nach außen gekrümmten Haken verändert, mittels welcher der Krebs fich in dem Gewinde der Schneckenfchale vortrefflich feftzuhalten verfteht, fodaß man ihn unter Umftänden eher in Stücke zerreißt, als unverletzt aus den Gehäufe herausziehen kann. Infolge der Gewohnheit, ein feftes fremdes Gebilde als Rock um fich zu tragen, ift bei ihnen der eigene Panzer im Laufe der Generationen fozu-

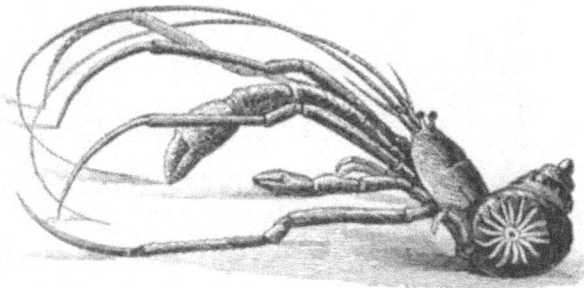

Fig. 94. Pagurus abyssorum.

fagen außer Übung gekommen, — die urfprünglich fefte eigene Körperbedeckung ift weichhäutig geworden.

Es unterliegt keinem Zweifel, daß die Paguriden von fymmetrifchen Ahnen abftammen und wir wiffen, daß fie unter Umftänden wieder zur Symmetrie zurückkehren können. Solche Umftände finden fich aber auf dem Boden der Tieffee. Hier find die Schalen abgeftorbener Schnecken eine fo große Seltenheit, daß unfere Krebfe, wenn fie dort überhaupt haufen wollen, gezwungen find, ihre Lebensgewohnheiten mehr oder weniger zu ändern. Das haben fie in verfchiedener Art gethan. Die einen haben fich an ein freies Leben zurück angepaßt und das dürfte der Fall bei der von Challenger im füdlichen ftillen Ozean bei 2375 Faden Tiefe aufgefundenen Tylaspis anomala fein, die ein

18*

feſtes Bruſtſchild erhalten hat und deren Hinterleib, wenn er auch nicht
feſt bepanzert iſt, ſo doch dadurch weit geſchützter erſcheint, daß er
ſich ganz außerordentlich verkürzt hat, dabei iſt er völlig unſegmentiert
und ſeine Endanhänge ſind wohl entwickelt und ſymmetriſch. In den
weſtindiſchen Gewäſſern entdeckte der Blake eine andere Form (Pylo-
cheles Agaſſizii), welche, wahrſcheinlich ſelbſtverfertigte, gerade Röhren
in Klumpen zuſammengebackenen Sandes bewohnte und dieſelben ganz
ausfüllte und nach Art der gewöhnlichen Bernhardkrebſe vorn mit ihren

Scheeren verſchloß. Infolge der geraden Richtung der Wohnung aber,
war der Hinterleib völlig ſymmetriſch
entwickelt.

Die intereſſanteſte Paguridenart iſt
indeſſen Xylopagurus rectus (Figur 95). Sie bewohnt in einer Tiefe
von 300 bis 400 Faden gerade, wohl
auch ſelbſt angelegte, an beiden Enden
offene Röhren in Holzſtücken oder
hohle Stengelteile von Bambus, in
welche ſie nicht, wie die andern Paguriden, mit dem Hinterteile, ſondern mit
dem Kopf voran hineinſchlüpft. Ihr
geſchützter Leib iſt ſymmetriſch, aber
infolge der Wohnſtätte weichhäutig bis
auf das hinterſte Ende. Dieſes iſt in
der Röhre von hintenher etwaigen

Fig. 95. Xylopagurus rectus, rechts in
ſeinem Holzköcher, links frei.

Feinden erreichbar, um aber fatalen Eventualitäten zu entgehen, iſt es
verbreitert und mit feſten Platten gepanzert.

Die den Krabben am nächſten ſtehende Familie der Anomuren iſt
die der Lithodiden, welche gleichfalls auffallende Vertreter in der Tiefſeefauna hat. Da iſt zunächſt die vom Blake aufgefundene, in Tiefen von
450 bis 800 Faden vorkommende Lithodes Agaſſizii, ein Geſchöpf
von relativ gigantiſchen Verhältniſſen, da ſein Rückenſchild 7 Zoll lang
und 6 Zoll breit iſt. Die ganze Oberſeite des Tieres bis auf die Glied-

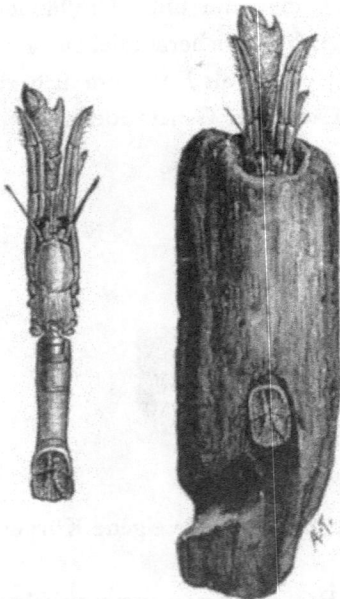

maßen ift nach Agaffiz bedeckt mit nadelartigen Dornen von folcher Schärfe, daß fehr große Vorficht beim Anfaffen der toten Exem-

Fig. 96. Lithodes ferox.

plare nötig ift, wenn man nicht blutige Verletzungen der Hand davon tragen will. „Wenn man", bemerkt Agaffiz, „die bekannte Raufluft der

Krabben berückfichtigt, fo muß diefes Tier unter feinen Klaffengenoffen ein furchtbarer Feind fein". Auch die Franzofen machten auf der Talisman-Reife die Erfahrung, daß man fich an einer anderen Art (Lithodes ferox, Fig. 96) aus ca. 500 Faden Tiefe bei leichtfinniger Berührung jämmerlich die Finger zerftäche.

Eine weit harmlofere, nur mit Borften dicht bedeckte, verwandte Art (Dicranodromia Mahyeuxii, Fig. 97) von geringer Größe findet fich im mittelländifchen Meere und in den nördlichen Teilen des weftlichen atlantifchen Ozeans.

Die zahlreichfte Familie der zehnfüßigen Krebfe, die der kurzfchwänzigen oder Krabben (Brachyura) zählt nur fehr wenig Arten in der Tieffee, und auch diefe erreichen keine fehr bedeutende Tiefe. Die Krabben find der modernfte Zweig des Dekapodenftammes, der fich in feiner Geftalt, abgefehen von einzelnen mit Ruderfüßen ausgeftatteten Schwimmformen, hauptfächlich

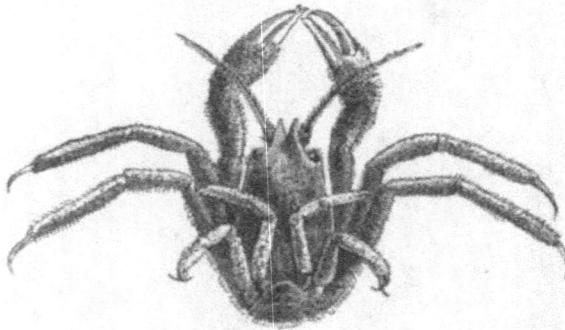

Fig. 97. Dicranodromia Mahyeuxii aus der Bai von Biscaya, 650 Faden, ³/₁ nat. Gröfse.

an ein Leben unmittelbar an den Küften angepaßt hat, welche er namentlich unter den Tropen in zahlreichen Arten und Individuen bevölkert.

Die Zahlen der Spezies, welche die Challenger-Expedition auffand, find nach ihrer bathymetrifchen Verteilung vom höchften Intereffe. Es fanden fich

zwifchen	0 und	20	Faden	190
,,	20 ,,	100	,,	71
,,	100 ,,	200	,,	28
,,	200 ,,	500	,,	21
,,	500 ,,	1000	,,	3
,,	1000 ,,	2000	,,	2

Bei 345 Faden kam an der japanifchen Küfte die bekannte Riefen-krabbe (Macrocheira Kämpferi) vor, ein Koloß, der von Scheren-fpitze zu Scherenfpitze bis zu 3 m klaftern kann.

Die größte Tiefe wird von einigen Ethusa-Arten erreicht, über deren nach und nach mit zunehmender Tiefe auftretende Entartung der Augen wir früher fchon zu fprechen Gelegenheit hatten. Etwas Ähnliches fcheint bei einer von A. Milne Edwards unter dem Namen Bathyplax typhlus befchriebenen Form vorzukommen, welche vom Challenger bei 400 Faden mit kleinen Augenftielen, welche am Ende eine befon-dere kleine Hornhaut hatten, gedredfcht und von Miers als Varietät oculiferus befchrieben wurde. Unfere Fig. 98 zeigt uns drei Arten Arten von Tieffeekrabben: im Vordergrunde Amathia (Scyramathia) Carpenteri, welche auf der Porcupine-Expedition bei 385 Faden ge-fangen wurde, ausgezeichnet durch einen gablig in zwei fpitze Hörner auslaufenden Stirnfortfatz. Ihm nahe verwandt ift der im Hintergrunde des Bildes, rechts an der Erde fitzende Ergasticus Clouei. Links oben kommt ein anderes Beuteftück des Porcupine angekrochen, der zierliche Dorynchus (Lyspognathus) Thomsoni. Später wurde diefe letztere Art auch vom Talisman an der marokkanifchen Küfte bei Tiefen von 330 bis 660 Faden beobachtet, und der Challenger fand fie an der Spitze Südafrikas, ja bis Sydney hinunter.

Die Klaffe der Spinntiere ift in der Tieffee durch eine kleine, aber fehr originelle Ordnung, durch die Krabbenfpinnen (Pycnogo-niden) vertreten.

Die Pycnogoniden haben einen kleinen Körper, der aus einem vierringligen Kopfbruftftück befteht, aber nur ein ganz rudimentäres Ab-domen befitzt. Am Maule findet fich ein kegelförmiger Rüffel. Die größte Maffe ihres Leibes befteht aus Beinen, weshalb man ihnen auch den Namen „Pantopoden", d. h. Gefchöpfe, an denen alles Bein ift, gegeben hat. Es find langfame, gravitätifch fich bewegende Tiere von meift geringer Größe mit 4 Paar fehr langer, fchlanker eigentlicher und einem Paar accefforifcher Beine.

Während die früher ausfchließlich gekannten Formen des feichten

Waſſers nur klein ſind, haben wir durch die modernen Tiefſeeforſchun-
gen wahre Rieſen kennen gelernt, ſo von der Weſtküſte Nordamerikas aus

Fig. 98. Links vorn Scyramathia Carpenteri mit einer angehefteten Lepadide auf dem Rücken, im Hintergrunde rechts Ergasticus Clouei, links Lyspognathus Thomsoni.

einer Tiefe von 500 bis 1500 Faden Colossendeis colossea, bei der
die Spitzen des vierten Beinpaares faſt zwei Fuß auseinanderliegen,

während freilich der eigentliche Körper nur wenige Millimeter breit ift.
Auch die Franzofen entdeckten auf der Reife des Talisman anfehnliche

Fig. 99. Colossendeis arcuata, 820 Faden Tiefe

A. L. Clément

Formen, wie z. B. Colossendeis arcuata (Fig. 99) in einer Tiefe von
820 Faden.   Mit ihren langen Beinen werden die Tiere ähnlich ftelzend

umherwandern wie unſere gewöhnlichen Wandkanker oder Weberknechte
und wie es in unſerer Figur abgebildet iſt.

Nach Hoek beträgt die Zahl der Arten des von ihm bearbeiteten
Challenger-Materials 42, von denen 33 neu waren, reſp. zu gleicher
Zeit mit ihm von dem amerikaniſchen Profeſſor E. B. Wilſon nach
Exemplaren von der Weſtküſte der Vereinigten Staaten beſchrieben wur-
den. Hoek konſtatiert, daß die Tieffeefauna wohl eigene Spezies, aber
keine eigenen Gattungen enthält. Es verteilen ſich in verſchiedenen
Regionen der Tieffee die Arten folgendermaßen:

$$500 \text{ bis } 1000 \text{ Faden } 8 \text{ Arten}$$
$$1000 \text{ „ } 1500 \text{ „ } 8 \text{ „}$$
$$1500 \text{ „ } 2000 \text{ „ } 8 \text{ „}$$
$$2000 \text{ „ } 2650 \text{ „ } 4 \text{ „}$$

Manche Spezies haben eine große vertikale Verbreitung, z. B. Colossendeis leptorhynchus von 400 bis 1600 Faden; ſie iſt daher in der
Tabelle dreimal mitgerechnet. Im allgemeinen ſcheinen auch die Pycnogoniden dem ſehr häufig ſich geltend machenden Geſetze zu folgen,
daß nämlich Arten von Seetieren, abgeſehen natürlich von rein pela-
giſchen, die eine weite horizontale Verbreitung haben, auch in vertikaler Richtung in ſehr verſchiedenen Tiefen gefunden werden.

Was die Färbung der Gliedertiere der Tieffee angeht, ſo ſcheint
unter den Dekapoden die rote, braune und violette von Hellroſa bis tief
Anilinviolett und Dunkelbraun vorzuherrſchen, wie überhaupt auch für
die in ſeichterem Waſſer, in ſüßem und auf dem Lande lebenden Formen Rot die eigentliche Grundfarbe iſt, welche im Leben durch eigenartige, grüne, blaue bis ſchwarze Pigmente maskiert wird, nach dem
Tode aber bekanntlich hervortritt. Daneben finden ſich und namentlich
unter den niederen Krebſen weißlichgelbe bis durchſichtige Formen.
Lebhafte Zeichnungen, wie ſie beſonders die Krabben in ſeichtem Waſſer
oft ſo überaus bunt erſcheinen laſſen, dürften bei den Tieffeekruſtaceen ſehr
ſelten zu finden ſein. Die Pycnogoniden ſind gelb bis braun, am
dunkelſten iſt Nymphon fuscum.

Zehntes Kapitel.

Die Mollusken und Tunicaten.

Die Mollusken oder Weichtiere haben einen weichen Leib ohne inneres Skelett, an welchem äußerlich faft immer jede Spur einer metameren Gliederung verwifcht ift und wo ja eine folche, wie bei den Käferfchnecken oder Chitonen, auftritt, dürfte fie wohl das Refultat einer neuen Anpaffung, aber nichts von gegliederten Vorfahren Ererbtes fein. Auch in der inneren Organifation laffen fich, was G. Cattaneo verfucht hat, die Refte einer alten Segmentierung doch nur fchwer und gezwungen nachweifen. Auch die urfprünglich typifche bilaterale Symmetrie fchwindet häufig durch fekundäre Anpaffungen. Am Körper der Weichtiere finden fich niemals gegliederte Fortfätze, aber die Wandung des Körperfchlauches bildet auf der Bauchfeite eine muskulöfe Verdickung, den Fuß, oberhalb deffen fich meift um den Sack der Eingeweide herum eine Hautduplikatur, der Mantel, entwickelt. Diefer fcheidet in der Regel auf der Oberfläche eine einfache kegelförmige, aber faft immer fpiralig aufgerollte oder eine doppelte, bewegliche, zweiklappige Schale ab.

Die große Schar der Weichtiere wird in vier Klaffen eingeteilt: in die der Mufcheln oder Lamellibranchiaten, Zahnfchnecken oder Scaphopoden, Bauchfüßer oder Gaftropoden und in die der Kopffüßer oder Cephalopoden.

Die Mufcheln (Lamellibranchiata) find wenigftens äußerlich meift ftreng bilateral-fymmetrifch, feitlich zufammengedrückt, haben keinen Kopf, keine befonders differenzierten Kau- und Freßwerkzeuge. Ihr Mantel zerlegt fich in zwei feitliche Hälften, deren jede eine auf dem Rücken durch Bandmaffe, oft auch durch eine Art Charnier (Schloß) mit ihrem Pendant verbundene Schale abfondert. Der Fuß ift nicht abgeflacht, fondern hat meift einen fcharfen medianen, etwas nach vorn ausgezogenen Rand und etwa die Geftalt eines Beiles.

Noch 1873 fchrieb Wyville Thomfon von den Lamellibranchiaten der Tieffee: „Über diefe Gruppe wiffen wir bis jetzt nur fehr wenig. Wie die Echinodermen fcheinen fie befonderer Art (special) zu fein und eine weite Verbreitung zu haben." Nun, ein Teil diefer Ver-

mutung hat fich leider nicht bewahrheitet, die Mufchelfauna der Tieffee
ift nichts weniger als außerordentlich und zeigt keine wefentlichen
fpeziellen Eigentümlichkeiten. Edgar A. Smith, der Bearbeiter des einfchlagenden vom Challenger eingeheimften Materials, bemerkt, diefes
Material habe keineswegs den Erwartungen, die man mit Rückficht auf
feine wahrfcheinliche Qualität und Quantität von vornherein haben zu
dürfen glaubte, entfprochen. Selbft unter den wenigen, in Tiefen von
mehr als 2000 Faden gedredfchten Formen konnte er keine finden, die
er nicht auch bei 200 Faden und weniger Tiefe erwartet hätte, bloß ein
einziges neues Genus war unter den gegen fünfhundert zählenden Arten.

Wenn man diefe Dürftigkeit mit dem Reichtume der Tieffee an zum
Teil fo fehr originellen Radiolarien, Foraminiferen, Spongien, Echinodermen, Krebfen, Fifchen u. f. w. vergleicht, fo ift fie auffallend genug,
hat aber ihre natürlichen Urfachen, von denen die folgenden einige fein
mögen: in erfter Linie die Kalkarmut der größten ozeanifchen Tiefen.
Wie dielelbe die Korallen nötigt, ihre Schalen, nach dem früher Mitgeteilten, mit einem möglichft geringen Aufwande von Material herzuftellen, die Kalkfchwämme nicht aufkommen läßt und den Foraminiferen Sandgehäufe angezüchtet hat, fo zwingt fie auch die Mollusken
mit teilweife äußerft zarten, wie Glimmerblättchen dünnen Schalen zu-
frieden zu fein, was, wie fcheint, bei weitem die wenigften vermögen.
Dann fehlt es in den ungeheuer tiefen Gründen, welche der Globige-
rinen- und Radiolarienfchlick oder der rote Thon alle fchroffen Untiefen
ausgleichend mit einer gleichmäßigen Decke überzieht, an Felfen und
Geftein, auf und an welchen fich feffile Arten, wie die Auftern, Anomien,
Tridacnen u. a. m. niederlaffen könnten, und wir fehen in der That,
daß, wie Agaffiz hervorhebt, die Gattungen mit verhältnismäßig freier
Beweglichkeit vorherrfchend find. Auch mag die entfprechende Nahrung für diefe Tiere in jenen Tiefen nicht in genügender Menge vorhanden fein, denn wenn auch die Lamellibranchiaten von allerlei
organifchem Detritus fich ernähren, wie die Spongien, Crinoiden, Holothurien und manche Ringelwürmer, fo ift damit noch lange nicht gefagt, daß diefelbe Art von Detritus nun auch allen diefen Tierformen
mundgerecht ift. Mit den mißlichen Exiftenzbedingungen mag es wohl

:auch zuſammenhängen, daß die Muſcheln, umgekehrt wie die Aſſeln, mit zunehmender Tiefe immer kleiner werden.

Die folgende Liſte, in welcher ich die Verbreitung der vom Challenger geſammelten Formen nach den Tiefen zuſammgeſtellt habe, ſcheint mir recht lehrreich zu ſein.

Überſicht der vertikalen Verbreitung der vom Challenger geſammelte Lamellibranchiaten.

Namen der Familien	Tiefen in Faden					Namen der abyſſiſchen Gattungen
	0 | 500	500 | 1000	1000 | 1500	1500 | 2000	2000 | 3000	
Pholadidae	4	—	—	—	—	
Myidae	32	7	—	2	1	Neaera von 150 bis 2900. Meiſte Arten abyſſiſch.
Anatinidae	17	1	—	4	—	Lyonsiella und Silenia bis 1900.
Saxicolidae	8	2	—	—	—	
Scrobicularidae	8	1	1	—	1	Semele profundorum 2900.
Tellinidae	31	—	—	—	—	Meiſt bis 20, eine bis 450.
Donacidae	3	—	—	—	—	
Veneridae	57	1	—	—	—	Meiſt bis 20, 5 bis 450, Venus mesodesma 1000.
Isocardidae	—	—	1	—	2	Callocardia atlantica 1000, Adamsii 2450, pacifica 2900.
Cardidae	16	—	—	—	—	
Verticordidae	4	—	1	1	—	Verticordia tornata 1800.
Tridacnidae	34	1	1	1	—	Cryptodon Moseleyi 1900.
Ungulidae	9	—	—	—	—	
Kellidae	10	1	—	—	—	
Solemyidae	1	—	—	—	—	
Astartidae	17	—	—	—	—	
Crassatellidae	4	—	—	—	—	
Trigoniidae	33	8	1	2	6	Nuculabis 2050, Sarepta 2385, Malletia 2550, Goldia 2900 Leda 2950.
Arcidae	35	2	2	2	6	Arca von 2 bis 2900 Faden.
Juliidae	1	—	—	—	—	
Mytilidae	23	2	1	1	—	Modiolaria von 2 bis 1672.
Pinnidae	1	—	—	—	—	
Aviculidae	6	—	—	—	—	
Spondylidae	5	—	—	—	—	
Limidae	13	2	1	—	1	Lima von 2 bis 2500.
Pectinidae	33	4	3	1	—	Pecten von 2 bis 1400, Amussium 1800.
Ostreidae	1	—	—	—	—	
Anomiidae	2	—	—	—	—	

Es haben alſo alle gefundenen 28 Familien zwiſchen der Gezeiten-
linie und 500 Faden Vertreter und zwar die meiſten zahlreiche, und
dieſe ſelbſt finden ſich innerhalb dieſer Zonen wieder in einer mit
den Tiefen abnehmenden Menge: bei ungefähr 20, 35, 100 Faden ſind
Grenzen der Verbreitung. Zwiſchen 500 und 1000 Faden treten nur noch
12, zwiſchen 1001 und 1500 ſowie zwiſchen 1501 und 2000 je 8, und
zwiſchen 2000 und 3000 Faden nur noch 5 Familien auf.

Mancherlei Intereſſantes bieten die Verhältniſſe der Verbreitung der
Tiefſeemuſcheln in der horizontalen Richtung. Einige haben ein merk-
würdig großes Gebiet des Vorkommens: ſo wurde Limopsis pelagica
in der Mitte des atlantiſchen Ozeans bei 1850 und an der japaniſchen
Küſte bei 345 Faden gefunden, Semele profundorum iſt bei den
Kanaren in einer Tiefe von 1125 und im mittleren nördlichen ſtillen
Ozean von 2900 Faden vertreten. Kellia suborbicularis wird an
der engliſchen Küſte und in der Nähe von Kerguelenland beobachtet,
Arca pteroessa bei den Azoren, in Weſtindien und in der Mitte des
nördlichen ſtillen Ozeans.

Die Anſicht, daß Tierformen, welche in arktiſchen Gegenden in geringeren Tiefen des Meeres hauſen, nach Süden hin entſprechend den
Temperaturverhältniſſen tiefer und tiefer gehen, ſcheint bei manchen Tief-
ſee-Lamellibranchiaten Beſtätigung zu finden, ſo z. B. bei Lima subovata,
welche zwiſchen den Faröer und Shetland bei 125, von den Faröer bis zu
den Hebriden bei 522, an der Weſtküſte Irlands bei 664 bis 1443 Faden
vorkommt und bei den Azoren nicht oberhalb 1000 Faden gefunden wurde.
Bei vielen anderen liegt aber die Sache merkwürdig anders. Amussium
lucidum wurde weſtlich von Irland bei 1450, bei den Azoren bei 1000
und im Golf von Mexiko bei 156 Faden gedredſcht. Leda pusio bewohnt im nordatlantiſchen Ozean die Meerestiefen zwiſchen 1180 und
1750, in der Bai von Biscaya aber zwiſchen 257 und 994 Faden, Leda
pustulosa wurde in den nördlichen Gewäſſern bei 220 bis 1420, aber
gleichfalls in der Bai von Biscaya bei 202 bis 740 Faden beobachtet
und Dacrydium vitreum, das im atlantiſchen Ozean von 164 bis
1095 Faden vorkommt, findet ſich im Mittelmeere zwiſchen 30 und
60 Faden. In der Verbreitung von Malletia cunneata können wir

fogar feftftellen, daß umgekehrt die tieffte Stelle des bekannten Vorkommens (Davis-Straße 1750 Faden), die nördlichfte, die des höchften
(Bai von Biscaya 718 bis 1095 Faden) die füdlichfte ift und bei Irland
findet fie fich, ziemlich genau entfprechend ihrer Entfernung von diefen
Punkten zwifchen 1215 und 1443 Faden. Manche Formen, welche jetzt
der Tiefe des atlantifchen Ozeans angehören (Leda pusio, pustulosa, excisia u. a. m.) werden foffil in den oberften tertiären und in
den quaternären Schichten Italiens und Siziliens beobachtet.

Alle diefe Thatfachen fcheinen mir für eine Theorie Wyville
Thomfons, die er gegen die Anfichten von Gweyn Jeffreys vertritt,
recht wohl zu fprechen. Diefer hervorragende Conchyliologe nimmt
an, die Molluskenfauna des tieferen atlantifchen Ozeans entlang der europäifchen Weftküfte fei nördlichen Urfprungs und gewiffermaßen im
langfamen Vordringen begriffen, wobei einige Formen bereits ihren Weg
in das mittelländifche Meer gefunden hätten. Er betont namentlich
auch, daß diefelben Arten in dem arktifchen oder fubarktifchen flacheren
Meeresteil weit zahlreicher, größer und überhaupt beffer entwickelt feien
als in den größeren Tiefen der füdlichen Gewäffer und fieht in den
letzteren gewiffermaßen ein Vordringen degenerierter Nachkommen der
nördlichen Stammraffe.

Wyville Thomfon hingegen ift der nach meiner Meinung ein-
zig richtigen Anficht, daß diefe boreale Fauna jetzt im langfamen Zu-
rückweichen nach dem Nordpole zu begriffen fei, nachdem fie einft am
Ende der Tertiärepoche während der Eiszeit eine weitgehende Invafion
nach Süden gemacht hatte. Nur fo ift das Vorkommen nördlicher
Formen als foffil in den tertiären und quaternären Straten Italiens zu
erklären. Einzelne Arten wie Dacrydium vitreum mögen eine
fchmiegfamere Natur haben und vermochten fich nach dem Rückzug der
glazialen Epoche zu halten und vielleicht bietet die Bai von Biscaya
innerhalb der erwähnten Tiefengrenzen den borealen Mollusken befonders günftige Lebensbedingungen. Ich habe in der mir zugänglichen
Litteratur nirgends Angaben über die Temperaturverteilungen in diefer
Region des atlantifchen Ozeans gefunden. Die Erfcheinung, daß boreale Weichtierformen des Meeres im Süden kleiner werden als im Nor-

den erklärt Wyville Thomſon als die Folge davon, daß ſie dort gezwungen ſind, im allgemeinen in größeren Tiefen zu wohnen, wodurch,

Fig. 100. Mollusken und Brachiopoden der Tiefſee, in der Mitte unten Dentalium ergasticum, darüber Fusus bernicieniis, links in der Ecke unten und ebenſo oben Trochus gloria maris, zwiſchen beiden eine Modiola lutea an ihrem Byſſus feſtge- heftet. Rechts unter dem Dentalium Ziziphinus triporcatus. An der Koralle im Hintergrunde angeſetzte Rhynchonella sicula

wie wir ſchon hervorhoben, eine Art von Depravation der Mollusken
eintritt.

Dasfelbe, was für die Mufcheltiere gilt, gilt auch für die Schnecken, auch fie nehmen an Arten- und Individuenreichtum, an Größe und Buntheit mit der Tiefe ab. Der Challenger brachte zirka 1300 wohl unterfcheidbare Arten von Gaftropoden und 400 zweifelhafte mit, welche, abgefehen von den in ganz untiefem Waffer gefammelten, bei 116 Gelegenheiten oder Stationen gedredfcht worden waren. Unter diefem Materiale, foweit es aus der Tieffee unterhalb 500 Faden ftammt, fehlen aber fo artenreiche Familien wie die Rissoiden, fo große und fchöne Formen wie die Cassiden, Tritoniiden, Coniden, Olividen, Harpiden u. f. w. R. Bogg Watfon, welcher das von der Challenger-Expedition gefammelte Material bearbeitet hat, betont, wie das übrigens Smith auch betreffs der Lamelli-branchiaten thut, die große Wahr-fcheinlichkeit, daß befonders aus den Grundnetzen, deren Herauf-winden fo viel Zeit in Anfpruch nimmt, eine bedeutende Anzahl der meift kleinen Formen aus dem Schlamme ausgewafchen werden und durch die Netzmafchen hin-durchgleiten könnte. Das gilt aber, obgleich es wahr fein mag,

Fig. 101. Fusus abysso-rum, aus zirka 2580 Faden Tiefe.

Fig. 102. Oechoris sulcata, aus zirka 1750 Faden Tiefe.

doch auch für andere Tiergruppen, abgefehen von fehr großen oder fehr rauhen Formen (Seefternen, Crinoiden, Krebfen u. f. w.), und fo dürfte uns die Erkenntnis des wahren, relativen Beftandes der Tieffeefauna doch nicht allzufehr gefälfcht werden.

Wie die Schalen der meiften Tieffeemufcheln find auch die der abyffifchen Gaftropoden faft farblos, oft außerordentlich zart und ohne jene Dornen und ftarken Zacken, die für viele Formen des flachen Waffers fo charakteriftifch find, häufig aber erfcheinen fie fehr fein granuliert und wie mit einer Art oft mikrofkopifch zarten Chagrins überzogen. Nicht felten wird wie unter den Trochiden die verlorene Farbe durch einen wundervollen Perlmutterglanz erfetzt. Meiftens find die Tieffee-formen auch kleine, bisweilen zwerghafte Repräfentanten folcher Genera,

welche in feichterem Waffer eine anfehnliche Größe erreichen können.
Aber es giebt Ausnahmen und die fchönfte bildet eine Voluta (Gui-
villea alabastrina), ein prächtiges Gefchöpf, das in der Nähe der Crozet-Infel aus einer Tiefe von 1600 Faden heraufgebracht wurde. Die
Schale ift 170 Millimeter hoch, äußerft zart, von weißer Farbe und fieht
aus, als ob fie in dünne fandhaltige Tünchmaffe eingetaucht und nur
oberflächlich abgewifcht worden wäre. Leider ift das einzige gefundene
Exemplar zerbrochen.

Eine andere fehr fchöne Form (Triforis longissimus) wurde auf
einer der Expeditionen des Blake gefunden: die Schale hat gewiß, wenn
fie unbefchädigt ift (leider ift indeffen immer die Spitze abgebrochen)
über 40 Umgänge, ift 32 Millimeter lang und an der dickften Stelle,
unmittelbar über der Mündung, 3—4 Millimeter breit. Siliquaria
modesta, eine gleichfalls während der amerikanifchen Unterfuchungs-
fahrten entdeckte Art der Wurmfchnecken, die im weichen Schlamme
eingebettet lebt, ift fo überaus zart, daß fie bei der bloßen Berührung
zerbricht. Die Mehrzahl der Tieffeefchnecken ift blind, auch Arten
folcher Gattungen, welche in feichtem Waffer wohl entwickelte Augen
haben. Agaffiz meint, die Bewegungen diefer Tiere müßten bei ihren
dünnen Schalen fehr langfam und gemeffen fein, zumal fie ja noch auf
dem feinen und jedenfalls fehr dünnflüffigen Schlamm vor fich gehen.
Viele der Gaftropoden drunten auf dem Meeresgrunde mögen von animalifcher Koft lebende Räuber fein. Aber auch folche Familien, die
innerhalb der Algenzonen des Meeres von Vegetabilien fich ernähren,
haben abyffifche Vertreter, und Dr. Fifcher, der als Conchyliologe die
Expedition des Talisman mitmachte, fand, daß der Darm derfelben mit
Schlamm, der von Coccolithen ftrotzte, gefüllt war.

Die Gaftropoden des Meeres laffen keine charakteriftifche, fcharfe
Scheidung zwifchen den Formen des feichteren und des tiefen Waffers
erkennen, fie gehen allmählich ineinander über und manche Arten
haben eine enorme vertikale Verbreitung.

Wie erwähnt brachte der Challenger, wenn wir einmal die Scaphopoden zu den Schnecken rechnen wollen, gegen 1300 fichere und gegen
400 nicht beftimmbare Arten mit. Von diefen wurden auf 75 Stationen

zwifchen 0 und 400 Faden 1350 Arten (alfo pro Station durchfchnittlich 18) und auf 41 Stationen zwifchen 400 und 2650 Faden 270 Spezies (alfo pro Station 7) gefunden. Diefe Arten gehören 46 Familien an, von denen indeffen nur 16 Vertreter in Tiefen unter 500 Faden aufzuweifen haben. Es verteilen fich die Arten vertikal folgendermaßen:

Familien	Tiefe in Faden*)				
	0—500	501—1000	1001—1500	1501—2000	2000—2650
Scaphopoda	24	3	4	3	3
Fissurellidae	18	×	8	2	—
Trochidae	73	13	8	2	1
Janthinidae	×	×	×	2	—
Solariidae	4	—	1	—	—
Naticidae	23	2	1	—	—
Fusidae	42	—	2	2	—
Volutidae	24	1	—	1	—
Pleurotomariidae	75	13	10	7	2
Naticidae	26	2	2	—	—
Pyramidellidae	64	1	2	—	1
Cerithiidae	49	5	1	—	—
Litorinidae	11	2	1	—	1
Rissoidae	65	×	2	—	—
Tornatellidae	13	2	4	—	—
Bullidae	39	9	3	—	—

Ziemlich allgemein gehen diejenigen Familien, welche im feichten Waffer viele Arten haben, auch tief in das Meer hinab. In diefer Thatfache drückt fich eine größere Anpaffungsfähigkeit aus, ebenfo wie darin, daß auch bei den Gaftropoden eine bedeutende vertikale und horizontale Verbreitung vielfach Hand in Hand geht. So wurde Natica affinis von 2 bis 1255 Faden und von Grönland bis Kerguelen, Clichna alba von 12 bis 1400 Faden und bei Spitzbergen, den Azoren, Pernambuco und Japan beobachtet. Die Familie der Litoriniden ent-

---

*) Jede Art ift in der Rubrik ihres tiefsten Vorkommens eingetragen. × be-deutet, dafs eine in einer andern Kolumne ihre Maximaltiefe erreichende Art in der betref-fenden Schicht auch vorkommt. — bedeutet, dafs die Familie in der betreffenden Tiefe noch nicht beobachtet wurde.

fpricht, was ihr Vorkommen angeht, ihrem alten Namen (von litus, litoris das Ufer) nach den neuen Entdeckungen durchaus nicht mehr. Intereffant ift die Verbreitung der Janthinen: diefe waren längft als Tiere bekannt, welche an der Oberfläche des Meeres, indem fie fich aus mit eignem Körperfchleim überzogenenen Luftblafen eine Art hydroftatifchen Apparats oder gewiffermaßen ein Floß bauen, dahintreiben. Jetzt mit einem Male hat man diefelbe Art (Janthina rotundata) auch in einer Tiefe von 1900 Faden entdeckt, eine Thatfache, welche an die vertikale Verbreitung der feltfamen Amphipode Cystisoma Neptuni erinnert.

Die Fufiden haben eine weite horizontale und vertikale Verbreitung, aber die Mehrzahl ihrer Arten bewohnt das feichte Waffer. Eine Art (Fusus abyssorum Fig. 101) entdeckte der Talisman an der Nordweftküfte Afrikas bei zirka 2600 und eine fchöne Doliide (Oechoris sulcata Fig. 102) bei zirka 2000 Faden in der Nachbarfchaft der Azoren.

Die prächtigen Nacktfchnecken des Meeres, welche nach einer Meernymphe Doris, der Gemahlin des Nereus, Dorididen genannt werden, find faft ausfchließlich an das feichte Waffer oberhalb der 100 Fadenlinie gebunden, eine findet fich bis gegen 500, eine andere bis gegen 1000 und eine dritte endlich (Bathydoris abyssorum) im ftillen Ozean bei 2425 Faden. Diefe letztere ift ein merkwürdiges Tier: eine Riefin ihres Gefchlechts zeigt fie noch nach jahrelangem Liegen in Weingeift eine Länge von 12 cm, ift von dunkelpurpurbrauner, jener bei Tieffeetieren fo allgemein verbreiteten Färbung, mit orangenen Kiemen und völlig blind.

Überrafchend ift es, daß von den Käferfchnecken (Chitonidae), Tieren, die ihrem ganzen Habitus, der durch die Teilung der Schale in 8 hintereinander gelegene Stücke bedingten Fähigkeit fich aufzurollen und ihren übrigen Lebensgewohnheiten nach den Eindruck typifcher Küftenbewohner machen, doch auch zwei echte Tieffeeformen aufgefunden worden find, nämlich Leptochiton Belknapi an fo weit von einander entfernten Stellen wie die Aleuten (bei 1006 Faden) und Philippinen (1050 Faden) und L. benthus im nördlichen pacififchen Ozean bei 2300 Faden.

Die Schwimmfchnecken, die Floffenfüßer (Pteropoda) und

Kielfüßer (Heteropoda) rückfichtlich ihrer ganzen Organifation, namentlich ihrer Bewegungsorgane und ihrer teilweifen Durchfichtigkeit echt pelagifche Gefchöpfe, gehen doch auch in bedeutende Tiefen. Chun fand beide Gruppen im Mittelmeere bis über 700 Faden vertreten, womit freilich nicht gefagt ift, daß auch in den offenen Ozeanen dasfelbe Verhältnis des vertikalen Vorkommens diefer Tiere ftattfindet, denn das Waffer des Mittelmeeres unterliegt abnormen Temperaturverteilungen, und es wäre voreilig, aus den hier auftretenden Erfcheinungen weitergehende, die großen und tiefen Meere betreffende Schlußfolgerungen ziehen zu wollen.

Die höchfte Entfaltung erreicht der Stamm der Weichtiere in den Cephalopoden, den an körperlicher Entwickelung und geiftiger Befähigung am höchften ftehenden wirbellofen Tieren des Meeres.

Die Kopffüßer (Cephalopoda) haben einen kegelförmigen Leib, gegen den der runde, am terminalen Ende mit einem bekieferten Munde verfehene, große Augen tragende Kopf deutlich durch einen Hals abgefetzt ift. Um den Mund herum fteht ein Kranz von meift 8 bis 10 langen, unter Umftänden verfchiedenartig entwickelten, mit Saugnäpfen, bisweilen mit Haken verfehenen Tentakeln. Auf der einen Seite befindet fich unterhalb des Halfes ein querer Schlitz, welcher in einen geräumigen, nach der Körperfpitze zu fich erftreckenden Hohlraum, die Mantelhöhle, führt, in welchem fich die Refpirationsorgane, der After und die Öffnungen der Harn- und Gefchlechtsorgane finden. Nach oben kommuniziert der Mantelhohlraum mit einem trichterförmig durchbohrten, an beiden Enden offenen, nach oben gerichteten, mit feiner Spitze über den Schlitz hervortretenden, kegelförmigen Hautfortfatze, dem Trichter. Die Tiere vermögen fich mittels desfelben fchwimmend zu bewegen, indem fie den Schlitz öffnend die Mantelhöhle voll Waffer nehmen, dann fchließen fie diefelbe kräftig und plötzlich, fodaß das Waffer nur und zwar mit großer Gewalt durch den Trichter entweichen kann. Durch diefe kräftige und plötzliche Entleerung erfährt der Körper einen Rückftoß von der vor dem Trichter gelegenen Waffermaffe, der das Tier in entgegengefetzter Richtung wegfchleudert, daher fchwimmen die Cephalopoden mit ihrer Körperfpitze voran. Die Fähigkeit zu fchwim-

men ift in diefer Klaffe verfchieden entwickelt, fie ift einmal abhängig
von der relativen Geräumigkeit der Mantelhöhle, von der Weite und
Länge des Trichters, dann aber namentlich von der Geftalt des Körpers;
je fpitzer deffen beim Schwimmen vorangehendes Ende ift, defto leichter
und defto rafcher wird er die entgegenftehende Waffermaffe zerteilen.
Daher find die im allgemeinen fchlanker gebauten zehnarmigen Formen,
die Kalmare und Tintenfifche die befferen Schwimmer, während die
plumperen achtarmigen Kraken mittels ihrer ungemein beweglichen
Arme fehr hurtig und gefchickt zu kriechen verftehen. Es find gewaltige Räuber, die feit den Tagen des Silurs fich mit den Haififchen
in die blutige Herrfchaft über die anderen Meeresbewohner teilen.

Manche von ihnen erreichen eine gewaltige Größe. Wenn fchon
die Berichte von Olaf Magnus und dem Bifchof Erich Pontoppi-
dan, wonach die „Kraken" gelegentlich wie Infeln mit Bäumen be-
wachfen und mit Hügeln bedeckt aus dem Meere tauchen follen, un-
geheuerliche Übertreibungen find, fo liegt ihnen doch ein Körnchen
Wahrheit zu Grunde. Wir wiffen jetzt, namentlich durch die Unterfuchung Verrills, daß es wahre Riefen unter den Kopffüßern giebt;
Architeuthis princeps wird, die Arme mitgemeffen, 12 und A. mo-
nachus über 9 m lang. Schon Quoy und Gaimard hatten während der berühmten Reife der franzöfifchen Fregatte Aftrolabe aus
dem atlantifchen Ozean nahe dem Äquator Refte eines Cephalopoden
aufgefifcht, der nach ihrer Schätzung mindeftens ein Gewicht von 50 kg
gehabt haben muß. Am 30. November 1861 begegnete der Dampf-
avifo Alekto einem Kalmar von 5 bis 6 Meter Länge ohne die Tentakeln, deffen Gewicht auf 2000 kg gefchätzt wurde. Man machte Jagd
auf das Gefchöpf, fing es auch, indeffen es befreite fich unter Verluft
feines Körperendes.

Wahrfcheinlich bewohnen folche Koloffe, an deren Exiftenz wir,
wenn auch vielleicht der Kommandant des Alekto feinen Kalmar ein
wenig durch das Vergrößerungsglas der Phantafie angefehen hat, nicht
wohl zweifeln können, größere Meerestiefen und kommen nur durch Zufall
einmal an die Oberfläche. Daß fie fehr große Tiefen zur bleibenden
Heimftätte erkiefen follten, ift mir der Ernährungsverhältniffe halber

wenig wahrfcheinlich. Freilich gerade die größten Tiere der Tieffee werden fich unfern Nachftellungen entziehen. Kopffüßern von 5 m Körperlänge und Rochen Taufende von Pfunden fchwer, wie fie ge- legentlich einmal aufgetaucht find, kann man nicht mit Dredfchen und Grundnetzen zu Leibe gehen.

Der größte Cephalopode, den der Challenger erbeutete, war Cir- roteuthis magna, aus 1375 Faden Tiefe zwifchen Prinz Edward- und Crozet-Infel, der 11,55 dm in der Länge maß, wovon allerdings gegen 9 dm auf die Arme kamen.

Die Schale der lebenden Kopffüßer ift meift innerlich gelegen, hor- nig oder kalkig (os Sepiae) und blattförmig. Indeffen giebt es einige wenige Formen, welche betreffs ihrer Schale eigenartige Modifikationen aufweifen. Da ift zunächft des fo gemeinen, feit alten Zeiten bekannten „Pofthörnchens" (Spirula Peronii) zu gedenken, einer kleinen aus anderthalb, in einer Ebene liegenden, fich nicht berührenden Windungen beftehenden und im Innern gekammerten Schale, deren Tier man lange Zeit gar nicht, und dann viele Jahre nur unvollkommen kannte. Jetzt find einige Exemplare aufgefunden worden, aber über die Lebens- weife des Tieres wiffen wir noch gar wenig. Der Challenger fifchte ein einziges Individuum in der Bandafee mit dem Grundnetz, das aber von irgend einem andern Gefchöpfe, vielleicht von einem Fifche, aus- gebrochen worden war, wenigftens zeigte fich feine Oberhaut teilweife verdaut. Ein anderes wundervoll erhaltenes Exemplar fifchten die Amerikaner des Blake in der karaibifchen See bei 950 Faden Tiefe, von dem Agaffiz aus der Befchaffenheit feiner Farbzellen oder Chro- matophoren fchließt, daß es mit feinem hintern Körperende im Schlamm eingebettet gewefen fein müffe. Die Schale liegt übrigens auch bei Spirula im Innern.

Die zweite Cephalopodenform, die aber bloß im weiblichen Gefchlechte eine Schale befitzt, ift das pelagifch lebende Papierboot (Argonauta). Hier ift diefelbe, in welcher das Tier locker wie in einem Kahne fitzt, das Abfcheidungsprodukt zweier verbreiterter Arme, deren Flächen nach hinten einander gegenüber an die Seiten des Körpers gelegt werden.

Ein äußeres, der Schale der Gaftropoden vergleichbares Gehäufe hat

nur das wundervolle Perlboot (Nautilus pompilius), bei dem das
Tier an der gekammerten Schale angewachfen ift. Diefes, eine eigene
Unterklaffe der Kopffüßer ausmachende Gefchöpf bewohnt die tiefern,
wenn auch, wie fcheint, nicht tiefften Gewäffer des indifchen Meeres bis zu
den Fidfchiinfeln, wo der Challenger ein Exemplar lebend aus 315 Faden
Tiefe erbeutete. Dasfelbe fchwamm, gleichfalls mit dem Rücken voran,
munter umher, vermochte aber, wohl infolge der veränderten Druckverhältniffe, durch welche die Kraft der expandierten Gafe in feinem
Innern mächtiger als die feiner Muskeln geworden war, nicht mehr zu finken.

In der Bearbeitung des vom Challenger gefammelten Materials führt
Hoyle die vertikale Verbreitung von 103 Arten von Kopffüßern an:
64 (wovon 12 rein pelagifch find) finden fich ausfchließlich oberhalb
500, 5 zwifchen 501 und 1000, 6 zwifchen 1001 und 2000, 3 zwifchen
2001 und 3000 Faden, während 25 in fehr verfchiedenen Tiefen, manche
von der Oberfläche bis zu 2150 Faden hinab, vorkommen. Die größte
Tiefe (2949 Faden) erreicht Chiroteuthis lacertosa. Es ift fehr wahrfcheinlich, daß die meiften, wenn nicht alle Formen, welche abyffifch
zu fein fcheinen, gelegentlich auch bis an die Oberfläche heran vorkommen werden, und daß umgekehrt zur Zeit nur als pelagifch gekannte
Arten auch beträchtliche Tiefen befuchen und bewohnen können.

Im ganzen, das läßt fich aus dem in diefem Kapitel nur in großen
Zügen fkizzierten fchon ermeffen, haben die Verhältniffe der Tieffee auf
die Weichtiere weit weniger umgeftaltend und modifizierend eingewirkt,
als auf andere Tierftämme, und da jene dort verhältnißmäßig auch felten
find, fo müffen wir annehmen, daß ihre Anpaffungsfähigkeit eine nicht fehr
bedeutende ift: denn, wenn fie unter den abyffifchen Lebensbedingungen
nicht mit einer fehr ähnlich gearteten Organifation wie in feichterem
Waffer exiftieren konnten, fo vermochten fie überhaupt nicht in die
Tieffee einzuwandern.

Die Manteltiere (Tunicata), für den vergleichenden Anatomen
und Fachzoologen durch ihren Bau und ihre Entwicklung bedeutungs-
volle Wefen, haben einen fack-, beutel- oder tonnenförmigen, bisweilen
langeftielten Körper, der von einem dicken gallert- oder lederartigen
Cellulofe enthaltenden Mantel umgeben ift. Der Mund liegt im Grunde

eines weiten korbähnlichen, die Refpiration vermittelnden, oben offenen Kiemenfacks und der After mündet mit den Gefchlechtsorganen daneben in einem zweiten, gleichfalls oben offenen Raum, dem Kloakenraum. Zwifchen ihm und dem Zugange zum Kiemenkorbe und auf dem obern Rande des letzteren liegt der einfache Nervenknoten.

Von den zwei Klaffen, in welche die Manteltiere eingeteilt werden, ift die eine, die der Salpen, bloß pelagifch lebend, und kommt nicht in der Tieffee vor, wohl aber die meift feftfitzende der Seefcheiden oder Afcidien.

Von großer Bedeutung ift die Entwicklungsgefchichte diefer letzteren Tierklaffe, da fie mit einer merkwürdigen Metamorphofe verbunden ift. Aus dem Eie geht nämlich eine freifchwimmende Larve hervor, die eine auffallende Ähnlichkeit mit einem Wirbeltiere primitivfter Art hat. Sie befitzt einen rundlichen Körper, der fich nach hinten in einen ziemlich langen Ruderfchwanz fortfetzt, der im Innern einen Längsftrang eigenartiger in einfacher Reihe hintereinander ge-

Fig. 103. Eine Afcidie im Längsfchnitt. f Tentakelkranz, k Kiemenkorb, f kleinere Furche desfelben, m Mantel, n Nervenknoten, S eigentliche Mundöffnung, V Magen, d Darm, h Herz, o Eierftock, od Eileiter. Die Pfeile deuten die Richtung des Wafferftroms durch den Körper an.

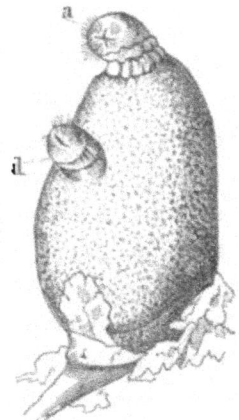

Fig. 104. Cynthia papillata, eine einfache Afcidie des feichten Waffers. a Einftrömungs-, d Ausftrömungsöffnung.

legener großer Zellen enthält, auf welchem fich eine feine röhrenartige Fortfetzung des centralen Nervenfyftems auflegt. Man kann den Zellenftrang mit einem Rückgrat einfachfter Form, wie es das Lanzettfifchchen hat, und die Fortfetzung des Nervenfyftems mit dem Rückenmark vergleichen. Auf diefer „Kaulquappenftufe" bleibt eine Ordnung der Afcidien (Appendicularia), die man früher für Larven feftfitzender Formen hielt, zeitlebens ftehen. Von diefen Appendicularien fand Chun eine verhältnismäßig riefige neue Form (Megalocercus abyssorum 30 mm lang) bei 492 Faden und andere Arten bis zu 710 Faden Tiefe im Mittelmeere

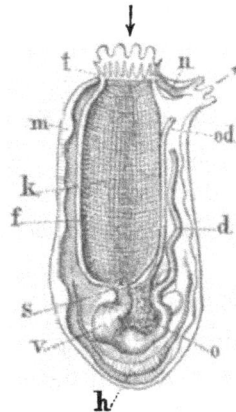

auf. Bei den meiften Afcidien ift indeffen diefes „Wirbeltierftadium"
eine vorübergehende Larveneigentümlichkeit, in der Regel fetzt fich die
Kaulquappe mit dem Kopfende feft und unterliegt, wie bei den meiften
feffilen Tieren, einer rückfchreitenden Metamorphofe, wobei fie den
Ruderfchwanz durch Reforption verliert.

Die Afcidien felbft zerfallen in zwei Familien, in die der einfachen
und der zufammengefetzten. Die erfteren bleiben meift Einzelwefen
oder bilden Stöckchen, an denen jedes Individuum einen eignen Mantel
hat und einen bedeutenden Grad der Selbftändigkeit befitzt. Bei den
zufammengefetzten liegen zahlreiche kleine Individuen, oft gruppenweis
mit regelmäßiger fternartiger Anordnung, in einer gemeinfamen, ziemlich weichen Mantelmaffe, und die Kolonie überzieht rindenartig Steine
und andere Gegenftände auf dem Boden des Meeres.

Ganz außerordentlich groß war die Ausbeute an einfachen Afcidien,
welche während der Challenger-Expedition gewonnen wurden; 82 Arten
(darunter 74 neue!) zu 20 Gattungen (9 neue) gehörig. Herdman,
der diefes glänzende Material bearbeitet hat, konftatiert, daß in einzelnen
Fällen die neuen Gattungen von ganz befonderem Intereffe wären, da
fie Verwandtfchaften mit verfchiedenen früher fchon bekannt gewefenen
Formen aufweifen und fo zu Verbindungsgliedern zwifchen bis dahin
ifoliert ftehenden werden. Ein anderes Mal wieder zeigen fie derartige
Kombinationen von Charakteren, daß es nötig wird, die Definitionen
älterer Gattungen, ja unfere Anfichten über das Beftehen verfchiedener
Familien zu ändern.

Die wichtigeren Arten der vier Familien verteilen fich in vertikaler
Richtung folgendermaßen:

Familien.	Vorkommen der Arten in vertikaler Richtung in Faden.				
	1—500	501—1000	1001—1500	1501—2000	2000—3000
Molgulidae	8	1	—	—	—
Cynthiidae	33	4	1	4	4
Ascidiidae	17	3	1	1	3
Clavelinidae	5	—	—	—	—

Die größte Tiefe, welche Afcidien, foweit wir wiffen, erreichen, ift 2900 Faden im nördlichen ftillen Ozean, und die Form, die hier gefunden wurde, ift eine der fchönften und intereffanteften, die vielleicht eine eigene Familie bildet. Mofeley, der fie fchon im Jahre 1876 befchrieb, nennt fie Hypobythius calycodes. Diefes Tier hat die Geftalt eines fchlanken Bechers, deffen Fuß 90 cm und deffen auf dem Querfchnitte ovaler Kelch 83 cm hoch ift. Die Schale ift glasartig, zum Teil außerordentlich durchfichtig, aber nach Art eines Renaiffance-Pokals mit regelmäßig angeordneten Buckeln verziert, die von knorpelartiger Härte und undurchfichtig find und das Licht in hohem Grade brechen. Diefes Tier und der früher erwähnte wundervolle, wenige Tage nachher in der Nachbarfchaft bei gleicher Tiefe aufgefundene Hydroidpolyp Monocaulus imperator gehören zu den prächtigften Stücken der ganzen Challenger-Ausbeute.

Die zufammengefetzten Ascidien find echte Bewohner des feichten Waffers, nur 7 von ihnen kommen tiefer als 500 und eine einzige bei 1600 Faden vor.

Elftes Kapitel.

Die Fifche.

Einzelne Tieffeefifche find fchon lange bekannt. Gelegentlich fand man ein oder das andere diefer fremdartigen Gefchöpfe tot auf der Oberfläche des Waffers treibend oder an die Küfte angefpült, ab und zu wurde wohl auch zufällig mit andern Fifchen ein verirrtes Exemplar gefangen. Am auffälligften waren die fchönen Trachypterusformen, namentlich die gegen 6 Meter lang werdenden, bandförmigen, filberfchimmernden Arten von Regalecus, dem Vaagmand der Skandinavier. Von ihnen wurden vom 1740 bis 1852 an der fkandinavifchen Küfte 14 und von 1750 bis 1884 an der englifchen 19 Exemplare gefunden. Vieles in der Lebensgefchichte gerade diefer Fifche ift noch rätfelhaft und Agaffiz meint, daß fie vielleicht gar nicht in fo fehr bedeutenden

Tiefen, wie man gemeinlich glaubt, leben. Nur der Challenger hat einmal ein einziges, nur eineinhalb Zoll langes Exemplar eines Trachypterus bei 700 Faden gefangen, aber diefe Tiefe ift nicht ficher, fehr wohl kann das Fifchchen in einer weit höhern Wafferfchicht beim Heraufziehen in das Netz geraten fein. Und diefe Unficherheit, ob man es mit einer wahren Tieffeeform bei einem in der aus großen Tiefen heraufkommenden Dredfche gefangenen Fifche zu thun habe, peinigt uns leider in fehr vielen Fällen.

An einer Stelle der Welt indeffen hat man feit alten Zeiten, lange bevor irgend ein Naturforfcher an die Möglichkeit einer Jagd in den abyffifchen Gründen dachte, wahre Tieffeefifcherei und mit Erfolg getrieben — an der Küfte Portugals bei Setubal. Der franzöfifche Forfcher Vaillant hat eine folche Expedition mitgemacht und giebt eine intereffante Schilderung davon. Der Fang gilt einer kleinen Haififchart (Centrophorus chalceus) und wird mittels Grundangeln betrieben, deren 400 bis 800 an einer Leine befeftigt in eine Tiefe von 650 bis 820 Faden hinabgelaffen werden.

Der erfte Mann, welcher fich wirklich wiffenfchaftlich mit den Fifchen der Tieffee befchäftigte, war der Italiener Riffo (geb. 1777, geft. 1845), der die Fifche des Golfs von Genua und darunter auch einige abyffifche Formen unterfuchte. Die nächften, welche fich mit diefem Teil der Meeresfauna befaßten, waren zwei Engländer: R. T. Lowe, der von 1847 bis 1860 als Ichthyolog auf Madeira wirkte und 1874 auf einer abermaligen Reife dahin mit dem Dampfer Liberia in der Bai von Biscaya unterging und J. Y. Johnfon, der von 1862 bis 1866 auf der nämlichen Infel den gleichen Studien oblag.

Durch diefe Forfcher war die Zahl der bekannten Tieffeefifche auf etwa 30 geftiegen, als durch die verfchiedenen englifchen und nordifchen Expeditionen ein ungeahnter Reichtum folcher Tiere der Wiffenfchaft zugeführt und unferm Landsmanne A. Günther, dem Direktor der zoologifchen Abteilung des Britifh Mufeum zur Bearbeitung übergeben wurde. Allein 177 Arten und darunter 44 neue brachte der Challenger in 610 Exemplaren mit heim. Verhältnismäßig viel großartiger noch, namentlich mit Rückficht auf die Dauer der Reife, find freilich die Refultate, welche der Talisman auf ichthyologifchem Gebiete erzielte: er erbeutete zwifchen 100 und 2800 Faden gegen 4000 Exemplare von 140 Arten! Von manchen Spezies muß der Meeresboden ftellenweife geradezu wimmeln, fingen doch die Franzofen am 29. Juli in der Nachbarfchaft der Kapverdifchen Infeln bei zirka 250 Faden nicht weniger als 1031 Exemplare eines Malacephalus und vierzehn Tage vorher in einer mehr als doppelt fo bedeutenden Tiefe an der marokkanifchen Küfte 134 Stück verfchiedener Arten, darunter 46 Bathygadus und 49 Macrurus. Man denke fich aber die Schwierigkeit und geringe Wahrfcheinlichkeit, gerade Fifche, meift fehr bewegliche Tiere von einer gewiffen Kraft und Größe und nicht unbedeutender Intelligenz in das Dredfchnetz zu bekommen und zu behalten. Oft freilich wird es, wie fchon verfchiedentlich angedeutet, fehr fchwierig, ja unmöglich, mit Sicherheit behaupten zu wollen, daß die gefangenen Fifche auch aus der tiefften vom Netze erreichten Tiefe ftammen. Wenn man echte Bodenformen vor fich hat, dann allerdings ift die Sache wenig zweifelhaft, aber die vertikale Herkunft flinker Schwimmer kann niemand mit Beftimmtheit angeben, fie mögen aber auch in der That in fehr verfchiedenen Tiefen vorkommen können und namentlich folche, die keine Schwimmblafe haben. Die Haie find im ftande, gewaltige Wafferfchichten in einem Schuße zu durchfaufen, aber auch von dem mit einer fehr großen Schwimmblafe verfehenen Schwertfifch erzählt A. Agaffiz, daß er infolge von Angriffen an der Oberfläche des Meeres fehr leicht und äußerft fchnell 500 bis 1000 Fuß tief bis auf den Boden taucht und zwar mit folcher Gewalt, daß fich der fchwertförmige Fortfatz feines Oberkiefers der ganzen Länge nach in den Schlamm einbohre.

Bei andern Formen laffen fich vertikale periodifche, an die Tagesoder Jahreszeit gebundene Wanderungen nachweifen. Die Scopelus-Arten fcheinen am Tage in bedeutenden Tiefen zuzubringen, aber in befonders ruhigen und mondlofen Nächten fteigen fie an die Oberfläche. Das ift erklärlich! Denn gerade unter folchen Umftänden werden, wenn wir einmal vom Drucke abfehen, den manche Tierarten in fehr verfchiedenem Umfange zu ertragen vermögen, die Lebensbedingungen in den

oberflächlichen Wafferfchichten nicht allzu fehr von den in der Tiefe
herrfchenden abweichen. Günther meint, daß überhaupt die Fifch-
fauna der Tieffee im wefentlichen von zwei Elementen gebildet würde,
von folchen Formen, die als diefelben oder doch fehr nahe verwandte
Arten in den Gewäffern der kältern und polaren Regionen die feichteren
Schichten bewohnen, und folchen, die eben des Nachts an die Oberfläche fteigen, um pelagifch zu leben.

Es unterliegt nun wohl auch keinem Zweifel, daß manche Fifch-
arten namentlich beim Eintritt der rauheren Jahreszeit in den gemäßigten
und kalten Gegenden unferer Erde die tieferen Stellen ihres heimifchen
Elementes auffuchen werden, die ziemlich unabhängig von dem Einfluße
des Temperaturwechfels jahrein, jahraus diefelbe oder doch eine fehr
ähnliche Eziftenzweife ermöglichen. Wieder andere fteigen zur Zeit der
Fortpflanzung an die Oberfläche, wo fie für ihre Eier die günftigeren, die
Entwicklung ermöglichenden Verhältniffe antreffen. Es ift aber eine
gewifs bedeutfame Erfcheinung, daß der Laich mancher zwifchen 300
und 400 Faden fich aufhaltender Fifche (z. B. Polyprion) fich an der
Oberfläche des Meeres entwickelt, während doch die ausgewachfenen
Individuen derfelben Art ihren Aufenthaltsort freiwillig niemals zu verlaffen, alfo auch nicht zum Fortpflanzungsgefchäft nach oben zu fteigen
fcheinen. Wahrfcheinlich wird in diefem Falle der Laich in der von
den Alten bewohnten Tiefe abgelegt, hebt fich während der Entwicklung der Embryonen bis zur Oberfläche, wo die Jungen auskriechen
und nach kurzem pelagifchen Aufenthalte in die Tiefe zu ihren Erzeu-
gern zurückkehren. Sicher aber verhält fich nicht der Laich aller Tieffeefifche fo, wahrfcheinlich entwickelt fich der vieler Arten auf dem
Boden des Meeres. „Wenn wir uns“, fagt Günther, „die gewaltigen
Unterfchiede in den Bedingungen, unter denen beiderlei Arten von Laich
fich entwickeln müffen, vorftellen, — der eine unter dem befchleunigen-
den Einfluffe von Licht, Wärme und einer dauernden Zufuhr von
Sauerftoff, der andere unter dem hemmenden von Dunkelheit, Kälte,
unter Umftänden doch wohl auch eines Sauerftoff-Minimums, — fo
kommt uns die Idee, daß jener erftere den Tieffeefifchen angehören dürfte,
welche in den wefentlichen Punkten ihrer Organifation den Oberflächen-

fifchen entfprechen, der letztere aber fich zu jenen entarteten Formen
entwickelt, von denen die Ophidiiden und Muraeniden die treffendften
Beifpiele bieten". Diefer wird dann wohl auch den älteften, in viel höherem
Maße entfprechend angepaßten abyffifchen Formen, jener aber den relativ
neu eingewanderten Bewohnern der Tieffee angehören. Die Thatfache,
daß der Laich gewißer Arten fich oberflächlich entwickeln muß, ift als
eine Wiederholung der Stammesentwicklung in der individuellen Metamorphofe zu betrachten: noch verraten die Lebensgewohnheiten diefer
Fifche einen gewiffen Zufammenhang mit der alten Heimat. Eine ähnliche Erfcheinung treffen wir auch fonft bei Fifchen, — wenn die Lachs-
formen in das füße Waffer, die Aale aber in das falzige wandern, um
ihren Laich abzufetzen, fo verraten auch fie damit die alte Stätte ihrer
Entftehung und Herkunft. Von den Salmoniden ift erft ein kleiner
Prozentfatz an einen dauernden Aufenthalt im Meere angepaßt, fie find
alte Bewohner der füßen Gewäffer und die meiften auch von den Meeres-
bewohnern unter ihnen müßen noch in ihrer Ontogenie das alte phylo-
genetifche Stadium des Aufenthaltsortes durchlaufen. Umgekehrt ift es
bei den Muraeniden, ja diefe find noch in viel geringerem Grade an
das füße Waffer als die Lachfe an das Meer angepaßt, denn verhältnismäßig viel weniger Arten und dann meift nur im weiblichen Gefchlechte
verlaffen ihre alte Wiege, die Salzflut.

Auch fonft bieten die Wanderungen der Seefifche fehr viel Intereffantes, und ich kann mich nicht enthalten, wenigftens auf eine Art
derfelben, die zwar keine Tieffeefifche betrifft, aber doch für das Verftändnis des Zufammenhanges des Stoffwechfels im Meere äußerft er-
fprießlich ift, die Aufmerkfamkeit meiner Lefer zu lenken.

Zu gewiffen Zeiten erfcheinen der Hering und der Lodd (Mallotus
villosus) in ungeheuren Mengen, der eine an den europäifchen, der
andere an den amerikanifchen Küften des nordatlantifchen Ozeans. Sie
folgen aber undenkbar zahlreichen Scharen winziger Krebschen, welche
von Strömungen der Oberfläche ohne ihren Willen aus den arktifchen
Meeren füdlich geführt werden. Diefes lebende Mus, von den nordifchen Fifchern Aat genannt, bildet ihre Hauptnahrung: fchlägt doch
Möbius die Menge der von den an einem einzigen Tage gefangenen

Heringen gefreſſenen Individuen des Copepoden Temora longicornis
nach Berechnung auf 2400 Millionen an! Aber dieſe Krebschen müſſen
doch auch leben und mit ihnen kommt denn auch gleichfalls paſſiv ihr
Futter angeſchwommen, nach G. O. Sars und Hind eine eigenartige,
ſchleimige, von den Skandinaviern Räk genannte Maſſe, die hauptſächlich aus Diatomeen beſteht. Alle dieſe Algen konnten ſich während des
Sommers im Polarmeere, wie ſcheint infolge der Gegenwart des vom
abtauenden Eiſe gelieferten ſüßen Waſſers und unter Umſetzung anorganiſcher Subſtanz in organiſche entwickeln. Den Heringen aber folgen nun wieder die Schellfiſche, dieſen zahlreiche fiſchfreſſende Vögel
und Delphine, und ſo ſehen wir hier von der anorganiſchen Materie
bis zum Säugetiere eine Kette des Stoffwechſels von ſechs Gliedern.

Was die Herkunft der Fiſchfauna der Tiefſee betrifft, ſo ſcheint ſich
dieſelbe hauptſächlich aus modernen Formen zu rekrutieren, die zwar
durch die abweichenden Verhältniſſe, welche drunten herrſchen, auch
beſonders um- und namentlich rückgebildet ſind, aber keine altertümlichen Charaktere in ihrer Organiſation aufweiſen. Nur ein Haifiſch
(Chlamydoselache anguinea) aus dem tieferen Meere an der japaniſchen Küſte zeigt ſeltſame archaïſtiſche Eigenſchaften: ſeine Bezahnung
erinnert an diejenige uralter Ahnen aus der devoniſchen Zeit und ſein
ganzer Bau an den der Embryonen der niederſten modernen Haifiſchformen.
Sonſt finden ſich in der Tiefſee keine Repräſentanten der Leptocardier
oder Lanzettfiſchchen, keine Glanzſchupper, keine der aus dieſem
alten Fiſchſtamme wohl direkt hervorgegangenen Haftkiemer oder
Plectognathen; Kreismäuler (Cyclostomata) ſind ſelten und erreichen keine großen Tiefen; auch die Klaſſe der Selachier (Rochen
und Haifiſche) iſt hier nur gering entwickelt. Folgendermaßen ſetzt ſich
die Tiefſeefauna nach den von Günther mitgeteilten Angaben zuſammen:

	Selachier	bilden	4,3	Prozent der Totalmaſſe,		
Knochen-Fiſche:	Acanthopterygii	„	27,8	„	„	„
	Anacanthini	„	39,6	„	„	„
	Physostomi	„	27,4	„	„	„
	Cyclostomata	„	0,9	„	„	„

Von der Menge der lebenden Knorpelfifche (Selachier und Glanz-
fchupper), die mit 320 Arten kaum zu niedrig angefchlagen fein dürften, kommen bloß 10 unter 300 Faden vor. Die Familien der in der Tieffee unter 300 Faden vorkommenden Fifche verteilen fich folgendermaßen:

Vertikale Verteilung der Tieffeefifche von 300—2900 Faden.

Wahrfcheinl. Zahl der bekannten Arten (incl. des Süfswaffers)	Familien	Tiefe nach Faden				
		301 bis 500	501 bis 1000	1001 bis 1500	1501 bis 2000	2001 bis 2900
140	Squalidae (Haie)	4	—	—	—	—
150	Rajidae (Rochen)	4	1	—	—	—
4	Holocephali (Chimären)	2	2	1	—	—
500	Percidae (Barfche)	4	—	—	—	—
120	Scorpaenidae (Drachenköpfe) . . .	5	—	—	—	—
80	Berycidae	12	5	5	4	2
18	Trichiuridae (Haarfchwänze) . . .	4	—	—	—	—
?	Cyttidae	1	—	—	.—	—
100	Trachinidae (Viperfifche)	—	—	1	1	2
60	Pediculati (Armfloffer)	3	—	—	—	—
120	Cottidae (Seefkorpione)	3	3	--	—	--
30	Cataphracti (Panzerwangen) . . .	2	—	—	—	—
16	Discoboli (Scheibenbäuche) . . .	3	3	—	—	—
18	Trachypteridae (Riemenfifche) . .	2	2	—	—	—
2	Lophotidae	1	1	—	.	—
14	Lycodiidae.	10	5	1	—	—
80	Gadidae (Schellfifche).	15	7	4	--	—
64	Ophidiidae (Schlangenfifche) . . .	5	4	8	1	4
60	Macruridae (Fadenfchwänze) . . .	20	18	8	6	3
2	Bregmacerotidae (nach Agaffiz). .	1	—	—	—	—
200	Pleuronectidae (Schollen)	4	1	—	--	—
20	Sternoptychidae	4	2	1	1	—
66	Scopelidae.	6	—	--	—	—
16	Stomiatidae	6	10	3	2	3
165	Salmonidae (Lachfe)	—	—	—	2	—
1	Bathythrissidae	1	—	—	—	—
10	Alepocephalidae	2	2	3	3	1
5	Halosauridae.	1	3	1	1	1
5	Nothacanthi	2	1	1	1	—
270	Muraenidae (Aale)	9	6	7	3	1
17	Cyclostomata (Bricken)	2	1	—	—	—
	Total . .	137	77	44	25	17

Zehn Familien liefern alſo das Material zu der tiefſten Tieffeefauna: die Stomiatiden, Alepocephaliden, Halosauriden, Sternoptychiden, Notacanthiden, Beryciden, Macruriden, Ophidiiden, Muraeniden und in ſehr beſcheidenem Maße die Salmoniden.

Es iſt nun von vornherein nicht anders zu erwarten, als daß die
echten Tieffeefiſche aus den verſchiedenen Familien gemeinſame Eigenſchaften infolge gleicher oder ähnlicher Anpaſſungen an gleiche oder
ähnliche äußere Verhältniſſe beſitzen werden, ſodaß der Kenner mit ziemlicher Sicherheit ſagen kann, ob ein Fiſch, der ihm zum erſten Male vorgelegt wird, ein Tieffeebewohner ſei oder nicht. Zwei Gruppen
abyſſiſcher Fiſche, indeſſen ohne Verwandtſchaftsbeziehungen der einzelnen,. beide zuſammenſetzenden Mitglieder untereinander, können wir
unterſcheiden: echte Schwimmer und Boden- reſp. Schlammbewohner. Zwiſchen dieſen ſind natürlich die Ähnlichkeiten und Analogien,
geringer und weniger zahlreich als zwiſchen den Mitgliedern derſelben
Gruppe und ſie beſchränken ſich im weſentlichen auf die Färbung und
die Entwicklung der Leuchtorgane.

Bei der Betrachtung der Färbung müſſen wir von den Fiſchen der
ſeichteren, vom Tageslicht durchleuchteten Waſſerſchichten ausgehen.
Bei dieſen Tieren iſt im allgemeinen die Urſache der Färbung, wenn
wir von Schmuckfarben als den Reſultaten der geſchlechtlichen Zucht-
wahl abſehen wollen, eine doppelte, vielleicht dreifache. Einmal giebt
es namentlich in den Tropen einige wenige bunte Fiſche, deren Fleiſch
giftig iſt, dann würden wir es wahrſcheinlich mit einer Schreck-, Warn-
oder Ekelfarbe zu thun haben. Sonſt iſt im. allgemeinen die Färbung
der Fiſche eine Schutzfärbung, wobei ſie, wie bei den Squamipinnen
(Korallenfiſchen) ſelbſt ſehr bunt und lebhaft ſein kann, denn ſie richtet
ſich immer nach den ſpeziellen Umſtänden, unter denen ein Tier lebt.
Damit hängt auch ihre Verteilung auf dem tieriſchen Körper zuſammen.

Pelagiſch lebende Fiſche oder Fiſchlarven ſind durchſichtig, ſelbſt bis
zur Konſequenz einer farbloſen Blutflüſſigkeit (Leptocephaliden), hier

wirkt fozufagen die fehlende Farbe fchützend. Die auf dem Boden lebenden Formen gleichen diefem in ihrem Kolorite ungemein, ja fie befitzen (Schollen) die Fähigkeit, dasfelbe unter Einfluß des Nervus sympathicus unbewußt zu ändern und dem jeweiligen Untergrunde anzupaffen. Andere, wie die Seenadeln, leben im Seegrafe, von dem fie felbft für ein gutes und geübtes Auge faft nicht zu unterfcheiden find. Wieder andere, wie manche Seepferdchen und jene fonderbaren mit vier, gewiffermaßen kletterfußartigen Floffen ausgeftatteten Armfüßer

Fig. 105. Antennarius marmoratus.

(Antennarius marmoratus Fig. 105) treiben fich in den Tangwäldern herum, die man Sargaffofeeen nennt und gleichen in ihrer Farbe, aber auch in ihrer phantaftifchen, mit allerlei flottierenden Anhängen verfehenen Geftalt der Pflanzenwelt, zwifchen welcher fie haufen, in ganz überrafchend hohem Grade. Nahe der Oberfläche fchwimmende Fifche find unten meift filbrig, oben dunkel, grau, grünlich oder bläulich, und fehr oft verläuft die dunklere Farbe in Geftalt von Streifen oder Bändern befonders in querer Richtung über den Leib. So find die Tiere doppelt gefchützt: ein vorüberfliegender fifchfreffender Vogel

20*

wird von oben das der Waſſermaſſe ſehr ähnlich gefärbte Tier, bei
dem die Querſtreifung beim Schwimmen noch die Verteilung von Licht
und Schatten in ſpielenden Wellen nachahmt, nur ſchwer gewahr werden, und ein räuberiſcher, kannibaliſcher Mitbewohner des Waſſers wird
von unten aus dem Waſſer gegen den hellen Himmel das ſilbrig
ſchimmernde Beuteſtück gleichfalls nicht leicht entdecken. Fiſche, die
tiefere, zwar noch dem Sonnenlichte, aber nicht mehr dem Vogelauge
zugängliche Schichten des Waſſers bewohnen, ſind ganz ſilbrig, oft mit
andersfarbigen, namentlich roten Floſſen, oder erglänzen in herrlichem
Blau.

Man ſollte nun erwarten, daß die Mehrzahl der Tiefſeefiſche, als
dem Lichte entzogen, wie ſolche Tiere, die Höhlungen in der Erde, in
Tieren und Pflanzen bewohnen, von einer indifferenten Färbung,
ſchmutzigweiß, gelblich, bräunlich oder, wenn beſonders klein entwickelt,
mehr oder weniger durchſcheinend wäre. Das ſind manche auch in
der That, aber doch nur zirka 12 Proz. der ihrer Färbung nach bekannten
Tiefſeefiſche. Nun könnte man auf die Idee kommen, daß die meiſten,
aus früher entwickelten Gründen, in komplementärer Farbe zu dem
vorhandenen grünlich leuchtenden organiſchen Dämmerlichte rot wären,
— auch dieſe Farbe iſt vertreten, aber bei nur zirka 3,5 Proz. Ungefähr
4 Proz. zeigen Silberglanz und ein gekannter Tiefſeefiſch iſt violett. Die
meiſten indeſſen (gegen 63 Proz.) ſind dunkelbraun bis tiefſchwarz, bisweilen mit helleren Floſſen.

Das iſt ſehr ſonderbar und gar nicht leicht zu erklären. Eins iſt
klar: bei matter farbiger Beleuchtung wird ein ſehr dunkler bis ſchwarzer
Gegenſtand auf gewiſſe Entfernung ebenſo unbeſtimmt ſichtbar ſein, wie
ein komplementär gefärbter. Krebſe, Holothurien und andere niedere
Tiere, auch die in ſeichten Waſſerſchichten lebenden Formen, haben meiſt
rote, purpurne bis violette, öfters verſteckte Pigmente, Rot iſt ſogar die
Grundfarbe der meiſten Krebſe, denn wenn die dunkeln Pigment-
maſſen, welche dieſe rote Färbung oberflächlich maskieren, durch den
Tod zerſtört werden, erſcheinen ihre Panzer in der bekannten rotgelb-
lichen bis zinnoberroten Farbe.

Wie iſt es aber mit der ſchwarzen Färbung der Tiefſeefiſche? —

Nun, wir müffen annehmen, wie früher fchon entwickelt, daß diefe Tiere die modifizierten Nachkommen in feichterem Waffer wohnender Urahnen find, müffen alfo die Prinzipien der Färbung diefer ftudieren, um die jener verftehen zu können.

Die Farben der Fifche find an eigentümliche, fehr häufig der Ausdehnung und Zufammenziehung fähige, mehr oder weniger veräftelte Pigmentzellen der Unterhaut gebunden. Bei allen nicht gerade roten oder orangenen Fifchen herrfchen unter diefen Zellen die dunkelbraunen bis fchwarzen in fehr bedeutendem Maße vor, ja fie finden fich felbft noch bei den filberglänzenden, deren Glanz auf einem eigentümlichen, aus einer organifchen Verbindung (wahrfcheinlich zum größten Teil Guanin) beftehenden, aus fehr kleinen kriftallinifchen Plättchen zufammengefetzten Überzug der Cutis oder Unterhaut, der auch die Schuppen angehören, beruht. Unter diefem Überzuge finden fich dunkle Pigmentzellen. Während der Entwicklung des Fifchembryos treten diefe verhältnismäßig fchon zeitig, ungefähr in der Mitte feines Eilebens und zwar in der den Dotter überziehenden Keimhaut auf. Es ift möglich, daß fie hier zur Erwärmung dienen, da ja bekanntlich fchwarze, dunkle Gegenftände mehr Wärmeftrahlen abforbieren als helle. Sie fcheinen aber von der Keimhaut aus zu wandern und vielleicht zuerft in die noch ungefchloffene Leibeshöhle einzudringen, von hier aber in die Cutis zu fteigen. Bei fehr vielen Fifchen finden fich auch im ausgebildeten Zuftande folche dunkle, veräftelte Pigmentzellen in dem Bauchfelle, wie auch bei filberglänzenden Formen hier allenthalben und befonders im Überzug der Schwimmblafe eine Anhäufung der Guaninplättchen zu beobachten ift. Es ift möglich, daß hier nach dem embryonalen Entwicklungsleben fogar die Bildungsftätte jener Zellen ift, die, wie K e r b e r t feiner Zeit nachwies, Bindegewebszellen find und in die oberflächlichen Schichten der Haut einwandern. Wir können nun annehmen, daß diefe dunkelften Pigmentzellen, welche für Tieffeefifche die bei der fchwachen dämmerigen Beleuchtung ihres Aufenthaltsortes günftigfte Farbe erzeugen, in immer ftärkerem Maße fich herausbildeten. Dann wird es auch erklärlich, weshalb die Rachenhöhlen bis tief in das Verdauungsrohr hinein und die Kiemenräume bei fo vielen Tieffeefifchen fchwarz ge-

färbt erfcheinen, wie es fich ähnlich auch bei fchwarzen Landwirbel-
tieren in korrelativer Entwicklung findet. Manche fchwarze oder dunkel-

Fig. 106. Neostoma bathyphilum, aus 1150 Faden Tiefe. Beifpiel eines fchwarzen Tieffeefifches.

braune Fifche follen übrigens, bevor fie in Alkohol gelegt werden, einen
prachtvollen blauen Glanz haben, ja, von einem (Alepocephalus

niger), der nach einem Spiritusexemplare feinen Beinamen niger (fchwarz) erhielt, erzählt Murray, er fei beim Fangen von hellblauer Farbe gewefen, die auf den Kiemendeckeln und den Floffen in eine dunklere Nuance übergegangen wäre.

Gefleckte und gebänderte Tieffeefifche find verhältnismäßig felten und vielleicht find fie die Nachkommen von noch nicht feit fehr langer Zeit aus feichtern, tageshellen Waffe:fchichten eingewanderten Formen. Sehr intereffant ift eine von Günther bei Bathysaurus mollis beobachtete, vielleicht aber häufiger vorkommende Erfcheinung: ein jugendliches, aus 2385 Faden Tiefe ftammendes Exemplar diefer Fifchart, die im ausgewachfenen Zuftande ganz weißlich erfcheint, war mit vierzehn fchmalen, dunkeln Querbinden geziert, gewiß ein ontogenetifcher Beweis, daß auch die voll entwickelten Ahnen des jetzt hellen Fifches einft ähnlich gezeichnet gewefen fein werden. Merkwürdig find auch die Verhältniffe, unter denen bei den Arten der Gattung Chlorophthalmus die Färbung je nach den Tiefen auftritt: Ch. Agassizii und nigripinnis kommen bei 120 bis 150 Faden vor; erftere ift braun mit im Quincunx geftellten Flatfchen, letztere filbrig mit undeutlichen verfchwommenen Flecken, — productus (315 Faden) ift „einfarbig" und gracilis aus Tiefen von 1100 bis 1423 Faden ift gleichmäßig braunfchwarz.

In der Regel können wir auch fehen, daß bei Tieffeefifchen die Farbe auf dem ganzen Körper, abgefehen von den Finnen, gleichartig entwickelt ift: jenes Anpaffungsbedürfniß, das bei den der Oberfläche fehr nahe lebenden Arten eine Verteilung als dunklere Ober- und hellere Unterfeite nötig machte, fiel unter den neuen Exiftenzbedingungen weg. Es giebt aber bemerkenswerte Ausnahmen. So find die Arten von Halosaurus, in der Verteilung der dunkleren und helleren Farbentöne verfchieden: H. Owenii (vertikales Vorkommen unbekannt, wahrfcheinlich nicht fehr tief), ift oben braun, unten filbrig, H. macrochir (1020 bis 1375 Faden) gleichmäßig fchwarz, H. rostratus (2750) und affinis (565) oben heller, an der Unterfeite fchwärzlich. Diplacanthopoma brachysoma (350 Faden) und Dibranchus atlanticus (360 Faden) find oben dunkler als unten, Bathydraco antarcticus (147 Faden), Macrurus crassiceps (520) und denticulatus (275—520) umgekehrt

oben hell, am Bauche fchwarz. Die mit dem Bauche auf dem Boden
liegenden Rochen der Tieffee verhalten fich fehr ungleich, manche find,
wie die Mehrzahl ihrer Verwandten aus flacherem Waffer, oben dunkel,
unten hell, aber manche (Raja isotrachys, 361 Faden und nidro-
siensis 150 — 200 Faden) umgekehrt unten dunkler. Die Schollen,
welche afymmetrifch eine Körperfeite dem Grunde zuwenden, zeigen in
feichtem Waffer diefe farblos, die andere aber mit hochentwickelter
Schutzfärbung, aber eine, wahrfcheinlich fchon feit langer Zeit in die
Tiefe (bis zu 400 Faden) eingedrungene Form (Pseudorhombus
boops) ift gleichmäßig gelbweiß; der Aalbutt (Pleuronectes cyno-
glossus) geht zwar noch tiefer (bis 732), ift aber keine typifche Tief-
feeart, fondern findet fich auch in feichterem Waffer, gelegentlich felbft
in der weftlichen Oftfee (in der Eckernförder Bucht) und hat eine bedeutende individuelle vertikale Verbreitung.

Von noch höherem Intereffe als die Farben find andere Erfcheinungen, welche an und in der Haut zahlreicher Tieffeefifche wahrnehmbar find, die Leuchtorgane.

In der Haut der Fifche findet fich allgemein ein fehr eigentümlicher
Apparat oder eine Gruppe von Organen, die fog. Seitenlinie, welche
am Kopf ihren Urfprung nimmt. Hier beginnt, wenn die Verhältniffe
typifch find, ein Kanal unterhalb des Maules und zieht jederfeits nach
hinten, um mit einem andern Kanal, der das Auge ringförmig umgiebt,
in Verbindung zu treten. Die beiderfeitigen Ringkanäle vereinigen fich
auf dem Hinterhaupte und jeder giebt einen entlang des Rumpfes bis
zum Schwanze verlaufenden, faft immer unpaaren Seitenkanal ab. Diefe
Kanäle haben von Stelle zu Stelle kurze, die Haut, refp. die einzelnen
Schuppen frei nach außen mittels Poren durchbrechende und an der
Seitenlinie entfprechend einem Wirbelabfchnitte metamer angeordnete
Nebenkanäle. Innen beherbergen die Kanäle eine eigenartige fulzige, wafferhelle Maffe und die offenftehenden Nebenkanäle erweitern
fich nach hinten in eine Ampulle, aus deren Grunde fich ein typifcher
Nervenendapparat mit Nervenzellen und Sinneshaaren erhebt. Am Kopfe
werden diefe Ampullen vom Nervus trigeminus, an der eigentlichen

Seitenlinie von einzelnen Fafern des Seitenaftes des Nervus vagus innerviert.

Diefes Organfyftem, um deffen Erforfchung fich befonders Leydig, F. E. Schulze und Solger verdient gemacht haben, entwickelt fich in eigentümlicher Weife. Bei ganz jungen Knochenfifchen ift noch nichts von einem mit ihm verbundenen Kanalfyftem zu bemerken, es befteht vielmehr aus kleinen, frei aus der Oberfläche der Haut hervorragenden Erhöhungen, welche aus Nervenzellen mit je einem fteifen haarartigen Fortfatze zufammengefetzt find. Ihr hinteres, mit dem betreffenden Nerven verbundenes Ende fteckt in einem zarten Becherchen oder Röhrchen. Oberhalb und unterhalb diefer Reihe verdickt fich nun das umgebende Gewebe der Haut, fodaß jene in eine Rinne zu liegen kommt. Dann verwachfen die Ränder diefer über die Zwifchenräume zwifchen den einzelnen Nervenhügelchen weg und bilden einen Kanal. Meift legen fich auch die Schuppen um den Ausgang je eines fo zuftande gekommenen Nervenkanals derartig an, dafs in ihrer Mitte eine fchlitzförmige Zugangsöffnung zu demfelben frei bleibt. So hat das Waffer Zutritt zu dem Kanalfyftem und damit auch zu den in ihm eingefchloffenen Nerven-hügelchen.

Ein fo merkwürdiger Apparat konnte natürlich auch den älteren Ana-tomen nicht unbekannt bleiben und er ift mannigfach unterfucht worden, aber die Anfichten über feine phyfiologifche Bedeutung und feine mor-phologifchen Beziehungen waren und find zum Teil noch heute fehr verfchieden. Die ältern Forfcher, ein Stenfon, Redi, Lorenzini, Perrault am Ende des 17., ein Monro und Camper im 18., ein Cuvier, Wagner, Savi in diefem Jahrhundert fahen in ihm ein drüfiges Gebilde mit der Funktion, Schleim abzufondern, aber fchon der große weitblickende Gottfried Reinhold Treviranus (1776 bis 1837) und nach ihm Jacobson hielten diefe Apparate wenigftens bei den Haien und Rochen für nervöfer Natur und fprachen fie als Sinnes-organe an.

Zuerft war es (1850) Leydig, jener ausgezeichnete Mikrofko-piker, dem die Wiffenfchaft fo viel verdankt, der diefe Gebilde ge-

nauer unterfuchte und ihre nervöfe Natur nachwies. Er faßte fie als
ein „Organ des fechften Sinnes" auf. Manche fehen in ihnen eine be-
befondere Art von Nervenendigungen, die auf chemifche Reize reagiren,
etwa riechen oder in die Ferne fchmecken follen, andere betrachten fie
als Taftapparate, ja einzelne fchreiben ihnen die Vermittlung einer Art
bathymetrifchen Empfindens zu, das dem Fifche, indem es den Druck
der auf ihm laftenden Wafferfäule angiebt, anzeigen foll, in welcher
Entfernung er fich von der Oberfläche feines heimifchen Elementes
befindet.

Man fieht, die Anfichten weichen betreffs der phyfiologifchen Leiftung
diefer Apparate fehr auseinander, aber alle gründlichen Unterfucher derfelben find darin einig, daß es keine Drüfen, fondern Endgebilde des
Nervenfyftems find.

Auch die Leuchtorgane der Tieffeefifche, vielfach gedeutete und viel
umftrittene eigentümliche Gebilde fcheinen in das Gebiet der Seitenlinien zu fallen. Diefelben find nach der Unterfuchung von Günther
nicht gleichmäßig unter die verfchiedenen Familien der Fifche der
Meerestiefe in der Art ihres Auftretens verteilt, und es ift bemerkenswert, daß fie da fehlen, wo das Syftem der „Schleimkanäle" als folches
ftark entwickelt ift: fo haben Macruriden und Ophidiiden keine befondern Leuchtapparate, aber vielleicht leuchtet gerade bei ihnen der fo
reich vorhandene Schleim im Ganzen. Die Halosauri haben eine
breite Seitenlinie mit deutlich entwickelten Leuchtorganen und unter den
Carangiden und Alepocephaliden ift je eine Art damit ausgeftattet.
Unter den Pediculati find folche Leuchtherde eine gemeine Sache und
fie wirken hier als ein Anlockungsmittel für andere zur Beute dienende
Fifche. Sehr häufig find fie auch bei den Sternoptychiden, Scopeliden
und Stomiatiden, müßen hier aber als wahre Laternen zur Erleucht-
ung der Umgebung aufgefaßt werden. Bei den aalartigen Fifchen kommen
fpezifizierte Leuchtvorrichtungen nicht vor, aber fie befitzen doch bisweilen, wie gefagt, ein hoch entwickeltes Syftem von „Schleimkanälen".
In ihrer einfachften Art treten folche Leuchtorgane als unzählige kleine,
mehr oder weniger aus der Haut hervorragende Höckerchen auf, welche

in Querreihen, entfprechend der Segmentation der Seitenmuskulatur angeordnet, die Körperfeiten bedecken (bei Echiostoma, Opostomias, Pachystomias, Photonectes und Malacosteus) und Günther vermutet, daß die feinen, über die ganze Haut mancher Ceratias-Arten verteilten Poren die Ausführungsgänge von Drüfenfchläuchen find, in denen leuchtender Schleim abgefondert wird. Größer, weniger zahlreich und mehr aus der Haut hervorragend find fie bei Xenodermichthys und noch höher differenziert erfcheinen fie (bei fehr vielen Gattungen) als augenähnliche, im Leben rote und grüne Flecken in zwei Reihen an der Unterfeite des Körpers, dann am Kopf und den Kiemendeckeln. Bloß in der Familie der Sternoptychiden und Scopeliden finden fich große, runde, flache Organe von eigentümlichem Perlmutterglanze, und bei einer Reihe anderer Formen aus fehr verfchiedenen Gefchlechtern treten fie an verfchiedenen Stellen auf, nämlich: an der Seite des Rumpfes, an der Rücken- und Bauchfeite des Schwanzes, in der Nähe von und felbft in der Kiemenfpalte, zwifchen Augen und Maul, an der Spitze der Schnauze, an den Barteln und an Floffenftrahlen. Bei Anomalops, Echiostoma, Malacosteus etc. liegen ihrer als große, ovale Drüfenmaffen in befondern Nifchen unterhalb des Auges. Der Leuchtapparat an der Rückenfloffe mancher Pediculati ftellt eine Höhlung dar, aus deren Öffnung ein Tentakel oder Faden hervorragen kann. Halosaurus hat feine Lichterchen in einer einfachen Reihe an jeder Seite des Körpers, entfprechend der Seitenlinie, in deren Schuppen fie auch liegen, und am Kopfe folgen fie den untern Verzweigungen des Schleimkanal-Syftems. Endlich findet fich noch bei Ipnops ein feltfames Organ am Kopfe, deffen morphologifcher Wert noch vollkommen unklar ift, das von Günther aber phyfiologifch als ein Leuchtapparat betrachtet wird. Dasfelbe ift von Mofeley fehr gründlich befchrieben worden. Es befteht nach diefem Forfcher aus zwei genau fymmetrifchen Hälften, die oben feitlich rechts und links von der Mittellinie auf der abgeflachten Oberfeite des Kopfes liegen und von der äußerft dünnen und durchfichtigen, aus Haut und Hautknochen beftehenden Decke des Schädels überwölbt find. An der dünnften Stelle ift die Knochenfubftanz netzartig durchbrochen. Das Organ felbft ift in allen feinen Teilen von gleichmäßiger

Befchaffenheit. Sieht man es von oben an, fo erfcheint feine Oberfläche wie ein Mofaik kleiner Sechsecke von zirka 0,04 mm Durchmeffer, die fich bei reflektiertem Lichte wie fchimmernde weiße, einzelne Plättchen ausnehmen. Dies ift der oberflächliche Ausdruck von fechsfeitigen glashellen Säulen, die mit großer Regelmäßigkeit in Reihen angeordnet und unten auf einem Lager von pigmentiertem Bindegewebe ruhend das ganze 0,04 mm hohe hautartig fich ausbreitende Organ bilden. Jedes diefer Säulchen befteht aus 30—40 durchfichtigen Stäbchen, die mit ihren Seiten dicht aneinander gelagert rechtwinklig zur Oberfläche des Organs ftehen, und ruht mit feinem Fußende auf einer fechseckigen, fchüffelartig gebogenen Pigmentzelle von der gleichen Größe wie das Säulchen. Das Außenende eines jeden Stäbchens der Säulchen ift bedeckt mit einer gleichfalls fechseckigen, mit einem großen Kerne verfehenen Zelle. So fetzt fich jedes Organ aus drei Lagen in der Richtung von oben nach unten zufammen, aus fechseckigen Außenzellen, aus von Stäbchen gebildeten Säulchen und aus Pigmentzellen, und wird dabei von fehr zahlreichen kleinen Blutgefäßen der Quere nach durchfetzt. Von den großen Pigmentzellen des Bodens fteigen zwifchen den Unterteilen der Säulchen Fortfätze nach oben, welche diefelben mit einem pigmentierten Netzwerk umgeben. Das ganze Organ liegt auf einer Lage von Bindegewebe, aus der es feine Nervenfäferchen erhält.

Im übrigen ift Ipnops Murrayi abfolut blind, indem auch die geringfte Spur eines rudimentären Auges fehlt, und Mofeley weift die Vermutung, daß etwa jene Organe veränderte Augen feien, beftimmt. von der Hand. Die Nerven, welche diefelben verforgen, kommen vom fünften Nervenpaare, und fonft ift keine Spur von anderen Nerven in und an ihnen zu entdecken, was es wohl überhaupt ausfchließen dürfte, in diefen Gebilden Sinnesorgane fehen zu wollen. Auch elektrifche Organe follen es nach Mofeley nicht fein, da zwifchen den einzelnen fechsfeitigen Säulchen der Innenmaffe die ifolirten Lagen von Bindegewebe fehlen, die gerade für die elektrifchen Organe fo charakteriftifch und bedeutungsvoll find, und daher fieht Mofeley wie Günther in diefen fonderbaren Bildungen Leuchtapparate.

Ich muß geftehen, daß ich noch nicht völlig überzeugt bin, ob wir

es hier am Ende doch nicht mit elektrifchen Organen anftatt mit Leucht-
apparaten zu thun haben, vielleicht find diefe fonderbaren Platten beides
zugleich. Elektrifche Organe und die Fähigkeit, elektrifche Schläge aus-
zuteilen find bei Fifchen vielleicht weiter verbreitet, als man glaubt.
A. Agaffiz erzählt, daß er nebft Kommandant Bartlett von einer
Schellfifchform (Phycis regius), welche aus einer Tiefe von 233 Faden lebend heraufgebracht worden war und von ihnen angefaßt wurde,
einen heftigen Schlag erhalten habe. Man könnte auch die Frage aufwerfen, gefetzten Falles, es wären jene Kopforgane von Ipnops Leuchtapparate, zu was braucht ein blinder Fifch diefelben? Dem könnte
entgegnet werden, daß wohl das Leuchten der meiften niederen Tiere
den Zweck hat, als ein Warn-, Schreck- oder Ekelmittel ganz anolog
den lebhaft und auffallend bunten Farben vieler das Land und feichtere
Waffer bewohnender Tiere zu dienen und die Träger als ungenießbar
räuberifchen Aufenthaltsgenoffen zu kennzeichnen.

Von Lendenfeld unterfcheidet bei den zwölf von ihm daraufhin
unterfuchten Tieffeefifchen zwei Hauptgruppen von Leuchtorganen: unregelmäßig drüfenförmige und regelmäßig augenähnliche (ocellar), welche
indeffen bei einer und derfelben Art gleichzeitig auftreten können. Die
erfteren find große, maffige, von v. Lendenfeld „Drüfen" genannte Gebilde, welche eine unregelmäßige Geftalt und Lage haben. Sie treten einmal zerftreut über den ganzen Körper auf und ftehen bei Astronesthes
niger an den Seiten des Körpers, wo fie fich auch äußerlich durch
unregelmäßig geftaltete weiße Flecken verraten. Ihrem innern Baue
nach beftehen fie aus vertikalen, mit körnigen Zellen erfüllten Röhren.
In anderen Fällen finden fich ähnliche Organe an beftimmten Körperftellen, fo am Unterkiefer von Argyropelecus hemigymnus und
Sternoptyx diaphana, an unpaaren Barteln von Opostomias micripnus und Pachystomias microdon und bei erfterem ift auch noch
der erfte Strahl der Bruftfloffe in einen biegfamen Faden umgewandelt,
der mit einem ähnlichen Organe verfehen ift. Halosaurus macrochir
hat, abgefehen von anders befchaffenen und anders gelegenen Leuchtorganen, derartige unregelmäßige drüfenartige Maffen am Kiemendeckel,
Astronesthes niger, Opostomias micripnus und Malacosteus

niger aber unterhalb des Auges. Bei letzterem, der auf der Expedition des Talisman lebend zur Beobachtung kam, haben die beiden

Fig. 107. Stomias bon mit Leuchtorganen am Bauch, aus 500 Faden Tiefe. $^1/_2$ natürl. Größe.

Leuchtflecken (Fig. 108) zweierlei Licht, das obere ein schimmernd
gelbliches, das untere ein grünes. Ähnliche Organe liegen bei Echi-

ostoma barbatum, Pachystomias microdon, Malacosteus in-
dicus und Scopelus Benoiti an der nämlichen Stelle, find aber

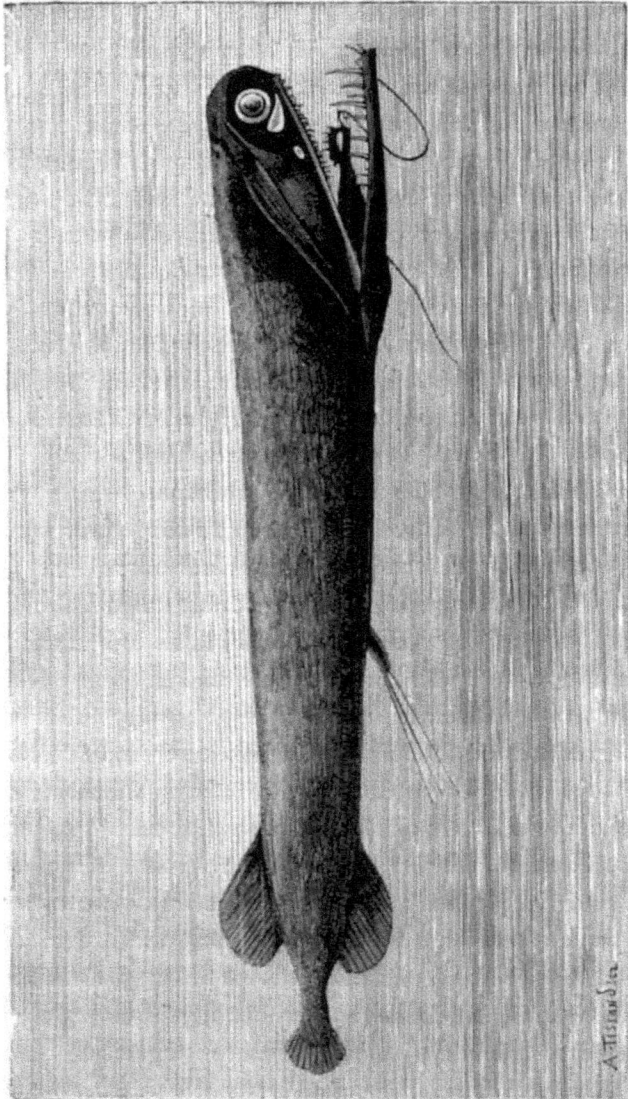

Fig 108. Malacosteus niger.

komplizierter gebaut. Jedes zerfällt nämlich in zwei hintereinander gelegene Abfchnitte, einen äußeren cylindrifchen und einen inneren run-

den, der mit jenem nur mittels eines schmalen Halses in Verbindung steht
und von einer sehr dicken, silberglänzenden, das entwickelte Licht jedenfalls sehr stark reflektierenden Kapsel umgeben ist. Durch diese treten
Nerven und Gefäße an das Organ, das hauptsächlich aus radiär angeordneten, mit körnigen Zellen ausgekleideten Röhren besteht.

Die ocellaren Leuchtorgane von regelmäßiger Gestalt sind entweder
mehr oder weniger ungleichartig über den ganzen Körper zerstreut oder
sie befinden sich in resp. auf den Schuppen der Seitenlinien. In ersterem
Falle können sie einfach oder zusammengesetzt sein und sind meist in
die Haut eingesenkt, bei Xenodermichthys nodulosus indessen sind
sie als ovale Körper mittels eines Stieles mit der Haut verbunden.
In sie treten hier verhältnismäßig sehr ansehnliche Nerven, und ihr
innerer oder hinterer Abschnitt wird von einer starken Pigmentschichte
umhüllt, während ihr vorderer aus kolbenartigen, der Länge nach angeordneten Zellen besteht und von einer durchsichtigen Haut überzogen
wird. In der Regel sind diese einfachen ocellaren Organe (bei Echiostoma barbatum, Pachystomias microdon, Malacosteus in-
dicus, Astronesthes niger und Opostomias micripnus) von einer
sackartigen, in die Haut eingesenkten Pigmenthülle umgeben und bestehen
innerlich auch aus mit körnigen Zellen angefüllten und radiär angeordneten pyramidenförmigen Röhren, die aber in der Mitte des mit einer
durchsichtigen Haut äußerlich überdeckten Organes nicht mit ihren
Spitzen aneinander stoßen, sondern hier einen leeren centralen Raum umgeben. Opostomias micripnus hat auch noch ähnliche Organe aber
ohne Pigmentmantel, die an den Seiten und auf dem Rücken des
Körpers des schwarzen Fisches als zahlreiche weiße Punkte erscheinen.

Die zusammengesetzten regelmäßigen ocellaren Organe können entweder mit einem reflektorischen Apparate verbunden sein oder nicht.
Im letzteren Falle bestehen sie nach von Lendenfelds jedenfalls am
reichsten Materiale vorgenommenen Untersuchungen aus zwei hintereinander gelegenen Abschnitten, einem vorderen kugeligen, aus den bekannten radial angeordneten Röhren, die auch hier einen centralen Hohlraum zwischen sich lassen, gebildeten und einem hinteren, von jenem durch
eine Einschnürung äußerlich und durch eine zwischengelagerte, aus großen

runden Zellen zufammengefetzte linfenförmige Scheibe innerlich gefchiedenem von Bechergeftalt, in dem die Röhren longitudinal verlaufen. Solche Organe beobachtete v. Lendenfeld in zwei Längsreihen angeordnet, auf jeder Seite des Körpers von Opostomias micripnus, Echiostoma barbatum, Astronesthes niger und Pachystomias microdon. Bei Argyropelecus hemigymnus, Sternoptyx diaphana und Scopelus Benoiti find ähnliche Organe, auf deren feinere mikrofkopifchen Verhältniffe wir hier unmöglich eingehen können, von einer mächtigen Pigmentlage und einer ftark filberglänzenden Schicht, einem Reflektor umhüllt.

Was endlich die Leuchtorgane von Halosaurus macrochir und rostratus betrifft, fo giebt von Lendenfeld von ihnen folgende Befchreibung:

Sie bilden an jeder Seite des Körpers eine einfache Reihe oberhalb der großen Seitenlinie, in der die Schuppen weit größer als am übrigen Körper find und von Membranen bedeckt werden. Jede diefer Schuppen ift außen mit einer vertikalen Querrippe verfehen, hinter welcher nach außen gerichtet ein anfehnliches, weißes, fpindelförmiges Polfter von 1 mm Breite und bis zu 2 bis 3 mm Länge liegt. Im bafalen Teile befteht dasfelbe aus einer von Nerven und Gefäßen gebildeten, mit zahlreichen multipolaren Ganglienzellen durchflochtenen Schichte, auf welcher fchlanke fpindelförmige Zellen fitzen, die nach außen auseinanderftrahlen, an die Membrane herantreten und in Faden ausgezogen unter ihr fich verbreiten. Unterhalb diefes Organs ift jede Schuppe von einem fchräg auffteigenden Kanal durchbohrt, durch welchen Nerven und ftarke Blutgefäße hindurch treten.

Die Hauptrefultate feiner Unterfuchung faßt von Lendenfeld folgendermaßen zufammen:

1) Die phosphoreszierenden Organe der Fifche find mehr oder weniger modifizierte Drüfen, die fich zum Teil aus einfachen Schleimdrüschen der Haut, zum Teil aber auch in Verbindung mit dem Syftem der Schleimkanäle entwickelt haben.

2) die in ihnen beobachteten typifchen Zellen von Keulenform find modifizierte Drüfenzellen.

3) Die in ihnen vorkommenden fphinkterartigen Häutchen und ac-
ceſſoriſchen Reflektoren gehören der um und unter der Drüſe befindlichen
Haut an.

4) Sie werden von gewöhnlichen Hautnerven innerviert, und die bei
Echiostoma, Anomalops, Malacosteus etc. vorkommende Leucht-
maſſe unterhalb des Auges wird von einem modifizierten Aſt des Nervus
trigeminus verſorgt.

Günther felbſt macht über diefe Leuchtorgane noch einige phy-
ſiologiſche und biologiſche Bemerkungen. Einmal kann, nach der
Meinung diefes Forſchers, das Licht dazu dienen, den Fifchen wirklich
zu leuchten. Diejenigen, die ohne befonders differenzierte Organe einen
leuchtenden Schleim im ganzen oder aus zahlloſen feinen Hautporen
abfondern, thun das ohne Einfluß ihres Willens, vielleicht immer, wenn
fie in Thätigkeit find, während bei der Ruhe und während des Schlafes
das Licht verſchwinden mag. Aber bei den Fifchen, wo diefe Organe
eine hohe Entwickelung aufweiſen, unterliegen fie in ihren Leiſtungen
ficher dem Willen des Trägers, nur fo hat die Leuchtfähigkeit Bedeutung und Nutzen, denn wäre fie ununterbrochen in Thätigkeit oder
könnte nicht fofort eingeſtellt werden, dann würden die betr. Fifche
dadurch leicht Beuteſtücke nachſtellender Feinde. Namentlich die großen,
unterhalb der Augen angebrachten Lichter (wie z. B. bei Anomalops),
werden ihre Strahlen in die Richtung, in welcher der Fifch nach Beute
fchwimmt, vorauswerfen. Gewiß iſt auch der Grad der Leuchtkraft ein
fehr verſchiedener, von einem allgemeinen matten Schimmern bis zu
kräftiger, weit hindringender Helligkeit, wie fie zweifelsohne die hoch-
organiſierten, umfangreichen Apparate unterhalb des Auges der Stomiatiden und an der Seitenlinie der Halofauren entwickeln.

In andern Fällen, wenn die Leuchtorgane auf Floſſen, Barteln, einzelnen fadenförmigen Floſſenſtrahlen oder Tentakeln ſtehen, haben fie,
nach Günther, wahrſcheinlich die Funktion, andere Tiere und damit
die geeignete Beute herbeizulocken, denn bekanntlich werden Waſſer-
tiere fehr allgemein durch helles Licht angezogen, und viele der mit
folchen Vorrichtungen verſehenen Fifche könnten von denfelben, da ihre

Augen fehr rudimentär find, als Laternen auf ihren Wegen keinen Gebrauch machen.

Mir fcheint v. Lendenfelds Auffaffung diefer Organe als modifizierter Drüfen doch nicht ganz über jeder Möglichkeit einer Anfechtung zu ftehen. Die Seitenapparate der übrigen Teleoftier find weder ihrem Baue noch namentlich ihrer Entwicklung nach Hautdrüfen, fondern werden durch nervöfe, wie in einem echten Sinnesorgane endigende Elemente bedingt und die Leuchtorgane find zum Teil (am deutlichften bei den Halofauriern), das hebt auch v. Lendenfeld hervor, bloße Modifikationen jener alten Seitenapparate. Unfer Autor meint, daß in den höher entwickelten Leuchtorganen der Tieffeefifche das „Sekret" nicht felbfländig leuchte, fondern erft unter dem aktiven Eingriffe von feiten der Spindel- und Keulenzellen, — ich glaube, daß das Sekret überhaupt nicht leuchtet, fondern, daß diefe fulzige Kutikularbildung wie in den Seitenorganen der gewöhnlichen Knochenfifche zum Schutze der darunter befindlichen nervöfen Endapparate entwickelt ift und daß die willkürlich wirkende Leuchtkraft in diefen felbft zu fuchen fei.

Neben diefen aus nervöfen Endapparaten hervorgegangenen Leuchtorganen mögen, darin ftimme ich Günther und v. Lendenfeld bei, auch wirkliche Hautdrüfen vorkommen, die einen matt phosphoreszierenden Schleim abfondern. Aber das ift doch ganz etwas anderes! Das ift derfelbe Unterfchied, den Quatrefages vor fchon beinahe vierzig Jahren bei manchen leuchtenden Ringelwürmern, wie erwähnt, beobachtet hatte, bei denen auch eine eigene fchleimige phosphoreszierende Maffe entweder auf der ganzen Oberfläche des Körpers oder durch befondere Organe abgefchieden wird, aber daneben konftatierte er auch in diefer Tierklaffe ein nervöfes Leuchten als „eine ihrem Urfprunge nach noch unbekannte Lebensthätigkeit, welche die Bildung eines einfachen, von jeder materiellen Abfcheidung unabhängigen Lichtes veranlaßt."

Wäre es übrigens ganz abfurd, vermuten zu wollen, daß jener leuchtende Schleim auf einer Art fymbiotifchen Prozeffes beruhe? Daß winzige Organismen in ihm und feinen Bildungsflätten Obdach und Nahrung fänden und daß fie die Leuchtkraft, welche den betr. Tieren wieder zu gute käme, entwickelten?

Eine intereffante Thatfache ift es, daß die großen grünen Augen des fchon erwähnten Tieffeehaies (Centrophorus chalceus Fig. 109) als Leuchtorgane dienen und ein fehr eigentümliches, auch am Tage bemerkbares Licht verbreiten.

Die Sehwerkzeuge der Tieffeefifche zeigen eine ganz ähnliche Entwicklung wie die der Tieffeekrufter: wir finden normal-groß- und kleinäugige und daneben blinde wie Ipnops Murrayi, Typhlonus nasus (2440 Faden), Aphyonus gelatinosus (1400 Faden, auftralifche Gewäffer) und mollis (955 Faden, Weftindien); der letztere

Fig. 109. Centrophorus chalceus, ein Tieffeehai mit leuchtenden Augen.

foll nach Agaffiz ein naher Verwandter der in den Höhlen Kubas lebenden Arten der blinden Fifchgattung Lucifuga fein.

Günther macht darauf aufmerkfam, daß die Mehrzahl der abyffifchen Fifche auf ihre Augen angewiefen zu fein fchiene und daß befondere Organe der Empfindung im allgemeinen weder quantitativ noch qualitativ ftärker entwickelt feien als bei folchen, welche an der Oberfläche oder in der Nähe der Küfte leben. Es giebt aber doch eine ganze Reihe von Tieffeefifchen, welche einzelne Floffenftrahlen der Bruft- und Rücken- floffen zu einer bedeutenden Länge und Zartheit entwickelt zeigen, fo

namentlich manche Macrurusformen und ganz befonders die Arten
der Gattung Bathypterois, bei denen diefe Apparate außerordentlich

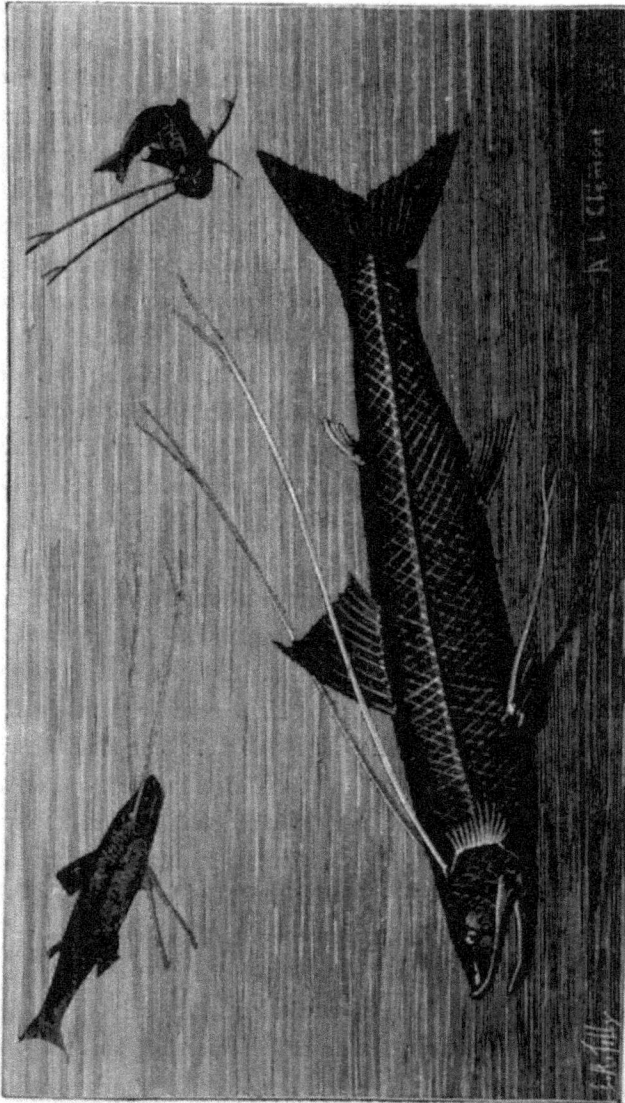

Fig. 110. Bathypterois longipes, aus 1040 Faden Tiefe, ½ nat. Größe.

fein, gabelig geteilt und länger als der ganze Fifch find, dabei können
fie felbftändig bewegt werden und find gewiß als Taftorgane aufzufaffen

(Bathypterois longipes Fig. 110). Eine andere, fehr fchöne vom
Talisman bei 1500 Faden im nördlichen atlantifchen Ozean entdeckte
Form (Eustomias obscurus Fig. 111) trägt zwifchen den Äften des
Unterkiefers einen langen weißen Faden, der an feinem freien Ende
zwei hintereinander gelegene Anfchwellungen zeigt. Der äußere hat fehr
zarte und kurze, in einem Halbkreife angeordnete, ftecknadelartig mit
einem Endköpfchen verfehene Fortfätze, welche höchft wahrfcheinlich
fehr feine Taftorgane fein werden. Bei manchen der fo ausgeftatteten
Fifche wird es zutreffen, was A. Agaffiz von den verlängerten Strahlen
der Bruftfloffe von Bathypterois fagt, „daß fie nach vorn ausgeftreckt
und als Sondierungswerkzeuge dienen mögen und daß wir uns vorftellen
können, wie diefe Fifche ihren Weg in der Dunkelheit taften und den
Schlamm unterfuchen, um die in ihm verfteckten Wefen, von denen fie
fich ernähren, zu entdecken“, — fowie in der Erde der Maulwurf mit feiner
nervenreichen Schnauze die Bewegung der Würmer und Engerlinge auf
weithin fpürt und die große Schnepfe ihr mit unzähligen feinen Taft-
körperchen ausgeftattetes Schnabelende in den weichen Waldboden bohrt
und die Gegenwart ihrer tierifchen Nahrungsmittel „fchmeckt“, wie
Leydig fo bezeichnend fagt. An der Seite eines auf der Blake-Expe-
dition entdeckten Fifches Saccopharynx Bairdii, der zu einer der
allerfeltfamften Gattungen der Tieffee gehört, fcheint das Syftem der
Seitenlinie nach Ryder (A. Agaffiz) fehr fonderbar entwickelt, indem
entlang derfelben von der Schnauze bis faft an das Schwanzende
Gruppen von 4 bis 5 geftielten Organen von Becherform fitzen, um
welche herum die Haut dunkel gefärbt erfcheint. Agaffiz meint, die
Funktion diefer Apparate fei wahrfcheinlich die zu taften, „oder fie
mögen irgend eine der großen Tiefe, in welcher der Fifch lebt, entfprechende Aufgabe zu erfüllen haben.“ Sollten es vielleicht auch Leuchtorgane fein, ähnlich denen von Halosaurus?

Die übrigen anatomifchen Eigentümlichkeiten der Tieffeefifche, foweit folche bekannt find, betreffen zunächft die Refpirations- und Ver-
dauungswerkzeuge.

Die erfteren zeigen fich nach Günther denen der oberflächlich
haufenden Fifche gegenüber reduziert: die Kiemenblättchen find kürzer,

überhaupt weniger umfangreich, auch ift ihre Zahl geringer, fodaß die
ganze atmende Oberfläche kleiner ift und Günther meint, dies nötige

Fig. 111. Eustomias obscurus, aus einer Tiefe von 1500 Faden.

zu der Annahme, daß der Atmungsprozeß in der Tiefe ein weniger
energifcher als an der Oberfläche fei und daß der Aufenthalt in der

niederen Temperatur der abyffifchen Zonen einen anderen Einfluß
auf Cirkulation, Atmung, Affimilation und Abfcheidung ausübe als in
den höher gelegenen, doch könnte man nicht mutmaßen, worauf diefer
Einfluß eigentlich beruhe und wie er wirke. Leicht möglich! — indeffen
man könnte auch denken, daß der Sauerftofferwerb in den großen Tiefen
leichter, d. h. daß das Tieffeewaffer eine größere, leichter verwertbare
Menge diefes Gafes enthalte und daß dafür eine Reduktion der Atmungs-
werkzeuge eintreten könne.

Die Schwimmblafe ift in der Regel aus früher entwickelten Gründen
bei den gefangenen Tieffeefifchen zerriffen, alfo einer näheren Unterfuchung
unzugänglich geworden, es fcheint aber, daß bei manchen befonders entwickelte Muskelapparate zur Regulierung ihres Volumens vorhanden
find. Eins läßt fich aber konftatieren, daß der Aufenthalt in abyffifchen
Regionen ohne entfcheidenden Einfluß auf das Vorhandenfein oder
Fehlen der Schwimmblafe ift: fie findet fich bei jenen Arten, deren
nächfte, das feichtere Waffer bewohnende Verwandte fie befitzen, fehlt
aber denen, bei deren oberflächlich lebenden Vettern fie vermißt wird.

Die meiften Fifche der Tieffee fcheinen fehr räuberifch zu fein, fie
zeichnen fich vielfach durch ein weites Maul, furchtbare Zähne und geräumigen Magen aus: ein Omosudis Lowii, welcher auf der Challenger-
Expedition gefangen wurde, hatte in feinem enorm ausgedehnten Magen
einen Sternoptyx, der ebenfo lang wie fein Verfpeifer, dabei aber
doppelt fo dick war. Auch ein Saccopharynx enthielt einen ver-
fchluckten Fifch, dicker als er felber.

Meift find die Gewebe der abyffifchen Mitglieder der Fifchklaffe
fehr weich, die Knochen fehr arm an Kalkfalzen, mit großen Lücken und
Räumen, nur fehr lofe miteinander verbunden, und das Muskelfleifch
ift fchwach und gelatinös, — d. h. fo erfcheinen die Tiere auf der Oberfläche des Waffers, wenn fie den normalen Druckverhältniffen entzogen
find; unter diefen werden ihre Knochen ficher genügend feft vereinigt
und ihre Muskulatur entfprechend elaftifch fein, denn von vielen diefer
Fifche können wir aus dem Bau ihres Körpers und der Entwicklung
ihrer Gliedmaßen vorausfetzen, daß fie, energifcher und anhaltender Be-

wegungen fähig, hurtig herumſchwimmen werden, während andere im Schlamm vergraben beutegierig lauernd ihr Daſein verbringen mögen.

Fig. 112. Macrurus globiceps, aus 800—1400 Faden Tiefe.

So mögen die dünnſchwänzigen, großköpfigen Macruren (z. B. Macrurus globiceps Fig. 112), deren ganze Geſtalt keine große Be-

wegungsfähigkeit verrät, — so die plumpen dickbäuchigen Melanoceten
(z. B. Melanocetus Johnstoni Fig. 113), ihren Stirnanhang als eine

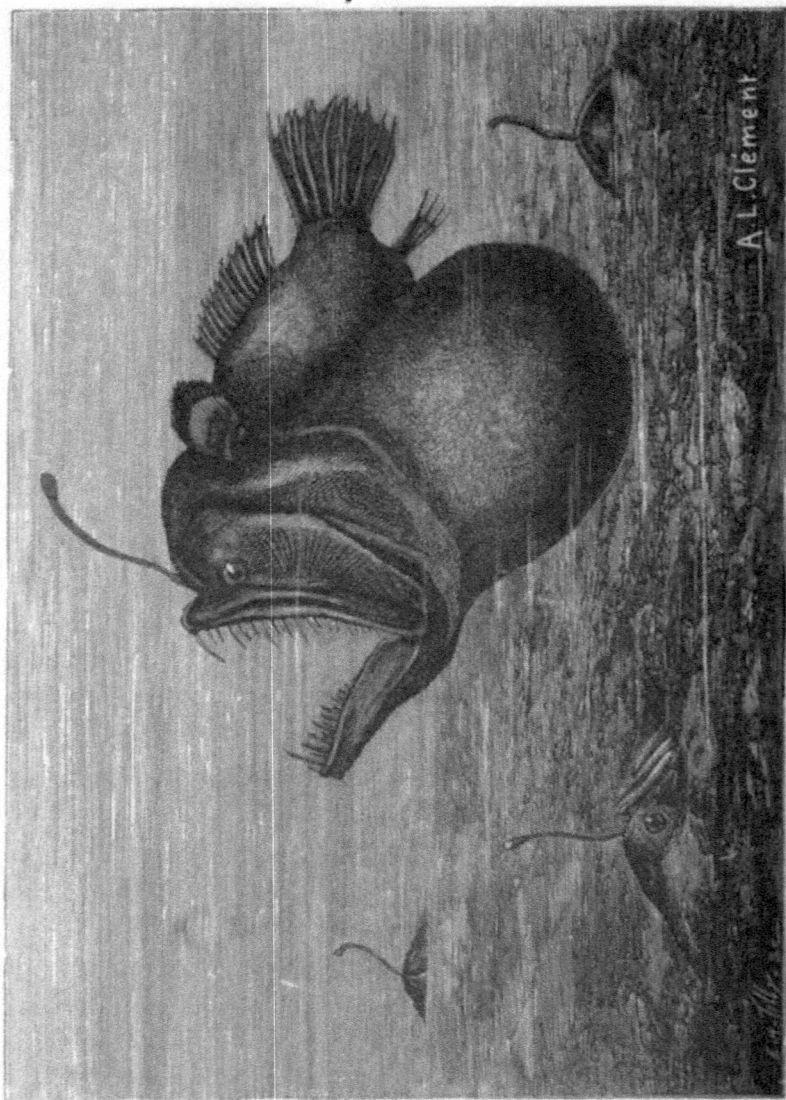

Fig. 113. Melanocetus Johnstoni, ¹/₂ nat. Größe.

Art Angelorgan zum Anlocken anderer Fische hin und wieder bewegend,
ihre Tage oder besser ihre lebenslange Dämmernacht durchleben. Sac-

copharynx pelecanoides (Fig. 114), jenes feltfame Monfter, das in feiner Geftalt Löffel und Trichter vereinigt, wird auf dem Boden kaum

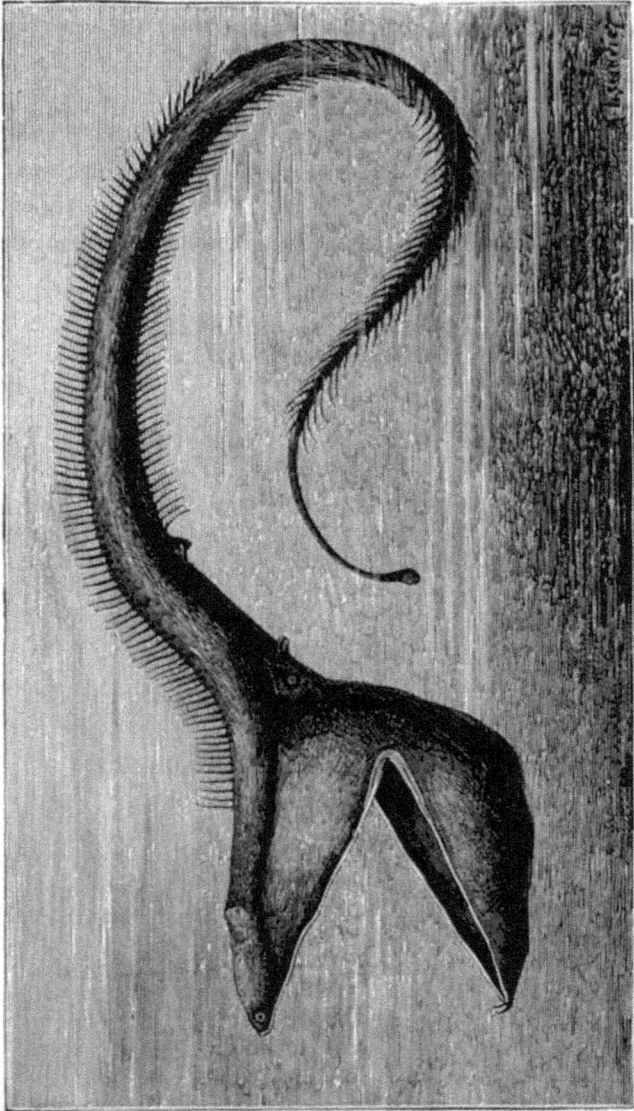

Fig. 114. Saccopharynx pelecanoides, aus zirka 1300 Faden Tiefe

mehr als kriechend fich dahinfchlängeln können, es wird aber im Schlamme

verfteckt ruhen und fein offenes, faft zahnlofes ungeheures Maul aus demfelben hervorftreckend, geduldig warten, bis ein Schlachtopfer, der Scylla
eines heimtückifch lauernden Kruftentieres entweichend, der Charybdis
diefes furchtbaren Schlundes zu nahe kommt und ihr zum Opfer fällt.

So fpielt auch auf dem Boden des tiefen Meeres das Drama des
Lebens fich ab: ein ewig wechfelndes Werden und Vergehen, Freffen
und Gefreffenwerden, Hoffen und Fürchten, Lieben und Haffen! Auch
in jenen ungeheuerlichen abyffifchen Gründen bethätigt fich die Wahrheit des Dichterwortes:

> Auf nur zwei Axen rollt das Weltgetriebe;
> Sie heifsen, Freund: der Hunger und die Liebe.

Register.

Marshall, Die Tieffee und ihr Leben.